华章IT
HZBOOKS | Information Technology

The Fighting of Python Spider

Python 爬虫
开发与项目实战

范传辉 编著

机械工业出版社
China Machine Press

图书在版编目（CIP）数据

Python 爬虫开发与项目实战 / 范传辉编著. —北京：机械工业出版社，2017.3（2018.4 重印）

（实战）

ISBN 978-7-111-56387-7

I. P… II. 范… III. 软件工具－程序设计 IV. TP311.561

中国版本图书馆CIP数据核字（2017）第 061009 号

Python 爬虫开发与项目实战

出版发行：机械工业出版社（北京市西城区百万庄大街22号 邮政编码：100037）

责任编辑：吴 怡　　　　　　　　　　　　　　　　责任校对：殷 虹

印　　刷：北京文昌阁彩色印刷有限责任公司　　　版　　次：2018年4月第1版第5次印刷

开　　本：186mm×240mm　1/16　　　　　　　　印　　张：27.25

书　　号：ISBN 978-7-111-56387-7　　　　　　　　定　　价：79.00元

凡购本书，如有缺页、倒页、脱页，由本社发行部调换

客服热线：（010）88379426　88361066　　　　　投稿热线：（010）88379604

购书热线：（010）68326294　88379649　68995259　读者信箱：hzit@hzbook.com

版权所有 · 侵权必究

封底无防伪标均为盗版

本书法律顾问：北京大成律师事务所　韩光 / 邹晓东

Preface 前言

为什么写这本书

当你看前言的时候，不得不说你做出了一个聪明的选择，因为前言中有作者对整本书的概括和学习建议，这会对大家之后的阅读产生事半功倍的效果。在聊这本书之前，首先给大家一个本书所有配套源码和说明的链接：https://github.com/qiyeboy/SpiderBook。大家可以在Github中对不懂的内容进行提问，我会尽可能地帮助大家解决问题。其实在前言开头放这个链接是挺突兀的，不过确实是担心大家不会完整地看完前言。

接下来聊一聊这本书，写这本书的原因来自于我个人的微信公众号：七夜安全博客。我经常在博客园、知乎和微信平台上发布技术文章，分享一些知识和见解，有很多热心的朋友愿意和我进行交流讨论。记得2016年4月初的某一天，有一个朋友在微信后台留言，问我怎样将Python爬虫技术学好，有什么书籍可以推荐。我当时回答了好长一段建议，但是那个朋友依然希望能推荐一本书籍帮助入门和提高。其实我特别能理解初学者的心情，毕竟我也是从初学者走过来的，但是确实挺纠结，不知从何推荐。于是，我专门找了一下这方面的书籍，只找到一本外国人写的书，中文版刚出版没多久，名字为《Python 网络数据采集》。我花了半天看了一下里面的内容，整本书条理比较清晰，容易理解，但是很多知识点都谈得很浅，系统的实战项目基本上没有，更多的是一些代码片段，仅仅适合一些刚刚入门的朋友。自从这件事情以后，我就下定决心写一本Python爬虫方面的书籍，既然国内还没有人写这方面的书籍，我愿意做一个抛砖引玉的人，帮助大家更好地学习爬虫技术。

有了写书的想法后，开始列提纲，确定书的主题和内容。由于爬虫是一项实践性很强的技术，因此书的主题是以实战项目为驱动，由浅及深地讲解爬虫技术，希望你看这本书的时候是个菜鸟，认真学习完之后不再是个菜鸟，可以自主地开发Python爬虫项目了。从写书的那一刻开始，我就知道在书写完之前，我应该是没有周末了。这本书写了大半年的时间，由于我平时有写笔记、做总结的习惯，因此写书的时间不是特别长，不过直到2017年年初我依然在更新内容，毕竟爬虫技术更新得比较快，我努力将比较新的知识贡献给大家。

在写书的过程中，我的内心变得越来越平静，越来越有耐心，不断地修改更新，对每个实战项目进行反复验证和敲定，尽可能地贴近初学者的需求，希望能帮助他们完成蜕变。

最后做一下自我介绍，本人是一位信息安全研究人员，比较擅长网络安全、软件逆向，同时对大数据、机器学习和深度学习有非常浓厚的兴趣，欢迎大家和我交流，共同进步。

前路多艰，学习的道路不可能一帆风顺，爬虫技术只是个开始，愿与诸君一道共克难关。

本书结构

本书总共分为三个部分：基础篇、中级篇和深入篇。

基础篇包括第1～7章，主要讲解了什么是网络爬虫、如何分析静态网站、如何开发一个完整的爬虫。

第1～2章帮助大家回顾了Python和Web方面的知识，主要是为之后的爬虫学习打下基础，毕竟之后要和Python、Web打交道。

第3～5章详细介绍了什么是网络爬虫、如何分析静态网站、如何从HTML页面中提取出有效的数据，以及对如何将数据合理地存储成各类文件以实现持久化。

第6～7章包含了两个实战项目。第一个项目是基础爬虫，也就是一个单机爬虫，功能是爬取百度百科的词条，并据此讲解了一个爬虫所应该具有的全部功能组件以及编码实现。第二个项目是分布式爬虫，功能和基础爬虫一致，在单机爬虫的基础上进行分布式改进，帮助大家从根本上了解分布式爬虫，消除分布式爬虫的神秘感。

中级篇包括第8～14章，主要讲解了三种数据库的存储方式、动态网站的抓取、协议分析和Scrapy爬虫框架。

第8章详细介绍了SQLite、MySQL和MongoDB三种数据库的操作方式，帮助大家实现爬取数据存储的多样化。

第9章主要讲解了动态网站分析和爬取的两种思路，并通过两个实战项目帮助大家理解。

第10章首先探讨了爬虫开发中遇到的两个问题——登录爬取问题和验证码问题，并提供了解决办法和分析实例。接着对Web端的爬取提供了另外的思路，当在PC网页端爬取遇到困难时，爬取方式可以向手机网页端转变。

第11章接着延伸第10章的问题，又提出了两种爬取思路。当在网页站点爬取遇到困难时，爬取思路可以向PC客户端和移动客户端转变，并通过两个实战项目帮助大家了解实施过程。

第 12～14 章由浅及深地讲解了著名爬虫框架 Scrapy 的运用，并通过知乎爬虫这个实战项目演示了 Scrapy 开发和部署爬虫的整个过程。

深入篇为第 15～18 章，详细介绍了大规模爬取中的去重问题以及如何通过 Scrapy 框架开发分布式爬虫，最后又介绍了一个较新的爬虫框架 PySpider。

第 15 章主要讲解了海量数据的去重方式以及各种去重方式的优劣比较。

第 16～17 章详细介绍了如何通过 Redis 和 Scrapy 的结合实现分布式爬虫，并通过云起书院实战项目帮助大家了解整个的实现过程以及注意事项。

第 18 章介绍了一个较为人性化的爬虫框架 PySpider，并通过爬取豆瓣读书信息来演示其基本功能。

以上就是本书的全部内容，看到以上介绍之后，是不是有赶快阅读的冲动呢？不要着急，接着往下看。

本书特点及建议

本书总体来说是一本实战型书籍，以大量系统的实战项目为驱动，由浅及深地讲解了爬虫开发中所需的知识和技能。本书是一本适合初学者的书籍，既有对基础知识点的讲解，也涉及关键问题和难点的分析和解决，本书的初衷是帮助初学者夯实基础，实现提高。还有一点要说明，这本书对编程能力是有一定要求的，希望读者尽量熟悉 Python 编程。

对于学习本书有两点建议，希望能引起读者的注意。第一点，读者可根据自己的实际情况选择性地学习本书的章节，假如之前学过 Python 或者 Web 前端的知识，前两章就可以蜻蜓点水地看一下。第二点，本书中的实战项目是根据当时网页的情况进行编写的，可能当书籍出版的时候，网页的解析规则发生改变而使项目代码失效，因此大家从实战项目中应该学习分析过程和编码的实现方式，而不是具体的代码，授人以渔永远比授人以鱼更加有价值，即使代码失效了，大家也可以根据实际情况进行修改。

致谢

写完这本书，才感觉到写书不是一件容易的事情，挺耗费心血的。不过除此之外，更多的是一种满足感，像一种别样的创业，既紧张又刺激，同时也实现了我分享知识的心愿，算是做了一件值得回忆的事情。这是我写的第一本书，希望是一次有益的尝试。

感谢父母的养育之恩，是他们的默默付出支持我走到今天。

感谢我的女朋友，在每个写书的周末都没有办法陪伴她，正是她的理解和支持才让我如此准时地完稿。

感谢长春理工大学电子学会实验室，如果没有当年实验室的培养，没有兄弟们的同甘共苦，就没有今天的我。

感谢西安电子科技大学，它所营造的氛围使我的视野更加开阔，使我的技术水平更上一层楼。

感谢机械工业出版社的吴怡编辑，没有她的信任和鼓励，就没有这本书的顺利出版。

感谢 Python 中文社区的大力支持。

感谢本书中所用开源项目的作者，正是他们无私的奉献才有了开发的便利。

由于作者水平有限，书中难免有误，欢迎各位业界同仁斧正！

目 录

前言

基础篇

第1章 回顾 Python 编程 …… 2
- 1.1 安装 Python …… 2
  - 1.1.1 Windows 上安装 Python …… 2
  - 1.1.2 Ubuntu 上的 Python …… 3
- 1.2 搭建开发环境 …… 4
  - 1.2.1 Eclipse+PyDev …… 4
  - 1.2.2 PyCharm …… 10
- 1.3 IO 编程 …… 11
  - 1.3.1 文件读写 …… 11
  - 1.3.2 操作文件和目录 …… 14
  - 1.3.3 序列化操作 …… 15
- 1.4 进程和线程 …… 16
  - 1.4.1 多进程 …… 16
  - 1.4.2 多线程 …… 22
  - 1.4.3 协程 …… 25
  - 1.4.4 分布式进程 …… 27
- 1.5 网络编程 …… 32
  - 1.5.1 TCP 编程 …… 33
  - 1.5.2 UDP 编程 …… 35
- 1.6 小结 …… 36

第2章 Web 前端基础 …… 37
- 2.1 W3C 标准 …… 37
  - 2.1.1 HTML …… 37
  - 2.1.2 CSS …… 47
  - 2.1.3 JavaScript …… 51
  - 2.1.4 XPath …… 56
  - 2.1.5 JSON …… 61
- 2.2 HTTP 标准 …… 61
  - 2.2.1 HTTP 请求过程 …… 62
  - 2.2.2 HTTP 状态码含义 …… 62
  - 2.2.3 HTTP 头部信息 …… 63
  - 2.2.4 Cookie 状态管理 …… 66
  - 2.2.5 HTTP 请求方式 …… 66
- 2.3 小结 …… 68

第3章 初识网络爬虫 …… 69
- 3.1 网络爬虫概述 …… 69
  - 3.1.1 网络爬虫及其应用 …… 69
  - 3.1.2 网络爬虫结构 …… 71

3.2 HTTP 请求的 Python 实现 ·················· 72
   3.2.1 urllib2/urllib 实现 ················ 72
   3.2.2 httplib/urllib 实现 ················ 76
   3.2.3 更人性化的 Requests ············· 77
3.3 小结 ·· 82

第 4 章　HTML 解析大法 ················ 83

4.1 初识 Firebug ······························ 83
   4.1.1 安装 Firebug ······················ 84
   4.1.2 强大的功能 ························ 84
4.2 正则表达式 ······························· 95
   4.2.1 基本语法与使用 ·················· 96
   4.2.2 Python 与正则 ···················· 102
4.3 强大的 BeautifulSoup ················ 108
   4.3.1 安装 BeautifulSoup ············· 108
   4.3.2 BeautifulSoup 的使用 ·········· 109
   4.3.3 lxml 的 XPath 解析 ············ 124
4.4 小结 ·· 126

第 5 章　数据存储（无数据库版）··· 127

5.1 HTML 正文抽取 ······················· 127
   5.1.1 存储为 JSON ···················· 127
   5.1.2 存储为 CSV ······················ 132
5.2 多媒体文件抽取 ························ 136
5.3 Email 提醒 ······························· 137
5.4 小结 ·· 138

第 6 章　实战项目：基础爬虫 ·········· 139

6.1 基础爬虫架构及运行流程 ········· 140
6.2 URL 管理器 ······························ 141
6.3 HTML 下载器 ··························· 142

6.4 HTML 解析器 ··························· 143
6.5 数据存储器 ······························ 145
6.6 爬虫调度器 ······························ 146
6.7 小结 ·· 147

第 7 章　实战项目：简单分布式爬虫 ·· 148

7.1 简单分布式爬虫结构 ················ 148
7.2 控制节点 ·································· 149
   7.2.1 URL 管理器 ····················· 149
   7.2.2 数据存储器 ······················· 151
   7.2.3 控制调度器 ······················· 153
7.3 爬虫节点 ·································· 155
   7.3.1 HTML 下载器 ··················· 155
   7.3.2 HTML 解析器 ··················· 156
   7.3.3 爬虫调度器 ······················· 157
7.4 小结 ·· 159

中级篇

第 8 章　数据存储（数据库版）······ 162

8.1 SQLite ····································· 162
   8.1.1 安装 SQLite ····················· 162
   8.1.2 SQL 语法 ························· 163
   8.1.3 SQLite 增删改查 ··············· 168
   8.1.4 SQLite 事务 ····················· 170
   8.1.5 Python 操作 SQLite ··········· 171
8.2 MySQL ···································· 174
   8.2.1 安装 MySQL ···················· 174
   8.2.2 MySQL 基础 ···················· 177
   8.2.3 Python 操作 MySQL ·········· 181

8.3 更适合爬虫的MongoDB ··········· 183
    8.3.1 安装MongoDB ············ 184
    8.3.2 MongoDB 基础 ············ 187
    8.3.3 Python 操作 MongoDB ····· 194
8.4 小结 ··································· 196

第9章 动态网站抓取 ············ 197

9.1 Ajax 和动态 HTML ··············· 197
9.2 动态爬虫 1：爬取影评信息 ······· 198
9.3 PhantomJS ························· 207
    9.3.1 安装 PhantomJS ·········· 207
    9.3.2 快速入门 ················· 208
    9.3.3 屏幕捕获 ················· 211
    9.3.4 网络监控 ················· 213
    9.3.5 页面自动化 ··············· 214
    9.3.6 常用模块和方法 ··········· 215
9.4 Selenium ··························· 218
    9.4.1 安装 Selenium ············ 219
    9.4.2 快速入门 ················· 220
    9.4.3 元素选取 ················· 221
    9.4.4 页面操作 ················· 222
    9.4.5 等待 ····················· 225
9.5 动态爬虫 2：爬取去哪网 ········· 227
9.6 小结 ································· 230

第10章 Web 端协议分析 ········ 231

10.1 网页登录 POST 分析 ············ 231
    10.1.1 隐藏表单分析 ············ 231
    10.1.2 加密数据分析 ············ 234
10.2 验证码问题 ························ 246
    10.2.1 IP 代理 ················· 246

    10.2.2 Cookie 登录 ············· 249
    10.2.3 传统验证码识别 ·········· 250
    10.2.4 人工打码 ··············· 251
    10.2.5 滑动验证码 ············· 252
10.3 www>m>wap ····················· 252
10.4 小结 ······························· 254

第11章 终端协议分析 ·········· 255

11.1 PC 客户端抓包分析 ············· 255
    11.1.1 HTTP Analyzer 简介 ····· 255
    11.1.2 虾米音乐 PC 端 API 实战
          分析 ···················· 257
11.2 App 抓包分析 ···················· 259
    11.2.1 Wireshark 简介 ·········· 259
    11.2.2 酷我听书 App 端 API 实战
          分析 ···················· 266
11.3 API 爬虫：爬取 mp3 资源
     信息 ······························· 268
11.4 小结 ······························· 272

第12章 初窥 Scrapy 爬虫框架 ···· 273

12.1 Scrapy 爬虫架构 ·················· 273
12.2 安装 Scrapy ······················· 275
12.3 创建 cnblogs 项目 ················ 276
12.4 创建爬虫模块 ····················· 277
12.5 选择器 ···························· 278
    12.5.1 Selector 的用法 ·········· 278
    12.5.2 HTML 解析实现 ········· 280
12.6 命令行工具 ······················· 282
12.7 定义 Item ························· 284
12.8 翻页功能 ·························· 286

12.9 构建 Item Pipeline ……………… 287
    12.9.1 定制 Item Pipeline ………… 287
    12.9.2 激活 Item Pipeline ………… 288
12.10 内置数据存储 …………………… 288
12.11 内置图片和文件下载方式 …… 289
12.12 启动爬虫 ………………………… 294
12.13 强化爬虫 ………………………… 297
    12.13.1 调试方法 ………………… 297
    12.13.2 异常 ……………………… 299
    12.13.3 控制运行状态 …………… 300
12.14 小结 ……………………………… 301

第 13 章 深入 Scrapy 爬虫框架 …… 302

13.1 再看 Spider ……………………… 302
13.2 Item Loader ……………………… 308
    13.2.1 Item 与 Item Loader ……… 308
    13.2.2 输入与输出处理器 ………… 309
    13.2.3 Item Loader Context ……… 310
    13.2.4 重用和扩展 Item Loader … 311
    13.2.5 内置的处理器 ……………… 312
13.3 再看 Item Pipeline ……………… 314
13.4 请求与响应 ……………………… 315
    13.4.1 Request 对象 ……………… 315
    13.4.2 Response 对象 ……………… 318
13.5 下载器中间件 …………………… 320
    13.5.1 激活下载器中间件 ………… 320
    13.5.2 编写下载器中间件 ………… 321
13.6 Spider 中间件 …………………… 324
    13.6.1 激活 Spider 中间件 ………… 324
    13.6.2 编写 Spider 中间件 ………… 325
13.7 扩展 ……………………………… 327

    13.7.1 配置扩展 …………………… 327
    13.7.2 定制扩展 …………………… 328
    13.7.3 内置扩展 …………………… 332
13.8 突破反爬虫 ……………………… 332
    13.8.1 UserAgent 池 ……………… 333
    13.8.2 禁用 Cookies ……………… 333
    13.8.3 设置下载延时与自动限速 … 333
    13.8.4 代理 IP 池 ………………… 334
    13.8.5 Tor 代理 …………………… 334
    13.8.6 分布式下载器:Crawlera … 337
    13.8.7 Google cache ……………… 338
13.9 小结 ……………………………… 339

第 14 章 实战项目：Scrapy 爬虫 …… 340

14.1 创建知乎爬虫 …………………… 340
14.2 定义 Item ………………………… 342
14.3 创建爬虫模块 …………………… 343
    14.3.1 登录知乎 …………………… 343
    14.3.2 解析功能 …………………… 345
14.4 Pipeline …………………………… 351
14.5 优化措施 ………………………… 352
14.6 部署爬虫 ………………………… 353
    14.6.1 Scrapyd ……………………… 354
    14.6.2 Scrapyd-client ……………… 356
14.7 小结 ……………………………… 357

深入篇

第 15 章 增量式爬虫 ……………… 360

15.1 去重方案 ………………………… 360
15.2 BloomFilter 算法 ………………… 361

15.2.1	BloomFilter 原理	361
15.2.2	Python 实现 BloomFilter	363

15.3 Scrapy 和 BloomFilter ········· 364
15.4 小结 ························· 366

第 16 章 分布式爬虫与 Scrapy ······· 367

16.1 Redis 基础 ···················· 367
    16.1.1 Redis 简介 ··············· 367
    16.1.2 Redis 的安装和配置 ········ 368
    16.1.3 Redis 数据类型与操作 ····· 372
16.2 Python 和 Redis ················ 375
    16.2.1 Python 操作 Redis ········· 375
    16.2.2 Scrapy 集成 Redis ········· 384
16.3 MongoDB 集群 ················· 385
16.4 小结 ························· 390

第 17 章 实战项目：Scrapy 分布式爬虫 ························· 391

17.1 创建云起书院爬虫 ············· 391
17.2 定义 Item ····················· 393
17.3 编写爬虫模块 ················· 394
17.4 Pipeline ······················ 395

17.5 应对反爬虫机制 ··············· 397
17.6 去重优化 ····················· 400
17.7 小结 ························· 401

第 18 章 人性化 PySpider 爬虫框架 ························· 403

18.1 PySpider 与 Scrapy ············· 403
18.2 安装 PySpider ················· 404
18.3 创建豆瓣爬虫 ················· 405
18.4 选择器 ······················· 409
    18.4.1 PyQuery 的用法 ·········· 409
    18.4.2 解析数据 ··············· 411
18.5 Ajax 和 HTTP 请求 ············· 415
    18.5.1 Ajax 爬取 ··············· 415
    18.5.2 HTTP 请求实现 ·········· 417
18.6 PySpider 和 PhantomJS ·········· 417
    18.6.1 使用 PhantomJS ·········· 418
    18.6.2 运行 JavaScript ··········· 420
18.7 数据存储 ····················· 420
18.8 PySpider 爬虫架构 ············· 422
18.9 小结 ························· 423

基础篇

- 第 1 章 回顾 Python 编程
- 第 2 章 Web 前端基础
- 第 3 章 初识网络爬虫
- 第 4 章 HTML 解析大法
- 第 5 章 数据存储（无数据库版）
- 第 6 章 实战项目：基础爬虫
- 第 7 章 实战项目：简单分布式爬虫

Chapter 1 第 1 章

回顾 Python 编程

本书所要讲解的爬虫技术是基于 Python 语言进行开发的，拥有 Python 编程能力对于本书的学习是至关重要的，因此本章的目标是帮助之前接触过 Python 语言的读者回顾一下 Python 编程中的内容，尤其是与爬虫技术相关的内容。

1.1 安装 Python

Python 是跨平台语言，它可以运行在 Windows、Mac 和各种 Linux/Unix 系统上。在 Windows 上编写的程序，可以在 Mac 和 Linux 上正常运行。Python 是一种面向对象、解释型计算机程序设计语言，需要 Python 解释器进行解释运行。目前，Python 有两个版本，一个是 2.x 版，一个是 3.x 版，这两个版本是不兼容的。现在 Python 的整体方向是朝着 3.x 发展的，但是在发展过程中，大量针对 2.x 版本的代码都需要修改才能运行，导致现在许多第三方库无法在 3.x 版本上直接使用，因此现在大部分的云服务器默认的 Python 版本依然是 2.x 版。考虑到上述原因，本书采用的 Python 版本为 2.x，确切地说是 2.7 版本。

1.1.1 Windows 上安装 Python

首先，从 Python 的官方网站 www.python.org 下载最新的 2.7.12 版本，地址是 https://www.python.org/ftp/python/2.7.12/python-2.7.12.msi。然后，运行下载的 MSI 安装包，在选择安装组件时，勾选上所有的组件，如图 1-1 所示。

特别要注意勾选 pip 和 Add python.exe to Path，然后一路点击 Next 即可完成安装。

pip 是 Python 安装扩展模块的工具，通常会用 pip 下载扩展模块的源代码并编译安装。

Add python.exe to Path 是将 Python 添加到 Windows 环境中。

安装完成后，打开命令提示窗口，输入 python 后出现如图 1-2 情况，说明 Python 安装成功。

当看到提示符 ">>>" 就表示我们已经在 Python 交互式环境中了，可以输入任何 Python 代码，回车后会立刻得到执行结果。现在，输入 exit() 并回车，就可以退出 Python 交互式环境。

1.1.2 Ubuntu 上的 Python

本书采用 Ubuntu 16.04 版本，系统自带了 Python 2.7.11 的环境，如图 1-3 所示，所以不需要额外进行安装。

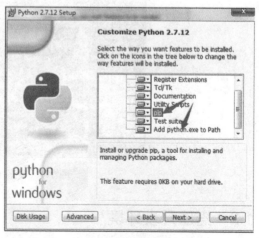

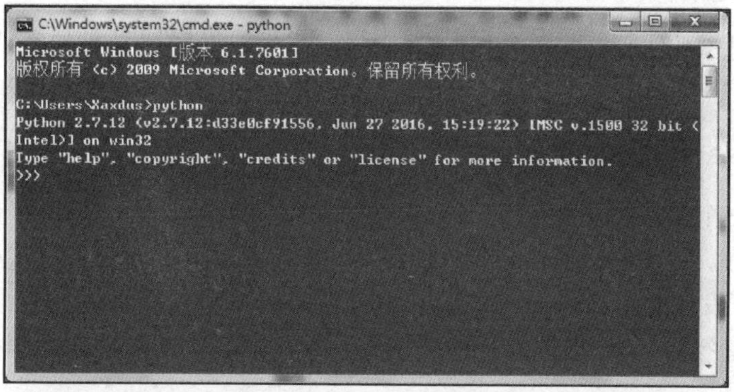

图 1-1 Python 安装界面

图 1-2 Python 命令行窗口

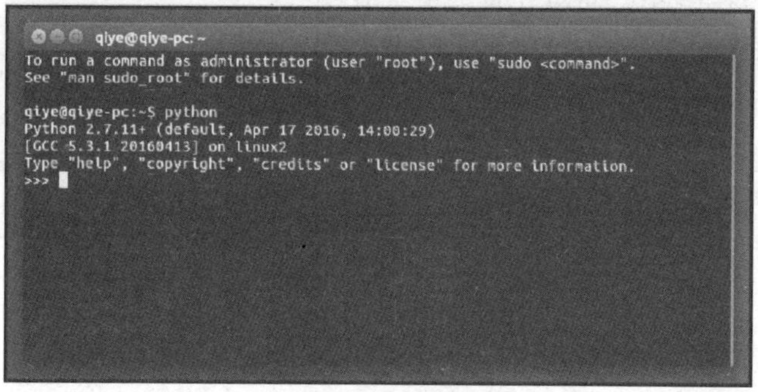

图 1-3 Python 环境

拥有了 Python 环境，但为了以后方便安装扩展模块，还需要安装 python-pip 和 python-dev，在 shell 中执行：sudo apt-get install python-pip python-dev 即可安装，如图 1-4 所示。

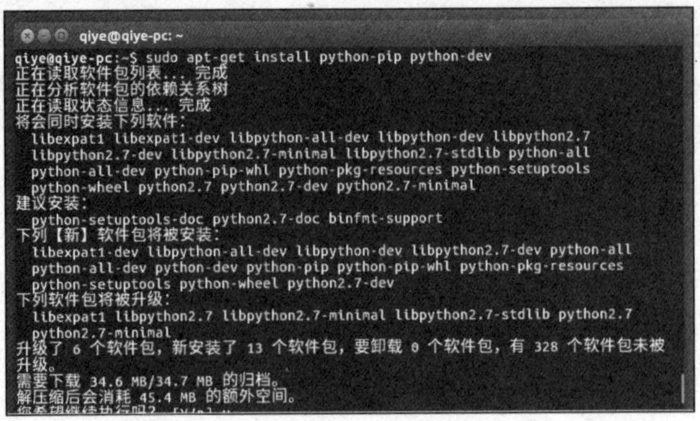

4 ❖ 基 础 篇

图 1-4 安装 pip 和 python-dev

1.2 搭建开发环境

俗话说："工欲善其事必先利其器"，在做 Python 爬虫开发之前，一个好的 IDE 将会使编程效率得到大幅度提高。下面主要介绍两种 IDE：Eclipse 和 PyCharm，并以在 Windows 7 上安装为例进行介绍。

1.2.1 Eclipse+PyDev

Eclipse 是一个强大的编辑器，并通过插件的方式不断拓展功能。Eclipse 比较常见的功能是编写 Java 程序，但是通过扩展 PyDev 插件，Eclipse 就具有了编写 Python 程序的功能。所以本书搭建的开发环境是 Eclipset+PyDev。

Eclipse 是运行在 Java 虚拟机上的，所以要先安装 Java 环境。

第一步，安装 Java 环境。Java JDK 的下载地址为：http://www.oracle.com/technetwork/java/javase/downloads/index.html。下载页面如图 1-5 所示。

下载好 JDK 之后，双击进行安装，一直点击"下一步"即可完成安装，安装界面如图 1-6 所示。

安装完 JDK，需要配置 Java 环境变量。

1）首先右键"我的电脑"，选择"属性"，如图 1-7 所示。

2）接着在出现的对话框中选择"高级系统设置"，如图 1-8 所示。

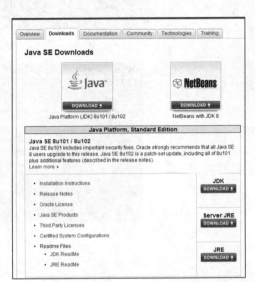

图 1-5 JDK 下载界面

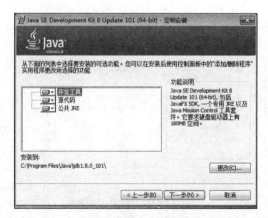
图 1-6　JDK 安装界面
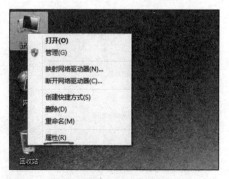
图 1-7　电脑属性

图 1-8　高级系统设置

3）在出现的对话框中选择"环境变量"，如图 1-9 所示。

4）新建名为 classpath 的变量名，变量的值可以设置为：.;%JAVA_HOME\lib;%JAVA_HOME\lib\tools.jar，如图 1-10 所示。

5）新建名为 JAVA_HOME 的变量名，变量的值为之前安装的 JDK 路径位置，默认是 C:\Program Files\Java\jdk1.8.0_101\，如图 1-11 所示。

6）在已有的系统变量 path 的变量值中加上：;%JAVA_HOME%\bin;%JAVA_HOME%\jre\bin，如图 1-12 所示，自此配置完成。

下面检验是否配置成功，运行 cmd 命令，在出现的对话框中输入 "java-version" 命令，如果出现图 1-13 的结果，则表明配置成功。

第二步，下载 Eclipse，下载地址为：http://www.eclipse.org/downloads/eclipse-packages/，下载完后，解压就可以直接使用，Eclipse 不需要安装。下载界面如图 1-14 所示。

第三步，在 Eclipse 中安装 pydev 插件。启动 Eclipse，点击 Help->Install New Software...，如图 1-15 所示。

图 1-9　环境变量

图 1-10　classpath 环境变量

图 1-11　JAVA_HOME 环境变量

图 1-12　path 环境变量

图 1-13　java-version

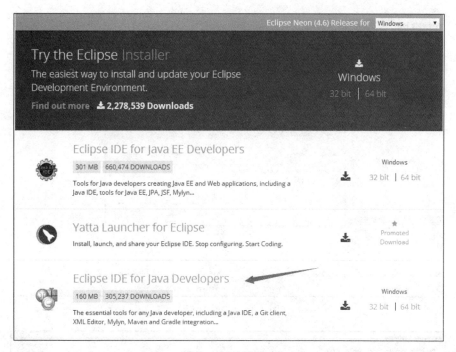

图 1-14　下载界面

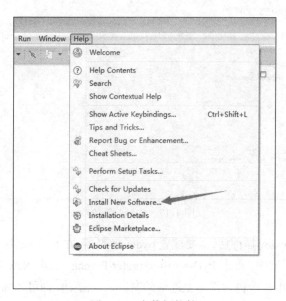

图 1-15　安装新软件

在弹出的对话框中，点击 Add 按钮。在 Name 中填：Pydev，在 Location 中填 http://pydev.org/updates，然后一步一步安装下去。过程如图 1-16 和图 1-17 所示。

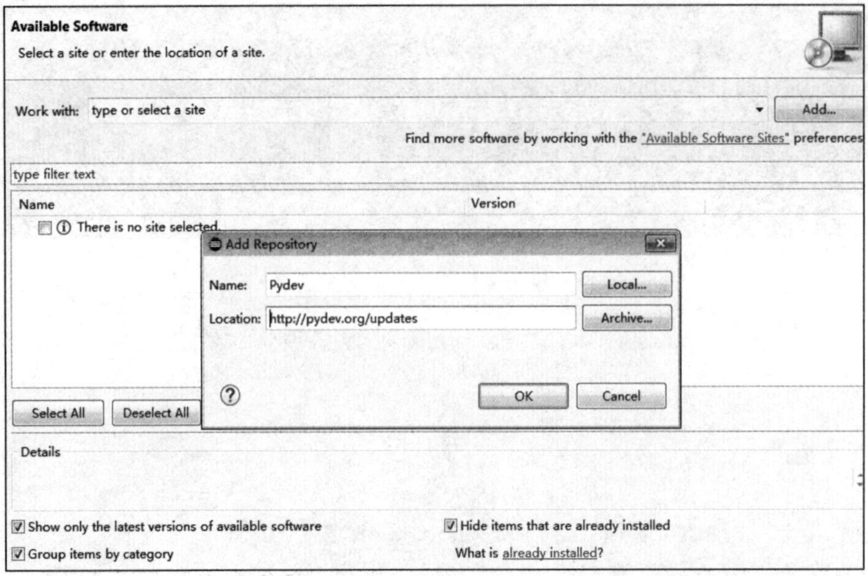

图 1-16　安装过程 1

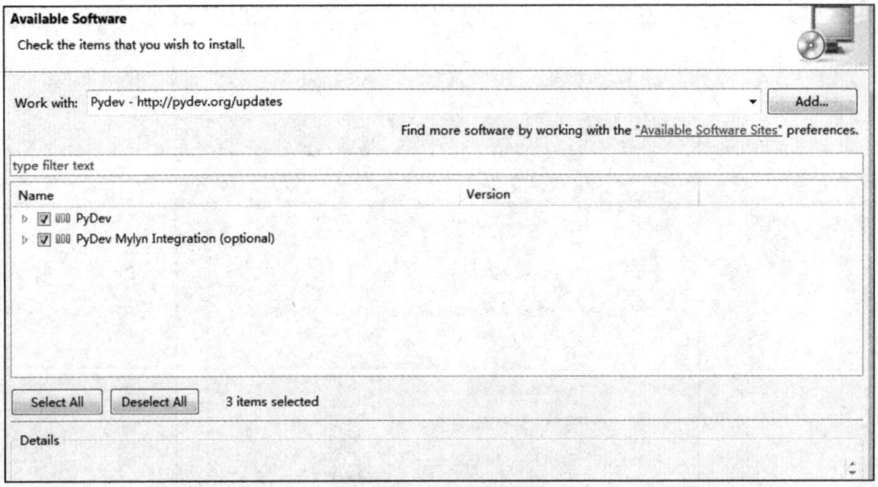

图 1-17　安装过程 2

第四步，安装完 pydev 插件后，需要配置 pydev 解释器。在 Eclipse 菜单栏中，点击 Windows→Preferences。在对话框中，点击 PyDev→Interpreter-Python。点击 New 按钮，选择 python.exe 的路径，打开后显示出一个包含很多复选框的窗口，点击 OK 即可，如图 1-18 所示。

经过上述四个步骤，Eclipse 就可以进行 Python 开发了。如需创建一个新的项目，选择 File→New→Projects...，再选择 PyDev→PyDevProject 并输入项目名称，点击 Finish 即可完成项目的创建，如图 1-19 所示。

然后新建 PyDev Package，就可以写代码了，如图 1-20 所示。

图 1-18　配置 PyDev

图 1-19　新建 Python 工程

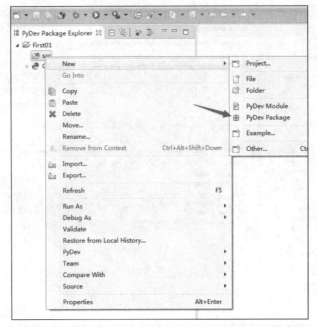

图 1-20　新建 Python 包

1.2.2　PyCharm

PyCharm 是本人用过的 Python 编辑器中，比较顺手，而且可以跨平台，在 MacOS、Linux 和 Windows 下都可以用。PyCharm 主要分为专业版和社区版，两者的区别在于专业版一开始有 30 天的试用期，之后就要收费；社区版一直免费，当然专业版的功能更加强大。我们进行 Python 爬虫开发，社区版基本上可以满足需要，所以接下来就以社区版为例。大家可以根据自己的系统版本，进行下载安装，下载地址为：http://www.jetbrains.com/pycharm/download/#。下载界面如图 1-21 所示。

图 1-21　下载界面

以 Windows 为例，下载后双击进行安装，一步一步点击 Next，即可完成安装。安装界面如图 1-22 所示。

安装完成后，运行 PyCharm，创建 Python 项目就可以进行 Python 开发了，如图 1-23 所示。

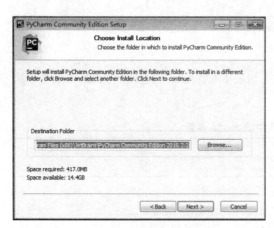

图 1-22　安装界面

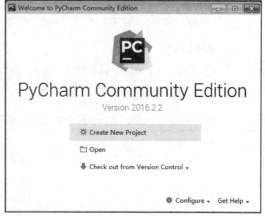

图 1-23　创建项目开发

1.3　IO 编程

IO 在计算机中指的是 Input/Output，也就是输入输出。凡是用到数据交换的地方，都会涉及 IO 编程，例如磁盘、网络的数据传输。在 IO 编程中，Stream（流）是一种重要的概念，分为输入流（Input Stream）和输出流（Output Stream）。我们可以把流理解为一个水管，数据相当于水管中的水，但是只能单向流动，所以数据传输过程中需要架设两个水管，一个负责输入，一个负责输出，这样读写就可以实现同步。本节主要讲解磁盘 IO 操作，网络 IO 操作放到之后的 1.5 节进行讨论。

1.3.1　文件读写

1. 打开文件

读写文件是最常见的 IO 操作。Python 内置了读写文件的函数，方便了文件的 IO 操作。文件读写之前需要打开文件，确定文件的读写模式。open 函数用来打开文件，语法如下：

```
open(name[.mode[.buffering]])
```

open 函数使用一个文件名作为唯一的强制参数，然后返回一个文件对象。模式（mode）和缓冲区（buffering）参数都是可选的，默认模式是读模式，默认缓冲区是无。

假设有个名为 qiye.txt 的文本文件，其存储路径是 c:\text（或者是在 Linux 下的~/text），那么可以像下面这样打开文件。在交互式环境的提示符">>>"下，输入如下内容：

```
>>> f = open(r'c:\text\qiye.txt')
```

如果文件不存在,将会看到一个类似下面的异常回溯:

```
Traceback (most recent call last):
    File "<stdin>", line 1, in <module>
IOError: [Errno 2] No such file or directory: 'C:\\qiye.txt'
```

2. 文件模式

下面主要说一下 open 函数中的 mode 参数(如表 1-1 所示),通过改变 mode 参数可以实现对文件的不同操作。

表 1-1   open 函数中的 mode 参数

值	功能描述
'r'	读模式
'w'	写模式
'a'	追加模式
'b'	二进制模式(可添加到其他模式中使用)
'+'	读/写模式(可添加到其他模式中使用)

这里主要是提醒一下'b'参数的使用,一般处理文本文件时,是用不到'b'参数的,但处理一些其他类型的文件(二进制文件),比如 mp3 音乐或者图像,那么应该在模式参数中增加'b',这在爬虫中处理媒体文件很常用。参数'rb'可以用来读取一个二进制文件。

3. 文件缓冲区

open 函数中第三个可选参数 buffering 控制着文件的缓冲。如果参数是 0,I/O 操作就是无缓冲的,直接将数据写到硬盘上;如果参数是 1,I/O 操作就是有缓冲的,数据先写到内存里,只有使用 flush 函数或者 close 函数才会将数据更新到硬盘;如果参数为大于 1 的数字则代表缓冲区的大小(单位是字节),-1(或者是任何负数)代表使用默认缓冲区的大小。

4. 文件读取

文件读取主要是分为按字节读取和按行进行读取,经常用到的方法有 read()、readlines()、close()。

在 ">>>" 输入 f = open(r'c:\text\qiye.txt')后,如果成功打开文本文件,接下来调用 read()方法则可以一次性将文件内容全部读到内存中,最后返回的是 str 类型的对象:

```
>>> f.read()
"qiye"
```

最后一步调用 close(),可以关闭对文件的引用。文件使用完毕后必须关闭,因为文件对象会占用操作系统资源,影响系统的 IO 操作。

```
>>> f.close()
```

由于文件操作可能会出现 IO 异常，一旦出现 IO 异常，后面的 close()方法就不会调用。所以为了保证程序的健壮性，我们需要使用 try ... finally 来实现。

```
try:
    f = open(r'c:\text\qiye.txt','r')
    print f.read()
finally:
    if f:
        f.close()
```

上面的代码略长，Python 提供了一种简单的写法，使用 with 语句来替代 try ... finally 代码块和 close()方法，如下所示：

```
with open(r'c:\text\qiye.txt','r') as fileReader:
    print fileReader.read()
```

调用 read()一次将文件内容读到内存，但是如果文件过大，将会出现内存不足的问题。一般对于大文件，可以反复调用 read(size)方法，一次最多读取 size 个字节。如果文件是文本文件，Python 提供了更加合理的做法，调用 readline()可以每次读取一行内容，调用 readlines()一次读取所有内容并按行返回列表。大家可以根据自己的具体需求采取不同的读取方式，例如小文件可以直接采取 read()方法读到内存，大文件更加安全的方式是连续调用 read(size)，而对于配置文件等文本文件，使用 readline()方法更加合理。

将上面的代码进行修改，采用 readline()的方式实现如下所示：

```
with open(r'c:\text\qiye.txt','r') as fileReader:
    for line in fileReader.readlines():
        print line.strip()
```

5. 文件写入

写文件和读文件是一样的，唯一的区别是在调用 open 方法时，传入标识符'w'或者'wb'表示写入文本文件或者写入二进制文件，示例如下：

```
f = open(r'c:\text\qiye.txt','w')
f.write('qiye')
f.close()
```

我们可以反复调用 write()方法写入文件，最后必须使用 close()方法来关闭文件。使用 write()方法的时候，操作系统不是立即将数据写入文件中的，而是先写入内存中缓存起来，等到空闲时候再写入文件中，最后使用 close()方法就将数据完整地写入文件中了。当然也可以使用 f.flush()方法，不断将数据立即写入文件中，最后使用 close()方法来关闭文件。和读文件同样道理，文件操作中可能会出现 IO 异常，所以还是推荐使用 with 语句：

```
with open(r'c:\text\qiye.txt','w') as fileWriter:
    fileWriter.write('qiye')
```

1.3.2 操作文件和目录

在 Python 中对文件和目录的操作经常用到 os 模块和 shutil 模块。接下来主要介绍一些操作文件和目录的常用方法：

- 获得当前 Python 脚本工作的目录路径：os.getcwd()。
- 返回指定目录下的所有文件和目录名：os.listdir()。例如返回 C 盘下的文件：os.listdir("C:\\")
- 删除一个文件：os.remove(filepath)。
- 删除多个空目录：os.removedirs(r"d:\python")。
- 检验给出的路径是否是一个文件：os.path.isfile(filepath)。
- 检验给出的路径是否是一个目录：os.path.isdir(filepath)。
- 判断是否是绝对路径：os.path.isabs()。
- 检验路径是否真的存在：os.path.exists()。例如检测 D 盘下是否有 Python 文件夹：os.path.exists(r"d:\python")
- 分离一个路径的目录名和文件名：os.path.split()。例如：os.path.split(r"/home/qiye/qiye.txt")，返回结果是一个元组：('/home/qiye', 'qiye.txt')。
- 分离扩展名：os.path.splitext()。例如 os.path.splitext(r"/home/qiye/qiye.txt")，返回结果是一个元组：('/home/qiye/qiye', '.txt')。
- 获取路径名：os.path.dirname(filepath)。
- 获取文件名：os.path.basename(filepath)。
- 读取和设置环境变量：os.getenv() 与 os.putenv()。
- 给出当前平台使用的行终止符：os.linesep。Windows 使用'\r\n'，Linux 使用'\n'而 Mac 使用'\r'。
- 指示你正在使用的平台：os.name。对于 Windows，它是'nt'，而对于 Linux/Unix 用户，它是'posix'。
- 重命名文件或者目录：os.rename(old,new)。
- 创建多级目录：os.makedirs(r"c:\python\test")。
- 创建单个目录：os.mkdir("test")。
- 获取文件属性：os.stat(file)。
- 修改文件权限与时间戳：os.chmod(file)。
- 获取文件大小：os.path.getsize(filename)。
- 复制文件夹：shutil.copytree("olddir","newdir")。olddir 和 newdir 都只能是目录，且 newdir 必须不存在。
- 复制文件：shutil.copyfile("oldfile","newfile")，oldfile 和 newfile 都只能是文件；shutil.copy("oldfile","newfile")，oldfile 只能是文件，newfile 可以是文件，也可以是目标目录。

- 移动文件（目录）：shutil.move("oldpos","newpos")。
- 删除目录：os.rmdir("dir")，只能删除空目录；shutil.rmtree("dir")，空目录、有内容的目录都可以删。

1.3.3 序列化操作

对象的序列化在很多高级编程语言中都有相应的实现，Python 也不例外。程序运行时，所有的变量都是在内存中的，例如在程序中声明一个 dict 对象，里面存储着爬取的页面的链接、页面的标题、页面的摘要等信息：

```
d = dict(url='index.html',title='首页',content='首页')
```

在程序运行的过程中爬取的页面的链接会不断变化，比如把 url 改成了 second.html，但是程序一结束或意外中断，程序中的内存变量都会被操作系统进行回收。如果没有把修改过的 url 存储起来，下次运行程序的时候，url 被初始化为 index.html，又是从首页开始，这是我们不愿意看到的。所以把内存中的变量变成可存储或可传输的过程，就是序列化。

将内存中的变量序列化之后，可以把序列化后的内容写入磁盘，或者通过网络传输到别的机器上，实现程序状态的保存和共享。反过来，把变量内容从序列化的对象重新读取到内存，称为反序列化。

在 Python 中提供了两个模块：cPickle 和 pickle 来实现序列化，前者是由 C 语言编写的，效率比后者高很多，但是两个模块的功能是一样的。一般编写程序的时候，采取的方案是先导入 cPickle 模块，如果此模块不存在，再导入 pickle 模块。示例如下：

```
try:
    import cPickle as pickle
except ImportError:
    import pickle
```

pickle 实现序列化主要使用的是 dumps 方法或 dump 方法。dumps 方法可以将任意对象序列化成一个 str，然后可以将这个 str 写入文件进行保存。在 Python Shell 中示例如下：

```
>>> import cPickle as pickle
>>> d = dict(url='index.html',title='首页',content='首页')
>>> pickle.dumps(d)
"(dp1\nS'content'\np2\nS'\\xca\\xd7\\xd2\\xb3'\np3\nsS'url'\np4\nS'index.html'\np5\nsS'title'\np6\ng3\ns."
```

如果使用 dump 方法，可以将序列化后的对象直接写入文件中：

```
>>> f=open(r'D:\dump.txt','wb')
>>> pickle.dump(d,f)
>>> f.close()
```

pickle 实现反序列化使用的是 loads 方法或 load 方法。把序列化后的文件从磁盘上读取为一个 str，然后使用 loads 方法将这个 str 反序列化为对象，或者直接使用 load 方法将文件直接反序列化为对象，如下所示：

```
>>> f=open(r'D:\dump.txt','rb')
>>> d=pickle.load(f)
>>> f.close()
>>> d
{'content': '\xca\xd7\xd2\xb3', 'url': 'index.html', 'title': '\xca\xd7\xd2\xb3'}
```

通过反序列化，存储为文件的 dict 对象，又重新恢复出来，但是这个变量和原变量没有什么关系，只是内容一样。以上就是序列化操作的整个过程。

假如我们想在不同的编程语言之间传递对象，把对象序列化为标准格式是关键，例如 XML，但是现在更加流行的是序列化为 JSON 格式，既可以被所有的编程语言读取解析，也可以方便地存储到磁盘或者通过网络传输。对于 JSON 的操作，将在第 5 章进行讲解。

1.4 进程和线程

在爬虫开发中，进程和线程的概念是非常重要的。提高爬虫的工作效率，打造分布式爬虫，都离不开进程和线程的身影。本节将从多进程、多线程、协程和分布式进程等四个方面，帮助大家回顾 Python 语言中进程和线程中的常用操作，以便在接下来的爬虫开发中灵活运用进程和线程。

1.4.1 多进程

Python 实现多进程的方式主要有两种，一种方法是使用 os 模块中的 fork 方法，另一种方法是使用 multiprocessing 模块。这两种方法的区别在于前者仅适用于 Unix/Linux 操作系统，对 Windows 不支持，后者则是跨平台的实现方式。由于现在很多爬虫程序都是运行在 Unix/Linux 操作系统上，所以本节对两种方式都进行讲解。

1. 使用 os 模块中的 fork 方式实现多进程

Python 的 os 模块封装了常见的系统调用，其中就有 fork 方法。fork 方法来自于 Unix/Linux 操作系统中提供的一个 fork 系统调用，这个方法非常特殊。普通的方法都是调用一次，返回一次，而 fork 方法是调用一次，返回两次，原因在于操作系统将当前进程（父进程）复制出一份进程（子进程），这两个进程几乎完全相同，于是 fork 方法分别在父进程和子进程中返回。子进程中永远返回 0，父进程中返回的是子进程的 ID。下面举个例子，对 Python 使用 fork 方法创建进程进行讲解。其中 os 模块中的 getpid 方法用于获取当前进程的 ID，getppid 方法用于获取父进程的 ID。代码如下：

```
import os
if __name__ == '__main__':
```

```
        print 'current Process (%s) start ...'%(os.getpid())
        pid = os.fork()
        if pid < 0:
            print 'error in fork'
        elif pid == 0:
            print 'I am child process(%s) and my parent process is (%s)',(os.getpid(),
                os.getppid())
        else:
            print 'I(%s) created a chlid process (%s).',(os.getpid(),pid)
```

运行结果如下：

```
current Process (3052) start ...
I(3052) created a chlid process (3053).
I am child process(3053) and my parent process is (3052)
```

2. 使用 multiprocessing 模块创建多进程

multiprocessing 模块提供了一个 Process 类来描述一个进程对象。创建子进程时，只需要传入一个执行函数和函数的参数，即可完成一个 Process 实例的创建，用 start()方法启动进程，用 join()方法实现进程间的同步。下面通过一个例子来演示创建多进程的流程，代码如下：

```
import os
from multiprocessing import Process
# 子进程要执行的代码
def run_proc(name):
    print 'Child process %s (%s) Running...' % (name, os.getpid())
if __name__ == '__main__':
    print 'Parent process %s.' % os.getpid()
    for i in range(5):
        p = Process(target=run_proc, args=(str(i),))
        print 'Process will start.'
        p.start()
    p.join()
    print 'Process end.'
```

运行结果如下：

```
Parent process 2392.
Process will start.
Process will start.
Process will start.
Process will start.
Process will start.
Child process 2 (10748) Running...
Child process 0 (5324) Running...
Child process 1 (3196) Running...
Child process 3 (4680) Running...
Child process 4 (10696) Running...
Process end.
```

以上介绍了创建进程的两种方法，但是要启动大量的子进程，使用进程池批量创建子进程的方式更加常见，因为当被操作对象数目不大时，可以直接利用 multiprocessing 中的 Process 动态生成多个进程，如果是上百个、上千个目标，手动去限制进程数量却又太过繁琐，这时候进程池 Pool 发挥作用的时候就到了。

3. multiprocessing 模块提供了一个 Pool 类来代表进程池对象

Pool 可以提供指定数量的进程供用户调用，默认大小是 CPU 的核数。当有新的请求提交到 Pool 中时，如果池还没有满，那么就会创建一个新的进程用来执行该请求；但如果池中的进程数已经达到规定最大值，那么该请求就会等待，直到池中有进程结束，才会创建新的进程来处理它。下面通过一个例子来演示进程池的工作流程，代码如下：

```python
from multiprocessing import Pool
import os, time, random

def run_task(name):
    print 'Task %s (pid = %s) is running...' % (name, os.getpid())
    time.sleep(random.random() * 3)
    print 'Task %s end.' % name

if __name__=='__main__':
    print 'Current process %s.' % os.getpid()
    p = Pool(processes=3)
    for i in range(5):
        p.apply_async(run_task, args=(i,))
    print 'Waiting for all subprocesses done...'
    p.close()
    p.join()
    print 'All subprocesses done.'
```

运行结果如下：

```
Current process 9176.
Waiting for all subprocesses done...
Task 0 (pid = 11012) is running...
Task 1 (pid = 12464) is running...
Task 2 (pid = 11260) is running...
Task 2 end.
Task 3 (pid = 11260) is running...
Task 0 end.
Task 4 (pid = 11012) is running...
Task 1 end.
Task 3 end.
Task 4 end.
All subprocesses done.
```

上述程序先创建了容量为 3 的进程池，依次向进程池中添加了 5 个任务。从运行结果中可以看到虽然添加了 5 个任务，但是一开始只运行了 3 个，而且每次最多运行 3 个进程。当一个任务结束了，新的任务依次添加进来，任务执行使用的进程依然是原来的进程，这一点通过进程的 pid 就可以看出来。

> **注意** Pool 对象调用 join()方法会等待所有子进程执行完毕，调用 join()之前必须先调用 close()，调用 close()之后就不能继续添加新的 Process 了。

4. 进程间通信

假如创建了大量的进程，那进程间通信是必不可少的。Python 提供了多种进程间通信的方式，例如 Queue、Pipe、Value+Array 等。本节主要讲解 Queue 和 Pipe 这两种方式。Queue 和 Pipe 的区别在于 Pipe 常用来在两个进程间通信，Queue 用来在多个进程间实现通信。

首先讲解一下 Queue 通信方式。Queue 是多进程安全的队列，可以使用 Queue 实现多进程之间的数据传递。有两个方法：Put 和 Get 可以进行 Queue 操作：

- Put 方法用以插入数据到队列中,它还有两个可选参数:blocked 和 timeout。如果 blocked 为 True（默认值），并且 timeout 为正值，该方法会阻塞 timeout 指定的时间，直到该队列有剩余的空间。如果超时，会抛出 Queue.Full 异常。如果 blocked 为 False，但该 Queue 已满，会立即抛出 Queue.Full 异常。
- Get 方法可以从队列读取并且删除一个元素。同样，Get 方法有两个可选参数：blocked 和 timeout。如果 blocked 为 True（默认值），并且 timeout 为正值，那么在等待时间内没有取到任何元素，会抛出 Queue.Empty 异常。如果 blocked 为 False，分两种情况：如果 Queue 有一个值可用，则立即返回该值；否则，如果队列为空，则立即抛出 Queue.Empty 异常。

下面通过一个例子进行说明：在父进程中创建三个子进程，两个子进程往 Queue 中写入数据，一个子进程从 Queue 中读取数据。程序示例如下：

```
from multiprocessing import Process, Queue
import os, time, random

# 写数据进程执行的代码：
def proc_write(q,urls):
    print('Process(%s) is writing...' % os.getpid())
    for url in urls:
        q.put(url)
        print('Put %s to queue...' % url)
        time.sleep(random.random())

# 读数据进程执行的代码：
def proc_read(q):
    print('Process(%s) is reading...' % os.getpid())
```

```
        while True:

            url = q.get(True)
            print('Get %s from queue.' % url)

if __name__=='__main__':
    # 父进程创建Queue，并传给各个子进程：
    q = Queue()
    proc_writer1 = Process(target=proc_write, args=(q,['url_1', 'url_2', 'url_3']))
    proc_writer2 = Process(target=proc_write, args=(q,['url_4','url_5','url_6']))
    proc_reader = Process(target=proc_read, args=(q,))
    # 启动子进程proc_writer，写入：
    proc_writer1.start()
    proc_writer2.start()
    # 启动子进程proc_reader，读取：
    proc_reader.start()
    # 等待proc_writer结束：
    proc_writer1.join()
    proc_writer2.join()
    # proc_reader进程里是死循环，无法等待其结束，只能强行终止：
    proc_reader.terminate()
```

运行结果如下：

```
Process(9968) is writing...
Process(9512) is writing...
Put url_1 to queue...
Put url_4 to queue...
Process(1124) is reading...
Get url_1 from queue.
Get url_4 from queue.
Put url_5 to queue...
Get url_5 from queue.
Put url_2 to queue...
Get url_2 from queue.
Put url_6 to queue...
Get url_6 from queue.
Put url_3 to queue...
Get url_3 from queue.
```

最后介绍一下Pipe的通信机制，Pipe常用来在两个进程间进行通信，两个进程分别位于管道的两端。

Pipe方法返回（conn1, conn2）代表一个管道的两个端。Pipe方法有duplex参数，如果duplex参数为True（默认值），那么这个管道是全双工模式，也就是说conn1和conn2均可收发。若duplex为False，conn1只负责接收消息，conn2只负责发送消息。send和recv方法分别是发送和接收消息的方法。例如，在全双工模式下，可以调用conn1.send发送消息，conn1.recv接收消息。如果没有消息可接收，recv方法会一直阻塞。如果管道已经被关闭，那么 recv 方法会抛出 EOFError。

下面通过一个例子进行说明：创建两个进程，一个子进程通过 Pipe 发送数据，一个子进程通过 Pipe 接收数据。程序示例如下：

```python
import multiprocessing
import random
import time,os

def proc_send(pipe,urls):
    for url in urls:
        print "Process(%s) send: %s" %(os.getpid(),url)
        pipe.send(url)
        time.sleep(random.random())

def proc_recv(pipe):
    while True:
        print "Process(%s) rev:%s" %(os.getpid(),pipe.recv())
        time.sleep(random.random())

if __name__ == "__main__":
    pipe = multiprocessing.Pipe()
    p1 = multiprocessing.Process(target=proc_send, args=(pipe[0],['url_'+str(i)
        for i in range(10) ]))
    p2 = multiprocessing.Process(target=proc_recv, args=(pipe[1],))
    p1.start()
    p2.start()
    p1.join()
    p2.terminate()
```

运行结果如下：

```
Process(10448) send: url_0
Process(5832) rev:url_0
Process(10448) send: url_1
Process(5832) rev:url_1
Process(10448) send: url_2
Process(5832) rev:url_2
Process(10448) send: url_3
Process(10448) send: url_4
Process(5832) rev:url_3
Process(10448) send: url_5
Process(10448) send: url_6
Process(5832) rev:url_4
Process(5832) rev:url_5
Process(10448) send: url_7
Process(10448) send: url_8
Process(5832) rev:url_6
Process(5832) rev:url_7
Process(10448) send: url_9
```

```
Process(5832) rev:url_8
Process(5832) rev:url_9
```

 以上多进程程序运行结果的打印顺序在不同的系统和硬件条件下略有不同。

1.4.2 多线程

多线程类似于同时执行多个不同程序，多线程运行有如下优点：
- 可以把运行时间长的任务放到后台去处理。
- 用户界面可以更加吸引人，比如用户点击了一个按钮去触发某些事件的处理，可以弹出一个进度条来显示处理的进度。
- 程序的运行速度可能加快。
- 在一些需要等待的任务实现上，如用户输入、文件读写和网络收发数据等，线程就比较有用了。在这种情况下我们可以释放一些珍贵的资源，如内存占用等。

Python 的标准库提供了两个模块：thread 和 threading，thread 是低级模块，threading 是高级模块，对 thread 进行了封装。绝大多数情况下，我们只需要使用 threading 这个高级模块。

1. 用 threading 模块创建多线程

threading 模块一般通过两种方式创建多线程：第一种方式是把一个函数传入并创建 Thread 实例，然后调用 start 方法开始执行；第二种方式是直接从 threading.Thread 继承并创建线程类，然后重写 __init__ 方法和 run 方法。

首先介绍第一种方法，通过一个简单例子演示创建多线程的流程，程序如下：

```
import random
import time, threading
# 新线程执行的代码:
def thread_run(urls):
    print 'Current %s is running...' % threading.current_thread().name
    for url in urls:
        print '%s ---->>> %s' % (threading.current_thread().name,url)
        time.sleep(random.random())
    print '%s ended.' % threading.current_thread().name

print '%s is running...' % threading.current_thread().name
t1 = threading.Thread(target=thread_run, name='Thread_1',args=(['url_1','url_2','url_3'],))
t2 = threading.Thread(target=thread_run, name='Thread_2',args=(['url_4','url_5','url_6'],))
t1.start()
t2.start()
t1.join()
t2.join()
print '%s ended.' % threading.current_thread().name
```

运行结果如下：

```
MainThread is running...
Current Thread_1 is running...
Thread_1 ---->>> url_1
Current Thread_2 is running...
Thread_2 ---->>> url_4
Thread_1 ---->>> url_2
Thread_2 ---->>> url_5
Thread_2 ---->>> url_6
Thread_1 ---->>> url_3
Thread_1 ended.
Thread_2 ended.
MainThread ended.
```

第二种方式从 threading.Thread 继承创建线程类，下面将方法一的程序进行重写，程序如下：

```python
import random
import threading
import time
class myThread(threading.Thread):
    def __init__(self,name,urls):
        threading.Thread.__init__(self,name=name)
        self.urls = urls

    def run(self):
        print 'Current %s is running...' % threading.current_thread().name
        for url in self.urls:
            print '%s ---->>> %s' % (threading.current_thread().name,url)
            time.sleep(random.random())
        print '%s ended.' % threading.current_thread().name
print '%s is running...' % threading.current_thread().name
t1 = myThread(name='Thread_1',urls=['url_1','url_2','url_3'])
t2 = myThread(name='Thread_2',urls=['url_4','url_5','url_6'])
t1.start()
t2.start()
t1.join()
t2.join()
print '%s ended.' % threading.current_thread().name
```

运行结果如下：

```
MainThread is running...
Current Thread_1 is running...
Thread_1 ---->>> url_1
Current Thread_2 is running...
Thread_2 ---->>> url_4
Thread_2 ---->>> url_5
Thread_1 ---->>> url_2
Thread_1 ---->>> url_3
```

```
Thread_2 ---->>> url_6
Thread_2 ended.
Thread_1 ended.
```

2. 线程同步

如果多个线程共同对某个数据修改，则可能出现不可预料的结果，为了保证数据的正确性，需要对多个线程进行同步。使用 Thread 对象的 Lock 和 RLock 可以实现简单的线程同步，这两个对象都有 acquire 方法和 release 方法，对于那些每次只允许一个线程操作的数据，可以将其操作放到 acquire 和 release 方法之间。

对于 Lock 对象而言，如果一个线程连续两次进行 acquire 操作，那么由于第一次 acquire 之后没有 release，第二次 acquire 将挂起线程。这会导致 Lock 对象永远不会 release，使得线程死锁。RLock 对象允许一个线程多次对其进行 acquire 操作，因为在其内部通过一个 counter 变量维护着线程 acquire 的次数。而且每一次的 acquire 操作必须有一个 release 操作与之对应，在所有的 release 操作完成之后，别的线程才能申请该 RLock 对象。下面通过一个简单的例子演示线程同步的过程：

```python
import threading
mylock = threading.RLock()
num=0
class myThread(threading.Thread):
    def __init__(self, name):
        threading.Thread.__init__(self,name=name)

    def run(self):
        global num
        while True:
            mylock.acquire()
            print '%s locked, Number: %d'%(threading.current_thread().name, num)
            if num>=4:
                mylock.release()
                print '%s released, Number: %d'%(threading.current_thread().name, num)
                break
            num+=1
            print '%s released, Number: %d'%(threading.current_thread().name, num)
            mylock.release()


if __name__== '__main__':
    thread1 = myThread('Thread_1')
    thread2 = myThread('Thread_2')
    thread1.start()
    thread2.start()
```

运行结果如下：

```
Thread_1 locked, Number: 0
```

```
Thread_1 released, Number: 1
Thread_1 locked, Number: 1
Thread_1 released, Number: 2
Thread_2 locked, Number: 2
Thread_2 released, Number: 3
Thread_1 locked, Number: 3
Thread_1 released, Number: 4
Thread_2 locked, Number: 4
Thread_2 released, Number: 4
Thread_1 locked, Number: 4
Thread_1 released, Number: 4
```

3. 全局解释器锁(GIL)

在 Python 的原始解释器 CPython 中存在着 GIL(Global Interpreter Lock，全局解释器锁)，因此在解释执行 Python 代码时，会产生互斥锁来限制线程对共享资源的访问，直到解释器遇到 I/O 操作或者操作次数达到一定数目时才会释放 GIL。由于全局解释器锁的存在，在进行多线程操作的时候，不能调用多个 CPU 内核，只能利用一个内核，所以在进行 CPU 密集型操作的时候，不推荐使用多线程，更加倾向于多进程。那么多线程适合什么样的应用场景呢？对于 IO 密集型操作，多线程可以明显提高效率，例如 Python 爬虫的开发，绝大多数时间爬虫是在等待 socket 返回数据，网络 IO 的操作延时比 CPU 大得多。

1.4.3　协程

协程（coroutine），又称微线程，纤程，是一种用户级的轻量级线程。协程拥有自己的寄存器上下文和栈。协程调度切换时，将寄存器上下文和栈保存到其他地方，在切回来的时候，恢复先前保存的寄存器上下文和栈。因此协程能保留上一次调用时的状态，每次过程重入时，就相当于进入上一次调用的状态。在并发编程中，协程与线程类似，每个协程表示一个执行单元，有自己的本地数据，与其他协程共享全局数据和其他资源。

协程需要用户自己来编写调度逻辑，对于 CPU 来说，协程其实是单线程，所以 CPU 不用去考虑怎么调度、切换上下文，这就省去了 CPU 的切换开销，所以协程在一定程度上又好于多线程。那么在 Python 中是如何实现协程的呢？

Python 通过 yield 提供了对协程的基本支持，但是不完全，而使用第三方 gevent 库是更好的选择，gevent 提供了比较完善的协程支持。gevent 是一个基于协程的 Python 网络函数库，使用 greenlet 在 libev 事件循环顶部提供了一个有高级别并发性的 API。主要特性有以下几点：

❑ 基于 libev 的快速事件循环，Linux 上是 epoll 机制。
❑ 基于 greenlet 的轻量级执行单元。
❑ API 复用了 Python 标准库里的内容。
❑ 支持 SSL 的协作式 sockets。
❑ 可通过线程池或 c-ares 实现 DNS 查询。

❏ 通过 monkey patching 功能使得第三方模块变成协作式。

gevent 对协程的支持，本质上是 greenlet 在实现切换工作。greenlet 工作流程如下：假如进行访问网络的 IO 操作时，出现阻塞，greenlet 就显式切换到另一段没有被阻塞的代码段执行，直到原先的阻塞状况消失以后，再自动切换回原来的代码段继续处理。因此，greenlet 是一种合理安排的串行方式。

由于 IO 操作非常耗时，经常使程序处于等待状态，有了 gevent 为我们自动切换协程，就保证总有 greenlet 在运行，而不是等待 IO，这就是协程一般比多线程效率高的原因。由于切换是在 IO 操作时自动完成，所以 gevent 需要修改 Python 自带的一些标准库，将一些常见的阻塞，如 socket、select 等地方实现协程跳转，这一过程在启动时通过 monkey patch 完成。下面通过一个的例子来演示 gevent 的使用流程，代码如下：

```python
from gevent import monkey; monkey.patch_all()
import gevent
import urllib2

def run_task(url):
    print 'Visit --> %s' % url
    try:
        response = urllib2.urlopen(url)
        data = response.read()
        print '%d bytes received from %s.' % (len(data), url)
    except Exception,e:
        print e
if __name__=='__main__':
    urls = ['https://github.com/','https://www.python.org/','http://www.cnblogs.com/']
    greenlets = [gevent.spawn(run_task, url) for url in urls ]
    gevent.joinall(greenlets)
```

运行结果如下：

```
Visit --> https://github.com/
Visit --> https://www.python.org/
Visit --> http://www.cnblogs.com/
45740 bytes received from http://www.cnblogs.com/.
25482 bytes received from https://github.com/.
47445 bytes received from https://www.python.org/.
```

以上程序主要用了 gevent 中的 spawn 方法和 joinall 方法。spawn 方法可以看做是用来形成协程，joinall 方法就是添加这些协程任务，并且启动运行。从运行结果来看，3 个网络操作是并发执行的，而且结束顺序不同，但其实只有一个线程。

gevent 中还提供了对池的支持。当拥有动态数量的 greenlet 需要进行并发管理（限制并发数）时，就可以使用池，这在处理大量的网络和 IO 操作时是非常需要的。接下来使用 gevent 中 pool 对象，对上面的例子进行改写，程序如下：

```
from gevent import monkey
monkey.patch_all()
import urllib2
from gevent.pool import Pool
def run_task(url):
    print 'Visit --> %s' % url
    try:
        response = urllib2.urlopen(url)
        data = response.read()
        print '%d bytes received from %s.' % (len(data), url)
    except Exception,e:
        print e
    return 'url:%s --->finish'% url

if __name__=='__main__':
    pool = Pool(2)
    urls = ['https://github.com/','https://www.python.org/','http://www.cnblogs.com/']
    results = pool.map(run_task,urls)
    print results
```

运行结果如下：

```
Visit --> https://github.com/
Visit --> https://www.python.org/
25482 bytes received from https://github.com/.
Visit --> http://www.cnblogs.com/
47445 bytes received from https://www.python.org/.
45687 bytes received from http://www.cnblogs.com/.
['url:https://github.com/ --->finish', 'url:https://www.python.org/ --->finish',
    'url:http://www.cnblogs.com/    --->finish']
```

通过运行结果可以看出，Pool 对象确实对协程的并发数量进行了管理，先访问了前两个网址，当其中一个任务完成时，才会执行第三个。

1.4.4　分布式进程

分布式进程指的是将 Process 进程分布到多台机器上，充分利用多台机器的性能完成复杂的任务。我们可以将这一点应用到分布式爬虫的开发中。

分布式进程在 Python 中依然要用到 multiprocessing 模块。multiprocessing 模块不但支持多进程，其中 managers 子模块还支持把多进程分布到多台机器上。可以写一个服务进程作为调度者，将任务分布到其他多个进程中，依靠网络通信进行管理。举个例子：在做爬虫程序时，常常会遇到这样的场景，我们想抓取某个网站的所有图片，如果使用多进程的话，一般是一个进程负责抓取图片的链接地址，将链接地址存放到 Queue 中，另外的进程负责从 Queue 中读取链接地址进行下载和存储到本地。现在把这个过程做成分布式，一台机器上的进程负责抓取链接，其他机器上的进程负责下载存储。那么遇到的主要问题是将 Queue 暴露到网络中,让其他机器进程都可以访问,分布式进程就是将这一个过程进行了封装,我们可以将这个过程称为本地队列的网络化。整体过程如图1-24所示。

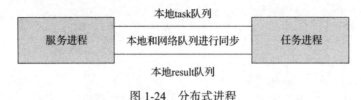

图1-24 分布式进程

要实现上面例子的功能,创建分布式进程需要分为六个步骤:

1)建立队列Queue,用来进行进程间的通信。服务进程创建任务队列task_queue,用来作为传递任务给任务进程的通道;服务进程创建结果队列result_queue,作为任务进程完成任务后回复服务进程的通道。在分布式多进程环境下,必须通过由Queuemanager获得的Queue接口来添加任务。

2)把第一步中建立的队列在网络上注册,暴露给其他进程(主机),注册后获得网络队列,相当于本地队列的映像。

3)建立一个对象(Queuemanager(BaseManager))实例manager,绑定端口和验证口令。

4)启动第三步中建立的实例,即启动管理manager,监管信息通道。

5)通过管理实例的方法获得通过网络访问的Queue对象,即再把网络队列实体化成可以使用的本地队列。

6)创建任务到"本地"队列中,自动上传任务到网络队列中,分配给任务进程进行处理。

接下来通过程序实现上面的例子(Linux版),首先编写的是服务进程(taskManager.py),代码如下:

```
import random,time,Queue
from multiprocessing.managers import BaseManager
# 第一步:建立task_queue和result_queue,用来存放任务和结果
task_queue=Queue.Queue()
result_queue=Queue.Queue()

class Queuemanager(BaseManager):
    pass
# 第二步:把创建的两个队列注册在网络上,利用register方法,callable参数关联了Queue对象,
# 将Queue对象在网络中暴露
Queuemanager.register('get_task_queue',callable=lambda:task_queue)
Queuemanager.register('get_result_queue',callable=lambda:result_queue)

# 第三步:绑定端口8001,设置验证口令'qiye'。这个相当于对象的初始化
manager=Queuemanager(address=('',8001),authkey='qiye')

# 第四步:启动管理,监听信息通道
manager.start()
```

```python
# 第五步：通过管理实例的方法获得通过网络访问的 Queue 对象
task=manager.get_task_queue()
result=manager.get_result_queue()

# 第六步：添加任务
for url in ["ImageUrl_"+str(i) for i in range(10)]:
    print 'put task %s ...' %url
    task.put(url)
# 获取返回结果
print 'try get result...'
for i in range(10):
    print 'result is %s' %result.get(timeout=10)
# 关闭管理
manager.shutdown()
```

服务进程已经编写完成，接下来编写任务进程（taskWorker.py），创建任务进程的步骤相对较少，需要四个步骤：

1）使用 QueueManager 注册用于获取 Queue 的方法名称，任务进程只能通过名称来在网络上获取 Queue。

2）连接服务器，端口和验证口令注意保持与服务进程中完全一致。

3）从网络上获取 Queue，进行本地化。

4）从 task 队列获取任务，并把结果写入 result 队列。

程序 taskWorker.py 代码（win/linux 版）如下：

```python
# coding:utf-8
import time
from multiprocessing.managers import BaseManager
# 创建类似的 QueueManager:
class QueueManager(BaseManager):
    pass
# 第一步：使用 QueueManager 注册用于获取 Queue 的方法名称
QueueManager.register('get_task_queue')
QueueManager.register('get_result_queue')
# 第二步：连接到服务器：
server_addr = '127.0.0.1'
print('Connect to server %s...' % server_addr)
# 端口和验证口令注意保持与服务进程完全一致：
m = QueueManager(address=(server_addr, 8001), authkey='qiye')
# 从网络连接：
m.connect()
# 第三步：获取 Queue 的对象：
task = m.get_task_queue()
result = m.get_result_queue()
# 第四步：从 task 队列获取任务,并把结果写入 result 队列：
while(not task.empty()):
        image_url = task.get(True,timeout=5)
```

```
        print('run task download %s...' % image_url)
        time.sleep(1)
        result.put('%s--->success'%image_url)

# 处理结束:
print('worker exit.')
```

最后开始运行程序,先启动服务进程 taskManager.py,运行结果如下:

```
put task ImageUrl_0 ...
put task ImageUrl_1 ...
put task ImageUrl_2 ...
put task ImageUrl_3 ...
put task ImageUrl_4 ...
put task ImageUrl_5 ...
put task ImageUrl_6 ...
put task ImageUrl_7 ...
put task ImageUrl_8 ...
put task ImageUrl_9 ...
try get result...
```

接着再启动任务进程 taskWorker.py,运行结果如下:

```
Connect to server 127.0.0.1...
run task download ImageUrl_0...
run task download ImageUrl_1...
run task download ImageUrl_2...
run task download ImageUrl_3...
run task download ImageUrl_4...
run task download ImageUrl_5...
run task download ImageUrl_6...
run task download ImageUrl_7...
run task download ImageUrl_8...
run task download ImageUrl_9...
worker exit.
```

当任务进程运行结束后,服务进程运行结果如下:

```
result is ImageUrl_0--->success
result is ImageUrl_1--->success
result is ImageUrl_2--->success
result is ImageUrl_3--->success
result is ImageUrl_4--->success
result is ImageUrl_5--->success
result is ImageUrl_6--->success
result is ImageUrl_7--->success
result is ImageUrl_8--->success
result is ImageUrl_9--->success
```

其实这就是一个简单但真正的分布式计算,把代码稍加改造,启动多个 worker,就可以把任务分布到几台甚至几十台机器上，实现大规模的分布式爬虫。

> **注意** 由于平台的特性，创建服务进程的代码在 Linux 和 Windows 上有一些不同，创建工作进程的代码是一致的。

taskManager.py 程序在 Windows 版下的代码如下：

```python
# coding:utf-8
# taskManager.py for windows
import Queue
from multiprocessing.managers import BaseManager
from multiprocessing import freeze_support
# 任务个数
task_number = 10
# 定义收发队列
task_queue = Queue.Queue(task_number);
result_queue = Queue.Queue(task_number);
def get_task():
    return task_queue
def get_result():
     return result_queue
# 创建类似的 QueueManager:
class QueueManager(BaseManager):
    pass
def win_run():
    # Windows下绑定调用接口不能使用lambda,所以只能先定义函数再绑定
    QueueManager.register('get_task_queue',callable = get_task)
    QueueManager.register('get_result_queue',callable = get_result)
    # 绑定端口并设置验证口令，Windows下需要填写IP地址，Linux下不填默认为本地
    manager = QueueManager(address = ('127.0.0.1',8001),authkey = 'qiye')
    # 启动
    manager.start()
    try:
        # 通过网络获取任务队列和结果队列
        task = manager.get_task_queue()
        result = manager.get_result_queue()
        # 添加任务
        for url in ["ImageUrl_"+str(i) for i in range(10)]:
            print 'put task %s ...' %url
            task.put(url)
        print 'try get result...'
        for i in range(10):
            print 'result is %s' %result.get(timeout=10)
    except:
        print('Manager error')
    finally:
        # 一定要关闭，否则会报管道未关闭的错误
```

```
        manager.shutdown()

if __name__ == '__main__':
    # Windows 下多进程可能会有问题，添加这句可以缓解
    freeze_support()
    win_run()
```

1.5 网络编程

既然是做爬虫开发，必然需要了解 Python 网络编程方面的知识。计算机网络是把各个计算机连接到一起，让网络中的计算机可以互相通信。网络编程就是如何在程序中实现两台计算机的通信。例如当你使用浏览器访问谷歌网站时，你的计算机就和谷歌的某台服务器通过互联网建立起了连接，然后谷歌服务器会把把网页内容作为数据通过互联网传输到你的电脑上。

网络编程对所有开发语言都是一样的，Python 也不例外。使用 Python 进行网络编程时，实际上是在 Python 程序本身这个进程内，连接到指定服务器进程的通信端口进行通信，所以网络通信也可以看做两个进程间的通信。

提到网络编程，必须提到的一个概念是 Socket。Socket（套接字）是网络编程的一个抽象概念，通常我们用一个 Socket 表示"打开了一个网络链接"，而打开一个 Socket 需要知道目标计算机的 IP 地址和端口号，再指定协议类型即可。Python 提供了两个基本的 Socket 模块：

❑ Socket，提供了标准的 BSD Sockets API。
❑ SocketServer，提供了服务器中心类，可以简化网络服务器的开发。

下面讲一下 Socket 模块功能。

1. Socket 类型

套接字格式为：socket(family,type[,protocal])，使用给定的地址族、套接字类型（如表 1-2 所示）、协议编号（默认为 0）来创建套接字。

表 1-2 Socket 类型及说明

Socket 类型	描　　述
socket.AF_UNIX	只能够用于单一的 Unix 系统进程间通信
socket.AF_INET	服务器之间网络通信
socket.AF_INET6	IPv6
socket.SOCK_STREAM	流式 socket，用于 TCP
socket.SOCK_DGRAM	数据报式 socket，用于 UDP
socket.SOCK_RAW	原始套接字，普通的套接字无法处理 ICMP、IGMP 等网络报文，而 SOCK_RAW 可以；其次，SOCK_RAW 也可以处理特殊的 IPv4 报文；此外，利用原始套接字，可以通过 IP_HDRINCL 套接字选项由用户构造 IP 头
socket.SOCK_SEQPACKET	可靠的连续数据包服务
创建 TCP Socket	s=socket.socket(socket.AF_INET,socket.SOCK_STREAM)
创建 UDP Socket	s=socket.socket(socket.AF_INET,socket.SOCK_DGRAM)

2. Socket 函数

表 1-3 列举了 Python 网络编程常用的函数，其中包括了 TCP 和 UDP。

表 1-3 Socket 函数及说明

Socket 函数	描述
服务端 Socket 函数	
s.bind(address)	将套接字绑定到地址，在 AF_INET 下，以元组（host,port）的形式表示地址
s.listen(backlog)	开始监听 TCP 传入连接。backlog 指定在拒绝连接之前，操作系统可以挂起的最大连接数量。该值至少为 1，大部分应用程序设为 5 就可以了
s.accept()	接受 TCP 连接并返回（conn,address），其中 conn 是新的套接字对象，可以用来接收和发送数据。address 是连接客户端的地址
客户端 Socket 函数	
s.connect(address)	连接到 address 处的套接字。一般 address 的格式为元组（hostname,port），如果连接出错，返回 socket.error 错误
s.connect_ex(adddress)	功能与 connect(address)相同，但是成功返回 0，失败返回 errno 的值
公共 Socket 函数	
s.recv(bufsize[,flag])	接受 TCP 套接字的数据。数据以字符串形式返回，bufsize 指定要接收的最大数据量。flag 提供有关消息的其他信息，通常可以忽略
s.send(string[,flag])	发送 TCP 数据。将 string 中的数据发送到连接的套接字。返回值是要发送的字节数量，该数量可能小于 string 的字节大小
s.sendall(string[,flag])	完整发送 TCP 数据。将 string 中的数据发送到连接的套接字，但在返回之前会尝试发送所有数据。成功返回 None，失败则抛出异常
s.recvfrom(bufsize[.flag])	接受 UDP 套接字的数据。与 recv()类似，但返回值是（data,address）。其中 data 是包含接收数据的字符串，address 是发送数据的套接字地址
s.sendto(string[,flag],address)	发送 UDP 数据。将数据发送到套接字，address 是形式为（ipaddr, port）的元组，指定远程地址。返回值是发送的字节数
s.close()	关闭套接字
s.getpeername()	返回连接套接字的远程地址。返回值通常是元组（ipaddr,port）
s.getsockname()	返回套接字自己的地址。通常是一个元组（ipaddr,port）
s.setsockopt(level,optname,value)	设置给定套接字选项的值
s.getsockopt(level,optname[.buflen])	返回套接字选项的值
s.settimeout(timeout)	设置套接字操作的超时期，timeout 是一个浮点数，单位是秒。值为 None 表示没有超时期。一般超时期应该在刚创建套接字时设置，因为它们可能会用于连接操作（如 connect()）
s.setblocking(flag)	如果 flag 为 0，则将套接字设为非阻塞模式，否则将套接字设为阻塞模式（默认值）。非阻塞模式下，如果调用 recv()没有发现任何数据，或 send()调用无法立即发送数据，将引起 socket.error 异常

本节接下来主要介绍 Python 中 TCP 和 UDP 两种网络类型的编程流程。

1.5.1 TCP 编程

网络编程一般包括两部分：服务端和客户端。TCP 是一种面向连接的通信方式，主动发起连接的叫客户端，被动响应连接的叫服务端。首先说一下服务端，创建和运行 TCP 服务端一般需要五个步骤：

1）创建 Socket，绑定 Socket 到本地 IP 与端口。

2）开始监听连接。

3）进入循环，不断接收客户端的连接请求。

4）接收传来的数据，并发送给对方数据。

5）传输完毕后，关闭 Socket。

下面通过一个例子演示创建 TCP 服务端的过程，程序如下：

```python
# coding:utf-8
import socket
import threading
import time
def dealClient(sock, addr):
    # 第四步：接收传来的数据，并发送给对方数据
    print('Accept new connection from %s:%s...' % addr)
    sock.send(b'Hello,I am server!')
    while True:
        data = sock.recv(1024)
        time.sleep(1)
        if not data or data.decode('utf-8') == 'exit':
            break
        print('-->>%s!' % data.decode('utf-8'))
        sock.send(('Loop_Msg: %s!' % data.decode('utf-8')).encode('utf-8'))
    # 第五步：关闭 Socket
    sock.close()
    print('Connection from %s:%s closed.' % addr)
if __name__=="__main__":
    # 第一步：创建一个基于 IPv4 和 TCP 协议的 Socket
    # Socket 绑定的 IP(127.0.0.1 为本机 IP)与端口
    s = socket.socket(socket.AF_INET, socket.SOCK_STREAM)
    s.bind(('127.0.0.1', 9999))
    # 第二步:监听连接
    s.listen(5)
    print('Waiting for connection...')
    while True:
        # 第三步:接收一个新连接:
        sock, addr = s.accept()
        # 创建新线程来处理 TCP 连接:
        t = threading.Thread(target=dealClient, args=(sock, addr))
        t.start()
```

接着编写客户端，与服务端进行交互，TCP 客户端的创建和运行需要三个步骤：

1）创建 Socket，连接远端地址。

2）连接后发送数据和接收数据。

3）传输完毕后，关闭 Socket。

程序如下：

```python
# coding:utf-8
```

```python
import socket
# 初始化 Socket
s = socket.socket(socket.AF_INET, socket.SOCK_STREAM)
# 连接目标的 IP 和端口
s.connect(('127.0.0.1', 9999))
# 接收消息
print('-->>'+s.recv(1024).decode('utf-8'))
# 发送消息
s.send(b'Hello,I am a client')
print('-->>'+s.recv(1024).decode('utf-8'))
s.send(b'exit')
# 关闭 Socket
s.close()
```

最后看一下运行结果，先启动服务端，再启动客户端。服务端打印的信息如下：

```
Waiting for connection...
Accept new connection from 127.0.0.1:20164...
-->>Hello,I am a client!
Connection from 127.0.0.1:20164 closed.
```

客户端输出信息如下：

```
-->>Hello,I am server!
-->>Loop_Msg: Hello,I am a client!
```

以上完成了 TCP 客户端与服务端的交互流程，用 TCP 协议进行 Socket 编程在 Python 中十分简单。对于客户端，要主动连接服务器的 IP 和指定端口；对于服务器，要首先监听指定端口，然后，对每一个新的连接，创建一个线程或进程来处理。通常，服务器程序会无限运行下去。

1.5.2 UDP 编程

TCP 通信需要一个建立可靠连接的过程，而且通信双方以流的形式发送数据。相对于 TCP，UDP 则是面向无连接的协议。使用 UDP 协议时，不需要建立连接，只需要知道对方的 IP 地址和端口号，就可以直接发数据包，但是不关心是否能到达目的端。虽然用 UDP 传输数据不可靠，但是由于它没有建立连接的过程，速度比 TCP 快得多，对于不要求可靠到达的数据，就可以使用 UDP 协议。

使用 UDP 协议，和 TCP 一样，也有服务端和客户端之分。UDP 编程相对于 TCP 编程比较简单，服务端创建和运行只需要三个步骤：

1）创建 Socket，绑定指定的 IP 和端口。
2）直接发送数据和接收数据。
3）关闭 Socket。

示例程序如下：

```
# coding:utf-8
import socket
# 创建 Socket，绑定指定的 IP 和端口
# SOCK_DGRAM 指定了这个 Socket 的类型是 UDP，绑定端口和 TCP 示例一样。
s = socket.socket(socket.AF_INET, socket.SOCK_DGRAM)
s.bind(('127.0.0.1', 9999))
print('Bind UDP on 9999...')
while True:
    # 直接发送数据和接收数据
    data, addr = s.recvfrom(1024)
    print('Received from %s:%s.' % addr)
    s.sendto(b'Hello, %s!' % data, addr)
```

客户端的创建和运行更加简单，创建 Socket，直接可以与服务端进行数据交换，示例如下：

```
# coding:utf-8
import socket
s = socket.socket(socket.AF_INET, socket.SOCK_DGRAM)
for data in [b'Hello', b'World']:
    # 发送数据：
    s.sendto(data, ('127.0.0.1', 9999))
    # 接收数据：
    print(s.recv(1024).decode('utf-8'))
s.close()
```

以上就是 UDP 服务端和客户端数据交互的流程，UDP 的使用与 TCP 类似，但是不需要建立连接。此外，服务器绑定 UDP 端口和 TCP 端口互不冲突，即 UDP 的 9999 端口与 TCP 的 9999 端口可以各自绑定。

1.6 小结

本章主要讲解了 Python 的编程基础，包括 IO 编程、进程和线程、网络编程等三个方面。这三个方面在 Python 爬虫开发中经常用到，熟悉这些知识点，对于之后的开发将起到事半功倍的效果。如果对于 Python 编程基础不是很熟练，希望能将本章讲的三个知识点着重复习，将书中的例子灵活运用并加以改进。

第 2 章
Web 前端基础

爬虫主要是和网页打交道，了解 Web 前端的知识是非常重要的。Web 前端的知识范围非常广泛，不可能面面俱到和深入讲解，本章主要是抽取 Web 前端中和爬虫相关的知识点进行讲解，帮助读者了解这些必备的知识，为之后的 Python 爬虫开发打下基础。

2.1 W3C 标准

如果说你只知道 Web 前端的一个标准，估计肯定是 W3C 标准了。W3C，即万维网联盟，是 Web 技术领域最具权威和影响力的国际中立性技术标准机构。万维网联盟（W3C）标准不是某一个标准，而是一系列标准的集合。网页主要由三部分组成：**结构**（Structure）、**表现**（Presentation）和**行为**（Behavior）。对应的标准也分三方面：结构化标准语言主要包括 XHTML 和 XML，表现标准语言主要包括 CSS，行为标准主要包括对象模型（如 W3C DOM）、ECMAScript 等。本节我们主要讲解 HTML、CSS、JavaScript、Xpath 和 JSON 等 5 个部分，基本上覆盖了爬虫开发中需要了解的 Web 前端基本知识。

2.1.1 HTML

什么是 HTML 标记语言？HTML 不是编程语言，是一种表示网页信息的符号标记语言。标记语言是一套标记，HTML 使用标记来描述网页。Web 浏览器的作用是读取 HTML 文档，并以网页的形式显示出它们。浏览器不会显示 HTML 标记，而是使用标记来解释页面的内容。HTML 语言的特点包括：

❑ 可以设置文本的格式，比如标题、字号、文本颜色、段落，等等。

- 可以创建列表。
- 可以插入图像和媒体。
- 可以建立表格。
- 超链接,可以使用鼠标点击超链接来实现页面之间的跳转。

下面从 HTML 的基本结构、文档设置标记、图像标记、表格和超链接五个方面讲解。

1. HTML 的基本结构

首先在浏览器上访问 google 网站(如图 2-1 所示),右键查看源代码,如图 2-2 所示。

图 2-1 谷歌网站首页

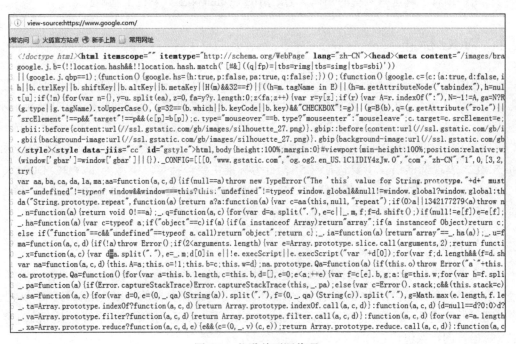

图 2-2 谷歌首页源代码

从谷歌首页的源代码中可以分析出 HTML 的基本结构：

- <html>内容</html>：HTML 文档是由<html></html>包裹，这是 HTML 文档的文档标记，也称为 HTML 开始标记。这对标记分别位于网页的最前端和最后端，<html>在最前端表示网页的开始，</html>在最后端表示网页的结束。
- <head>内容</head>：HTML 文件头标记，也称为 HTML 头信息开始标记。用来包含文件的基本信息，比如网页的标题、关键字，在<head></head>内可以放<title></title>、<meta></meta>、<style></style>等标记。注意：在<head></head>标记内的内容不会在浏览器中显示。
- <title>内容</title>：HTML 文件标题标记。网页的"主题"，显示在浏览器的窗口的左上边。
- <body>内容</body>：<body>...</body>是网页的主体部分，在此标记之间可以包含如<p></p>、<h1></h1>、
、<hr>等等标记，正是由这些内容组成了我们所看见的网页。
- <meta>内容</meta>：页面的**元信息**（meta-information）。提供有关页面的元信息，比如针对搜索引擎和更新频度的描述和关键词。注意 meta 标记必须放在 head 元素里面。

2. 文档设置标记

文档设置标记分为格式标记和文本标记。下面通过一个标准的 HTML 文档对格式标记进行讲解，文档如下所示：

```
<html>
<head>
    <title>Python 爬虫开发与项目实战</title>
    <meta charset="UTF-8">
</head>
<body>
文档设置标记<br>
<p>这是段落。</p>
<p>这是段落。</p>
<p>这是段落。</p>
<hr>
<center>居中标记 1</center>
<center>居中标记 2</center>
<hr>
<pre>
[00:00](music)
[00:28]你我皆凡人，生在人世间；
[00:35]终日奔波苦，一刻不得闲；
[00:43]既然不是仙，难免有杂念；
</pre>
<hr>
<p>
[00:00](music)
```

```
            [00:28]你我皆凡人，生在人世间；
            [00:35]终日奔波苦，一刻不得闲；
            [00:43]既然不是仙，难免有杂念；
        </p>
        <hr>
        <br>
        <ul>
        <li>Coffee</li>
        <li>Milk</li>
        </ul>
        <ol type="A">
        <li>Coffee</li>
        <li>Milk</li>
        </ol>
            <dl>
            <dt>计算机</dt>
            <dd>用来计算的仪器 ... ...</dd>
            <dt>显示器</dt>
            <dd>以视觉方式显示信息的装置 ... ...</dd>
            </dl>
                <div >
                    <h3>这是标题</h3>
                    <p>这是段落。</p>
                </div>
        </body>
        </html>
```

在浏览器中打开运行，效果如图2-3所示。

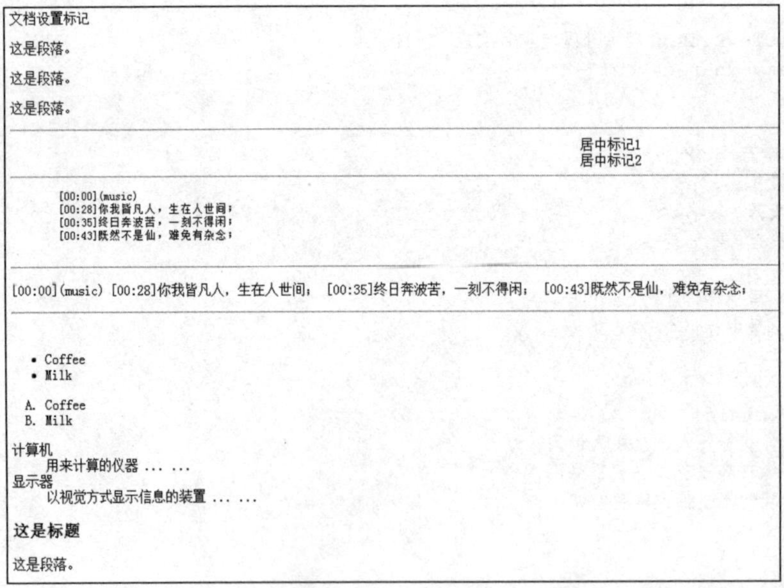

图 2-3　运行效果图

格式标记包括：
- `<br>`：强制换行标记。让后面的文字、图片、表格等等，显示在下一行。
- `<p>`：换段落标记。换段落，由于多个空格和回车在 HTML 中会被等效为一个空格，所以 HTML 中要换段落就要用`<p>`，`<p>`段落中也可以包含`<p>`段落。例如：`<p>This is a paragraph.</p>`。
- `<center>`：居中对齐标记。让段落或者是文字相对于父标记居中显示。
- `<pre>`：预格式化标记。保留预先编排好的格式，常用来定义计算机源代码。和`<p>`进行一下对比，就可以理解。
- `<li>`：列表项目标记。每一个列表使用一个`<li>`标记，可用在有序列表(`<ol>`)和无序列表(`<ul>`)中。
- `<ul>`：无序列表标记。`<ul>`声明这个列表没有序号。
- `<ol>`：有序列表标记。可以显示特定的一些顺序。有序列表的 type 属性值"1"表示阿拉伯数字 1,2,3 等等；默认 type 属性值"A"表示大小字母 A、B、C 等等；上面的程序使用属性"a"，这表示小写字母 a、b、c 等等；"Ⅰ"表示大写罗马数字Ⅰ、Ⅱ、Ⅲ、Ⅳ等等；"ⅰ"表示小写罗马数字ⅰ、ⅱ、ⅲ、ⅳ等等。注意：列表可以进行嵌套。
- `<dl><dt><dd>`：定义型列表。对列表条目进行简短说明。
- `<hr>`：水平分割线标记。可以用作段落之间的分割线。
- `<div>`：分区显示标记，也称为层标记。常用来编排一大段的 HTML 段落，也可以用于将表格式化，和`<p>`很相似，可以多层嵌套使用。

接下来通过一个 HTML 文档对文本标记进行讲解，文档如下所示：

```
<html>
<head>
    <title>Python 爬虫开发与项目实战</title>
    <meta charset="UTF-8">
</head>
<body>
Hn 标题标记---->>
<br>
    <h1>Python 爬虫</h1>
    <h2>Python 爬虫</h2>
    <h3>Python 爬虫</h3>
    <h4>Python 爬虫</h4>
    <h5>Python 爬虫</h5>
    <h6>Python 爬虫</h6>
font 标记---->>
<font size="1">Python 爬虫</font>
<font size="3">Python 爬虫</font>
<font size="7">Python 爬虫</font>
<font size="7" color="red" face="微软雅黑">Python 爬虫</font>
<font size="7" color="red" face="宋体">Python 爬虫</font>
```

```
<font size="7" color="red" face="新细明体">Python 爬虫</font>
<br>
B 标记加粗---->>
<b>Python 爬虫</b>
<br>
i 标记斜体---->>
<i>Python 爬虫</i>
<br>
sub 下标标记---->>
2<sub>2</sub>
<br>
sup 上标标记---->>
2<sup>2</sup>
<br>
引用标记---->>
<cite>Python 爬虫</cite>
<br>
em 标记表示强调，显示为斜体---->>
<em>Python 爬虫</em>
<br>
strong 标记表示强调，加粗显示---->>
<strong>Python 爬虫</strong>
<br>
small 标记，可以显示小一号字体，可以嵌套使用---->>
<small>Python 爬虫</small>
<small><small>Python 爬虫</small></small>
<small><small><small>Python 爬虫</small></small></small>
<br>
big 标记，显示大一号的字体---->>
<big>Python 爬虫</big>
<big><big>Python 爬虫</big></big>
<br>
u 标记是显示下划线---->>
<big><big><big><u>Python 爬虫</u></big></big></big>
<br>
</body>
</html>
```

在浏览器中打开运行，效果如图 2-4 所示。

其中文本标记包括：

- <hn>：标题标记。共有 6 个级别，n 的范围为 1～6，不同级别对应不同显示大小的标题，h1 最大，h6 最小。
- <font>：字体设置标记。用来设置字体的格式，一般有三个常用属性：size（字体大小），<font size="14px">；color（颜色），<font color="red">；face（字体），<font face="微软雅黑">。
- <b>：粗字体标记。

- <i>：斜字体标记。
- <sub>：文字下标字体标记。
- <sup>：文字上标字体标记。
- <tt>：打印机字体标记。
- <cite>：引用方式的字体，通常是斜体。
- <em>：表示强调，通常显示为斜体字。
- <strong>：表示强调，通常显示为粗体字。
- <small>：小型字体标记。
- <big>：大型字体标记。
- <u>：下划线字体标记。

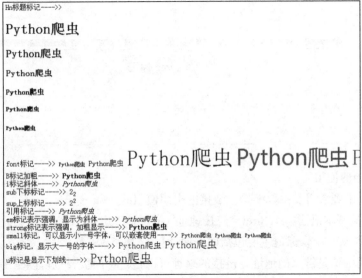

图 2-4　运行效果图

3. 图像标记

<img>称为图像标记，用来在网页中显示图像。使用方法为：<img src="路径/文件名.图片格式"width="属性值"height="属性值"border="属性值"alt="属性值">。<img>标记主要包括以下属性：

- src 属性用来指定我们要加载的图片的路径、图片的名称以及图片格式。
- width 属性用来指定图片的宽度，单位为 px、em、cm、mm。
- height 属性用来指定图片的高度，单位为 px、em、cm、mm。
- border 属性用来指定图片的边框宽度，单位为 px、em、cm、mm。
- alt 属性有两个作用：1）如果图像没有下载或者加载失败，会用文字来代替图像显示；

2）搜索引擎可以通过这个属性的文字来抓取图片。

我们可以在浏览器上访问博客园首页，对博客园首页的图片进行审查，就可以看到的 img 标记的使用方法，如图 2-5 所示。

图 2-5　img 标记

> **注意**　<img>为单标记，不需要使用</img>闭合。在加载图像文件的时候，文件的路径、文件名或者文件格式错误，将无法加载图片。

4. 超链接的使用

爬虫开发中经常需要抽取链接，链接的引用使用的是<a>标记。

<a>标记的基本语法：< a href="链接地址"target="打开方式"name="页面锚点名称">链接文字或者图片</a>。<a>标记主要包括以下属性：

- href 属性值是链接的地址，链接的地址可以是一个网页，也可以是一个视频、图片、音乐等。
- target 属性用来定义超链接的打开方式。当属性值为_blank 时，作用是在一个新的窗口中打开链接；当属性值为_self（默认值）时，作用是在当前窗口中打开链接；当属性值为_parent 时，作用是在在父窗口中打开页面；当属性值为_top 时，在顶层窗口中打开文件。
- name 属性用来指定页面的锚点名称。

5. 表格

表格的基本结构包括<table>、<caption>、<tr>、<td>和<th>等标记。

<table>标记的基本格式为<table 属性 1="属性值 1"属性 2="属性值 2"......>表格内容</table>。table 标记有以下常见属性：

- width 属性：表示表格的宽度，它的值可以是像素（px）也可以是父级元素的百分比（%）。
- height 属性：表示表格的高度，它的值可以是像素（px）也可以是父级元素的百分比（%）。
- border 属性：表示表格外边框的宽度。
- align 属性用来表示表格的显示位置。left 居左显示，center 居中显示，right 居右显示。
- cellspacing 属性：单元格之间的间距，默认是 2px，单位为像素。
- cellpadding 属性：单元格内容与单元格边框的显示距离，单位为像素。
- frame 属性用来控制表格边框最外层的四条线框。void（默认值）表示无边框；above 表示仅顶部有边框；below 表示仅有底部边框；hsides 表示仅有顶部边框和底部边框；lhs 表示仅有左侧边框；rhs 表示仅有右侧边框；vsides 表示仅有左右侧边框；border 表示包含全部 4 个边框。
- rules 属性用来控制是否显示以及如何显示单元格之间的分割线。属性值 none（默认值）表示无分割线；all 表示包括所有分割线；rows 表示仅有行分割线；clos 表示仅有列分割线；groups 表示仅在行组和列组之间有分割线。

<caption>标记用于在表格中使用标题。<caption>属性的插入位置，直接位于<table>属性之后，<tr>表格行之前。<caption>标记中 align 属性可以取四个值：top 表示标题放在表格的上部；bottom 表示标题放在表格的下部；left 表示标题放在表格的左部；right 表示标题放在表格的右部。

<tr>标记用来定义表格的行，对于每一个表格行，都是由一对<tr>...</tr>标记表示，每一行<tr>标记内可以嵌套多个<td>或者<th>标记。<tr>标记中的常见属性包括：

- bgcolor 属性用来设置背景颜色，格式为 bgcolor="颜色值"。
- valign 属性用来设置垂直方向对齐方式，格式为 valign="值"。值为 bottom 时，表示靠顶端对齐；值为 top 时，表示靠底部对齐；值为 middle 时，表示居中对齐。
- align 属性用来设置水平方向对齐方式，格式为 align="值"。值为 left 时，表示靠左对齐；值为 right 时，表示靠右对齐；值为 center 时，表示居中对齐。

<td>和<th>都是单元格的标记，其必须嵌套在<tr>标记内，成对出现。<th>是表头标记，通常位于首行或者首列，<th>中的文字默认会被加粗，而<td>不会。<td>是数据标记，表示该单元格的具体数据。<td>和<th>两者的标记属性都是一样的，常用属性如下：

- bgcolor 设置单元格背景。
- align 设置单元格对齐水平方式。
- valign 设置单元格垂直对齐方式。
- width 设置单元格宽度。
- height 设置单元格高度。
- rowspan 设置单元格所占行数。
- colspan 设置单元格所占列数。

下面通过一个 HTML 文档来演示表格的使用，文档如下：

```html
<html>
<head>
    <title>学生信息表</title>
    <meta charset="UTF-8">
</head>
 <body>
    <table width="960" align="center" border="1" rules="all" cellpadding="15">
        <tr>
            <th>学号</th>
            <th>班级</th>
            <th>姓名</th>
            <th>年龄</th>
            <th>籍贯</th>

        </tr>
        <tr align="center">
            <td>1500001</td>
            <td>(1)班</td>
            <td>张三</td>
            <td>16</td>
            <td>上海</td>
        </tr>
        <tr align="center">
            <td>1500011</td>
            <td>(2)班</td>
            <td>李四</td>
            <td>15</td>
            <td bgcolor="# ccc">浙江</td>
        </tr>
    </table>
    <br/>
    <table width="960" align="center" border="1" rules="all" cellpadding=
    "15">
        <tr bgcolor="# ccc">
            <th>学号</th>
            <th>班级</th>
            <th>姓名</th>
            <th>年龄</th>
            <th>籍贯</th>
        </tr>
        <tr align="center">
            <td>1500001</td>
            <td>(1)班</td>
            <td>张三</td>
            <td>16</td>
            <td bgcolor="red"><font color="white">上海</font></td>
        </tr>
        <tr align="center">
```

```
            <td>1500011</td>
            <td>(2)班</td>
            <td>李四</td>
            <td>15</td>
            <td>浙江</td>
        </tr>
    </table>
 </body>
</html>
```

在浏览器中打开运行，效果如图 2-6 所示。

学号	班级	姓名	年龄	籍贯
1500001	(1)班	张三	16	上海
1500011	(2)班	李四	15	浙江

学号	班级	姓名	年龄	籍贯
1500001	(1)班	张三	16	上海
1500011	(2)班	李四	15	浙江

图 2-6 表格运行效果图

2.1.2 CSS

CSS 指**层叠样式表**（Cascading Style Sheets），用来定义如何显示 HTML 元素，一般和 HTML 配合使用。CSS 样式表的目的是为了解决内容与表现分离的问题，即使同一个 HTML 文档也能表现出外观的多样化。在 HTML 中使用 CSS 样式的方式，一般有三种做法：

❑ 内联样式表：CSS 代码直接写在现有的 HTML 标记中，直接使用 style 属性改变样式。例如，<body style="background-color:green; margin:0; padding:0;"></body>。

❑ 嵌入式样式表：CSS 样式代码写在<style type="text/css"></style>标记之间，一般情况下嵌入式 CSS 样式写在<head></head>之间。

❑ 外部样式表：CSS 代码写一个单独的外部文件中，这个 CSS 样式文件以 ".css" 为扩展名，在<head>内（不是在<style>标记内）使用<link>标记将 CSS 样式文件链接到 HTML 文件内。例如，<link rel="StyleSheet" type="text/css" href="style.css">。

CSS 规则由两个主要的部分构成：选择器，以及一条或多条声明。选择器通常是需要改变样式的 HTML 元素。每条声明由一个属性和一个值组成。**属性**（property）是希望设置的**样式属性**（style attribute）。每个属性有一个值。属性和值由冒号分开。例如：h1 { color : blue ; font-size : 12px}。其中 h1 为选择器，color 和 font-size 是属性，blue 和 12px 是属性值，这句话的意思是将 h1 标记中的颜色设置为蓝色，字体大小为 12px。根据选择器的定义方式，可以将样式表的定义分成三种方式：

- HTML 标记定义：上面举的例子就是使用的这种方式。假如想修改<p>...</p>的样式，可以定义 CSS：p{属性：属性值；属性1：属性值1}。p 可以叫做选择器，定义了标记中内容所执行的样式。一个选择器可以控制若干个样式属性，他们之间需要用英语的";"隔开，最后一个可以不加";"。
- ID 选择器定义：ID 选择器可以为标有特定 ID 的 HTML 元素指定特定的样式。HTML 元素以 ID 属性来设置 ID 选择器，CSS 中 ID 选择器以"#"来定义。假如定义为#word{text-align:center;color:red;}，就将 HTML 中 ID 为 word 的元素设置为居中，颜色为红色。
- class 选择器定义：class 选择器用于描述一组元素的样式，class 选择器有别于 ID 选择器，它可以在多个元素中使用。class 选择器在 HTML 中以 class 属性表示，在 CSS 中，class 选择器以一个点"."号显示。例如，.center{text-align:center;}将所有拥有 center 类的 HTML 元素设为居中。当然也可以指定特定的 HTML 元素使用 class，例如，p.center{text-align:center;}是对所有的 p 元素使用class="center"，让该元素的文本居中。

介绍完选择器，接着说一下 CSS 中一些常见的属性。常见属性主要说明一下颜色属性、字体属性、背景属性、文本属性和列表属性。

1. 颜色属性

颜色属性 color 用来定义文本的颜色，可以使用以下方式定义颜色：
- 颜色名称，如 color:green。
- 十六进制，如 color:#ff6600。
- 简写方式，如 color:#f60。
- RGB 方式，如 rgb（255,255,255），红（R）、绿（G）、蓝（B）的取值范围均为 0～255
- RGBA 方式，如 color：rgba（255,255,255,1），RGBA 表示 Red（红色）、Green（绿色）、Blue（蓝色）和 Alpha 的（色彩空间）透明度。

2. 字体属性

可以使用字体属性定义文本形式，有如下方法。
- font-size 定义字体大小，如 font-size:14px。
- font-family 定义字体，如 font-family：微软雅黑，serif。字体之间可以使用","隔开，以确保当字体不存在的时候直接使用下一个字体。
- font-weight 定义字体加粗，取值有两种方式。一种是使用名称，如 normal（默认值）、bold（粗）、bolder（更粗）、lighter（更细）；一种是使用数字，如 100、200、300～900，400=normal，而 700=bold。

3. 背景属性

可以用背景属性定义背景颜色、背景图片、背景重复和背景的位置，内容如下：
- background-color 用来定义背景的颜色，用法参考颜色属性。

- background-image 用来定义背景图片，如 background-image:url（图片路径），也可以设置为 background-image:none，表示不使用图片。
- background-repeat 用来定义背景重复方式。取值为 repeat，表示整体重复平铺；取值为 repeat-x，表示只在水平方向平铺；取值为 repeat-y，表示只在垂直方向平铺；取值为 no-repeat，表示不重复。
- background-position 用来定义背景位置。在横向上，可以取 left、center、right；在纵向上可以取 top、center、bottom。
- 简写方式可以简化背景属性的书写，同时定义多个属性，格式为 background：背景颜色 url（图像）重复 位置。如 background:#f60 url(images/bg、jpg) no-repeat top center。

4. 文本属性

可以用文本属性设置行高、缩进和字符间距，具体如下：
- text-align 设置文本对齐方式，属性值可以取 left、center、right。
- line-height 设置文本行高，属性值可以取具体数值，来设置固定的行高值。也可以取百分比，是基于字体大小的百分比行高。
- text-indent 代表首行缩进，如 text-indent:50px，意思是首行缩进 50 个像素。
- letter-spacing 用来设置字符间距。属性值默认是 normal，规定字符间没有额外的空间；可以设置具体的数值（可以是负值），如 letter-spacing: 3px；可以取 inherit，从父元素继承 letter-spacing 属性的值。

5. 列表

在 HTML 中，有两种类型的列表：无序和有序。其实使用 CSS，可以列出进一步的样式，并可用图像作列表项标记。接下来主要讲解以下几种属性：
- list-style-type 用来指明列表项标记的类型。常用的属性值有：none（无标记）、disc（默认，标记是实心圆）、circle（标记是空心圆）、square（标记是实心方块）、decimal（标记是数字）、decimal-leading-zero（0 开头的数字标记）、lower-roman（小写罗马数字 i、ii、iii、iv、v 等）、upper-roman（大写罗马数字 I、II、III、IV、V 等）、lower-alpha（小写英文字母 a、b、c、d、e 等）、upper-alpha（大写英文字母 A、B、C、D、E 等）。例如，ul.a{list-style-type: circle;}是将 class 选择器的值为 a 的 ul 标记设置为空心圆标记。
- list-style-position 用来指明列表项中标记的位置。属性值可以取 inside、outside 和 inherit。inside 指的是列表项标记放置在文本以内，且环绕文本根据标记对齐。outside 为默认值，保持标记位于文本的左侧，列表项标记放置在文本以外，且环绕文本不根据标记对齐。inherit 规定应该从父元素继承 list-style-position 属性的值。
- list-style-image 用来设置设置图像列表标记。属性值可以为 URL（图像的路径）、none（默认无图形被显示）、inherit（从父元素继承 list-style-image 属性的值）。例如，ul{list-style-image:url('image.gif');}，意思是给 ul 标记前面的标记设置为 image.gif 图片。

以上就将关于 CSS 的基本知识讲解完成了，接下来通过一个综合的例子将所有知识点进行融合，采用嵌入式样式表的方式，HTML 文档如下：

```html
<!DOCTYPE html>
<html>
<head>
<meta charset="utf-8">
<title>Python 爬虫开发</title>
<style>
h1
{
    background-color:# 6495ed;/*--背景颜色--*/
    color:red;/* 字体颜色 */
    text-align:center;/* 文本居中 */
    font-size:40px;/* 字体大小*/
}
p
{
    background-color:# e0ffff;
    text-indent:50px;/* 首行缩进 */
    font-family:"Times New Roman", Times, serif;/* 设置字体 */
}
p.ex {color:rgb(0,0,255);}
div
{
    background-color:# b0c4de;
}

ul.a {list-style-type:square;}
ol.b {list-style-type:upper-roman;}
ul.c{list-style-image:url('http://www.cnblogs.com/images/logo_small.gif');}
</style>
</head>

<body>
<h1>CSS background-color 演示</h1>
<div>
该文本插入在 div 元素中。
<p>该段落有自己的背景颜色。</p>
<p class="ex">这是一个类为"ex"的段落。这个文本是蓝色的。</p>
我们仍然在同一个 div 中。
</div>
<p>无序列表实例:</p>

<ul class="a">
    <li>Coffee</li>
    <li>Tea</li>
    <li>Coca Cola</li>
</ul>
```

```
<p>有序列表实例:</p>
<ol class="b">
    <li>Coffee</li>
    <li>Tea</li>
    <li>Coca Cola</li>
</ol>

<p>图片列表示例</p>
<ul class="c">
    <li>Coffee</li>
    <li>Tea</li>
    <li>Coca Cola</li>
</ul>
</body>
</html>
```

在浏览器中打开文档，通过运行效果和之前的知识点进行对比，将更加容易理解。效果如图 2-7 所示。

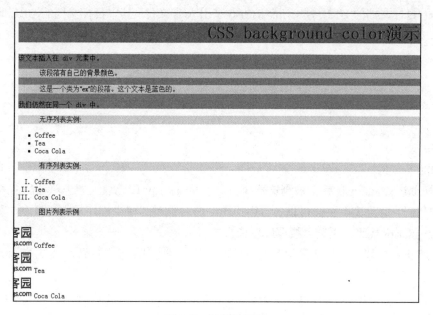

图 2-7　运行效果图

2.1.3　JavaScript

JavaScript 是一种轻量级的脚本语言，和 Python 语言是一样的，只不过 JavaScript 是由浏览器进行解释执行。JavaScript 可以插入 HTML 页面中，可由所有的现代浏览器执行。由于 JavaScript 是一门新的编程语言，知识点很多，本节不进行深入讲解，主要介绍一下 JavaScript

的用法和基本语法。大家如果想深入学习，需要额外看一些教程。

如何使用 JavaScript 呢？主要有直接插入代码和外部引用 js 文件两种做法：

1）直接插入代码。在<script></script>标记中编写代码。JavaScript 代码可以直接嵌在网页的任何地方，不过通常我们都把 JavaScript 代码放到<head>中，示例如下：

```
<html>
<head>
    <script type='text/javascript'>
        alert('Hello, world');
    </script>
</head>
<body>
    python 爬虫
</body>
</html>
```

<script>标记中包含的就是 JavaScript 代码，可以直接被浏览器执行，弹出一个警告框。

2）外部引用 js 文件。把 JavaScript 代码放到一个单独的.js 文件，然后在 HTML 中通过<script src='目标文档的 URL'></script>的方式来引入 js 文件，其中目标文档的 URL 即是链接外部的 js 文件。示例如下：

```
<html>
<head>
    <script src="/static/js/jquery.js"></script>
</head>
<body>
    python 爬虫
</body>
</html>
```

这样/static/js/jquery.js 就会被浏览器执行。把 JavaScript 代码放入一个单独的.js 文件中更利于维护代码，并且多个页面可以各自引用同一份.js 文件，减少程序员编码量。在页面中多次编写 JavaScript 代码，浏览器按照顺序依次执行。

一般在正常的开发中都是采用上述两种做法结合的方式，之后在做 Python 爬虫开发时会经常见到。

为了能让零基础的读者在读完本节后能看懂简单的 JavaScript 代码，下面将从基本语法、数据类型和变量、运算符和操作符、条件判断、循环和函数等六个方面介绍 JavaScript 基础。

1. JavaScript 基本语法

JavaScript 严格区分大小写，JavaScript 会忽略关键字、变量名、数字、函数名或其他各种元素之间的空格、制表符或换行符。我们可以使用缩进、换行来使代码整齐，提高可读性。一条完整的语句如下：

```
var x = 1;
```

这条语句定义了一个 x 的变量。从这条语句中可以看到以分号";"作为结束。一行可以定义多条语句，但不推荐这么做。最后一个语句的分号可以省略，但尽量不要省略。示例语句如下：

```
var x = 1; var y = 2;
```

语句块是一组语句的集合，使用{...}形成一个块 block。例如，下面的代码先做了一个判断，如果判断成立，将执行{...}中的所有语句：

```
var x = 2; var y = 1;
if (x > y) {
    x = 3;
    y = 2;
}
```

{...}还可以嵌套，形成层级结构。将以上的代码进行改造，程序如下：

```
var x = 2; var y = 1;
if (x > y) {
    x = 3;
    y = 4;
    if(x<y){
        x = 2;
        y = 1;
    }
}
```

注释主要分为单行注释和多行注释。单行注释使用//作为注释符，多行注释使用/* */来注释内容。示例如下：

```
// var x = 2; var y = 1;
/* var x = 2; var y = 1;*/
```

2. 数据类型和变量

和 Python 一样，JavaScript 也有自己的数据类型。在 JavaScript 中定义了以下几种数据类型：

- Number 类型：JavaScript 中不区分整数和浮点数，统一使用 Number 表示。示例如下：100（整数）、0.45（浮点数）、1.234e3（科学计数法表示）、−10（负数）、NaN（无法计算时候使用）、Infinity（无限大）、0xff（十六进制）。
- 字符串类型：字符串是以单引号或双引号括起来的任意文本，比如'abc'，"xyz"等。
- 布尔值类型：一个布尔值只有 true、false 两种值。
- 数组类型：数组是一组按顺序排列的集合，集合的每个值称为元素。JavaScript 的数组可以包括任意数据类型，示例如下：var array = [1, 2, 3.14, 'Hello', null, true]。上述数组包含 6 个元素。数组用[]表示，元素之间用","分隔。另一种创建数组的方法是通过 Array()函数实现，示例如下：var array = new Array(1, 2, 3)。数组的元素可以通过索引来访问，索引的起始值为 0。

- 对象类型：javaScript 的对象是一组由键-值组成的无序集合，类似 Python 中的字典。示例如下：var person = {name: 'qiye',age: 24,tags: ['python', 'web', 'hacker'],city: 'Beijing', man:true}。JavaScript 对象的键都是字符串类型，值可以是任意数据类型。要获取一个对象的属性，我们用"对象变量.属性名"的方式，如 person. name。

JavaScript 是弱类型的编程语言，声明变量的时候都是使用关键字 var，没有 int、char 之说，为变量赋值时会自动判断类型并进行转换。变量名是大小写英文、数字、"$"和"_"的组合，且不能用数字开头。变量名也不能是 JavaScript 的关键字，如 if、while 等。申明一个变量用 var 语句，比如：**var** s_007 = '007'。

3. 运算符和操作符

JavaScript 中的运算符和操作符，与 Python 中的用法非常相似，表 2-1 总结了 javaScript 常用的运算符和操作符。

表 2-1 运算符和操作符

类　　别	操作符	示　　例

算术操作符	+、-、*、/、%（取模）	1 + 2;
		(1 + 4) * 5 / 2;
		2 / 0; //Infinity
		0 / 0; //NaN
		10 % 3; //1
		10.5 % 3; //1.5

字符串操作符	+（字符串连接）、+=（字符串连接复合）	var str1='hello'; var str2='world'; str1+= str2

布尔操作符	!、&&、||	true && false; // 结果为 false
		true || false; // 结果为 true
		! true; // 结果为 false

一元操作符	++、--、+（一元加）、-（一元减）	var i = 0;i++;

关系比较操作符	<、<=、>、>=、!=、==、===、!==	2 > 5; //false
		5 >= 2; //true
		7 == 7; //true
		false == 0; //true
		false === 0; //false

按位操作符	~（按位非）、&（按位与）、|（按位或）、^（按位异或）、<<（左移）、>>（有符号右移）、>>>（无符号右移）	var i = 0xff; i = i<<4;
赋值操作符	=、复合赋值（+=、-=、*=、%=）、复合按位赋值（~=、&=、|=、^=、<<=、>>=、>>>=）	var i = 0; i+=1;
对象操作符	.（属性访问）、[]（属性或数组访问）、New（调用构造函数创建对象）、Delete（变量属性删除）、void（返回 undefined）、In（判断属性）、instanceof（原型判断）	var person = {name: 'qiye',age: 24}; person. name
其他操作符	?:（条件操作符）、,（逗号操作符）、()（分组操作）、typeof（类型操作符）	typeof true; //结果为 boolean 字符串

4. 条件判断

JavaScript 使用 if(){...}else{...}来进行条件判断，和 C 语言的使用方法一样。例如，根据年龄显示不同内容，可以用 if 语句实现如下：

```
var role = 20;
if (age >= 18) {
    alert('adult');
} else {
    alert('teenager');
}
```

5. 循环

JavaScript 的循环有两种：一种是 for 循环，一种是 while 循环。

首先说一下 for 循环。举个例子，计算 1 到 100 相加之和，程序如下：

```
var x = 0;
var i;
for (i=1; i<=100; i++) {
    x = x + i;
}
```

for 循环常用来遍历数组。另外 for 循环还有一个变体是 for...in 循环，它可以把一个对象的所有属性依次循环出来，示例如下：

```
var person = {
    name: 'qiye',
    age: 20,
    city: 'Beijing'
};
for (var key in person ) {
    alert(key); // 'name', 'age', 'city'
}
```

最后说一下 while 循环。使用方法和 C 语言一样，分为 while(){...}循环和 do{...}while()，具体使用不再细说。

6. 函数

在 JavaScript 中，定义函数使用 function 关键字，使用方式如下：

```
function add(x,y) {
    return x+y;
}
```

上述 add()函数的定义如下：

❑ function 指出这是一个函数定义；

❑ add 是函数的名称。

❑ (x,y)括号内列出函数的参数，多个参数以","分隔。

- {...}之间的代码是函数体,可以包含若干语句,甚至可以没有任何语句。

调用函数时,按顺序传入参数即可:add(10,9); //返回 19。

由于 JavaScript 允许传入任意个参数而不影响调用,因此传入的参数比定义的参数多也没有问题,虽然函数内部并不需要这些参数:add(10, 9,'blablabla'); //返回 19。

传入的参数比定义的少也没有问题:add(); //返回 NaN。此时 add(x,y)函数的参数 x 和 y 收到的值为 undefined,计算结果为 NaN。

2.1.4　XPath

XPath 是一门在 XML 文档中查找信息的语言,被用于在 XML 文档中通过元素和属性进行导航。XPath 虽然是被设计用来搜寻 XML 文档,不过它也能很好地在 HTML 文档中工作,并且大部分浏览器也支持通过 XPath 来查询节点。在 Python 爬虫开发中,经常使用 XPath 查找提取网页中的信息,因此 XPath 非常重要。

XPath 既然叫 Path,就是以路径表达式的形式来指定元素,这些路径表达式和我们在常规的电脑文件系统中看到的表达式非常相似。由于 XPath 一开始是被用来搜寻 XML 文档的,所以接下来就以 XML 文档为例子来讲解 XPath。接下来从节点、语法、轴和运算符等四个方面讲解 XPath 的使用。

1. XPath 节点

在 XPath 中,XML 文档是被作为节点树来对待的,有七种类型的节点:元素、属性、文本、命名空间、处理指令、注释以及文档(根)节点。树的根被称为文档节点或者根节点。以下面的 XML 文档为例进行说明,文档如下:

```
<?xml version="1.0" encoding="ISO-8859-1"?>
<classroom>
    <student>
        <id>1001</id>
        <name lang="en">marry</name>
        <age>20</age>
        <country>China</country>
    </student>
</classroom>
```

上面的 XML 文档中的节点例子包括:<classroom>(文档节点)、<id>1001</id>(元素节点)、lang="en"(属性节点)、marry(文本)。

接着说一下节点关系,包括父(Parent)、子(Children)、同胞(Sibling)、先辈(Ancestor)、后代(Descendant)。在上面的文档中:

- student 元素是 id、name、age 以及 country 元素的父。
- id、name、age 以及 country 元素都是 student 元素的子。
- id、name、age 以及 country 元素都是同胞节点,拥有相同的父节点。
- name 元素的先辈是 student 元素和 classroom 元素,也就是此节点的父、父的父等。

❑ classroom 的后代是 id、name、age 以及 country 元素,也就是此节点的子,子的子等。

2. XPath 语法

XPath 使用路径表达式来选取 XML 文档中的节点或节点集。节点是沿着路径(path)或者步(steps)来选取的。接下来的重点是如何选取节点,下面给出一个 XML 文档进行分析:

```
<?xml version="1.0" encoding="ISO-8859-1"?>
<classroom>
    <student>
        <id>1001</id>
        <name lang="en">marry</name>
        <age>20</age>
        <country>China</country>
    </student>
    <student>
        <id>1002</id>
        <name lang="en">jack</name>
        <age>25</age>
        <country>USA</country>
    </student>
</classroom>
```

首先列举出一些常用的路径表达式进行节点的选取,如表 2-2 所示。

表 2-2 路径表达式

表达式	描述
nodename	选取此节点的所有子节点
/	从根节点选取
//	选择任意位置的某个节点
.	选取当前节点
..	选取当前节点的父节点
@	选取属性

通过表 2-2 中的路径表达式,我们尝试着对上面的文档进行节点选取。以表格的形式进行说明,如表 2-3 所示。

表 2-3 节点选取示例

实现效果	路径表达式
选取 classroom 元素的所有子节点	classroom
选取根元素 classroom	/classroom
选取属于 classroom 的子元素的所有 student 元素	classroom/student
选取所有 student 子元素,而不管它们在文档中的位置	//student
选择属于 classroom 元素的后代的所有 student 元素,而不管它们位于 classroom 之下的什么位置	classroom//student
选取名为 lang 的所有属性	//@lang

上面选取的例子最后实现的效果都是选取了所有符合条件的节点，是否能选取某个特定的节点或者包含某一个指定的值的节点呢？这就需要用到谓语，谓语被嵌在方括号中，接下来通过表格 2-4 来解释谓语的用法。

表 2-4 谓语示例

实现效果	路径表达式
选取属于 classroom 子元素的第一个 student 元素	/classroom/student[1]
选取属于 classroom 子元素的最后一个 student 元素	/classroom/student[last()]
选取属于 classroom 子元素的倒数第二个 student 元素	/classroom/student[last()-1]
选取最前面的两个属于 classroom 元素的子元素的 student 元素	/classroom/student[position()<3]
选取所有拥有名为 lang 的属性的 name 元素	//name[@lang]
选取所有 name 元素，且这些元素拥有值为 en 的 lang 属性	//name[@lang='en']
选取 classroom 元素的所有 student 元素，且其中的 age 元素的值须大于 20	/classroom/student[age>20]
选取 classroom 元素中的 student 元素的所有 name 元素，且其中的 age 元素的值须大于 20	/classroom/student[age>20]/name

XPath 在进行节点选取的时候可以使用通配符"*"匹配未知的元素，同时使用操作符"|"一次选取多条路径，还是通过一个表格进行演示，如表 2-5 所示。

表 2-5 通配符"*"与"|"操作符

实现效果	路径表达式
选取 classroom 元素的所有子元素	/classroom/*
选取文档中的所有元素	//*
选取所有带有属性的 name 元素	//name[@*]
选取 student 元素的所有 name 和 age 元素	//student/name | //student/age
选取属于 classroom 元素的 student 元素的所有 name 元素，以及文档中所有的 age 元素	/classroom/student/name | //age

3. XPath 轴

轴定义了所选节点与当前节点之间的树关系。在 Python 爬虫开发中，提取网页中的信息会遇到这种情况：首先提取到一个节点的信息，然后想在在这个节点的基础上提取它的子节点或者父节点，这时候就会用到轴的概念。轴的存在会使提取变得更加灵活和准确。

在说轴的用法之前，需要了解位置路径表达式中的相对位置路径、绝对位置路径和步的概念。位置路径可以是绝对的，也可以是相对的。绝对路径起始于正斜杠（/），而相对路径不会这样。在两种情况中，位置路径均包括一个或多个步，每个步均被斜杠分割：/step/step/...（绝对位置路径），step/step/...（相对位置路径）。

步（step）包括：轴（axis）、节点测试（node-test）、零个或者更多谓语（predicate），用来更深入地提炼所选的节点集。步的语法为：轴名称::节点测试[谓语]，大家可能觉比较抽象，通过之后的示例分析，会明白如何使用它。

表 2-6 列举了 XPath 轴中使用的节点集。

表 2-6 XPath 轴

轴名称	含 义
child	选取当前节点的所有子元素
parent	选取当前节点的父节点
ancestor	选取当前节点的所有先辈（父、祖父等）
ancestor-or-self	选取当前节点的所有先辈（父、祖父等）以及当前节点本身
descendant	选取当前节点的所有后代元素（子、孙等）
descendant-or-self	选取当前节点的所有后代元素（子、孙等）以及当前节点本身
preceding	选取文档中当前节点的开始标记之前的所有节点
following	选取文档中当前节点的结束标记之后的所有节点
preceding-sibling	选取当前节点之前的所有同级节点
following-sibling	选取当前节点之后的所有同级节点
self	选取当前节点
attribute	选取当前节点的所有属性
namespace	选取当前节点的所有命名空间节点

首先给出一个 XML 文档，实例分析就按照这个文档来进行，文档如下：

```xml
<?xml version="1.0" encoding="ISO-8859-1"?>
<classroom>
    <student>
        <id>1001</id>
        <name lang="en">marry</name>
        <age>20</age>
        <country>China</country>
    </student>
    <student>
        <id>1002</id>
        <name lang="en">jack</name>
        <age>25</age>
        <country>USA</country>
    </student>
    <teacher>
        <classid>1</classid>
        <name lang="en">tom</name>
        <age>50</age>
        <country>USA</country>
    </teacher>
</classroom>
```

针对上面的文档进行示例演示，如表 2-7 所示。

表 2-7　XPath 轴示例分析

实现效果	路径表达式
选取当前 classroom 节点中子元素的 teacher 节点	/classroom/child::teacher
选取所有 id 节点的父节点	//id/parent::*
选取所有以 classid 为子节点的祖先节点	//classid/ancestor::*
选取 classroom 节点下的所有后代节点	/classroom/descendant::*
选取所有以 student 为父节点的 id 元素	//student/descendant::id
选取所有 classid 元素的祖先节点及本身	//classid/ancestor-or-self::*
选择/classroom/student 本身及所有后代元素	/classroom/student/descendant-or-self::*
选取/classroom/teacher 之前的所有同级节点，结果就是选择了所有的 student 节点	/classroom/teacher/preceding-sibling::*
选取/classroom 中第二个 student 之后的所有同级节点，结果就是选择了 teacher 节点	/classroom/student[2]/following-sibling::*
选取/classroom/teacher/节点所有之前的节点（除其祖先外），不仅仅是 student 节点，还有里面的子节点	/classroom/teacher/preceding::*
选取/classroom 中第二个 student 之后的所有节点，结果就是选择了 teacher 节点及其子节点	/classroom/student[2]/following::*
选取 student 节点，单独使用没有什么意义。主要是跟其他轴一起使用，如 ancestor-or-self, descendant-or-self	//student/self::*
选取/classroom/teacher/name 节点下的所有属性	/classroom/teacher/name/attribute::*

4. XPath 运算符

XPath 表达式可返回节点集、字符串、逻辑值以及数字。表 2-8 列举了可用在 XPath 表达式中的运算符。

表 2-8　XPath 运算符示例分析

运算符	描述	实例	含义
|	计算两个节点集	//student/name | //student/age	选取 student 元素的所有 name 和 age 元素
+	加法	/classroom/student[age=19+1]	选取 classroom 元素的所有 student 元素，且其中的 age 元素的值须等于 20
-	减法	/classroom/student[age=21-1]	同上
*	乘法	/classroom/student[age=4*5]	同上
div	除法	/classroom/student[age=40 div 2]	同上
=	等于	/classroom/student[age=20]	同上
!=	不等于	/classroom/student[age!=20]	选取 classroom 元素的所有 student 元素，且其中的 age 元素的值须不等于 20
<	小于	/classroom/student[age<20]	选取 classroom 元素的所有 student 元素，且其中的 age 元素的值须小于 20
<=	小于等于	/classroom/student[age<=20]	选取 classroom 元素的所有 student 元素，且其中的 age 元素的值须小于等于 20

(续)

运算符	描述	实例	含义
>	大于	/classroom/student[age>20]	选取 classroom 元素的所有 student 元素，且其中的 age 元素的值须大于 20
>=	大于等于	/classroom/student[age>=20]	选取 classroom 元素的所有 student 元素，且其中的 age 元素的值须大于等于 20
or	或	/classroom/student[age<20 or age >25]	选取 classroom 元素的所有 student 元素，其中的 age 元素的值须小于 20，或者大于 25
and	与	/classroom/student[age>20 and age<25]	选取 classroom 元素的所有 student 元素，其中的 age 元素的值须大于 20，且小于 25
mod	计算除法的余数	5 mod 2	1

2.1.5 JSON

JSON 是 JavaScript 对象表示法（JavaScript Object Notation），用于存储和交换文本信息。JSON 比 XML 更小、更快、更易解析，因此 JSON 在网络传输中，尤其是 Web 前端中运用非常广泛。JSON 使用 JavaScript 语法来描述数据对象，但是 JSON 仍然独立于语言和平台。JSON 解析器和 JSON 库支持许多不同的编程语言，其中就包括 Python。

下面主要讲解一下 JSON 的语法，具体的存储解析放到第 5 章中进行讲解。JSON 语法非常简单，主要包括以下几个方面：

- JSON 名称/值对。JSON 数据的书写格式是：名称/值对。名称/值对包括字段名称（在双引号中），紧接着是一个冒号，最后是值。例如，"name" : "qiye"，非常像 Python 中字典。
- JSON 值。JSON 值可以是：数字（整数或浮点数）、字符串（在双引号中）、逻辑值（true 或 false）、数组（在方括号中）、对象（在花括号中）、null。
- JSON 对象。JSON 对象在花括号中书写，对象可以包含多个名称/值对。例如：{ "name":"qiye","age":"20" }，其实就是 Python 中的字典。
- JSON 数组。JSON 数组在方括号中书写，数组可包含多个对象。例如：{"reader": [{ "name":"qiye" , "age":"20"},{ "name":"marry" , "age":"21" }]}，这里对象" reader "是包含两个对象的数组。

2.2 HTTP 标准

HTTP 协议（HyperText Transfer Protocol，超文本传输协议）是用于从 WWW 服务器传输超文本到本地浏览器的传送协议。它可以使浏览器更加高效，减少网络传输。它不仅保证计算机正确快速地传输超文本文档，还确定传输文档中的哪一部分，以及哪部分内容首先显示（如文本先于图形）等。之后的 Python 爬虫开发，主要就是和 HTTP 协议打交道。

2.2.1　HTTP 请求过程

HTTP 协议采取的是请求响应模型，HTTP 协议永远都是客户端发起请求，服务器回送响应。模型如图 2-8 所示。

图 2-8　请求响应模型

HTTP 协议是一个无状态的协议，同一个客户端的这次请求和上次请求没有对应关系。一次 HTTP 操作称为一个事务，其执行过程可分为四步：

- 首先客户端与服务器需要建立连接，例如单击某个超链接，HTTP 的工作就开始了。
- 建立连接后，客户端发送一个请求给服务器，请求方式的格式为：统一资源标识符（URL）、协议版本号，后边是 MIME 信息，包括请求修饰符、客户机信息和可能的内容。
- 服务器接到请求后，给予相应的响应信息，其格式为一个状态行，包括信息的协议版本号、一个成功或错误的代码，后边是 MIME 信息，包括服务器信息、实体信息和可能的内容。
- 客户端接收服务器所返回的信息，通过浏览器将信息显示在用户的显示屏上，然后客户端与服务器断开连接。

如果以上过程中的某一步出现错误，那么产生错误的信息将返回到客户端，在显示屏输出，这些过程是由 HTTP 协议自己完成的。

2.2.2　HTTP 状态码含义

当浏览者访问一个网页时，浏览者的浏览器会向网页所在服务器发出请求。在浏览器接收并显示网页前，此网页所在的服务器会返回一个包含 HTTP 状态码的信息头（server header）用以响应浏览器的请求。HTTP 状态码主要是是为了标识此次 HTTP 请求的运行状态。下面是常见的 HTTP 状态码：

- 200——请求成功。
- 301——资源（网页等）被永久转移到其他 URL。
- 404——请求的资源（网页等）不存在。
- 500——内部服务器错误。

HTTP 状态码由三个十进制数字组成，第一个十进制数字定义了状态码的类型。HTTP 状态码共分为 5 种类型，如表 2-9 所示。

表 2-9　HTTP 状态码

分　类	分类描述
1**	信息，服务器收到请求，需要请求者继续执行操作
2**	成功，操作被成功接收并处理
3**	重定向，需要进一步的操作以完成请求
4**	客户端错误，请求包含语法错误或无法完成请求
5**	服务器错误，服务器在处理请求的过程中发生了错误

全部的 HTTP 状态码的信息，请大家查询 HTTP 协议标准手册。

2.2.3　HTTP 头部信息

HTTP 头部信息由众多的头域组成，每个头域由一个域名、冒号（:）和域值三部分组成。域名是大小写无关的，域值前可以添加任何数量的空格符，头域可以被扩展为多行，在每行开始处，使用至少一个空格或制表符。

通过浏览器访问博客园首页时，使用 F12 打开开发者工具，里面可以监控整个 HTTP 访问的过程。下面就以访问博客园的 HTTP 请求进行分析，首先是浏览器发出请求，请求头的数据如下：

```
GET / HTTP/1.1
Host: www.cnblogs.com
User-Agent: Mozilla/5.0 (Windows NT 6.1; WOW64; rv:49.0) Gecko/20100101
    Firefox/49.0
Accept: text/html,application/xhtml+xml,application/xml;q=0.9,*/*;q=0.8
Accept-Language: zh-CN,zh;q=0.8,en-US;q=0.5,en;q=0.3
Accept-Encoding: gzip, deflate
Connection: keep-alive
If-Modified-Since: Sun, 30 Oct 2016 10:13:18 GMT
```

在请求头中包含以下内容：

❏ GET 代表的是请求方式，HTTP/1.1 表示使用 HTTP 1.1 协议标准。

❏ Host 头域，用于指定请求资源的 Intenet 主机和端口号，必须表示请求 URL 的原始服务器或网关的位置。HTTP/1.1 请求必须包含主机头域，否则系统会以 400 状态码返回。

❏ User-Agent 头域，里面包含发出请求的用户信息，其中有使用的浏览器型号、版本和操作系统的信息。这个头域经常用来作为反爬虫的措施。

❏ Accept 请求报头域，用于指定客户端接受哪些类型的信息。例如：Accept：image/gif，表明客户端希望接受 GIF 图象格式的资源；Accept：text/html，表明客户端希望接受 html 文本。

❏ Accept-Language 请求报头域，类似于 Accept，但是它用于指定一种自然语言。例如：Accept-Language:zh-cn.如果请求消息中没有设置这个报头域，服务器假定客户端对各种语言都可以接受。
- Accept-Encoding 请求报头域，类似于 Accept，但是它用于指定可接受的内容编码。例如：Accept-Encoding:gzip.deflate。如果请求消息中没有设置这个域服务器假定客户端对各种内容编码都可以接受。
- Connection 报头域允许发送用于指定连接的选项。例如指定连接的状态是连续，或者指定"close"选项，通知服务器，在响应完成后，关闭连接。
- If-Modified-Since 头域用于在发送 HTTP 请求时，把浏览器端缓存页面的最后修改时间一起发到服务器去，服务器会把这个时间与服务器上实际文件的最后修改时间进行比较。如果时间一致，那么返回 HTTP 状态码 304（不返回文件内容），客户端收到之后，就直接把本地缓存文件显示到浏览器中。如果时间不一致，就返回 HTTP 状态码 200 和新的文件内容，客户端收到之后，会丢弃旧文件，把新文件缓存起来，并显示到浏览器中。

请求发送成功后，服务器进行响应，接下来看一下响应的头信息，数据如下：

```
HTTP/1.1 200 OK
Date: Sun, 30 Oct 2016 10:13:50 GMT
Content-Type: text/html; charset=utf-8
Transfer-Encoding: chunked
Connection: keep-alive
Vary: Accept-Encoding
Cache-Control: public, max-age=3
Expires: Sun, 30 Oct 2016 10:13:54 GMT
Last-Modified: Sun, 30 Oct 2016 10:13:24 GMT
Content-Encoding: gzip
```

响应头中包含以下内容：
- HTTP/1.1 表示使用 HTTP 1.1 协议标准，200 OK 说明请求成功。
- Date 表示消息产生的日期和时间。
- Content-Type 实体报头域用于指明发送给接收者的实体正文的媒体类型。text/html; charset=utf-8 代表 HTML 文本文档，UTF-8 编码。
- Transfer-Encoding：chunked 表示输出的内容长度不能确定。
- Connection 报头域允许发送用于指定连接的选项。例如指定连接的状态是连续，或者指定"close"选项，通知服务器，在响应完成后，关闭连接。
- Vary 头域指定了一些请求头域，这些请求头域用来决定当缓存中存在一个响应，并且该缓存没有过期失效时，是否被允许利用此响应去回复后续请求而不需要重复验证。
- Cache-Control 用于指定缓存指令，缓存指令是单向的，且是独立的。请求时的缓存指令包括：no-cache（用于指示请求或响应消息不能缓存）、no-store、max-age、max-stale、min-fresh、only-if-cached；响应时的缓存指令包括：public、private、no-cache、no-store、

no-transform、must-revalidate、proxy-revalidate、max-age、s-maxage。
- Expires 实体报头域给出响应过期的日期和时间。为了让代理服务器或浏览器在一段时间以后更新缓存中（再次访问曾访问过的页面时，直接从缓存中加载，缩短响应时间和降低服务器负载）的页面，我们可以使用 Expires 实体报头域指定页面过期的时间。
- Last-Modified 实体报头域用于指示资源的最后修改日期和时间。
- Content-Encoding 实体报头域被用作媒体类型的修饰符，它的值指示了已经被应用到实体正文的附加内容的编码，因而要获得 Content-Type 报头域中所引用的媒体类型，必须采用相应的解码机制。

从上面分析的过程中，大家基本上了解了请求和响应的头信息，最后进行一下总结：

HTTP 消息报头主要包括普通报头、请求报头、响应报头、实体报头。具体如下：

1）在普通报头中，有少数报头域用于所有的请求和响应消息，但并不用于被传输的实体，只用于传输的消息。

2）请求报头允许客户端向服务器端传递请求的附加信息以及客户端自身的信息。

3）响应报头允许服务器传递不能放在状态行中的附加响应信息，以及关于服务器的信息和对 Request-URI 所标识的资源进行下一步访问的信息。

4）请求和响应消息都可以传送一个实体。一个实体由实体报头域和实体正文组成，但并不是说实体报头域和实体正文要在一起发送，可以只发送实体报头域。实体报头定义了关于实体正文和请求所标识的资源的元信息。

通过表 2-10～表 2-13 对报文头进行分类列举说明。

表 2-10 常见普通报头

头 域	含 义
Cache-Control	用于指定缓存指令
Date	表示消息产生的日期和时间
Connection	允许发送用于指定连接的选项，例如指定连接是连续，或者指定"close"选项，通知服务器，在响应完成后，关闭连接

表 2-11 常见请求报头

头 域	含 义
Accept	用于指定客户端接受哪些类型的信息
Accept-Charset	用于指定客户端接受的字符集
Accept-Encoding	用于指定可接受的内容编码
Accept-Language	用于指定一种自然语言
Authorization	用于证明客户端有权查看某个资源
Host	用于指定被请求资源的 Internet 主机和端口号，它通常从 HTTP URL 中提取出来
User-Agent	允许客户端将它的操作系统、浏览器和其他属性告诉服务器

表 2-12 常见响应报头

头 域	含 义
Location	用于重定向接收者到一个新的位置
Server	包含了服务器用来处理请求的软件信息,与 User-Agent 请求报头域是相对应的
WWW-Authenticate	此响应报头域必须被包含在 401(未授权的)响应消息中,客户端收到 401 响应消息,并发送 Authorization 报头域请求服务器对其进行验证时,服务器端响应报头就包含该报头域

表 2-13 常见实体报头

头 域	含 义
Content-Encoding	被用作媒体类型的修饰符,它的值指示了已经被应用到实体正文的附加内容的编码
Content-Language	描述了资源所用的自然语言
Content-Length	用于指明实体正文的长度,以字节方式存储的十进制数字来表示
Content-Type	用于指明发送给接收者的实体正文的媒体类型
Last-Modified	用于指示资源的最后修改日期和时间
Expires	给出响应过期的日期和时间

2.2.4 Cookie 状态管理

Cookie 和 Session 都用来保存状态信息,都是保存客户端状态的机制,它们都是为了解决 HTTP 无状态的问题所做的努力。对于爬虫开发来说,我们更加关注的是 Cookie,因为 Cookie 将状态保存在客户端,Session 将状态保存在服务器端。

Cookie 是服务器在本地机器上存储的小段文本并随每一个请求发送至同一个服务器。网络服务器用 HTTP 头向客户端发送 Cookie,浏览器则会解析这些 Cookie 并将它们保存为一个本地文件,它会自动将同一服务器的任何请求绑定上这些 Cookie。

Cookie 的工作方式:服务器给每个 Session 分配一个唯一的 JSESSIONID,并通过 Cookie 发送给客户端。当客户端发起新的请求的时候,将在 Cookie 头中携带这个 JSESSIONID。这样服务器能够找到这个客户端对应的 Session,流程如图 2-9 所示。

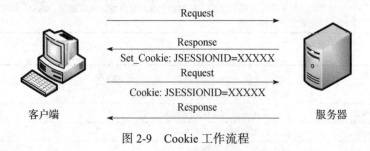

图 2-9 Cookie 工作流程

2.2.5 HTTP 请求方式

HTTP 的请求方法包括如下几种:

- GET
- POST
- HEAD
- PUT
- DELETE
- OPTIONS
- TRACE
- CONNECT

其中常用的请求方式是 GET 和 POST：

- GET 方式：是以实体的方式得到由请求 URL 所指定资源的信息，如果请求 URL 只是一个数据产生过程，那么最终要在响应实体中返回的是处理过程的结果所指向的资源，而不是处理过程的描述。
- POST 方式：用来向目的服务器发出请求，要求它接受被附在请求后的实体，并把它当作请求队列中请求 URL 所指定资源的附加新子项。

GET 与 POST 方法有以下区别：

- 在客户端，Get 方式通过 URL 提交数据，数据在 URL 中可以看到；POST 方式，数据放置在实体区内提交。
- GET 方式提交的数据最多只能有 1024 字节，而 POST 则没有此限制。
- 安全性问题。使用 Get 的时候，参数会显示在地址栏上，而 Post 不会。所以，如果这些数据是非敏感数据，那么使用 Get；如果用户输入的数据包含敏感数据，那么还是使用 Post 为好。

在爬虫开发中基本处理的也是 GET 和 POST 请求。GET 请求在访问网页时很常见，POST 请求则是常用在登录框、提交框的位置。下面展示一个完整的 POST 请求，这是登录知乎社区时捕获的请求，上面一部分是请求头，下面全部加粗的数据是请求实体。请求内容如下：

```
POST /login/phone_num HTTP/1.1
Host: www.zhihu.com
User-Agent: Mozilla/5.0 (Windows NT 6.1; WOW64; rv:49.0) Gecko/20100101
   Firefox/49.0
Accept: */*
Accept-Language: zh-CN,zh;q=0.8,en-US;q=0.5,en;q=0.3
Accept-Encoding: gzip, deflate, br
X-Xsrftoken: ade0896dc13cc3b2204a8f7742ad7f48
Content-Type: application/x-www-form-urlencoded; charset=UTF-8
X-Requested-With: XMLHttpRequest
Referer: https://www.zhihu.com/
Content-Length: 117
Cookie: q_c1=7bc53a12dd7942d3b64776441ab69983|1477975324000|1465870098000;
   d_c0="ACAAa1M-EwqPTgdv2RIP3IIzHO2R7zKBGpw=|1465870098";__utma=51854390.111
```

8849962.1465870098.1466355392.1477975328.3;__utmz=51854390.1465870098.1.1.
utmcsr=(direct)|utmccn=(direct)|utmcmd=(none);__utmv=51854390.000--|3=entr
y_date=20160614=1;_zap=7514ab27-5b42-4c95-a4cc-e31ce5757e14;_za=4ab6eb3b-c
34f-4772-aac2-7182f21894cb;_xsrf=ade0896dc13cc3b2204a8f7742ad7f48;l_cap_id
="ZjBkODkyYjdiZWZkNDQ2NWE4YzI1ZTk3NjcOMDZlMWM=|1477975324|95c5032340720551
391178c9ee67cd8a3e2849d5";cap_id="ZjAxNjBmNzU5NzZkNDI2ZTlkYTk3ZDVlNDNhNzgy
ZTA=|1477975324|0616dfa45cd15d66fe792484c6ae0af71557cb3c";n_c=1;__utmb=518
54390.2.10.1477975328;__utmc=51854390;__utmt=1;
login="ZWU1NTFlM2EzYzg4NDNjNzlhODY
wN2ZhYzgyZmExOTE=|1477975348|735a805117328df9e557f0126eb348e7712e310c"
Connection: keep-alive

_xsrf=ade0896dc13cc3b2204a8f7742ad7f48&password=xxxxxxxx&captcha_type=cn&rememb
er_me=true&phone_num=xxxxxxxxx

2.3 小结

本章主要讲解了 Web 前端中标记语言、脚本语言和 HTTP 的基本概念，在这些知识中，重点掌握 HTML 标记语言、XPath 路径表达式的书写和 HTTP 请求流程，这对接下来的 Python 爬虫开发有着非常直接的作用，有助于爬虫开发的快速入门。本章讲解的只是 Web 前端的基础知识，希望大家有时间系统地学习 Web 前端的知识，这样对之后涉及协议分析和反爬虫措施的应对方面有很大帮助。

第 3 章 Chapter 3

初识网络爬虫

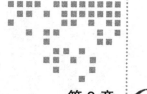

从本章开始，将正式涉及 Python 爬虫的开发。本章主要分为两个部分：一部分是网络爬虫的概述，帮助大家详细了解网络爬虫；另一部分是 HTTP 请求的 Python 实现，帮助大家了解 Python 中实现 HTTP 请求的各种方式，以便具备编写 HTTP 网络程序的能力。

3.1 网络爬虫概述

本节正式进入 Python 爬虫开发的专题，接下来从网络爬虫的概念、用处与价值和结构等三个方面，让大家对网络爬虫有一个基本的了解。

3.1.1 网络爬虫及其应用

随着网络的迅速发展，万维网成为大量信息的载体，如何有效地提取并利用这些信息成为一个巨大的挑战，网络爬虫应运而生。**网络爬虫**（又被称为网页蜘蛛、网络机器人），是一种按照一定的规则，自动地抓取万维网信息的程序或者脚本。下面通过图 3-1 展示一下网络爬虫在互联网中起到的作用：

网络爬虫按照系统结构和实现技术，大致可以分为以下几种类型：通用网络爬虫、聚焦网络爬虫、增量式网络爬虫、深层网络爬虫。实际的网络爬虫系统通常是几种爬虫技术相结合实现的。

搜索引擎（Search Engine），例如传统的通用搜索引擎 baidu、Yahoo 和 Google 等，是一种大型复杂的网络爬虫，属于通用性网络爬虫的范畴。但是通用性搜索引擎存在着一定的局限性：

1）不同领域、不同背景的用户往往具有不同的检索目的和需求，通用搜索引擎所返回的结果包含大量用户不关心的网页。

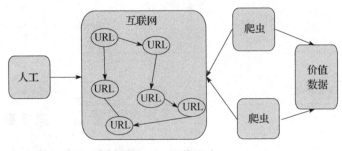

图 3-1 网络爬虫

2）通用搜索引擎的目标是尽可能大的网络覆盖率，有限的搜索引擎服务器资源与无限的网络数据资源之间的矛盾将进一步加深。

3）万维网数据形式的丰富和网络技术的不断发展，图片、数据库、音频、视频多媒体等不同数据大量出现，通用搜索引擎往往对这些信息含量密集且具有一定结构的数据无能为力，不能很好地发现和获取。

4）通用搜索引擎大多提供基于关键字的检索，难以支持根据语义信息提出的查询。

为了解决上述问题，定向抓取相关网页资源的聚焦爬虫应运而生。

聚焦爬虫是一个自动下载网页的程序，它根据既定的抓取目标，有选择地访问万维网上的网页与相关的链接，获取所需要的信息。与通用爬虫不同，聚焦爬虫并不追求大的覆盖，而将目标定为抓取与某一特定主题内容相关的网页，为面向主题的用户查询准备数据资源。

说完了聚焦爬虫，接下来再说一下增量式网络爬虫。增量式网络爬虫是指对已下载网页采取增量式更新和只爬行新产生的或者已经发生变化网页的爬虫，它能够在一定程度上保证所爬行的页面是尽可能新的页面。和周期性爬行和刷新页面的网络爬虫相比，增量式爬虫只会在需要的时候爬行新产生或发生更新的页面，并不重新下载没有发生变化的页面，可有效减少数据下载量，及时更新已爬行的网页，减小时间和空间上的耗费，但是增加了爬行算法的复杂度和实现难度。例如：想获取赶集网的招聘信息，以前爬取过的数据没有必要重复爬取，只需要获取更新的招聘数据，这时候就要用到增量式爬虫。

最后说一下深层网络爬虫。Web 页面按存在方式可以分为表层网页和深层网页。表层网页是指传统搜索引擎可以索引的页面，以超链接可以到达的静态网页为主构成的 Web 页面。深层网络是那些大部分内容不能通过静态链接获取的、隐藏在搜索表单后的，只有用户提交一些关键词才能获得的 Web 页面。例如用户登录或者注册才能访问的页面。可以想象这样一个场景：爬取贴吧或者论坛中的数据，必须在用户登录后，有权限的情况下才能获取完整的数据。

本书除了通用性爬虫不会涉及之外，聚焦爬虫、增量式爬虫和深层网络爬虫的具体运用都会进行讲解。下面展示一下网络爬虫实际运用的一些场景：

1）常见的 BT 网站，通过爬取互联网的 DHT 网络中分享的 BT 种子信息，提供对外搜索服务。例如 http://www.cilisou.cn/，如图 3-2 所示。

图 3-2 磁力搜网站首页

2）一些云盘搜索网站，通过爬取用户共享出来的云盘文件数据，对文件数据进行分类划分，从而提供对外搜索服务。例如 http://www.pansou.com/，如图 3-3 所示。

图 3-3 盘搜网站首页

3.1.2 网络爬虫结构

下面用一个通用的网络爬虫结构来说明网络爬虫的基本工作流程，如图 3-4 所示。

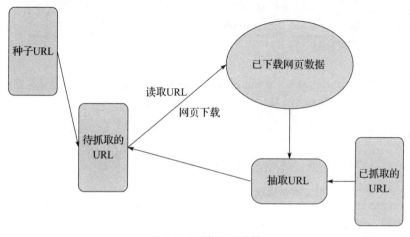

图 3-4 网络爬虫结构

网络爬虫的基本工作流程如下：

1）首先选取一部分精心挑选的种子 URL。

2）将这些 URL 放入待抓取 URL 队列。

3）从待抓取 URL 队列中读取待抓取队列的 URL，解析 DNS，并且得到主机的 IP，并将 URL 对应的网页下载下来，存储进已下载网页库中。此外，将这些 URL 放进已抓取 URL 队列。

4）分析已抓取 URL 队列中的 URL，从已下载的网页数据中分析出其他 URL，并和已抓取的 URL 进行比较去重，最后将去重过的 URL 放入待抓取 URL 队列，从而进入下一个循环。

这便是一个基本的通用网络爬虫框架及其工作流程，在之后的章节我们会用 Python 实现这种网络爬虫结构。

3.2 HTTP 请求的 Python 实现

通过上面的网络爬虫结构，我们可以看到读取 URL、下载网页是每一个爬虫必备而且关键的功能，这就需要和 HTTP 请求打交道。接下来讲解 Python 中实现 HTTP 请求的三种方式：urllib2/urllib、httplib/urllib 以及 Requests。

3.2.1 urllib2/urllib 实现

urllib2 和 urllib 是 Python 中的两个内置模块，要实现 HTTP 功能，实现方式是以 urllib2 为主，urllib 为辅。

1. 首先实现一个完整的请求与响应模型

urllib2 提供一个基础函数 urlopen，通过向指定的 URL 发出请求来获取数据。最简单的形式是：

```
import urllib2
response=urllib2.urlopen('http://www.zhihu.com')
html=response.read()
print html
```

其实可以将上面对 http://www.zhihu.com 的请求响应分为两步，一步是请求，一步是响应，形式如下：

```
import urllib2
# 请求
request=urllib2.Request('http://www.zhihu.com')
# 响应
response = urllib2.urlopen(request)
html=response.read()
print html
```

上面这两种形式都是 GET 请求，接下来演示一下 POST 请求，其实大同小异，只是增加了请求数据，这时候用到了 urllib。示例如下：

```
import urllib
import urllib2
url = 'http://www.xxxxxx.com/login'
postdata = {'username' : 'qiye',
            'password' : 'qiye_pass'}
# info 需要被编码为 urllib2 能理解的格式，这里用到的是 urllib
data = urllib.urlencode(postdata)
req = urllib2.Request(url, data)
response = urllib2.urlopen(req)
html = response.read()
```

但是有时会出现这种情况：即使 POST 请求的数据是对的，但是服务器拒绝你的访问。这是为什么呢?问题出在请求中的头信息，服务器会检验请求头，来判断是否是来自浏览器的访问，这也是反爬虫的常用手段。

2. 请求头 headers 处理

将上面的例子改写一下，加上请求头信息，设置一下请求头中的 User-Agent 域和 Referer 域信息。

```
import urllib
import urllib2
url = 'http://www.xxxxxx.com/login'
user_agent = 'Mozilla/4.0 (compatible; MSIE 5.5; Windows NT)'
referer='http://www.xxxxxx.com/'
postdata = {'username' : 'qiye',
            'password' : 'qiye_pass'}
# 将 user_agent,referer 写入头信息
headers={'User-Agent':user_agent,'Referer':referer}
data = urllib.urlencode(postdata)
req = urllib2.Request(url, data,headers)
response = urllib2.urlopen(req)
html = response.read()
```

也可以这样写，使用 add_header 来添加请求头信息，修改如下：

```
import urllib
import urllib2
url = 'http://www.xxxxxx.com/login'
user_agent = 'Mozilla/4.0 (compatible; MSIE 5.5; Windows NT)'
referer='http://www.xxxxxx.com/'
postdata = {'username' : 'qiye',
            'password' : 'qiye_pass'}
data = urllib.urlencode(postdata)
req = urllib2.Request(url)
# 将 user_agent,referer 写入头信息
req.add_header('User-Agent',user_agent)
req.add_header('Referer',referer)
```

```
req.add_data(data)
response = urllib2.urlopen(req)
html = response.read()
```

对有些 header 要特别留意,服务器会针对这些 header 做检查,例如:
- User-Agent:有些服务器或 Proxy 会通过该值来判断是否是浏览器发出的请求。
- Content-Type:在使用 REST 接口时,服务器会检查该值,用来确定 HTTP Body 中的内容该怎样解析。在使用服务器提供的 RESTful 或 SOAP 服务时,Content-Type 设置错误会导致服务器拒绝服务。常见的取值有:application/xml(在 XML RPC,如 RESTful/SOAP 调用时使用)、application/json(在 JSON RPC 调用时使用)、application/x-www-form-urlencoded(浏览器提交 Web 表单时使用)。
- Referer:服务器有时候会检查防盗链。

3. Cookie 处理

urllib2 对 Cookie 的处理也是自动的,使用 CookieJar 函数进行 Cookie 的管理。如果需要得到某个 Cookie 项的值,可以这么做:

```
import urllib2
import cookielib
cookie = cookielib.CookieJar()
opener = urllib2.build_opener(urllib2.HTTPCookieProcessor(cookie))
response = opener.open('http://www.zhihu.com')
for item in cookie:
    print item.name+':'+item.value
```

但是有时候会遇到这种情况,我们不想让 urllib2 自动处理,我们想自己添加 Cookie 的内容,可以通过设置请求头中的 Cookie 域来做:

```
import urllib2
opener = urllib2.build_opener()
opener.addheaders.append( ( 'Cookie', 'email=' + "xxxxxxx@163.com" ) )
req = urllib2.Request( "http://www.zhihu.com/" )
response = opener.open(req)
print response.headers
retdata = response.read()
```

4. Timeout 设置超时

在 Python2.6 之前的版本,urllib2 的 API 并没有暴露 Timeout 的设置,要设置 Timeout 值,只能更改 Socket 的全局 Timeout 值。示例如下:

```
import urllib2
import socket
socket.setdefaulttimeout(10) # 10 秒钟后超时
urllib2.socket.setdefaulttimeout(10) # 另一种方式
```

在 Python2.6 及新的版本中,urlopen 函数提供了对 Timeout 的设置,示例如下:

```python
import urllib2
request=urllib2.Request('http://www.zhihu.com')
response = urllib2.urlopen(request,timeout=2)
html=response.read()
print html
```

5. 获取 HTTP 响应码

对于 200 OK 来说，只要使用 urlopen 返回的 response 对象的 getcode()方法就可以得到 HTTP 的返回码。但对其他返回码来说，urlopen 会抛出异常。这时候，就要检查异常对象的 code 属性了，示例如下：

```python
import urllib2
try:
    response = urllib2.urlopen('http://www.google.com')
    print response
except urllib2.HTTPError as e:
    if hasattr(e, 'code'):
        print 'Error code:',e.code
```

6. 重定向

urllib2 默认情况下会针对 HTTP 3XX 返回码自动进行重定向动作。要检测是否发生了重定向动作，只要检查一下 Response 的 URL 和 Request 的 URL 是否一致就可以了，示例如下：

```python
import urllib2
response = urllib2.urlopen('http://www.zhihu.cn')
isRedirected = response.geturl() == 'http://www.zhihu.cn'
```

如果不想自动重定向，可以自定义 HTTPRedirectHandler 类，示例如下：

```python
import urllib2
class RedirectHandler(urllib2.HTTPRedirectHandler):
    def http_error_301(self, req, fp, code, msg, headers):
        pass
    def http_error_302(self, req, fp, code, msg, headers):
        result = urllib2.HTTPRedirectHandler.http_error_301(self, req, fp, code,
            msg, headers)
        result.status = code
        result.newurl = result.geturl()
        return result
opener = urllib2.build_opener(RedirectHandler)
opener.open('http://www.zhihu.cn')
```

7. Proxy 的设置

在做爬虫开发中，必不可少地会用到代理。urllib2 默认会使用环境变量 http_proxy 来设置 HTTP Proxy。但是我们一般不采用这种方式，而是使用 ProxyHandler 在程序中动态设置代理，示例代码如下：

```python
import urllib2
proxy = urllib2.ProxyHandler({'http': '127.0.0.1:8087'})
opener = urllib2.build_opener([proxy,])
urllib2.install_opener(opener)
response = urllib2.urlopen('http://www.zhihu.com/')
print response.read()
```

这里要注意的一个细节，使用 urllib2.install_opener()会设置 urllib2 的全局 opener，之后所有的 HTTP 访问都会使用这个代理。这样使用会很方便，但不能做更细粒度的控制，比如想在程序中使用两个不同的 Proxy 设置，这种场景在爬虫中很常见。比较好的做法是不使用 install_opener 去更改全局的设置，而只是直接调用 opener 的 open 方法代替全局的 urlopen 方法，修改如下：

```python
import urllib2
proxy = urllib2.ProxyHandler({'http': '127.0.0.1:8087'})
opener = urllib2.build_opener(proxy,)
response = opener.open("http://www.zhihu.com/")
print response.read()
```

3.2.2　httplib/urllib 实现

httplib 模块是一个底层基础模块，可以看到建立 HTTP 请求的每一步，但是实现的功能比较少，正常情况下比较少用到。在 Python 爬虫开发中基本上用不到，所以在此只是进行一下知识普及。下面介绍一下常用的对象和函数：

- 创建 HTTPConnection 对象：class httplib.HTTPConnection(host[, port[, strict[, timeout[, source_address]]]])。
- 发送请求：HTTPConnection.request(method, url[, body[, headers]])。
- 获得响应：HTTPConnection.getresponse()。
- 读取响应信息：HTTPResponse.read([amt])。
- 获得指定头信息：HTTPResponse.getheader(name[, default])。
- 获得响应头(header, value)元组的列表：HTTPResponse.getheaders()。
- 获得底层 socket 文件描述符：HTTPResponse.fileno()。
- 获得头内容：HTTPResponse.msg。
- 获得头 http 版本：HTTPResponse.version。
- 获得返回状态码：HTTPResponse.status。
- 获得返回说明：HTTPResponse.reason。

接下来演示一下 GET 请求和 POST 请求的发送，首先是 GET 请求的示例，如下所示：

```python
import httplib
conn =None
try:
```

```
        conn = httplib.HTTPConnection("www.zhihu.com")
        conn.request("GET", "/")
        response = conn.getresponse()
        print response.status, response.reason
        print '-' * 40
        headers = response.getheaders()
        for h in headers:
            print h
        print '-' * 40
        print response.msg
except Exception,e:
        print e
finally:
        if conn:
            conn.close()
```

POST 请求的示例如下：

```
import httplib, urllib
conn = None
try:
        params = urllib.urlencode({'name': 'qiye', 'age': 22})
        headers = {"Content-type": "application/x-www-form-urlencoded"
        , "Accept": "text/plain"}
        conn = httplib.HTTPConnection("www.zhihu.com", 80, timeout=3)
        conn.request("POST", "/login", params, headers)
        response = conn.getresponse()
        print response.getheaders() # 获取头信息
        print response.status
        print response.read()
except Exception, e:
        print e
finally:
        if conn:
            conn.close()
```

3.2.3 更人性化的 Requests

Python 中 Requests 实现 HTTP 请求的方式，是本人极力推荐的，也是在 Python 爬虫开发中最为常用的方式。Requests 实现 HTTP 请求非常简单，操作更加人性化。

Requests 库是第三方模块，需要额外进行安装。Requests 是一个开源库，源码位于 GitHub: https://github.com/kennethreitz/requests，希望大家多多支持作者。使用 Requests 库需要先进行安装，一般有两种安装方式：

- 使用 pip 进行安装，安装命令为：pip install requests，不过可能不是最新版。
- 直接到 GitHub 上下载 Requests 的源代码，下载链接为：https://github.com/kennethreitz/requests/releases。将源代码压缩包进行解压，然后进入解压后的文件夹，运行 setup.py

文件即可。

如何验证 Requests 模块安装是否成功呢？在 Python 的 shell 中输入 import requests，如果不报错，则是安装成功。如图 3-5 所示。

图 3-5　验证 Requests 安装

1. 首先还是实现一个完整的请求与响应模型

以 GET 请求为例，最简单的形式如下：

```
import requests
r = requests.get('http://www.baidu.com')
print r.content
```

大家可以看到比 urllib2 实现方式的代码量少。接下来演示一下 POST 请求，同样是非常简短，更加具有 Python 风格。示例如下：

```
import requests
postdata={'key':'value'}
r = requests.post('http://www.xxxxxx.com/login',data=postdata)
print r.content
```

HTTP 中的其他请求方式也可以用 Requests 来实现，示例如下：

❑ r = requests.put('http://www.xxxxxx.com/put', data = {'key':'value'})

❑ r = requests.delete('http://www.xxxxxx.com/delete')

❑ r = requests.head('http://www.xxxxxx.com/get')

❑ r = requests.options('http://www.xxxxxx.com/get')

接着讲解一下稍微复杂的方式，大家肯定见过类似这样的 URL：http://zzk.cnblogs.com/s/blogpost?Keywords=blog:qiyeboy&pageindex=1，就是在网址后面紧跟着 "?"，"?" 后面还有参数。那么这样的 GET 请求该如何发送呢？肯定有人会说，直接将完整的 URL 带入即可，不过 Requests 还提供了其他方式，示例如下：

```
import requests
    payload = {'Keywords': 'blog:qiyeboy','pageindex':1}
r = requests.get('http://zzk.cnblogs.com/s/blogpost', params=payload)
```

```
print r.url
```

通过打印结果，我们看到最终的 URL 变成了：

`http://zzk.cnblogs.com/s/blogpost?Keywords=blog:qiyeboy&pageindex=1`。

2. 响应与编码

还是从代码入手，示例如下：

```
import requests
r = requests.get('http://www.baidu.com')
print 'content-->'+r.content
print 'text-->'+r.text
print 'encoding-->'+r.encoding
r.encoding='utf-8'
print 'new text-->'+r.text
```

其中 r.content 返回的是字节形式，r.text 返回的是文本形式，r.encoding 返回的是根据 HTTP 头猜测的网页编码格式。

输出结果中："text-->"之后的内容在控制台看到的是乱码，"encoding-->"之后的内容是 ISO-8859-1（实际上的编码格式是 UTF-8），由于 Requests 猜测编码错误，导致解析文本出现了乱码。Requests 提供了解决方案，可以自行设置编码格式，r.encoding='utf-8'设置成 UTF-8 之后，"new text-->"的内容就不会出现乱码。但是这种手动的方式略显笨拙，下面提供一种更加简便的方式：chardet，这是一个非常优秀的字符串/文件编码检测模块。安装方式如下：

```
pip install chardet
```

安装完成后，使用 chardet.detect()返回字典，其中 confidence 是检测精确度，encoding 是编码形式。示例如下：

```
import requests
r = requests.get('http://www.baidu.com')
print chardet.detect(r.content)
r.encoding = chardet.detect(r.content)['encoding']
print r.text
```

直接将 chardet 探测到的编码，赋给 r.encoding 实现解码，r.text 输出就不会有乱码了。

除了上面那种直接获取全部响应的方式，还有一种流模式，示例如下：

```
import requests
r = requests.get('http://www.baidu.com',stream=True)
print r.raw.read(10)
```

设置 stream=True 标志位，使响应以字节流方式进行读取，r.raw.read 函数指定读取的字节数。

3. 请求头 headers 处理

Requests 对 headers 的处理和 urllib2 非常相似，在 Requests 的 get 函数中添加 headers 参

数即可。示例如下：

```
import requests
user_agent = 'Mozilla/4.0 (compatible; MSIE 5.5; Windows NT)'
headers={'User-Agent':user_agent}
r = requests.get('http://www.baidu.com',headers=headers)
print r.content
```

4. 响应码 code 和响应头 headers 处理

获取响应码是使用 Requests 中的 status_code 字段，获取响应头使用 Requests 中的 headers 字段。示例如下：

```
import requests
r = requests.get('http://www.baidu.com')
if r.status_code == requests.codes.ok:
    print r.status_code# 响应码
    print r.headers# 响应头
    print r.headers.get('content-type')# 推荐使用这种获取方式,获取其中的某个字段
    print r.headers['content-type']# 不推荐使用这种获取方式
else:
    r.raise_for_status()
```

上述程序中，r.headers 包含所有的响应头信息，可以通过 get 函数获取其中的某一个字段，也可以通过字典引用的方式获取字典值，但是不推荐，因为如果字段中没有这个字段，第二种方式会抛出异常，第一种方式会返回 None。r.raise_for_status()是用来主动地产生一个异常，当响应码是 4XX 或 5XX 时，raise_for_status()函数会抛出异常，而响应码为 200 时，raise_for_status()函数返回 None。

5. Cookie 处理

如果响应中包含 Cookie 的值，可以如下方式获取 Cookie 字段的值，示例如下：

```
import requests
user_agent = 'Mozilla/4.0 (compatible; MSIE 5.5; Windows NT)'
headers={'User-Agent':user_agent}
r = requests.get('http://www.baidu.com',headers=headers)
# 遍历出所有的cookie字段的值
for cookie in r.cookies.keys():
    print cookie+':'+r.cookies.get(cookie)
```

如果想自定义 Cookie 值发送出去，可以使用以下方式，示例如下：

```
import requests
user_agent = 'Mozilla/4.0 (compatible; MSIE 5.5; Windows NT)'
headers={'User-Agent':user_agent}
cookies = dict(name='qiye',age='10')
r = requests.get('http://www.baidu.com',headers=headers,cookies=cookies)
print r.text
```

还有一种更加高级，且能自动处理 Cookie 的方式，有时候我们不需要关心 Cookie 值是多少，只是希望每次访问的时候，程序自动把 Cookie 的值带上，像浏览器一样。Requests 提供了一个 session 的概念，在连续访问网页，处理登录跳转时特别方便，不需要关注具体细节。使用方法示例如下：

```
import Requests
loginUrl = 'http://www.xxxxxxx.com/login'
s = requests.Session()
#首先访问登录界面，作为游客，服务器会先分配一个cookie
r = s.get(loginUrl,allow_redirects=True)
datas={'name':'qiye','passwd':'qiye'}
#向登录链接发送post请求，验证成功，游客权限转为会员权限
r = s.post(loginUrl, data=datas,allow_redirects= True)
print r.text
```

上面的这段程序，其实是正式做 Python 开发中遇到的问题，如果没有第一步访问登录的页面，而是直接向登录链接发送 Post 请求，系统会把你当做非法用户，因为访问登录界面时会分配一个 Cookie，需要将这个 Cookie 在发送 Post 请求时带上，这种使用 Session 函数处理 Cookie 的方式之后会很常用。

6. 重定向与历史信息

处理重定向只是需要设置一下 allow_redirects 字段即可，例如 r=requests.get('http://www.baidu.com', allow_redirects=True)。将 allow_redirects 设置为 True，则是允许重定向；设置为 False，则是禁止重定向。如果是允许重定向，可以通过 r.history 字段查看历史信息，即访问成功之前的所有请求跳转信息。示例如下：

```
import requests
r = requests.get('http://github.com')
print r.url
print r.status_code
print r.history
```

打印结果如下：

```
https://github.com/
200
(<Response [301]>,)
```

上面的示例代码显示的效果是访问 GitHub 网址时,会将所有的 HTTP 请求全部重定向为 HTTPS。

7. 超时设置

超时选项是通过参数 timeout 来进行设置的，示例如下：

```
requests.get('http://github.com', timeout=2)
```

8. 代理设置

使用代理 Proxy，你可以为任意请求方法通过设置 proxies 参数来配置单个请求：

```
import requests
proxies = {
    "http": "http://0.10.1.10:3128",
    "https": "http://10.10.1.10:1080",
}
requests.get("http://example.org", proxies=proxies)
```

也可以通过环境变量 HTTP_PROXY 和 HTTPS_PROXY 来配置代理，但是在爬虫开发中不常用。你的代理需要使用 HTTP Basic Auth，可以使用 http://user:password@host/语法：

```
proxies = {
    "http": "http://user:pass@10.10.1.10:3128/",
}
```

3.3 小结

本章主要讲解了网络爬虫的结构和应用，以及 Python 实现 HTTP 请求的几种方法。希望大家对本章中的网络爬虫工作流程和 Requests 实现 HTTP 请求的方式重点吸收消化。

第 4 章 Chapter 4

HTML 解析大法

HTML 网页数据解析提取是 Python 爬虫开发中非常关键的一步。HTML 网页的解析提取有很多种方式，本章主要从三个方面进行讲解，分别为 Firebug 工具的使用、正则表达式和 Beautiful soup，基本上涵盖了 HTML 网页数据解析提取的方方面面。

4.1 初识 Firebug

Firebug 是一个用于 Web 前端开发的工具，它是 FireFox 浏览器的一个扩展插件。它可以用于调试 JavaScript、查看 DOM、分析 CSS、监控网络流量以及进行 Ajax 交互等。它几乎提供了前端开发需要的全部功能，因此在 Python 爬虫开发中非常有用，尤其是在分析协议和分析动态网站的时候，本节我们所有的分析场景都是基于这个工具，基于 FireFox 浏览器。Firebug 面板如图 4-1 所示。

图 4-1　Firebug 面板

大家如果之前用过 Firebug，会发现在面板上多了一个 FirePath 的选项。FirePath 是 Firebug 上的一个扩展插件，它的功能主要是帮助我们精确定位网页中的元素，生成 XPath 或者是 CSS 查找

图 4-2　FirePath 面板

路径表达式，这在 Python 爬虫开发中抽取网页元素非常便利，省去了手写 XPath 和 CSS 路径表达式的麻烦。FirePath 选项面板内容如图 4-2 所示。

4.1.1 安装 Firebug

由于 Firebug 是 FireFox 浏览器的一个扩展插件，所以首先需要下载 FireFox（火狐）浏览器。读者可以访问 www.mozilla.com 下载并安装 FireFox 浏览器。安装完成后用 FireFox 访问 https://addons.mozilla.org/zh-CN/firefox/collections/mozilla/webdeveloper/，进入如图 4-3 所示页面。点击"添加到 Firefox"，然后点击"立即安装"，最后重新启动 FireFox 浏览器即可完成安装。

图 4-3　Firebug 下载页面

Firebug 安装完成后，为了扩展 Firebug 在路径选择上的功能，还需要安装 Firebug 的插件 FirePath。打开火狐浏览器，进入"设置→附件组件→搜索"，输入 firepath，如图 4-4 所示。本书使用的 FireFox 版本为 v49.0.2，Firebug 版本为 v2.0.19。

图 4-4　FirePath 安装

4.1.2 强大的功能

下面按照主面板、子面板的顺序说明 Firebug 的强大功能，相信大家会被 Firebug 所吸引。

1．主面板

安装完成之后，在 Firefox 浏览器的地址后方就会有一个小虫子的图标，这是 Firebug 启动开关，如图 4-5 所示。

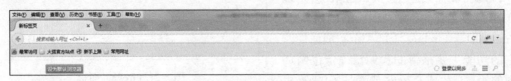

图 4-5　Firebug 启动开关

单击该图标后即可展开 Firebug 的控制台，也可以通过快捷键<F12>来打开控制台，默认位于 Firefox 浏览器底部。使用 Ctrl+F12 快捷键可以使 Firebug 独立打开一个窗口而不占用 Firefox 页面底部的空间，如图 4-6 所示。

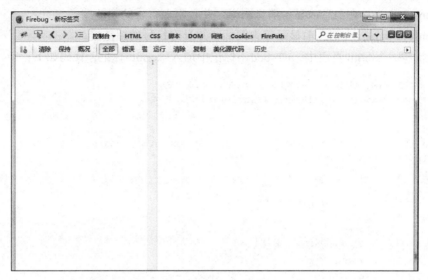

图 4-6　Firebug 主面板

从上图中可以看出，Firebug 包括 8 个子面板：
- 控制台面板：用于记录日志、概览、错误提示和执行命令行，同时也用于 Ajax 的调试。
- HTML 面板：用于查看 HTML 元素，可以实时地编辑 HTML 和改变 CSS 样式，它包括 3 个子面板，分别是样式、计算出的样式、布局、DOM 和事件面板。
- CSS 面板：用于查看所有页面上的 CSS 文件，可以动态地修改 CSS 样式，由于 HTML 面板中已经包含了样式面板，因此该面板将很少用到。
- 脚本面板：用于显示 JavaScript 文件及其所在的页面，也可以用来显示 Javascript 的 Debug 调试信息，包含 3 个子面板，分别是监控、堆栈和断点。
- DOM 面板：用于显示页面上的所有对象。
- 网络面板：用于监视网络活动，可以帮助查看一个页面的载入情况，包括文件下载所占用的时间和文件下载出错等信息，也可以用于监视 Ajax 行为。在分析网络请求和动态网站加载时非常有用。
- Cookies 面板：用于查看和调整 cookie。
- FirePath 面板：用于精确定位网页中的元素，生成 XPath 或者是 CSS 查找路径表达式。

2. 控制台面板

控制台面板可以用于记录日志，也可以用于输入脚本的命令行。Firebug 提供如下几个常用的记录日志的函数：

- console.log：简单的记录日志。
- console.debug：记录调试信息，并且附上行号的超链接。
- console.error：在消息前显示错误图标，并且附上行号的超链接。
- console.info：在消息前显示消息图标，并且附上行号的超链接。
- console.warn：在消息前显示警告图标，并且附行号的超链接。

例如新建一个 html 页面中，向<body>标记中加入<script>标记，代码如下：

```
<!DOCTYPE HTML PUBLIC "-//W3C//DTD HTML 4.01//EN"
    "http://www.w3.org/TR/html4/strict.dtd">
<html>
<head>
<meta http-equiv="Content-Type" content="text/html; charset=UTF-8">
<title>Firefox测试</title>
</head>
<body>
<script type="text/javascript">
var a = "Python";
var b = "爬虫开发";
document.write(a,b);// 网页上输出内容
console.log(a + b);
console.debug(a + b);
console.error(a + b);
console.info(a + b);
console.warn(a + b);
</script>
</body>
</html>
```

在 Firefox 浏览器中开启 Firebug 并运行此 HTML 文档，效果如图 4-7 所示。

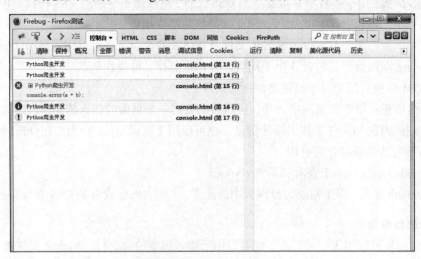

图 4-7　Firebug 控制台输出结果

也可以直接在右侧输入 JavaScript 代码执行，同时可以对输入的源代码格式进行美化，示例如图 4-8 所示。

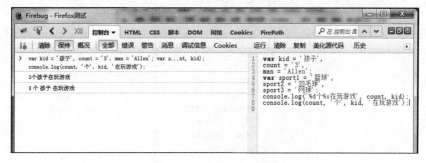

图 4-8　Firebug js 脚本执行

控制台面板内有一排子菜单，分别是清除、保持、概况、全部等。
- "清除"用于清除控制台中的内容。
- "保持"则是把控制台中的内容保存，即使刷新了依然还存在。
- "全部"则是显示全部的信息。
- "概况"菜单用于查看函数的性能。
- 后面的"错误"、"警告"、"消息"、"调试信息"、"Cookies"菜单则是对所有的信息进行了分类。

控制台面板还可以进行 Ajax 调试。例如打开一个页面，可以在 Firebug 控制台查看到本次 Ajax 的 HTTP 请求头信息和服务器响应头信息。首先在 Firefox 浏览器中开启 Firebug，并访问百度的首页，可以看到图 4-9 的效果。

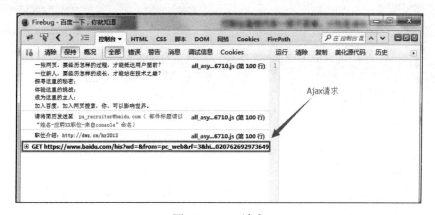

图 4-9　Ajax 请求

如果没有上图的效果，可以在控制台的下拉菜单中，选中显示 XMLHttpRequests，如图 4-10 所示。

图 4-10　显示 XMLHttpRequests

3. HTML 面板

　　HTML 面板的强大之处就是能查看和修改 HTML 代码,而且这些代码都是经过格式化的。以百度首页为例,在 HTML 控制台的左侧可以看到整个页面当前的文档结构,可以通过单击 "+" 来展开。当单击相应的元素时,右侧面板中就会显示出当前元素的样式、布局以及 DOM 信息,效果如图 4-11 所示。

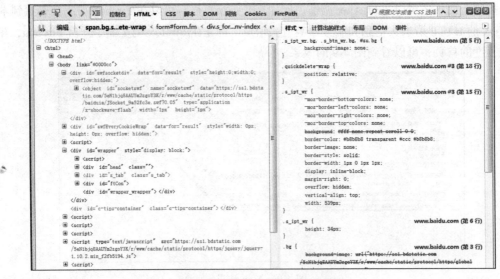

图 4-11　百度首页 HTML 结构

　　而当光标移动到 HTML 树中相应元素上时,页面中相应的元素将会被高亮显示,高亮部分我用框圈起来了,如图 4-12 所示。

图 4-12 "百度一下"高亮显示

还有一种更快更常用的查找 HTML 元素的方法。利用查看（Inspect）功能，可以快速地寻找到某个元素的 HTML 结构，如图 4-13 所示，线框圈起来的就是 Inspect 按钮。

图 4-13 Inspect 按钮查看元素

当单击 Inspect 按钮后，用鼠标在网页上选中一个元素时，元素会被一个蓝色的框框住，同时下面的 HTML 面板中相应的 HTML 树也会展开并且高亮显示，再次单击后即可退出该模式。通过这个功能，可以快速寻找页面内的元素，调试和查找相应代码非常方便。

之前讲的都是查看 HTML，还可以修改 HTML 内容和样式。例如，将百度首页的"百度一下"按钮文字修改为"搜索一下"，只需将 input 标记中的 value 值改为搜索一下，如图 4-14 所示。

图 4-14 修改 HTML 元素值

在这个基础上，修改一下样式，将 background 值改为 red，"搜索一下"的背景立即变成了红色，效果如图 4-15 所示。

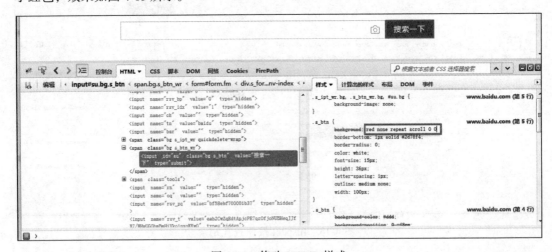

图 4-15 修改 HTML 样式

4. 网络面板

在 Python 爬虫开发中,网络面板比较常用,能够监听网络访问请求与响应,在分析异步加载请求时非常有用。例如访问百度首页,效果如图 4-16 所示。

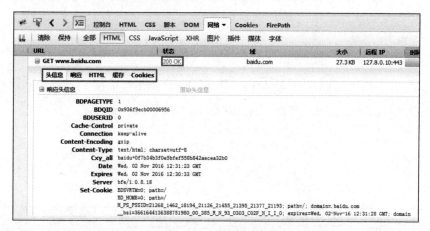

图 4-16 网络请求

线框中可以看到,网络访问的头信息、响应码、响应内容和 Cookies 都能得到有效记录。

在网络面板的子菜单中又分为 HTML、CSS、JavaScript、XHR、图片等选项,其实只是将所有的网络访问进行了分类划分。

5. 脚本面板

脚本面板不仅可以查看页面内的脚本,而且还有强大的调试功能。在脚本面板的右侧有"监控"、"堆栈"和"断点"三个面板,利用 Firebug 提供的设置断点的功能,可以很方便地调试程序,还可以将 JavaScript 脚本格式化,方便阅读源码进行分析。Firebug 脚本面板如图 4-17 所示。

接下来测试一下脚本面板的断点调试功能,以 jsTest.html 文件为例,代码如下:

```
<!DOCTYPE html PUBLIC "-//W3C//DTD XHTML 1.0 Transitional//EN"
    "http://www.w3.org/TR/xhtml1/DTD/xhtml1-transitional.dtd">
<html xmlns="http://www.w3.org/1999/xhtml">
<head>
    <meta charset="utf-8">
    <script type="text/javascript">
        function doLogin(){
            var msg = document.getElementById('message');
            var username = document.getElementById('username');
            var password = document.getElementById('password');
            arrs=[1,2,3,4,5,6,7,8,9];
            for(var arr in arrs){
                msg.innerHTML+=arr+"<br />";
                msg.innerHTML+="username->"+username.value
```

```
                    +"password->"+password.value+"<br />"
            }
        }
    </script>
</head>
<body>
    <div>
        <input id="username" type="text" placeholder="用户名" value=""/>
        <br/>
        <input id="password" type="text" placeholder="密码" value=""/>
        <br/>
        <input type="button" value="login" onClick="doLogin();"/>
        <br/>
        <div id="message"></div>
    </div>
</body>
</html>
```

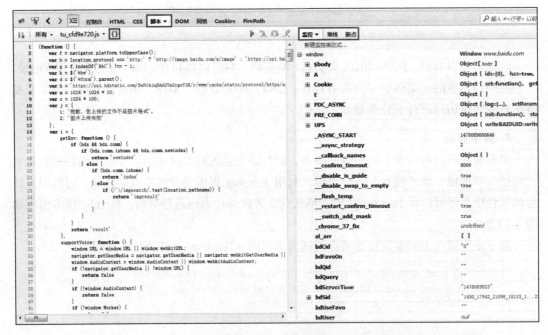

图 4-17　脚本面板

运行代码后可以看到如图 4-18 所示的效果。图中加粗并有绿色的行号的代码表示此处为 JavaScript 代码，可以在此处设置断点。比如在第 8 行这句代码前面单击一下，它前面就会出现一个红褐色的圆点，表示此处已经被设置了断点。此时，在右侧断点面板的断点列表中就出现了刚才设置的断点。如果想暂时禁用某个断点，可以在断点列表中去掉某个断点的前面的复选框中的勾，那么此时左侧面板中相应的断点就从红褐色变成了红灰褐色了。

图 4-18 断点设置

设置完断点之后，我们就可以调试程序了。单击页面中的"login"按钮，可以看到脚本停止在用淡黄色底色标出的那一行上。此时用鼠标移动到某个变量上即可显示此时这个变量的值。显示效果如图 4-19 所示。

图 4-19 断点调试

此时 JavaScript 内容上方的 四个按钮已经变得可用了。它们分别代表"继续执行"、"单步进入"、"单步跳过"和"单步退出"。可以使用快捷键进行操作：

- 继续执行<F8>：当通过断点来停止执行脚本时，单击<F8>就会恢复执行脚本。
- 单步进入<F11>：允许跳到页面中的其他函数内部。
- 单步跳过<F10>：直接跳过函数的调用，即跳到 return 之后。
- 单步退出<shift+F11>：允许恢复脚本的执行，直到下一个断点为止。

单击"单步进入"按钮，代码会跳到下一行，当鼠标移动到"msg"变量上时，就可以显示出它的内容是一个 DOM 元素，即"div#message"。将右侧面板切换到"监控"面板，这里列出了几个变量，包括"this"指针的指向以及"msg"变量。单击"+"可以看到详细的信息，如图 4-20 所示。

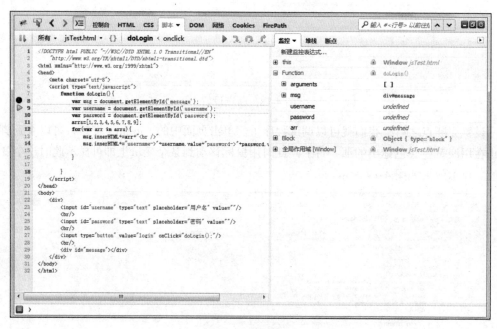

图 4-20　单步调试

以上设置的都是静态断点，脚本面板还提供了条件断点的高级功能。在要调试的代码前面的序号上单击鼠标右键，就可以出现设置条件断点的输入框。在该框内输入"arr==5"，然后回车确认，显示效果如图 4-21 所示。

最后单击页面的"login"按钮。可以发现，脚本在"arr==5"这个表达式为真时停下了。

6. FirePath 面板

切换到 FirePath 面板，通过查看（Inspect）按钮，点击"百度一下"按钮，XPath 后面的输出框中出现 XPath 路径表达式，如图 4-22 所示，这在 Python 爬虫开发中非常有用。

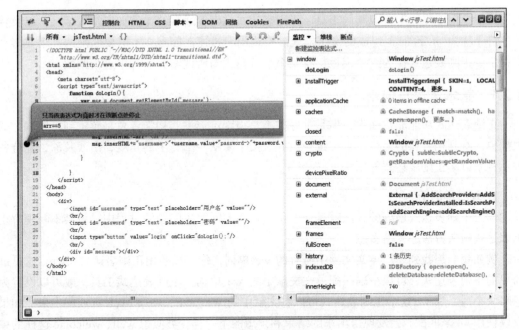

图 4-21 条件调试

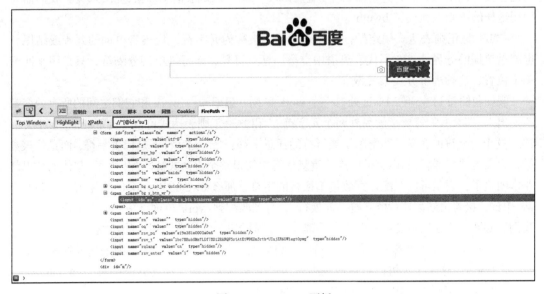

图 4-22 FirePath 面板

4.2 正则表达式

在编写处理网页文本的程序时，经常会有查找符合某些复杂规则的字符串的需要。正则表达式就是用于描述这些规则的工具。正则表达式是由普通字符（例如字符 a 到 z）以及特殊字符（称为"元字符"）组成的文字模式。模式用于描述在搜索文本时要匹配的一个或多个字符串。正则表达式作为一个模板，将某个字符模式与所搜索的字符串进行匹配。

4.2.1 基本语法与使用

正则表达式功能非常强大，但是学好并不是很困难。一些初学者总是感觉到正则表达式很抽象，看到稍微长的表达式直接选择放弃。接下来从一个新手的角度，由浅及深，配合各种示例来讲解正则表达式的用法。

1. 入门小例子

学习正则表达式最好的办法就是通过例子。在不断解决问题的过程中，就会不断理解正则表达式构造方法的灵活多变。

例如我们想找到一篇英文文献中所有的 we 单词，你可以使用正则表达式：we，这是最简单的正则表达式，可以精确匹配英文文献中的 we 单词。正则表达式工具一般可以设置为忽略大小写，那 we 这个正则表达式可以将文献中的 We、wE、we 和 WE 都匹配出来。如果仅仅使用 we 来匹配，会发现得出来的结果和预想的不一样，类似于 well、welcome 这样的单词也会被匹配出来，因为这些单词中也包含 we。如何仅仅将 we 单词匹配出来呢？我们需要使用这样的正则表达式：\bwe\b。

"\b" 是正则表达式规定的一个特殊代码，被称为元字符，代表着单词的开头或结尾，也就是单词的分界处，它不代表英语中空格、标点符号、换行等单词分隔符，只是用来匹配一个位置，这种理解方式很关键。

假如我们看到 we 单词不远处有一个 work 单词，想把 we、work 和它们之间的所有内容都匹配出来，那么我们需要了解另外两个元字符"."和"*"，正则表达式可以写为\bwe\b.*\bwork\b。"."这个元字符的含义是匹配除了换行符的任意字符，"*"元字符不是代表字符，而是代表数量，含义是"*"前面的内容可以连续重复任意次使得整个表达式被匹配。".*"整体的意思就非常明显了，表示可以匹配任意数量不换行的字符，那么\bwe\b.*\bwork\b 作用就是先匹配出 we 单词，接着再匹配任意的字符（非换行），直到匹配到 work 单词结束。通过上面的例子，我们看到元字符在正则表达式中非常关键，元字符的组合能构造出强大的功能。

接下来咱们开始讲解常用的元字符，在讲解之前，需要介绍一个正则表达式的测试工具 Match Tracer，这个工具可以将写的正则表达式生成树状结构，描述并高亮每一部分的语法，同时可以检验正则表达式写的是否正确，如图 4-23 所示。

2. 常用元字符

元字符主要有四种作用：有的用来匹配字符，有的用来匹配位置，有的用来匹配数量，有的用来匹配模式。在上面的例子中，我们讲到了"." "*"这两个元字符，还有其他元字符，如表 4-1 所示。

第 4 章　HTML 解析大法

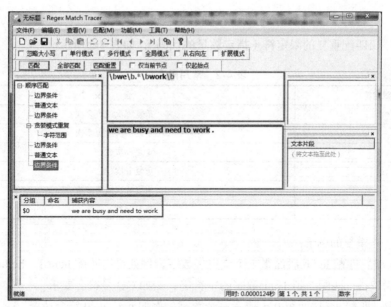

图 4-23　Match Tracer

表 4-1　常见元字符

元字符	含　义
.	匹配除换行符以外的任意字符
\b	匹配单词的开始或结束
\d	匹配数字
\w	匹配字母、数字、下划线或汉字
\s	匹配任意空白符，包括空格、制表符（Tab）、换行符、中文全角空格等
^	匹配字符串的开始
$	匹配字符串的结束

上面的元字符是用来匹配字符和位置的，接下来讲解其他功能时，会依次列出匹配数量和模式的元字符。下面对上面列出的元字符使用一些小例子来进行一下练习。

假如一行文本为：we are still studying and so busy，我们想匹配出所有以 s 开头的单词，那么正则表达式可以写为：\bs\w*\b。\bs\w*\b 的匹配顺序：先是某个单词开始处（\b），然后是字母 s，然后是任意数量的字母或数字（\w*），最后是单词结束处（\b）。同理，如果匹配 s100 这样的字符串（不是单词），需要用到"^"和"$"，一个匹配开头，一个匹配结束，可以写为^s\d*$。

3. 字符转义

如果你想查找元字符本身的话，比如你查找"."或者"*"就会出现问题，因为它们具有特定功能，没办法把它们指定为普通字符。这个时候就需要用到转义，使用"\"来取消这些字符的特殊意义。因此如果查找"."、"\"或者"*"时，必须写成"\."、"\\"和"*"。例如匹配 www.google.com 这个网址时，可以表达式可以写为 www\.google\.com。

4. 重复

首先列举出匹配重复的限定符（指定数量的代码），如表 4-2 所示。

表 4-2 常用限定符

限定符	含 义
*	重复零次或更多次
+	重复一次或更多次
?	重复零次或一次
{n}	重复 n 次
{n,}	重复 n 次或更多次
{n,m}	重复 n 到 m 次

下面是一些重复的例子：
- hello\d+：匹配 hello 后面跟 1 个或更多数字，例如可以匹配 hello1、hello10 等情况。
- ^\d{5,12}$：匹配 5 到 12 个数字的字符串，例如 QQ 号符合要求。
- we\d?：匹配 we 后面跟 0 个或者一个数字，例如 we、we0 符合情况。

5. 字符集合

通过上面介绍的元字符，可以看到查找数字、字母或数字、空格是很简单的，因为已经有了对应这些字符的集合，但是如果想匹配没有预定义元字符的字符集合，例如匹配 a、b、c、d 和 e 中任意一个字符，这时候就需要自定义字符集合。正则表达式是通过[ ]来实现自定义字符集合，[abcde]就是匹配 abcde 中的任意一个字符，[.?!]匹配标点符号（"."、"?" 或 "!"）。

除了将需要自定义的字符都写入[]中，还可以指定一个字符范围。[0-9]代表的含义与 "\d" 是完全一致的，代表一位数字；[a-z0-9A-Z_]也完全等同于 "\w"（只考虑英文），代表着 26 个字母中的大小写、0～9 的数字和下划线中的任一个字符。

6. 分支条件

正则表达式里的分支条件指的是有几种匹配规则，如果满足其中任意一种规则都应该当成匹配，具体方法是用 "|" 把不同的规则分隔开。例如匹配电话号码，电话号码中一种是 3 位区号，8 位本地号，形如 010-11223344，另一种是 4 位区号，7 位本地号，形如 0321-1234567。如果想把电话号码匹配出来，就需要用到分支条件：0\d{2}-\d{8}|0\d{3}-\d{7}。在分支条件中有一点需要注意，匹配分支条件时，将会从左到右地测试每个条件，如果满足了某个分支的话，就不会去再管其他条件了，条件之间是一种或的关系，例如从 1234567890 匹配出连续的 4 个数字或者连续 8 个数字，如果写成\d{4}|\d{8}，其实\d{8}是失效的，既然能匹配出来 8 位数字，肯定就能匹配出 4 位数字。

7. 分组

先以简单的 IP 地址匹配为例子，想匹配类似 192.168.1.1 这样的 IP 地址，可以这样写正

则表达式((\d{1,3})\.){3}\d{1,3}。下面分析一下这个正则表达式：\d{1,3}代表着 1～3 位的数字，((\d{1,3})\.){3}代表着将 1～3 位数字加上一个"."重复 3 次，匹配出类似 192.168.1.这部分，之后再加上\d{1,3}，表示 1～3 位的数字。但是上述的正则表达式会匹配出类似 333.444.555.666 这些不可能存在的 IP 地址，因为 IP 地址中每个数字都不能大于 255，所以要写出一个完整的 IP 地址匹配表达式，还需要关注一下细节，下面给出一个使用分组的完整 IP 表达式：((25[0-5]|2[0-4]\d|[0-1]\d{2}|[1-9]?\d)\.){3}((25[0-5]|2[0-4]\d|[0-1]\d{2}|[1-9]?\d))。其中的关键是(25[0-5]|2[0-4]\d|[0-1]\d{2}|[1-9]?\d)部分，大家应该有能力分析出来。

8. 反义

有时需要查找除某一类字符集合之外的字符。比如想查找除了数字以外，包含其他任意字符的情况，这时就需要用到反义，如表 4-3 所示。

表 4-3 常用的反义

代 码	含 义
\W	匹配任意不是字母、数字、下划线、汉字的字符
\S	匹配任意不是空白符的字符
\D	匹配任意非数字的字符
\B	匹配不是单词开头或结束的位置
[^a]	匹配除了 a 以外的任意字符
[^abcde]	匹配除了 a、b、c、d、e 这几个字母以外的任意字符
[^(123|abc)]	匹配除了 1、2、3 或者 a、b、c 这几个字符以外的任意字符

例如"\D+"匹配非数字的一个或者多个字符。

9. 后向引用

前面我们讲到了分组，使用小括号指定一个表达式就可以看做是一个分组。默认情况下，每个分组会自动拥有一个组号，规则是：从左向右，以分组的左括号为标志，第一个出现的分组的组号为 1，第二个为 2，以此类推。还是以简单的 IP 匹配表达式((\d{1,3})\.){3}\d{1,3}为例，这里面有两个分组 1 和 2，使用 Match Tracer 这个工具可以很明显地看出来，如图 4-24 所示。

如果想匹配类似 192.168.1.1 这种最后两位相等的 ip，上面的表达式可以改写成((\d{1,3})\.){3}\2。有一点要注意，引用的是内容而非模式。

你也可以自己指定子表达式的组名。要指定一个子表达式的组名，使用这样的语法：

图 4-24 捕获组

(?<Digit>\d+)或者(?'Digit'\d+)),这样就把"\d+"的组名指定为 Digit 了。要反向引用这个分组捕获的内容,你可以使用 \k<Digit>,所以上面的 IP 匹配表达式写成((?<Digit>\d{1,3})\.){3}\k<Digit>。使用小括号的地方很多,主要是用来分组,表 4-4 中列出了一些常用的形式。

表 4-4 常用分组形式

分 类	语 法	含 义
捕获	(exp)	匹配 exp,并捕获文本到自动命名的组里
	(?<name>exp)	匹配 exp,并捕获文本到名称为 name 的组里,也可以写成(?'name'exp)
	(?:exp)	匹配 exp,不捕获匹配的文本,也不给此分组分配组号
零宽断言	(?=exp)	匹配 exp 前面的位置
	(?<=exp)	匹配 exp 后面的位置
	(?!exp)	匹配后面跟的不是 exp 的位置
	(?<!exp)	匹配前面不是 exp 的位置
注释	(?#comment)	这种类型的分组不对正则表达式的处理产生任何影响,只用于提供注释让人阅读

在捕获这个表项里,我们讲解了前两种用法,还有(?:exp)没有进行讲解。(?:exp)不会改变正则表达式的处理方式,只是这样的组所匹配的内容不会像前两种那样被捕获到某个组里面,也不会拥有组号,这样做有什么意义?一般来说是为了节省资源,提高效率。比如说验证输入是否为整数,可以这样写^([1-9][0-9]*|0)$。这时候我们需要用到"()"来限制"|"表示"或"关系的范围,但我们只是要判断规则,没必要把 exp 匹配的内容保存到组里,这时就可以用非捕获组了^(?:[1-9][0-9]*|0)$。

10. 零宽断言

在表 4-4 中,零宽断言总共有四种形式。前两种是正向零宽断言,后两种是负向零宽断言。什么是零宽断言呢?我们知道元字符"\b"、"^"匹配的是一个位置,而且这个位置需要满足一定的条件,我们把这个条件称为断言或零宽度断言。断言用来声明一个应该为真的事实,正则表达式中只有当断言为真时才会继续进行匹配。可能大家感到有些抽象,下面通过一些例子进行讲解。

首先说一下正向零宽断言的两种形式:

❏ (?=exp)叫零宽度正预测先行断言,它断言此位置的后面能匹配表达式 exp。比如[a-z]*(?=ing)匹配以 ing 结尾的单词的前面部分(除了 ing 以外的部分),查找 I love cooking and singing 时会匹配出中的 cook 与 sing。先行断言的执行步骤应该是从要匹配字符的最右端找到第一个"ing",再匹配前面的表达式,如无法匹配则查找第二个"ing"。

❏ (?<=exp)叫零宽度正回顾后发断言,它断言此位置的前面能匹配表达式 exp。比如(?<=abc).*匹配以 abc 开头的字符串的后面部分,可以匹配 abcdefgabc 中的 defgabc 而

不是 abcdefg。通过比较很容易看出后发断言和先行断言正好相反：它先从要匹配的字符串的最左端开始查找断言表达式，之后再匹配后面的字符串，如果无法匹配则继续查找第二个断言表达式，如此反复。

再说一下负向零宽断言的两种形式：

- (?!exp)叫零宽度负预测先行断言，断言此位置的后面不能匹配表达式 exp。比如 \b((?!abc)\w)+\b 匹配不包含连续字符串 abc 的单词，查找"abc123,ade123"这个字符串，可以匹配出 ade123，可以使用 Match Tracer 进行查看分析。
- (?<!exp)叫零宽度负回顾后发断言，断言此位置的前面不能匹配表达式 exp。比如 (?<![a-z])\d{7} 匹配前面不是小写字母的七位数字。还有一个复杂的例子：(?<=<(\w+)>).*(?=<\/\1>)，用于匹配不包含属性的简单 HTML 标记内的内容。该表达式可以从<div> python 爬虫</div>中提取出"python 爬虫"，这在 Python 爬虫开发中常用到。大家可以思考一下是如何提取出包含属性的 HTML 标记内的内容。

11. 注释

正则表达式可以包含注释进行解释说明，通过语法(?#comment)来实现，例如\b\w+(?#字符串)\b。要包含注释的话，最好是启用"忽略模式里的空白符"选项，这样在编写表达式时能任意地添加空格、Tab、换行，而实际使用时这些都将被忽略。

12. 贪婪与懒惰

当正则表达式中包含能接受重复的限定符时，通常的行为是（在使整个表达式能得到匹配的前提下）匹配尽可能多的字符，这就是贪婪模式。以表达式 a\w+b 为例，如果搜索 a12b34b，会尽可能匹配更多的个数，最后就会匹配整个 a12b34b，而不是 a12b。但是如果想匹配出 a12b 怎么办呢？这时候就需要使用懒惰模式，尽可能匹配个数较少的情况，因此需要将上面的 a\w+b 表达式改为 a\w+?b，使用"?"来启用懒惰模式。表 4-5 列举了懒惰限定符的使用方式。

表 4-5 懒惰限定符的使用方式

语　　法	含　　义
*?	重复任意次，但尽可能少重复
+?	重复 1 次或更多次，但尽可能少重复
??	重复 0 次或 1 次，但尽可能少重复
{n,m}?	重复 n 到 m 次，但尽可能少重复
{n,}?	重复 n 次以上，但尽可能少重复

13. 处理选项

一般正则表达式的实现库都提供了用来改变正则表达式处理选项的方式，表 4-6 提供了常用的处理选项。

表 4-6 常用的处理选项

名　　称	含　　义
忽略大小写	匹配时不区分大小写
多行模式	更改 "^" 和 "$" 的含义，使它们分别在任意一行的行首和行尾匹配，而不仅仅在整个字符串的开头和结尾匹配。（在此模式下，"$" 的精确含意是：匹配 "\n" 之前的位置以及字符串结束前的位置。）
单行模式	更改 "." 的含义，使它与每一个字符匹配（包括换行符 "\n"）
忽略空白	忽略表达式中的非转义空白并启用由 "#" 标记的注释
显式捕获	仅捕获已被显式命名的组

正则表达式中还有平衡组/递归匹配的概念，对于初学者来说，一般用不了这么复杂，此处不进行讲解。

4.2.2　Python 与正则

上一节讲解了正则表达式的语法和应用，对于不同的编程语言来说，对正则表达式的语法绝大部分语言都是支持的，但是还是略有不同，每种编程语言都有一些独特的匹配规则，Python 也不例外。下面通过表 4-7 列出一些 Python 的匹配规则。

表 4-7 Python 的匹配规则

语　　法	含　　义	表达式示例	完整匹配的字符串
\A	仅匹配字符串开头	\Aabc	abc
\Z	仅匹配字符串末尾	abc\Z	abc
(?P<name>)	分组，除了原有编号外再指定一个额外的别名	(?P<word>abc){2}	abcabc
(?P=name)	引用别名为<name>的分组匹配到的字符串	(?P<id>\d)abc(?P=id)	1abc1 5abc5

在讲 Python 对正则表达式的实现之前，首先让说一下反斜杠问题。正则表达式里使用 "\" 作为转义字符，这就可能造成反斜杠困扰。假如你需要匹配文本中的字符 "\"，那么使用编程语言表示的正则表达式里将需要 4 个反斜杠 "\\\\"：前两个和后两个分别用于在编程语言里转义成反斜杠，转换成两个反斜杠后再在正则表达式里转义成一个反斜杠。但是 Python 提供了对原生字符串的支持，从而解决了这个问题。匹配一个'\'的正则表达式可以写为 r'\\'，同样，匹配一个数字的'\\d'可以写成 r'\d'。

Python 通过 re 模块提供对正则表达式的支持。使用 re 的一般步骤是先将正则表达式的字符串形式编译为 Pattern 实例，然后使用 Pattern 实例处理文本并获得匹配结果，最后使用 Match 实例获得信息，进行其他操作。主要用到的方法列举如下：

- ❏ re.compile(string[,flag])
- ❏ re.match(pattern, string[, flags])
- ❏ re.search(pattern, string[, flags])
- ❏ re.split(pattern, string[, maxsplit])

- re.findall(pattern, string[, flags])
- re.finditer(pattern, string[, flags])
- re.sub(pattern, repl, string[, count])
- re.subn(pattern, repl, string[, count])

首先说一下 re 中 compile 函数，它将一个正则表达式的字符串转化为 Pattern 匹配对象。示例如下：

```
pattern = re.compile(r'\d+')
```

这会生成一个匹配数字的 pattern 对象，用来给接下来的函数作为参数，进行进一步的搜索操作。

大家发现其他几个函数中，还有一个 flag 参数。参数 flag 是匹配模式，取值可以使用按位或运算符"|"表示同时生效，比如 re.I | re.M。flag 的可选值如下：
- re.I：忽略大小写。
- re.M：多行模式，改变"^"和"$"的行为。
- re.S：点任意匹配模式，改变"."的行为。
- re.L：使预定字符类 \w \W \b \B \s \S 取决于当前区域设定。
- re.U：使预定字符类 \w \W \b \B \s \S \d \D 取决于 unicode 定义的字符属性。
- re.X：详细模式。这个模式下正则表达式可以是多行，忽略空白字符，并可以加入注释。

1. re.match(pattern, string[, flags])

这个函数是从输入参数 string（匹配的字符串）的开头开始，尝试匹配 pattern，一直向后匹配，如果遇到无法匹配的字符或者已经到达 string 的末尾，立即返回 None，反之获取匹配的结果。示例如下：

```
# coding:utf-8
import re
# 将正则表达式编译成 pattern 对象
pattern = re.compile(r'\d+')
# 使用 re.match 匹配文本，获得匹配结果，无法匹配时将返回 None
result1 = re.match(pattern,'192abc')
if result1:
    print result1.group()
else:
    print '匹配失败 1'
result2 = re.match(pattern,'abc192')
if result2:
    print result2.group()
else:
    print '匹配失败 2'
```

运行结果如下：

```
192
匹配失败 2
```

匹配 192abc 字符串时，match 函数是从字符串开头进行匹配，匹配到 192 立即返回值，通过 group()可以获取捕获的值。同样，匹配 abc192 字符串时，字符串开头不符合正则表达式，立即返回 None。

2. re. search (pattern, string[, flags])

search 方法与 match 方法极其类似，区别在于 match()函数只从 string 的开始位置匹配，search()会扫描整个 string 查找匹配，match()只有在 string 起始位置匹配成功的时候才有返回，如果不是开始位置匹配成功的话，match()就返回 None。search 方法的返回对象和 match()返回对象在方法和属性上是一致的。示例如下：

```
import re
# 将正则表达式编译成 pattern 对象
pattern = re.compile(r'\d+')
# 使用 re.match 匹配文本获得匹配结果；无法匹配时将返回 None
result1 = re.search(pattern,'abc192edf')
if result1:
    print result1.group()
else:
    print '匹配失败 1'
```

输出结果为：

```
192
```

3. re.split(pattern, string[, maxsplit])

按照能够匹配的子串将 string 分割后返回列表。maxsplit 用于指定最大分割次数,不指定,则将全部分割。示例如下：

```
import re
pattern = re.compile(r'\d+')
print re.split(pattern,'A1B2C3D4')
```

输出结果为：

```
['A', 'B', 'C', 'D', '']
```

4. re. findall (pattern, string[, flags])

搜索整个 string，以列表形式返回能匹配的全部子串。示例如下：

```
import re
pattern = re.compile(r'\d+')
print re.findall(pattern,'A1B2C3D4')
```

输出结果为：

```
['1', '2', '3', '4']
```

5. re. finditer (pattern, string[, flags])

搜索整个 string，以迭代器形式返回能匹配的全部 Match 对象。示例如下：

```
import re
pattern = re.compile(r'\d+')
matchiter = re.finditer(pattern,'A1B2C3D4')
for match in matchiter:
    print match.group()
```

输出结果为：

```
1
2
3
4
```

6. re. sub(pattern, repl, string[, count])

使用 repl 替换 string 中每一个匹配的子串后返回替换后的字符串。当 repl 是一个字符串时，可以使用\id 或\g<id>、\g<name>引用分组，但不能使用编号 0。当 repl 是一个方法时，这个方法应当只接受一个参数（Match 对象），并返回一个字符串用于替换（返回的字符串中不能再引用分组）。count 用于指定最多替换次数，不指定时全部替换。示例如下：

```
import re
p = re.compile(r'(?P<word1>\w+) (?P<word2>\w+)')# 使用名称引用
s = 'i say, hello world!'
print p.sub(r'\g<word2> \g<word1>', s)
p = re.compile(r'(\w+) (\w+)')# 使用编号
print p.sub(r'\2 \1', s)
def func(m):
    return m.group(1).title() + ' ' + m.group(2).title()
print p.sub(func, s)
```

输出结果为：

```
say i, world hello!
say i, world hello!
I Say, Hello World!
```

7. re. subn(pattern, repl, string[, count])

返回（sub(repl, string[, count])，替换次数）。示例如下：

```
import re
s = 'i say, hello world!'
p = re.compile(r'(\w+) (\w+)')
print p.subn(r'\2 \1', s)
def func(m):
```

```
    return m.group(1).title() + ' ' + m.group(2).title()
print p.subn(func, s)
```

输出结果为：

```
('say i, world hello!', 2)
('I Say, Hello World!', 2)
```

以上 7 个函数在 re 模块中进行搜索匹配，如何将捕获到的值提取出来呢？这就需要用到 Match 对象，之前已经使用了 Match 中的 groups 方法，现在介绍一下 Match 对象的属性和方法。

Match 对象的属性：

- string：匹配时使用的文本。
- re：匹配时使用的 Pattern 对象。
- pos：文本中正则表达式开始搜索的索引。值与 Pattern.match() 和 Pattern.search() 方法的同名参数相同。
- endpos：文本中正则表达式结束搜索的索引。值与 Pattern.match() 和 Pattern.search() 方法的同名参数相同。
- lastindex：最后一个被捕获的分组在文本中的索引。如果没有被捕获的分组，将为 None。
- lastgroup：最后一个被捕获的分组的别名。如果这个分组没有别名或者没有被捕获的分组，将为 None。

Match 对象的方法：

- group([group1, …])：获得一个或多个分组截获的字符串，指定多个参数时将以元组形式返回。group1 可以使用编号也可以使用别名，编号 0 代表整个匹配的子串，不填写参数时，返回 group(0)。没有截获字符串的组返回 None，截获了多次的组返回最后一次截获的子串。
- groups([default])：以元组形式返回全部分组截获的字符串。相当于调用 group(1,2,…last)。default 表示没有截获字符串的组以这个值替代，默认为 None。
- groupdict([default])：返回以有别名的组的别名为键、以该组截获的子串为值的字典，没有别名的组不包含在内。default 含义同上。
- start([group])：返回指定的组截获的子串在 string 中的起始索引（子串第一个字符的索引）。group 默认值为 0。
- end([group])：返回指定的组截获的子串在 string 中的结束索引（子串最后一个字符的索引+1）。group 默认值为 0。
- span([group])：返回(start(group), end(group))。
- expand(template)：将匹配到的分组代入 template 中然后返回。template 中可以使用 \id 或 \g<id>、\g<name> 引用分组，但不能使用编号 0。\id 与 \g<id> 是等价的，但 \10 将被认为是第 10 个分组，如果你想表达 \1 之后是字符'0'，只能使用 \g<1>0。

示例如下：

```python
import re
pattern = re.compile(r'(\w+) (\w+) (?P<word>.*)')
match = pattern.match( 'I love you!')

print "match.string:", match.string
print "match.re:", match.re
print "match.pos:", match.pos
print "match.endpos:", match.endpos
print "match.lastindex:", match.lastindex
print "match.lastgroup:", match.lastgroup

print "match.group(1,2):", match.group(1, 2)
print "match.groups():", match.groups()
print "match.groupdict():", match.groupdict()
print "match.start(2):", match.start(2)
print "match.end(2):", match.end(2)
print "match.span(2):", match.span(2)
print r"match.expand(r'\2 \1 \3'):", match.expand(r'\2 \1 \3')
```

输出结果：

```
match.string: I love you!
match.re: <_sre.SRE_Pattern object at 0x003F47A0>
match.pos: 0
match.endpos: 11
match.lastindex: 3
match.lastgroup: word
match.group(1,2): ('I', 'love')
match.groups(): ('I', 'love', 'you!')
match.groupdict(): {'word': 'you!'}
match.start(2): 2
match.end(2): 6
match.span(2): (2, 6)
match.expand(r'\2 \1 \3'): love I you!
```

前文介绍的 7 种方法的调用方式大都是 re.match、re.search 之类，其实还可以使用由 re.compile 方法产生的 Pattern 对象直接调用这些函数，类似 pattern.match，pattern.search，只不过不用将 Pattern 作为第一个参数传入。函数对比如表 4-8 所示。

表 4-8　函数调用方式

re 调用	pattern 调用
re.match(pattern, string[, flags])	pattern.match(,string[, flags])
re.search(pattern, string[, flags])	pattern.search(string[, flags])
re.split(pattern, string[, maxsplit])	pattern.split(string[, maxsplit])
re.findall(pattern, string[, flags])	pattern.findall(string[, flags])
re.finditer(pattern, string[, flags])	pattern.finditer(string[, flags])

(续)

re 调用	pattern 调用
re.sub(pattern, repl, string[, count])	pattern.sub(repl, string[, count])
re.subn(pattern, repl, string[, count])	pattern.subn(repl, string[, count])

4.3 强大的 BeautifulSoup

Beautiful Soup 是一个可以从 HTML 或 XML 文件中提取数据的 Python 库。它能够通过你喜欢的转换器实现惯用的文档导航、查找、修改文档的方式。在 Python 爬虫开发中，我们主要用到的是 Beautiful Soup 的查找提取功能，修改文档的方式很少用到。接下来由浅及深介绍 Beautiful Soup 在 Python 爬虫开发中的使用。

4.3.1 安装 BeautifulSoup

对于 Beautiful Soup，我们推荐使用的是 Beautiful Soup 4，已经移植到 BS4 中，Beautiful Soup 3 已经停止开发。安装 Beautiful Soup 4 有三种方式：

- ❑ 如果你用的是新版的 Debain 或 ubuntu，那么可以通过系统的软件包管理来安装：apt-get install Python-bs4。
- ❑ Beautiful Soup 4 通过 PyPi 发布，可以通过 easy_install 或 pip 来安装。包的名字是 beautifulsoup4，这个包兼容 Python2 和 Python3。安装命令：easy_install beautifulsoup4 或者 pip install beautifulsoup4。
- ❑ 也可以通过下载源码的方式进行安装，当前最新的版本是 4.5.1，源码下载地址为 https://pypi.python.org/pypi/beautifulsoup4/。运行下面的命令即可完成安装：python setup.py install。

Beautiful Soup 支持 Python 标准库中的 HTML 解析器，还支持一些第三方的解析器，其中一个是 lxml。由于 lxml 解析速度比标准库中的 HTML 解析器的速度快得多，我们选择安装 lxml 作为新的解析器。根据操作系统不同,可以选择下列方法来安装 lxml：

- ❑ apt-get install Python-lxml
- ❑ easy_install lxml
- ❑ pip install lxml

另一个可供选择的解析器是纯 Python 实现的 html5lib，html5lib 的解析方式与浏览器相同，可以选择下列方法来安装 html5lib：

- ❑ apt-get install Python-html5lib
- ❑ easy_install html5lib
- ❑ pip install html5lib

表 4-9 列出了主要的解析器，以及它们的优缺点。

表 4-9 解析器比较

解析器	使用方法	优势	劣势
Python 标准库	`BeautifulSoup(markup,"html.parser")`	❏ Python 的内置标准库 ❏ 执行速度适中 ❏ 文档容错能力强	Python 2.7.3 或 3.2.2 前的版本中文档容错能力差
lxml HTML 解析器	`BeautifulSoup (markup, "lxml")`	❏ 速度快 ❏ 文档容错能力强	需要安装 C 语言库
lxml XML 解析器	`BeautifulSoup(markup, ["lxml", "xml"])` `BeautifulSoup(markup, "xml")`	❏ 速度快 ❏ 唯一支持 XML 的解析器	需要安装 C 语言库
html5lib	`BeautifulSoup(markup, "html5lib")`	❏ 最好的容错性 ❏ 以浏览器的方式解析文档 ❏ 生成 HTML5 格式的文档	速度慢，不依赖外部扩展

从表 4-9 中可以看出推荐使用 lxml 作为解析器的原因，因为它效率更高。

4.3.2 BeautifulSoup 的使用

安装完 BeautifulSoup，接下来开始讲解 BeautifulSoup 的使用。

1. 快速开始

首先导入 bs4 库：from bs4 import BeautifulSoup。接着创建包含 HTML 代码的字符串，用来进行解析。字符串如下：

```
html_str = """
<html><head><title>The Dormouse's story</title></head>
<body>
<p class="title"><b>The Dormouse's story</b></p>
<p class="story">Once upon a time there were three little sisters; and their names
    were
<a href="http://example.com/elsie" class="sister" id="link1"><!-- Elsie --></a>,
<a href="http://example.com/lacie" class="sister" id="link2"><!-- Lacie --></a> and
<a href="http://example.com/tillie" class="sister" id="link3">Tillie</a>;
and they lived at the bottom of a well.</p>
<p class="story">...</p>
"""
```

接下来的数据解析和提取都是以这个字符串为例子。

然后创建 BeautifulSoup 对象，创建 BeautifulSoup 对象有两种方式。一种直接通过字符串创建：

```
soup = BeautifulSoup(html_str,'lxml', from_encoding='utf-8')
```

另一种通过文件来创建，假如将 html_str 字符串保存为 index.html 文件，创建方式如下：

```
soup = BeautifulSoup(open('index.html'))
```

文档被转换成 Unicode，并且 HTML 的实例都被转换成 Unicode 编码。打印 soup 对象的内容，格式化输出：

```
print soup.prettify()
```

输入结果如下：

```
<html>
    <head>
        <title>
            The Dormouse's story
        </title>
    </head>
    <body>
        <p class="title">
            <b>
                The Dormouse's story
            </b>
        </p>
        <p class="story">
            Once upon a time there were three little sisters; and their names were
            <a class="sister" href="http://example.com/elsie" id="link1">
                <!--Elsie -->
            </a>
            ,
            <a class="sister" href="http://example.com/lacie" id="link2">
                <!--Lacie-->
            </a>
            and
            <a class="sister" href="http://example.com/tillie" id="link3">
                Tillie
            </a>
            ;
            and they lived at the bottom of a well.
        </p>
        <p class="story">
            ...
        </p>
    </body>
</html>
```

Beautiful Soup 选择最合适的解析器来解析这段文档，如果手动指定解析器那么 Beautiful Soup 会选择指定的解析器来解析文档，使用方法如表 4-9 所示。

2. 对象种类

Beautiful Soup 将复杂 HTML 文档转换成一个复杂的树形结构，每个节点都是 Python 对象，所有对象可以归纳为 4 种：

❑ Tag

❑ NavigableString

❑ BeautifulSoup

❑ Comment

1）Tag

首先说一下 Tag 对象，Tag 对象与 XML 或 HTML 原生文档中的 Tag 相同，通俗点说就是标记。比如 <title>The Dormouse's story</title> 或者 <a href="http://example.com/elsie" class="sister" id="link1">Elsie</a>，title 和 a 标记及其里面的内容称为 Tag 对象。怎样从 html_str 中抽取 Tag 呢？示例如下：

❑ 抽取 title：print soup.title

❑ 抽取 a：print soup.a

❑ 抽取 p：print soup.a

从例子中可以看到利用 soup 加标记名就可以获取这些标记的内容，比之前讲的正则表达式简单多了。不过利用这种方式，查找的是在所有内容中第一个符合要求的标记，如果要查询所有的标记，后面的内容进行讲解。

Tag 中有两个最重要的属性：name 和 attributes。每个 Tag 都有自己的名字，通过.name 来获取。示例如下：

```
print soup.name
print soup.title.name
```

输出结果：

```
[document]
title
```

soup 对象本身比较特殊，它的 name 为[document]，对于其他内部标记，输出的值便为标记本身的名称。

Tag 不仅可以获取 name，还可以修改 name，改变之后将影响所有通过当前 Beautiful Soup 对象生成的 HTML 文档。示例如下：

```
soup.title.name = 'mytitle'
print soup.title
print soup.mytitle
```

输出结果：

```
None
<mytitle>The Dormouse's story</mytitle>
```

这里已经将 title 标记成功修改为 mytitle。

再说一下 Tag 中的属性，<p class="title"><b>The Dormouse's story</b></p>有一个"class"

属性，值为"title"。Tag 的属性的操作方法与字典相同：

```
print soup.p['class']
print soup.p.get('class')
```

输出结果：

```
['title']
['title']
```

也可以直接"点"取属性，比如：.attrs，用于获取 Tag 中所有属性：

```
print soup.p.attrs
```

输出结果：

```
{'class': ['title']}
```

和 name 一样，我们可以对标记中的这些属性和内容等进行修改，示例如下：

```
soup.p['class']="myClass"
print soup.p
```

输出结果：

```
<p class="myClass"><b>The Dormouse's story</b></p>
```

2）NavigableString

我们已经得到了标记的内容，要想获取标记内部的文字怎么办呢？需要用到.string。
示例如下：

```
print soup.p.string
print type(soup.p.string)
```

输出结果：

```
The Dormouse's story
<class 'bs4.element.NavigableString'>
```

Beautiful Soup 用 NavigableString 类来包装 Tag 中的字符串，一个 NavigableString 字符串与 Python 中的 Unicode 字符串相同，通过 unicode()方法可以直接将 NavigableString 对象转换成 Unicode 字符串：

```
unicode_string = unicode(soup.p.string)
```

3）BeautifulSoup

BeautifulSoup 对象表示的是一个文档的全部内容。大部分时候，可以把它当作 Tag 对象，是一个特殊的 Tag，因为 BeautifulSoup 对象并不是真正的 HTML 或 XML 的标记，所以它没有 name 和 attribute 属性。但为了将 BeautifulSoup 对象标准化为 Tag 对象，实现接口的统一，我们依然可以分别获取它的 name 和 attribute 属性。示例如下：

```
print type(soup.name)
print soup.name
print soup.attrs
```

输出结果：

```
<type 'unicode'>
[document]
{}
```

4）Comment

Tag、NavigableString、BeautifulSoup 几乎覆盖了 HTML 和 XML 中的所有内容，但是还有一些特殊对象。容易让人担心的内容是文档的注释部分：

```
print soup.a.string
print type(soup.a.string)
```

输出结果：

```
Elsie
<class 'bs4.element.Comment'>
```

a 标记里的内容实际上是注释，但是如果我们利用.string 来输出它的内容，会发现它已经把注释符号去掉了。另外如果打印输出它的类型，会发现它是一个 Comment 类型。如果在我们不清楚这个标记.string 的情况下，可能造成数据提取混乱。因此在提取字符串时，可以判断一下类型：

```
if type(soup.a.string)==bs4.element.Comment:
    print soup.a.string
```

3. 遍历文档树

BeautifulSoup 会将 HTML 转化为文档树进行搜索，既然是树形结构，节点的概念必不可少。

1）子节点

首先说一下直接子节点，Tag 中的.contents 和.children 是非常重要的。Tag 的.contents 属性可以将 Tag 子节点以列表的方式输出：

```
print soup.head.contents
```

输出结果：

```
[<title>The Dormouse's story</title>]
```

既然输出方式是列表，我们就可以获取列表的大小，并通过列表索引获取里面的值：

```
print len(soup.head.contents)
print soup.head.contents[0].string
```

输出结果：

```
1
The Dormouse's story
```

有一点需要注意：字符串没有.contents 属性，因为字符串没有子节点。
.children 属性返回的是一个生成器，可以对 Tag 的子节点进行循环：

```
for child in soup.head.children:
    print(child)
```

输出结果：

```
<title>The Dormouse's story</title>
```

.contents 和.children 属性仅包含 Tag 的直接子节点。例如，<head>标记只有一个直接子节点<title>。但是<title>标记也包含一个子节点：字符串"The Dormouse's story"，这种情况下字符串"The Dormouse's story"也属于<head>标记的子孙节点。.descendants 属性可以对所有 tag 的子孙节点进行递归循环：

```
for child in soup.head.descendants:
    print(child)
```

输出结果：

```
<title>The Dormouse's story</title>
The Dormouse's story
```

以上都是关于如何获取子节点，接下来说一下如何获取节点的内容，这就涉及.string、.strings、stripped_strings 三个属性。

.string 这个属性很有特点：如果一个标记里面没有标记了，那么 .string 就会返回标记里面的内容。如果标记里面只有唯一的一个标记了，那么 .string 也会返回最里面的内容。如果 tag 包含了多个子节点，tag 就无法确定，string 方法应该调用哪个子节点的内容，.string 的输出结果是 None。示例如下：

```
print soup.head.string
print soup.title.string
print soup.html.string
```

输出结果：

```
The Dormouse's story
```

```
The Dormouse's story
None
```

.strings 属性主要应用于 tag 中包含多个字符串的情况，可以进行循环遍历，示例如下：

```
for string in soup.strings:
    print(repr(string))
```

输出结果：

```
u"The Dormouse's story"
u'\n'
u'\n'
u"The Dormouse's story"
u'\n'
u'Once upon a time there were three little sisters; and their names were\n'
u',\n'
u' and\n'
u'Tillie'
u';\nand they lived at the bottom of a well.'
u'\n'
u'...'
u'\n'
```

.stripped_strings 属性可以去掉输出字符串中包含的空格或空行，示例如下：

```
for string in soup.stripped_strings:
    print(repr(string))
```

输出结果：

```
u"The Dormouse's story"
u"The Dormouse's story"
u'Once upon a time there were three little sisters; and their names were'
u','
u'and'
u'Tillie'
u';\nand they lived at the bottom of a well.'
u'...'
```

2）父节点

继续分析文档树，每个 Tag 或字符串都有父节点：被包含在某个 Tag 中。

通过 .parent 属性来获取某个元素的父节点。在 html_str 中，<head>标记是<title>标记的父节点：

```
print soup.title
print soup.title.parent
```

输出结果：

```
<title>The Dormouse's story</title>
```

```
<head><title>The Dormouse's story</title></head>
```

通过元素的 .parents 属性可以递归得到元素的所有父辈节点，下面的例子使用了 .parents 方法遍历了 <a> 标记到根节点的所有节点：

```
print soup.a
for parent in soup.a.parents:
    if parent is None:
        print(parent)
    else:
        print(parent.name)
```

输出结果：

```
<a class="sister" href="http://example.com/elsie" id="link1"><!-- Elsie --></a>
p
body
html
[document]
```

3）兄弟节点

从 soup.prettify() 的输出结果中，我们可以看到 <a> 有很多兄弟节点。兄弟节点可以理解为和本节点处在同一级的节点，.next_sibling 属性可以获取该节点的下一个兄弟节点，.previous_sibling 则与之相反，如果节点不存在，则返回 None。示例如下：

```
print soup.p.next_sibling
print soup.p.prev_sibling
print soup.p.next_sibling.next_sibling
```

输出结果：

```
None
<p class="story">Once upon a time there were three little sisters; and their names were
<a class="sister" href="http://example.com/elsie" id="link1"><!-- Elsie --></a>,
<a class="sister" href="http://example.com/lacie" id="link2"><!-- Lacie --></a> and
<a class="sister" href="http://example.com/tillie" id="link3">Tillie</a>;
and they lived at the bottom of a well.</p>
```

第一个输出结果为空白，因为空白或者换行也可以被视作一个节点，所以得到的结果可能是空白或者换行。

通过 .next_siblings 和 .previous_siblings 属性可以对当前节点的兄弟节点迭代输出：

```
for sibling in soup.a.next_siblings:
    print(repr(sibling))
```

输出结果：

```
u',\n'
<a class="sister" href="http://example.com/lacie" id="link2"><!-- Lacie --></a>
```

```
u' and\n'
<a class="sister" href="http://example.com/tillie" id="link3">Tillie</a>
u';\nand they lived at the bottom of a well.'
```

4）前后节点

前后节点需要使用.next_element、.previous_element 这两个属性，与.next_sibling.previous_sibling 不同，它并不是针对于兄弟节点，而是针对所有节点，不分层次，例如<head><title>The Dormouse's story</title></head>中的下一个节点就是 title：

print soup.head
print soup.head.next_element

输出结果：

```
<head><title>The Dormouse's story</title></head>
<title>The Dormouse's story</title>
```

如果想遍历所有的前节点或者后节点，通过.next_elements 和.previous_elements 的迭代器就可以向前或向后访问文档的解析内容，就好像文档正在被解析一样：

```
for element in soup.a.next_elements:
    print(repr(element))
```

输出结果：

```
u' Elsie '
u',\n'
<a class="sister" href="http://example.com/lacie" id="link2"><!-- Lacie --></a>
u' Lacie '
u' and\n'
<a class="sister" href="http://example.com/tillie" id="link3">Tillie</a>
u'Tillie'
u';\nand they lived at the bottom of a well.'
u'\n'
<p class="story">...</p>
u'...'
u'\n'
```

以上就是遍历文档树的用法，接下来开始讲解比较核心的内容：搜索文档树。

4. 搜索文档树

Beautiful Soup 定义了很多搜索方法，这里着重介绍 find_all()方法，其他方法的参数和用法类似，请大家举一反三。

首先看一下 find_all 方法，用于搜索当前 Tag 的所有 Tag 子节点，并判断是否符合过滤器的条件，函数原型如下：

```
find_all( name , attrs , recursive , text , **kwargs )
```

接下来分析函数中各个参数，不过需要打乱函数参数顺序，这样方便例子的讲解。

1) name 参数

name 参数可以查找所有名字为 name 的标记，字符串对象会被自动忽略掉。name 参数取值可以是字符串、正则表达式、列表、True 和方法。

最简单的过滤器是字符串。在搜索方法中传入一个字符串参数，Beautiful Soup 会查找与字符串完整匹配的内容，下面的例子用于查找文档中所有的<b>标记，返回值为列表：

```
print soup.find_all('b')
```

输出结果：

```
[<b>The Dormouse's story</b>]
```

如果传入正则表达式作为参数，Beautiful Soup 会通过正则表达式的 match() 来匹配内容。下面的例子中找出所有以 b 开头的标记，这表示<body>和<b>标记都应该被找到：

```
import re
for tag in soup.find_all(re.compile("^b")):
    print(tag.name)
```

输出结果：

```
body
b
```

如果传入列表参数，Beautiful Soup 会将与列表中任一元素匹配的内容返回。下面的代码找到文档中所有<a>标记和<b>标记：

```
print soup.find_all(["a", "b"])
```

输出结果：

```
[<b>The Dormouse's story</b>, <a class="sister" href="http://example.com/elsie"
    id="link1"><!-- Elsie --></a>, <a class="sister" href="http://example.com/lacie"
    id="link2"><!-- Lacie --></a>, <a class="sister" href="http://example.com/tillie"
    id="link3">Tillie</a>]
```

如果传入的参数是 True，True 可以匹配任何值，下面代码查找到所有的 tag，但是不会返回字符串节点：

```
for tag in soup.find_all(True):
    print(tag.name)
```

输出结果：

```
html
head
```

```
title
body
p
b
p
a
a
a
p
```

如果没有合适过滤器，那么还可以定义一个方法，方法只接受一个元素参数 Tag 节点，如果这个方法返回 True 表示当前元素匹配并且被找到，如果不是则返回 False。比如过滤包含 class 属性，也包含 id 属性的元素，程序如下：

```
def hasClass_Id(tag):
    return tag.has_attr('class') and tag.has_attr('id')
print soup.find_all(hasClass_Id)
```

输出结果：

```
[<a class="sister" href="http://example.com/elsie" id="link1"><!-- Elsie --></a>, <a
    class="sister" href="http://example.com/lacie" id="link2"><!-- Lacie --></a>, <a
    class="sister" href="http://example.com/tillie" id="link3">Tillie</a>]
```

2）kwargs 参数

kwargs 参数在 Python 中表示为 keyword 参数。如果一个指定名字的参数不是搜索内置的参数名，搜索时会把该参数当作指定名字 Tag 的属性来搜索。搜索指定名字的属性时可以使用的参数值包括字符串、正则表达式、列表、True。

如果包含 id 参数，Beautiful Soup 会搜索每个 tag 的 "id" 属性。示例如下：

```
print soup.find_all(id='link2')
```

输出结果：

```
[<a class="sister" href="http://example.com/lacie" id="link2"><!-- Lacie --></a>]
```

如果传入 href 参数，Beautiful Soup 会搜索每个 Tag 的 "href" 属性。比如查找 href 属性中含有 "elsie" 的 tag：

```
import re
print soup.find_all(href=re.compile("elsie"))
```

输出结果：

```
[<a class="sister" href="http://example.com/elsie" id="link1"><!-- Elsie --></a>]
```

下面的代码在文档树中查找所有包含 id 属性的 Tag，无论 id 的值是什么：

```
print soup.find_all(id=True)
```

输出结果:

```
[<a class="sister" href="http://example.com/elsie" id="link1"><!-- Elsie --></a>, <a
class="sister" href="http://example.com/lacie" id="link2"><!-- Lacie --></a>, <a
class="sister" href="http://example.com/tillie" id="link3">Tillie</a>]
```

如果我们想用 class 过滤，但是 class 是 python 的关键字，需要在 class 后面加个下划线：

```
print soup.find_all("a", class_="sister")
```

输出结果:

```
[<a class="sister" href="http://example.com/elsie" id="link1"><!-- Elsie --></a>, <a
class="sister" href="http://example.com/lacie" id="link2"><!-- Lacie --></a>, <a
class="sister" href="http://example.com/tillie" id="link3">Tillie</a>]
```

使用多个指定名字的参数可以同时过滤 tag 的多个属性：

```
print soup.find_all(href=re.compile("elsie"), id='link1')
```

输出结果:

```
[<a class="sister" href="http://example.com/elsie" id="link1"><!-- Elsie --></a>]
```

有些 tag 属性在搜索不能使用，比如 HTML5 中的 data-*属性：

```
data_soup = BeautifulSoup('<div data-foo="value">foo!</div>')
data_soup.find_all(data-foo="value")
```

这样的代码在 Python 中是不合法的，但是可以通过 find_all()方法的 attrs 参数定义一个字典参数来搜索包含特殊属性的 tag，示例代码如下：

```
data_soup = BeautifulSoup('<div data-foo="value">foo!</div>')
data_soup.find_all(attrs={"data-foo": "value"})
```

输出结果:

```
[<div data-foo="value">foo!</div>]
```

3）text 参数

通过 text 参数可以搜索文档中的字符串内容。与 name 参数的可选值一样，text 参数接受字符串、正则表达式、列表、True。示例如下：

```
print soup.find_all(text="Elsie")
print soup.find_all(text=["Tillie", "Elsie", "Lacie"])
print soup.find_all(text=re.compile("Dormouse"))
```

输出结果:

```
[u'Elsie']
```

```
[u'Elsie', u'Lacie', u'Tillie']
[u"The Dormouse's story", u"The Dormouse's story"]
```

虽然 text 参数用于搜索字符串，还可以与其他参数混合使用来过滤 tag。Beautiful Soup 会找到.string 方法与 text 参数值相符的 tag。下面的代码用来搜索内容里面包含 "Elsie" 的<a>标记：

```
print soup.find_all("a", text="Elsie")
```

输出结果：

```
[<a class="sister" href="http://example.com/elsie" id="link1"><!--Elsie--></a>]
```

4) limit 参数

find_all()方法返回全部的搜索结构，如果文档树很大那么搜索会很慢。如果我们不需要全部结果，可以使用 limit 参数限制返回结果的数量。效果与 SQL 中的 limit 关键字类似，当搜索到的结果数量达到 limit 的限制时，就停止搜索返回结果。下面的例子中，文档树中有 3 个 tag 符合搜索条件，但结果只返回了 2 个，因为我们限制了返回数量。

```
print soup.find_all("a", limit=2)
```

输出结果：

```
[<a class="sister" href="http://example.com/elsie" id="link1"><!--Elsie--></a>, <a class="sister" href="http://example.com/lacie" id="link2"><!--Lacie--></a>]
```

5) recursive 参数

调用 tag 的 find_all()方法时，Beautiful Soup 会检索当前 tag 的所有子孙节点，如果只想搜索 tag 的直接子节点，可以使用参数 recursive=False。示例如下：

```
print soup.find_all("title")
print soup.find_all("title", recursive=False)
```

输出结果：

```
[<title>The Dormouse's story</title>]
[]
```

以上将 find_all 函数的各个参数基本上讲解完毕，其他函数的使用方法和这个类似，表 4-10 列举了其他函数。

表 4-10 搜索函数

函　　数	功能介绍
find(name,attrs,recursive,text,**kwargs)	它与 find_all()方法唯一的区别是 find_all()方法的返回结果是所有满足要求的值组成的列表，而 find()方法直接返回 find_all 搜索结果中的第一个值

（续）

函　数	功能介绍
`find_parents(name, attrs, recursive, text, **kwargs)` `find_parent(name, attrs, recursive, text, **kwargs)`	find_all()和 find()只搜索当前节点的所有子节点，孙子节点等。find_parents()和 find_parent()用来搜索当前节点的父辈节点，搜索方法与普通 tag 的搜索方法相同，搜索文档搜索文档包含的内容
`find_next_siblings(name,attrs,recursive,text,**kwargs)` `find_next_sibling(name,attrs,recursive,text,**kwargs)`	这 2 个方法通过.next_siblings 属性对当前 tag 的所有后面解析的兄弟 tag 节点进行迭代，find_next_siblings()方法返回所有符合条件的后面的兄弟节点，find_next_sibling()只返回符合条件的后面的第一个 tag 节点
`find_previous_siblings(name, attrs, recursive, text, **kwargs)` `find_previous_sibling(name, attrs, recursive, text, **kwargs)`	这 2 个方法通过.previous_siblings 属性对当前 tag 的前面解析的兄弟 tag 节点进行迭代，find_previous_siblings()方法返回所有符合条件的前面的兄弟节点，find_previous_sibling()方法返回第一个符合条件的前面的兄弟节点
`find_all_next(name, attrs, recursive, text, **kwargs)` `find_next(name, attrs, recursive, text, **kwargs)`	这 2 个方法通过.next_elements 属性对当前 tag 的之后的 tag 和字符串进行迭代，find_all_next()方法返回所有符合条件的节点，find_next()方法返回第一个符合条件的节点
`find_all_previous(name, attrs, recursive, text, **kwargs)` `find_previous(name, attrs, recursive, text, **kwargs)`	这 2 个方法通过.previous_elements 属性对当前节点前面的 tag 和字符串进行迭代，find_all_previous()方法返回所有符合条件的节点，find_previous()方法返回第一个符合条件的节点

5. CSS 选择器

在之前 Web 前端的章节中，我们讲到了 CSS 的语法，通过 CSS 也可以定位元素的位置。在写 CSS 时，标记名不加任何修饰，类名前加点 "."，id 名前加 "#"，在这里我们也可以利用类似的方法来筛选元素，用到的方法是 soup.select()，返回类型是 list。

1）通过标记名称进行查找

通过标记名称可以直接查找、逐层查找，也可以找到某个标记下的直接子标记和兄弟节点标记。示例如下：

```
# 直接查找 title 标记
print soup.select("title")
# 逐层查找 title 标记
print soup.select("html head title")
# 查找直接子节点
# 查找 head 下的 title 标记
print soup.select("head > title")
# 查找 p 下的 id="link1"的标记
print soup.select("p > #link1")
# 查找兄弟节点
# 查找 id="link1"之后 class=sisiter 的所有兄弟标记
print soup.select("#link1 ~ .sister")
# 查找紧跟着 id="link1"之后 class=sisiter 的子标记
print soup.select("#link1 + .sister")
```

输出结果：

```
[<title>The Dormouse's story</title>]
[<title>The Dormouse's story</title>]
[<title>The Dormouse's story</title>]
[<a class="sister" href="http://example.com/elsie" id="link1"><!--Elsie--></a>]
[<a class="sister" href="http://example.com/lacie" id="link2"><!--Lacie--></a>, <a
    class="sister" href="http://example.com/tillie" id="link3">Tillie</a>]
[<a class="sister" href="http://example.com/lacie" id="link2"><!--Lacie--></a>]
```

2）通过 CSS 的类名查找

示例如下：

```
print soup.select(".sister")
print soup.select("[class~=sister]")
```

输出结果：

```
[<a class="sister" href="http://example.com/elsie" id="link1"><!--Elsie--></a>, <a
    class="sister" href="http://example.com/lacie" id="link2"><!--Lacie--></a>,
    <a class="sister" href="http://example.com/tillie" id="link3">Tillie</a>]
[<a class="sister" href="http://example.com/elsie" id="link1"><!--Elsie--></a>, <a
    class="sister" href="http://example.com/lacie" id="link2"><!--Lacie--></a>,
    <a class="sister" href="http://example.com/tillie" id="link3">Tillie</a>]
```

3）通过 tag 的 id 查找

示例如下：

```
print soup.select("#link1")
print soup.select("a#link2")
```

输出结果：

```
[<a class="sister" href="http://example.com/elsie" id="link1"><!--Elsie--></a>]
[<a class="sister" href="http://example.com/lacie" id="link2"><!--Lacie--></a>]
```

4）通过是否存在某个属性来查找

示例如下：

```
print soup.select('a[href]')
```

输出结果：

```
[<a class="sister" href="http://example.com/elsie" id="link1"><!--Elsie--></a>, <a
    class="sister" href="http://example.com/lacie" id="link2"><!--Lacie--></a>,
    <a class="sister" href="http://example.com/tillie" id="link3">Tillie</a>]
```

5）通过属性值来查找

示例如下：

```
print soup.select('a[href="http://example.com/elsie"]')
print soup.select('a[href^="http://example.com/"]')
print soup.select('a[href$="tillie"]')
print soup.select('a[href*=".com/el"]')
```

输出结果：

```
[<a class="sister" href="http://example.com/elsie" id="link1"><!--Elsie--></a>]
[<a class="sister" href="http://example.com/elsie" id="link1"><!--Elsie--></a>, <a
    class="sister" href="http://example.com/lacie" id="link2"><!--Lacie--></a>,
    <a class="sister" href="http://example.com/tillie" id="link3">Tillie</a>]
[<a class="sister" href="http://example.com/tillie" id="link3">Tillie</a>]
[<a class="sister" href="http://example.com/elsie" id="link1"><!--Elsie--></a>]
```

以上就是 CSS 选择器的查找方式，如果大家对 CSS 选择器的写法不是很熟悉，可以搜索一下 W3CSchool 的 CSS 选择器参考手册进行学习。除此之外，还可以使用 Firebug 中的 FirePath 功能自动获取网页元素的 CSS 选择器表达式，如图 4-25 所示。

图 4-25　FirePath CSS 选择器

4.3.3　lxml 的 XPath 解析

BeautifulSoup 可以将 lxml 作为默认的解析器使用，同样 lxml 可以单独使用。下面比较一下这两者之间的优缺点：
- BeautifulSoup 和 lxml 的原理不一样，BeautifulSoup 是基于 DOM 的，会载入整个文档，解析整个 DOM 树，因此时间和内存开销都会大很多。而 lxml 是使用 XPath 技术查询和处理 HTML/XML 文档的库，只会局部遍历，所以速度会快一些。幸好现在 BeautifulSoup 可以使用 lxml 作为默认解析库。
- BeautifulSoup 用起来比较简单，API 非常人性化，支持 CSS 选择器，适合新手。lxml 的 XPath 写起来麻烦，开发效率不如 BeautifulSoup，当然这也是因人而异，如果你能熟练使用 XPath，那么使用 lxml 是更好的选择，况且现在又有了 FirePath 这样的自动生成 XPath 表达式的利器。

第 2 章已经讲过了 XPath 的用法，所以现在直接介绍如何使用 lxml 库来解析网页。示例如下：

```python
from lxml import etree
html_str = """
<html><head><title>The Dormouse's story</title></head>
<body>
<p class="title"><b>The Dormouse's story</b></p>
<p class="story">Once upon a time there were three little sisters; and their names were
<a href="http://example.com/elsie" class="sister" id="link1">Elsie</a>,
<a href="http://example.com/lacie" class="sister" id="link2">Lacie</a> and
<a href="http://example.com/tillie" class="sister" id="link3">Tillie</a>;
and they lived at the bottom of a well.</p>
<p class="story">...</p>
"""
html = etree.HTML(html_str)
result = etree.tostring(html)
print(result)
```

输出结果：

```
<html><head><title>The Dormouse's story</title></head>
<body>
<p class="title"><b>The Dormouse's story</b></p>
<p class="story">Once upon a time there were three little sisters; and their names were
<a href="http://example.com/elsie" class="sister" id="link1"><!--Elsie--></a>,
<a href="http://example.com/lacie" class="sister" id="link2"><!--Lacie--></a> and
<a href="http://example.com/tillie" class="sister" id="link3">Tillie</a>;
and they lived at the bottom of a well.</p>
<p class="story">...</p>
</body></html>
```

大家看到 html_str 最后是没有 </html> 和 </body> 标签的，没有进行闭合，但是通过输出结果我们可以看到 lxml 的一个非常实用的功能就是自动修正 html 代码。

除了读取字符串之外，lxml 还可以直接读取 html 文件。假如将 html_str 存储为 index.html 文件，利用 parse 方法进行解析，示例如下：

```python
from lxml import etree
html = etree.parse('index.html')
result = etree.tostring(html, pretty_print=True)
print(result)
```

接下来使用 XPath 语法抽取出其中所有的 URL，示例如下：

```python
html = etree.HTML(html_str)
urls = html.xpath(".//*[@class='sister']/@href")
print urls
```

输出结果：

['http://example.com/elsie', 'http://example.com/lacie', 'http://example.com/tillie']

使用 lxml 的关键是构造 XPath 表达式，如果大家对 XPath 不熟悉，可以复习一下第 2 章中 XPath 内容。

4.4 小结

本章主要讲解了 HTML 解析的各种方式，这也是提取网页数据非常关键的环节。希望大家把正则表达式、Beautiful Soup 和 XPath 的知识做到灵活运用。同时还要注意 Firebug、FirePath 和 Match Tracer 的配合使用，将会使开发达到事半功倍的效果。

第 5 章 Chapter 5

数据存储(无数据库版)

本章主要讲解数据存储中非数据库版的部分,大体分为两块内容,一块是将取出的 HTML 文本内容进行存储,一块是多媒体文件的存储。本章同时也讲解了 Email 的发送,这在 Python 爬虫出现异常时有很好的作用。

5.1 HTML 正文抽取

本小节讲解的是对 HTML 正文的抽取存储,主要是将 HTML 正文存储为两种格式:JSON 和 CSV。以一个盗墓笔记的小说阅读网(http://seputu.com/)为例,抽取出盗墓笔记的标题、章节、章节名称和链接,如图 5-1 所示。

首先有一点需要说明,这是一个静态网站,标题、章节、章节名称都不是由 JavaScript 动态加载的,这是下面所进行的工作的前提。

这个例子使用第 4 章介绍的 Beautiful Soup 和 lxml 两种方式进行解析抽取,力求将之前的知识进行灵活运用。5.1.1 小节,使用 Beautiful Soup 解析,5.1.2 小节使用 lxml 方式解析。

5.1.1 存储为 JSON

首先使用 Requests 访问 http://seputu.com/,获取 HTML 文档内容,并打印文档内容。代码如下:

```
import requests
user_agent = 'Mozilla/4.0 (compatible; MSIE 5.5; Windows NT)'
headers={'User-Agent':user_agent}
r = requests.get('http://seputu.com/',headers=headers)
print r.text
```

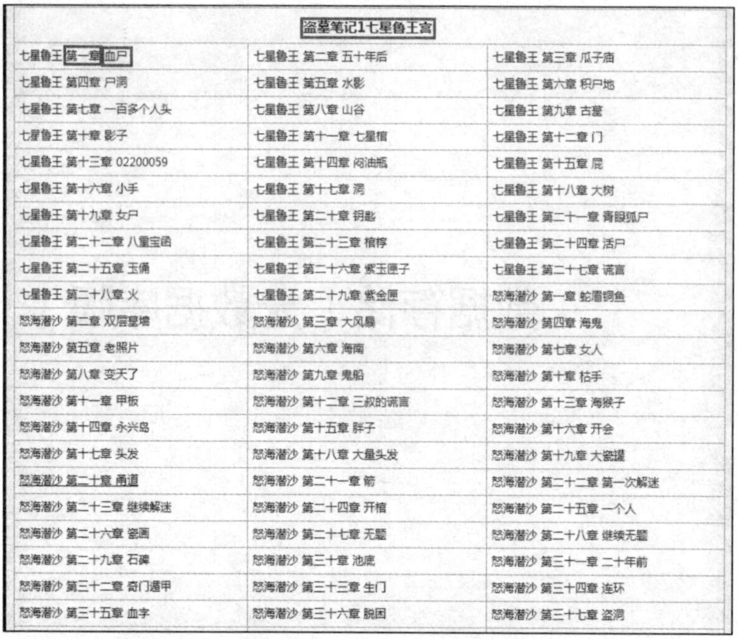

盗墓笔记1七星鲁王宫		
七星鲁王 第一章 血尸	七星鲁王 第二章 五十年后	七星鲁王 第三章 瓜子庙
七星鲁王 第四章 尸洞	七星鲁王 第五章 水影	七星鲁王 第六章 积尸地
七星鲁王 第七章 一百多个人头	七星鲁王 第八章 山谷	七星鲁王 第九章 古墓
七星鲁王 第十章 影子	七星鲁王 第十一章 七星棺	七星鲁王 第十二章 门
七星鲁王 第十三章 02200059	七星鲁王 第十四章 阎油瓶	七星鲁王 第十五章 屁
七星鲁王 第十六章 小手	七星鲁王 第十七章 洞	七星鲁王 第十八章 大树
七星鲁王 第十九章 女尸	七星鲁王 第二十章 钥匙	七星鲁王 第二十一章 青眼狐尸
七星鲁王 第二十二章 八重宝函	七星鲁王 第二十三章 棺椁	七星鲁王 第二十四章 活尸
七星鲁王 第二十五章 玉俑	七星鲁王 第二十六章 紫玉匣子	七星鲁王 第二十七章 谎言
七星鲁王 第二十八章 火	七星鲁王 第二十九章 紫金匣	怒海潜沙 第一章 蛇眉铜鱼
怒海潜沙 第二章 双层壁墙	怒海潜沙 第三章 大风暴	怒海潜沙 第四章 海鬼
怒海潜沙 第五章 老照片	怒海潜沙 第六章 海南	怒海潜沙 第七章 女人
怒海潜沙 第八章 变天了	怒海潜沙 第九章 鬼船	怒海潜沙 第十章 枯手
怒海潜沙 第十一章 甲板	怒海潜沙 第十二章 三叔的谎言	怒海潜沙 第十三章 海猴子
怒海潜沙 第十四章 永兴岛	怒海潜沙 第十五章 胖子	怒海潜沙 第十六章 开会
怒海潜沙 第十七章 头发	怒海潜沙 第十八章 大量头发	怒海潜沙 第十九章 大瓷罐
怒海潜沙 第二十章 甬道	怒海潜沙 第二十一章 箭	怒海潜沙 第二十二章 第一次解迷
怒海潜沙 第二十三章 继续解迷	怒海潜沙 第二十四章 开棺	怒海潜沙 第二十五章 一个人
怒海潜沙 第二十六章 瓷画	怒海潜沙 第二十七章 无题	怒海潜沙 第二十八章 继续无题
怒海潜沙 第二十九章 石碑	怒海潜沙 第三十章 池底	怒海潜沙 第三十一章 二十年前
怒海潜沙 第三十二章 奇门遁甲	怒海潜沙 第三十三章 生门	怒海潜沙 第三十四章 连环
怒海潜沙 第三十五章 血字	怒海潜沙 第三十六章 脱困	怒海潜沙 第三十七章 盗洞

图 5-1 盗墓笔记小说网

接着分析 http://seputu.com/首页的 HTML 结构，确定要抽取标记的位置，分析如下：

标题和章节都被包含在<div class="mulu">标记下，标题位于其中的<div class="mulu-title">下的<h2>中，章节位于其中的<div class="box">下的<a>中，如图 5-2 所示。

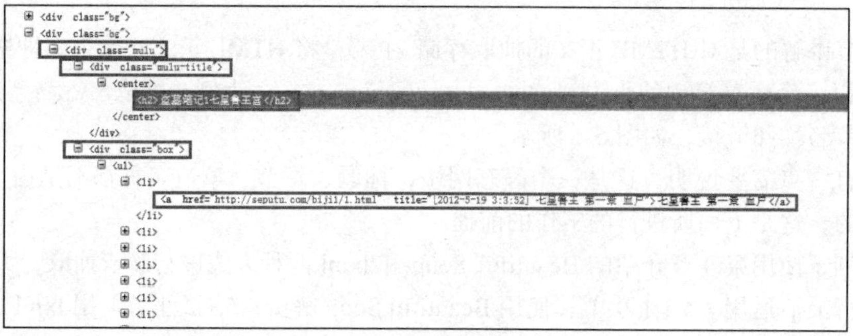

图 5-2 HTML 结构分析

分析完成就可以进行编码了，代码如下：

```
soup = BeautifulSoup(r.text,'html.parser',from_encoding='utf-8')# html.parser
for mulu in soup.find_all(class_="mulu"):
    h2 = mulu.find('h2')
    if h2!=None:
        h2_title = h2.string# 获取标题
        for a in mulu.find(class_='box').find_all('a'):# 获取所有的 a 标记中 url 和章节内容
            href = a.get('href')
```

```
            box_title = a.get('title')
            print href,box_title
```

这时已经成功获取标题、章节，接下来将数据存储为 JSON。在第 2 章中，我们已经讲解了 JSON 文件的基本格式，下面讲解 Python 如何操作 JSON 文件。

Python 对 JSON 文件的操作分为编码和解码，通过 JSON 模块来实现。编码过程是把 Python 对象转换成 JSON 对象的一个过程，常用的两个函数是 dumps 和 dump 函数。两个函数的唯一区别就是 dump 把 Python 对象转换成 JSON 对象，并将 JSON 对象通过 fp 文件流写入文件中，而 dumps 则是生成了一个字符串。下面看一下 dumps 和 dump 的函数原型：

```
dumps(obj, skipkeys=False, ensure_ascii=True, check_circular=True,
    allow_nan=True, cls=None, indent=None, separators=None,
    encoding='utf-8', default=None, sort_keys=False, **kw)
dump(obj, fp, skipkeys=False, ensure_ascii=True, check_circular=True,
    allow_nan=True, cls=None, indent=None, separators=None,
    encoding='utf-8', default=None, sort_keys=False, **kw):
```

常用参数分析：

- Skipkeys：默认值是 False。如果 dict 的 keys 内的数据不是 python 的基本类型（str、unicode、int、long、float、bool、None），设置为 False 时，就会报 TypeError 错误。此时设置成 True，则会跳过这类 key。
- ensure_ascii：默认值 True。如果 dict 内含有非 ASCII 的字符，则会以类似 "\uXXXX" 的格式显示数据，设置成 False 后，就能正常显示。
- indent：应该是一个非负的整型，如果是 0，或者为空，则一行显示数据，否则会换行且按照 indent 的数量显示前面的空白，将 JSON 内容进行格式化显示。
- separators：分隔符，实际上是（item_separator, dict_separator）的一个元组，默认的就是（',',':'），这表示 dictionary 内 keys 之间用 ","隔开，而 key 和 value 之间用 ":"隔开。
- encoding：默认是 UTF-8。设置 JSON 数据的编码方式，在处理中文时一定要注意。
- sort_keys：将数据根据 keys 的值进行排序。

示例如下：

```
import json
str =[{"username":"七夜","age":24},(2,3),1]
json_str= json.dumps(str,ensure_ascii=False)
print json_str
with open('qiye.txt','w') as fp:
    json.dump(str,fp=fp,ensure_ascii=False)
```

输出结果：

```
[{"username": "七夜", "age": 24}, [2, 3], 1]
```

解码过程是把 json 对象转换成 python 对象的一个过程，常用的两个函数是 load 和 loads 函数，区别跟 dump 和 dumps 是一样的。函数原型如下：

```
loads(s, encoding=None, cls=None, object_hook=None, parse_float=None,
      parse_int=None, parse_constant=None, object_pairs_hook=None, **kw)
load(fp, encoding=None, cls=None, object_hook=None, parse_float=None,
     parse_int=None, parse_constant=None, object_pairs_hook=None, **kw)
```

常用参数分析：

- encoding：指定编码格式。
- parse_float：如果指定，将把每一个 JSON 字符串按照 float 解码调用。默认情况下，这相当于 float(num_str)。
- parse_int：如果指定，将把每一个 JSON 字符串按照 int 解码调用。默认情况下，这相当于 int(num_str)。

示例如下：

```
new_str=json.loads(json_str)
print new_str
with open('qiye.txt','r') as fp:
    print json.load(fp)
```

输出结果：

```
[{u'username': u'\u4e03\u591c', u'age': 24}, [2, 3], 1]
[{u'username': u'\u4e03\u591c', u'age': 24}, [2, 3], 1]
```

通过上面的例子可以看到，Python 的一些基本类型通过编码之后，tuple 类型就转成了 list 类型了，再将其转回为 python 对象时，list 类型也并没有转回成 tuple 类型，而且编码格式也发生了变化，变成了 Unicode 编码。具体转化时，类型变化规则如表 5-1 和表 5-2 所示。

表 5-1　Python→JSON

Python	JSON
dict	Object
list,tuple	array
str,unicode	string
int,long,float	number
True	true
Flase	false
None	null

表 5-2　JSON→Python

JSON	Python
object	dict
array	list
string	unicode
number(int)	int,long
number(real)	float
true	True
false	False
null	None

以上就是 Python 操作 JSON 的全部内容，接下来将提取到的标题、章节和链接进行 JSON

存储。完整代码如下：

```python
# coding:utf-8
import json
from bs4 import BeautifulSoup
import requests
user_agent = 'Mozilla/4.0 (compatible; MSIE 5.5; Windows NT)'
headers={'User-Agent':user_agent}
r = requests.get('http://seputu.com/',headers=headers)
soup = BeautifulSoup(r.text,'html.parser',from_encoding='utf-8')# html.parser
content=[]
for mulu in soup.find_all(class_="mulu"):
    h2 = mulu.find('h2')
    if h2!=None:
        h2_title = h2.string# 获取标题
        list=[]
        for a in mulu.find(class_='box').find_all('a'):# 获取所有的a标记中url和章节内容
            href = a.get('href')
            box_title = a.get('title')
            list.append({'href':href,'box_title':box_title})
        content.append({'title':h2_title,'content':list})
with open('qiye.json','wb') as fp:
    json.dump(content,fp=fp,indent=4)
```

打开 qiye.json 文件，效果如图 5-3 所示。

图 5-3　qiye.json

5.1.2 存储为 CSV

CSV（Comma-Separated Values，逗号分隔值，有时也称为字符分隔值，因为分隔字符也可以不是逗号），其文件以纯文本形式存储表格数据（数字和文本）。纯文本意味着该文件是一个字符序列，不含必须像二进制数字那样被解读的数据。

CSV 文件由任意数目的记录组成，记录间以某种换行符分隔；每条记录由字段组成，字段间的分隔符是其他字符或字符串，最常见的是逗号或制表符。通常，所有记录都有完全相同的字段序列。CSV 文件示例如下：

```
ID,UserName,Password,age,country
1001,"qiye","qiye_pass",24,"China"
1002,"Mary","Mary_pass",20,"USA"
1003,"Jack","Jack_pass",20,"USA"
```

Python 使用 csv 库来读写 CSV 文件。要将上面 CSV 文件的示例内容写成 qiye.csv 文件，需要用到 Writer 对象，代码如下：

```
import csv
headers = ['ID','UserName','Password','Age','Country']
rows = [(1001,"qiye","qiye_pass",24,"China"),
        (1002,"Mary","Mary_pass",20,"USA"),
        (1003,"Jack","Jack_pass",20,"USA"),
        ]

with open('qiye.csv','w') as f:
    f_csv = csv.writer(f)
    f_csv.writerow(headers)
    f_csv.writerows(rows)
```

里面的 rows 列表中的数据元组，也可以是字典数据。示例如下：

```
import csv
headers = ['ID','UserName','Password','Age','Country']
rows = [{'ID':1001,'UserName':"qiye",'Password':"qiye_pass",'Age':24,'Country':"China"},
{'ID':1002,'UserName':"Mary",'Password':"Mary_pass",'Age':20,'Country':"USA"},
{'ID':1003,'UserName':"Jack",'Password':"Jack_pass",'Age':20,'Country':"USA"},
]
with open('qiye.csv','w') as f:
    f_csv = csv.DictWriter(f,headers)
    f_csv.writeheader()
    f_csv.writerows(rows)
```

接下来讲解 CSV 文件的读取。将之前写好的 qiye.csv 文件读取出来，需要创建 reader 对象，示例如下：

```
import csv
```

```python
with open('qiye.csv') as f:
    f_csv = csv.reader(f)
    headers = next(f_csv)
    print headers
    for row in f_csv:
        print row
```

运行结果:

```
['ID', 'UserName', 'Password', 'Age', 'Country']
['1001', 'qiye', 'qiye_pass', '24', 'China']
['1002', 'Mary', 'Mary_pass', '20', 'USA']
['1003', 'Jack', 'Jack_pass', '20', 'USA']
```

在上面的代码中,row 会是一个列表。因此,为了访问某个字段,你需要使用索引,如 row[0]访问 ID,row[3]访问 Age。由于这种索引访问通常会引起混淆,因此可以考虑使用命名元组。示例如下:

```python
from collections import namedtuple
import csv
with open('qiye.csv') as f:
    f_csv = csv.reader(f)
    headings = next(f_csv)
    Row = namedtuple('Row', headings)
    for r in f_csv:
        row = Row(*r)
        print row.UserName,row.Password
        print row
```

运行结果:

```
qiye qiye_pass
Row(ID='1001', UserName='qiye', Password='qiye_pass', Age='24', Country='China')
Mary Mary_pass
Row(ID='1002', UserName='Mary', Password='Mary_pass', Age='20', Country='USA')
Jack Jack_pass
Row(ID='1003', UserName='Jack', Password='Jack_pass', Age='20', Country='USA')
```

它允许使用列名如 row.UserName 和 row.Password 代替下标访问。需要注意的是这个只有在列名是合法的 Python 标识符的时候才生效。

除了使用命名分组之外,另外一个解决办法就是读取到一个字典序列中,示例如下:

```python
import csv
with open('qiye.csv') as f:
    f_csv = csv.DictReader(f)
    for row in f_csv:
        print row.get('UserName'),row.get('Password')
```

运行结果:

```
qiye qiye_pass
Mary Mary_pass
Jack Jack_pass
```

这样就可以使用列名去访问每一行的数据了。比如，row['UserName']或者row.get('UserName')。

以上就是 CSV 文件读写的全部内容。接下来使用 lxml 解析 http://seputu.com/ 首页的标题、章节和链接等数据，代码如下：

```python
from lxml import etree
import requests
user_agent = 'Mozilla/4.0 (compatible; MSIE 5.5; Windows NT)'
headers={'User-Agent':user_agent}
r = requests.get('http://seputu.com/',headers=headers)
# 使用 lxml 解析网页
html = etree.HTML(r.text)
div_mulus = html.xpath('.//*[@class="mulu"]')# 先找到所有的 div class=mulu 标记
for div_mulu in div_mulus:
    # 找到所有的 div_h2 标记
    div_h2 = div_mulu.xpath('./div[@class="mulu-title"]/center/h2/text()')
    if len(div_h2)> 0:
        h2_title = div_h2[0]
        a_s = div_mulu.xpath('./div[@class="box"]/ul/li/a')
        for a in a_s:
            # 找到 href 属性
            href=a.xpath('./@href')[0]
            # 找到 title 属性
            box_title = a.xpath('./@title')[0].encode('utf-8')
```

将 box_title 数据抽取出来之后，里面的内容类似 "[2014-10-24 16:59:14]巫山妖棺第七十七章交心" 这种形式。这里相较于 5.1.1 小节添加一步数据清洗，将内容里的时间和章节标题进行分离，这就要使用正则表达式，代码如下。

```python
pattern = re.compile(r'\s*\[(.*)\]\s+(.*)')
match = pattern.search(box_title)
if match!=None:
    date =match.group(1)
    real_title= match.group(2)
```

最后将获取的数据按照 title、real_title、href、date 的格式写入到 CSV 文件中，解析存储的完整代码如下：

```python
html = etree.HTML(r.text)
div_mulus = html.xpath('.//*[@class="mulu"]')# 先找到所有的 div class=mulu 标记
pattern = re.compile(r'\s*\[(.*)\]\s+(.*)')
rows=[]
for div_mulu in div_mulus:
    # 找到所有的 div_h2 标记
```

```
        div_h2 = div_mulu.xpath('./div[@class="mulu-title"]/center/h2/text()')
        if len(div_h2)> 0:
            h2_title = div_h2[0].encode('utf-8')
            a_s = div_mulu.xpath('./div[@class="box"]/ul/li/a')
            for a in a_s:
                # 找到 href 属性
                href=a.xpath('./@href')[0].encode('utf-8')
                # 找到 title 属性
                box_title = a.xpath('./@title')[0]
                pattern = re.compile(r'\s*\[(.*)\]\s+(.*)')
                match = pattern.search(box_title)
                if match!=None:
                    date =match.group(1).encode('utf-8')
                    real_title= match.group(2).encode('utf-8')
                    # print real_title
                    content=(h2_title,real_title,href,date)
                    print content
                    rows.append(content)
headers = ['title','real_title','href','date']
with open('qiye.csv','w') as f:
    f_csv = csv.writer(f,)
    f_csv.writerow(headers)
    f_csv.writerows(rows)
```

运行效果如图 5-4 所示。

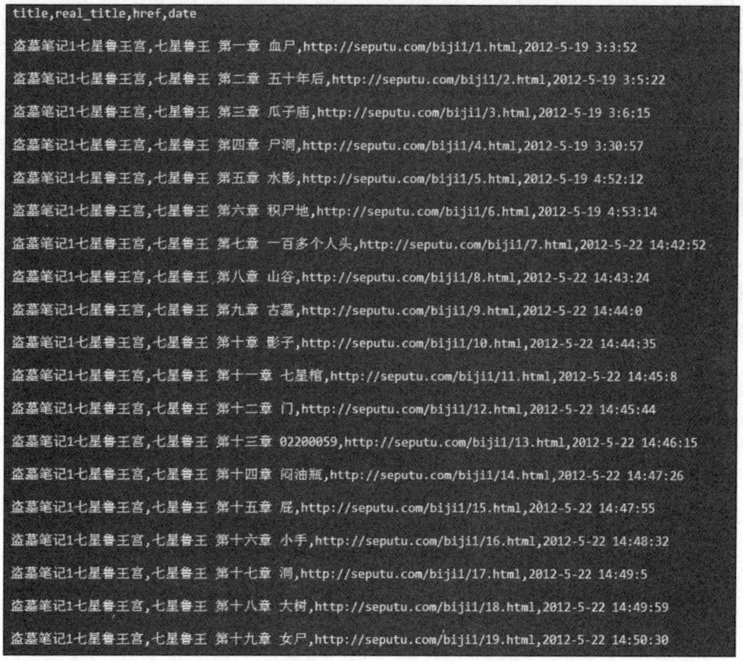

```
title,real_title,href,date
盗墓笔记1七星鲁王宫,七星鲁王 第一章 血尸,http://seputu.com/biji1/1.html,2012-5-19 3:3:52
盗墓笔记1七星鲁王宫,七星鲁王 第二章 五十年后,http://seputu.com/biji1/2.html,2012-5-19 3:5:22
盗墓笔记1七星鲁王宫,七星鲁王 第三章 瓜子庙,http://seputu.com/biji1/3.html,2012-5-19 3:6:15
盗墓笔记1七星鲁王宫,七星鲁王 第四章 尸洞,http://seputu.com/biji1/4.html,2012-5-19 3:30:57
盗墓笔记1七星鲁王宫,七星鲁王 第五章 水影,http://seputu.com/biji1/5.html,2012-5-19 4:52:12
盗墓笔记1七星鲁王宫,七星鲁王 第六章 积尸地,http://seputu.com/biji1/6.html,2012-5-19 4:53:14
盗墓笔记1七星鲁王宫,七星鲁王 第七章 一百多个人头,http://seputu.com/biji1/7.html,2012-5-22 14:42:52
盗墓笔记1七星鲁王宫,七星鲁王 第八章 山谷,http://seputu.com/biji1/8.html,2012-5-22 14:43:24
盗墓笔记1七星鲁王宫,七星鲁王 第九章 古墓,http://seputu.com/biji1/9.html,2012-5-22 14:44:0
盗墓笔记1七星鲁王宫,七星鲁王 第十章 影子,http://seputu.com/biji1/10.html,2012-5-22 14:44:35
盗墓笔记1七星鲁王宫,七星鲁王 第十一章 七星棺,http://seputu.com/biji1/11.html,2012-5-22 14:45:8
盗墓笔记1七星鲁王宫,七星鲁王 第十二章 门,http://seputu.com/biji1/12.html,2012-5-22 14:45:44
盗墓笔记1七星鲁王宫,七星鲁王 第十三章 02200059,http://seputu.com/biji1/13.html,2012-5-22 14:46:15
盗墓笔记1七星鲁王宫,七星鲁王 第十四章 闷油瓶,http://seputu.com/biji1/14.html,2012-5-22 14:47:26
盗墓笔记1七星鲁王宫,七星鲁王 第十五章 屁,http://seputu.com/biji1/15.html,2012-5-22 14:47:55
盗墓笔记1七星鲁王宫,七星鲁王 第十六章 小手,http://seputu.com/biji1/16.html,2012-5-22 14:48:32
盗墓笔记1七星鲁王宫,七星鲁王 第十七章 洞,http://seputu.com/biji1/17.html,2012-5-22 14:49:5
盗墓笔记1七星鲁王宫,七星鲁王 第十八章 大树,http://seputu.com/biji1/18.html,2012-5-22 14:49:59
盗墓笔记1七星鲁王宫,七星鲁王 第十九章 女尸,http://seputu.com/biji1/19.html,2012-5-22 14:50:30
```

图 5-4 qiye.csv

> **注意**
> 1）在存储 CSV 文件时，需要统一存储数据的类型。代码中使用 encode('utf-8')作用就是将 title、real_title、href、date 变量类型统一为 str。
> 2）5.1.1 节 BeautifulSoup 如果使用 lxml 作为解析库，会发现解析出来的 HTML 内容缺失，这是由于 BeautifulSoup 为不同的解析器提供了相同的接口，但解析器本身是有区别的，同一篇文档被不同的解析器解析后可能会生成不同结构的树型文档。因此如果遇到缺失的情况，BeautifulSoup 可以使用 html.parser 作为解析器，或者单独使用 lxml 进行解析即可。

5.2 多媒体文件抽取

存储媒体文件主要有两种方式：只获取文件的 URL 链接，或者直接将媒体文件下载到本地。如果你采取的是第一种方式，只需看 5.1 节。本节主要讲解第二种方式，即将媒体文件下载下来。

本节主要介绍 urllib 模块提供的 urlretrieve()函数。urlretrieve()方法直接将远程数据下载到本地，函数原型如下：

```
urlretrieve(url, filename=None, reporthook=None, data=None)
```

参数说明：
- 参数 filename 指定了存储的本地路径（如果参数未指定，urllib 会生成一个临时文件保存数据。）
- 参数 reporthook 是一个回调函数。当连接上服务器以及相应的数据块传输完毕时会触发该回调函数，我们可以利用这个回调函数来显示当前的下载进度。
- 参数 data 指 post 到服务器的数据，该方法返回一个包含两个元素的(filename, headers)元组，filename 表示保存到本地的路径，header 表示服务器的响应头。

以天堂图片网为例（http://www.ivsky.com/tupian/ziranfengguang/），提取当前网址中的图片链接，并将图片下载到当前目录下。代码如下：

```python
import urllib
from lxml import etree
import requests
def Schedule(blocknum,blocksize,totalsize):
    '''
    blocknum:已经下载的数据块
    blocksize:数据块的大小
    totalsize:远程文件的大小
    '''
    per = 100.0 * blocknum * blocksize / totalsize
    if per > 100 :
        per = 100
```

```
    print '当前下载进度：%d'%per
user_agent = 'Mozilla/4.0 (compatible; MSIE 5.5; Windows NT)'
headers={'User-Agent':user_agent}
r = requests.get('http://www.ivsky.com/tupian/ziranfengguang/',headers=headers)
# 使用 lxml 解析网页
html = etree.HTML(r.text)
img_urls = html.xpath('.//img/@src')# 先找到所有的 img
i=0
for img_url in img_urls:
    urllib.urlretrieve(img_url,'img'+str(i)+'.jpg',Schedule)
    i+=1
```

本程序中先从当前网址将 img 标记中的 src 属性提取出来，交给 urllib.urlretrieve 函数去下载，自动回调 Schedule 函数，显示当前下载的进度。Schedule 函数主要包括 3 个参数：blocknum（已经下载的数据块）、blocksize（数据块的大小）和 totalsize（远程文件的大小）。

5.3 Email 提醒

大家可能会奇怪 Email 在 Python 爬虫开发中有什么用呢？Email 主要起到提醒作用，当爬虫在运行过程中遇到异常或者服务器遇到问题，可以通过 Email 及时向自己报告。

发送邮件的协议是 STMP，Python 内置对 SMTP 的支持，可以发送纯文本邮件、HTML 邮件以及带附件的邮件。Python 对 SMTP 支持有 smtplib 和 email 两个模块，email 负责构造邮件，smtplib 负责发送邮件。

在讲解发送 Email 之前，首先申请一个 163 邮箱，开启 SMTP 功能，采用的是网易的电子邮件服务器 smtp.163.com，如图 5-5 所示。

图 5-5　163 邮箱开启 SMTP

将 SMTP 开启之后，我们来构造一个纯文本邮件：

```
from email.mime.text import MIMEText
msg = MIMEText('Python 爬虫运行异常，异常信息为遇到 HTTP 403', 'plain', 'utf-8')
```

构造 MIMEText 对象时需要 3 个参数：
❑ 邮件正文。

- MIME 的 subtype，传入"plain"表示纯文本，最终的 MIME 就是"text/plain"。
- 设置编码格式，UTF-8 编码保证多语言兼容性。

接着设置邮件的发件人、收件人和邮件主题等信息，并通过 SMTP 发送出去。代码如下：

```python
from email.header import Header
from email.mime.text import MIMEText
from email.utils import parseaddr, formataddr

import smtplib

def _format_addr(s):
    name, addr = parseaddr(s)
    return formataddr((Header(name, 'utf-8').encode(), addr))
# 发件人地址
from_addr = 'xxxxxxxx@163.com'
# 邮箱密码
password = 'pass'
# 收件人地址
to_addr = 'xxxxxxxx@qq.com'
# 163 网易邮箱服务器地址
smtp_server = 'smtp.163.com'
# 设置邮件信息
msg = MIMEText('Python爬虫运行异常,异常信息为遇到HTTP 403', 'plain', 'utf-8')
msg['From'] = _format_addr('一号爬虫 <%s>' % from_addr)
msg['To'] = _format_addr('管理员 <%s>' % to_addr)
msg['Subject'] = Header('一号爬虫运行状态', 'utf-8').encode()
# 发送邮件
server = smtplib.SMTP(smtp_server, 25)
server.login(from_addr, password)
server.sendmail(from_addr, [to_addr], msg.as_string())
server.quit()
```

有时候我们发送的可能不是纯文本，需要发送 HTML 邮件，将异常网页信息发送回去。在构造 MIMEText 对象时，把 HTML 字符串传进去，再把第二个参数由"plain"变为"html"就可以了。示例如下：

```python
msg = MIMEText('<html><body><h1>Hello</h1>' +
    '<p>异常网页<a href="http://www.cnblogs.com">cnblogs</a>...</p>' +
    '</body></html>', 'html', 'utf-8')
```

5.4 小结

本章主要讲解了 Python 爬虫开发中文件存储的各种方式，在存储过程中尤其要注意网页编码和文件编码的问题。多媒体文件存储使用 urlretrieve 函数非常方便，无需关心存储细节，并能及时了解进度。

第 6 章 Chapter 6

实战项目：基础爬虫

本章讲解第一个实战项目：基础爬虫。为什么叫基础爬虫呢？首先这个爬虫项目功能简单，仅仅考虑功能实现，未涉及优化和稳健性的考虑。再者爬虫虽小，五脏俱全，大型爬虫有的基础模块，这个爬虫都有，只不过实现方式、优化方式，大型爬虫做得更加全面、多样。本次实战项目的需求是爬取 100 个百度百科网络爬虫词条以及相关词条的标题、摘要和链接等信息，如图 6-1 所示。

图 6-1 网络爬虫词条

6.1 基础爬虫架构及运行流程

首先讲解一下基础爬虫的架构，如图 6-2 所示。介绍基础爬虫包含哪些模块，各个模块之间的关系是什么。

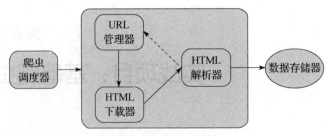

图 6-2 基础爬虫框架

基础爬虫框架主要包括五大模块，分别为爬虫调度器、URL 管理器、HTML 下载器、HTML 解析器、数据存储器。功能分析如下：

- 爬虫调度器主要负责统筹其他四个模块的协调工作。
- URL 管理器负责管理 URL 链接，维护已经爬取的 URL 集合和未爬取的 URL 集合，提供获取新 URL 链接的接口。
- HTML 下载器用于从 URL 管理器中获取未爬取的 URL 链接并下载 HTML 网页。
- HTML 解析器用于从 HTML 下载器中获取已经下载的 HTML 网页，并从中解析出新的 URL 链接交给 URL 管理器，解析出有效数据交给数据存储器。
- 数据存储器用于将 HTML 解析器解析出来的数据通过文件或者数据库的形式存储起来。

下面通过图 6-3 展示一下爬虫框架的动态运行流程，方便大家理解。

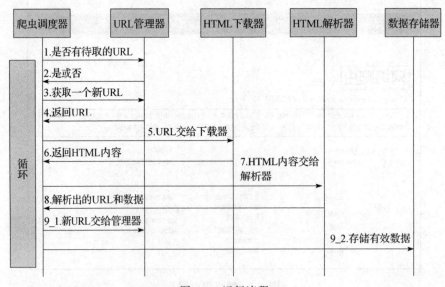

图 6-3 运行流程

6.2 URL 管理器

URL 管理器主要包括两个变量，一个是已爬取 URL 的集合，另一个是未爬取 URL 的集合。采用 Python 中的 set 类型，主要是使用 set 的去重复功能，防止链接重复爬取，因为爬取链接重复时容易造成死循环。链接去重复在 Python 爬虫开发中是必备的功能，解决方案主要有三种：1）内存去重 2）关系数据库去重 3）缓存数据库去重。大型成熟的爬虫基本上采用缓存数据库的去重方案，尽可能避免内存大小的限制，又比关系型数据库去重性能高很多。由于基础爬虫的爬取数量较小，因此我们使用 Python 中 set 这个内存去重方式。

URL 管理器除了具有两个 URL 集合，还需要提供以下接口，用于配合其他模块使用，接口如下：

- 判断是否有待取的 URL，方法定义为 has_new_url()。
- 添加新的 URL 到未爬取集合中，方法定义为 add_new_url(url)，add_new_urls(urls)。
- 获取一个未爬取的 URL，方法定义为 get_new_url()。
- 获取未爬取 URL 集合的大小，方法定义为 new_url_size()。
- 获取已经爬取的 URL 集合的大小，方法定义为 old_url_size()。

程序 URLManager.py 的完整代码如下：

```python
# coding:utf-8
class UrlManager(object):
    def __init__(self):
        self.new_urls = set()# 未爬取 URL 集合
        self.old_urls = set()# 已爬取 URL 集合

    def has_new_url(self):
        '''
        判断是否有未爬取的 URL
        :return:
        '''
        return self.new_url_size()!=0

    def get_new_url(self):
        '''
        获取一个未爬取的 URL
        :return:
        '''
        new_url = self.new_urls.pop()
        self.old_urls.add(new_url)
        return new_url

    def add_new_url(self,url):
        '''
        将新的 URL 添加到未爬取的 URL 集合中
        :param url:单个 URL
```

```python
            :return:
            '''
            if url is None:
                return
            if url not in self.new_urls and url not in self.old_urls:
                self.new_urls.add(url)

    def add_new_urls(self,urls):
        '''
        将新的URL添加到未爬取的URL集合中
        :param urls:url集合
        :return:
        '''
        if urls is None or len(urls)==0:
            return
        for url in urls:
            self.add_new_url(url)

    def new_url_size(self):
        '''
        获取未爬取URL集合的大小
        :return:
        '''
        return len(self.new_urls)

    def old_url_size(self):
        '''
        获取已经爬取URL集合的大小
        :return:
        '''
        return len(self.old_urls)
```

6.3　HTML下载器

HTML下载器用来下载网页，这时候需要注意网页的编码，以保证下载的网页没有乱码。下载器需要用到 Requests 模块，里面只需要实现一个接口即可：download(url)。程序 HtmlDownloader.py 代码如下：

```python
# coding:utf-8
import requests
class HtmlDownloader(object):

    def download(self,url):
        if url is None:
            return None
        user_agent = 'Mozilla/4.0 (compatible; MSIE 5.5; Windows NT)'
        headers={'User-Agent':user_agent}
        r = requests.get(url,headers=headers)
```

```
    if r.status_code==200:
        r.encoding='utf-8'
        return r.text
return None
```

6.4 HTML 解析器

HTML 解析器使用 BeautifulSoup4 进行 HTML 解析。需要解析的部分主要分为提取相关词条页面的 URL 和提取当前词条的标题和摘要信息。

先使用 Firebug 查看一下标题和摘要所在的结构位置，如图 6-4 所示。

图 6-4　HTML 结构位置

从上图可以看到标题的标记位于<dd class="lemmaWgt-lemmaTitle-title"><h1></h1>，摘要文本位于<div class="lemma-summary" label-module="lemmaSummary">。

最后分析一下需要抽取的 URL 的格式。相关词条的 URL 格式类似于<a target="_blank" href="/view/7833.htm">万维网</a>这种形式，提取出 a 标记中的 href 属性即可，从格式中可以看到 href 属性值是一个相对网址，可以使用 urlparse.urljoin 函数将当前网址和相对网址拼接成完整的 URL 路径。

HTML 解析器主要提供一个 parser 对外接口，输入参数为当前页面的 URL 和 HTML 下载器返回的网页内容。解析器 HtmlParser.py 程序的代码如下：

```
# coding:utf-8
```

```python
import re
import urlparse
from bs4 import BeautifulSoup


class HtmlParser(object):

    def parser(self,page_url,html_cont):
        '''
        用于解析网页内容，抽取 URL 和数据
        :param page_url: 下载页面的 URL
        :param html_cont: 下载的网页内容
        :return:返回 URL 和数据
        '''
        if page_url is None or html_cont is None:
            return
        soup = BeautifulSoup(html_cont,'html.parser',from_encoding='utf-8')
        new_urls = self._get_new_urls(page_url,soup)
        new_data = self._get_new_data(page_url,soup)
        return new_urls,new_data


    def _get_new_urls(self,page_url,soup):
        '''
        抽取新的 URL 集合
        :param page_url: 下载页面的 URL
        :param soup:soup
        :return: 返回新的 URL 集合
        '''
        new_urls = set()
        # 抽取符合要求的 a 标记
        links = soup.find_all('a',href=re.compile(r'/view/\d+\.htm'))
        for link in links:
            # 提取 href 属性
            new_url = link['href']
            # 拼接成完整网址
            new_full_url = urlparse.urljoin(page_url,new_url)
            new_urls.add(new_full_url)
        return new_urls
    def _get_new_data(self,page_url,soup):
        '''
        抽取有效数据
        :param page_url:下载页面的 URL
        :param soup:
        :return:返回有效数据
        '''
        data={}
        data['url']=page_url
        title = soup.find('dd',class_='lemmaWgt-lemmaTitle-title').find('h1')
```

```python
    data['title']=title.get_text()
    summary = soup.find('div',class_='lemma-summary')
    # 获取 tag 中包含的所有文本内容，包括子孙 tag 中的内容，并将结果作为 Unicode 字符串返回
    data['summary']=summary.get_text()

    return data
```

6.5 数据存储器

数据存储器主要包括两个方法：store_data(data)用于将解析出来的数据存储到内存中，output_html()用于将存储的数据输出为指定的文件格式，我们使用的是将数据输出为 HTML 格式。DataOutput.py 程序如下：

```python
# coding:utf-8
import codecs

class DataOutput(object):

    def __init__(self):
        self.datas=[]
    def store_data(self,data):
        if data is None:
            return
        self.datas.append(data)

    def output_html(self):
        fout=codecs.open('baike.html','w',encoding='utf-8')
        fout.write("<html>")
        fout.write("<head><meta charset='utf-8'/></head>")
        fout.write("<body>")
        fout.write("<table>")
        for data in self.datas:
            fout.write("<tr>")
            fout.write("<td>%s</td>"%data['url'])
            fout.write("<td>%s</td>"%data['title'])
            fout.write("<td>%s</td>"%data['summary'])
            fout.write("</tr>")
            self.datas.remove(data)
        fout.write("</table>")
        fout.write("</body>")
        fout.write("</html>")
        fout.close()
```

其实上面的代码并不是很好的方式，更好的做法应该是将数据分批存储到文件，而不是将所有数据存储到内存，一次性写入文件容易使系统出现异常，造成数据丢失。但是由于我们只需要 100 条数据，速度很快，所以这种方式还是可行的。如果数据很多，还是采取分批存储的办法。

6.6 爬虫调度器

以上几节已经对 URL 管理器、HTML 下载器、HTML 解析器和数据存储器等模块进行了实现，接下来编写爬虫调度器以协调管理这些模块。爬虫调度器首先要做的是初始化各个模块，然后通过 crawl(root_url)方法传入入口 URL，方法内部实现按照运行流程控制各个模块的工作。爬虫调度器 SpiderMan.py 的程序如下：

```python
# coding:utf-8
from firstSpider.DataOutput import DataOutput
from firstSpider.HtmlDownloader import HtmlDownloader
from firstSpider.HtmlParser import HtmlParser
from firstSpider.UrlManager import UrlManager
class SpiderMan(object):
    def __init__(self):
        self.manager = UrlManager()
        self.downloader = HtmlDownloader()
        self.parser = HtmlParser()
        self.output = DataOutput()
    def crawl(self,root_url):
        # 添加入口 URL
        self.manager.add_new_url(root_url)
        # 判断url管理器中是否有新的url，同时判断抓取了多少个url
        while(self.manager.has_new_url() and self.manager.old_url_size()<100):
            try:
                # 从 URL 管理器获取新的 url
                new_url = self.manager.get_new_url()
                # HTML 下载器下载网页
                html = self.downloader.download(new_url)
                # HTML 解析器抽取网页数据
                new_urls,data = self.parser.parser(new_url,html)
                # 将抽取的url添加到URL 管理器中
                self.manager.add_new_urls(new_urls)
                # 数据存储器存储文件
                self.output.store_data(data)
                print "已经抓取%s个链接"%self.manager.old_url_size()
            except Exception,e:
                print "crawl failed"
            # 数据存储器将文件输出成指定格式
        self.output.output_html()

if __name__=="__main__":
    spider_man = SpiderMan()
    spider_man.crawl("http://baike.baidu.com/view/284853.htm")
```

到这里基础爬虫架构所需的模块都已经完成，启动程序，大约 1 分钟左右，数据都被存储为 baike.html。使用浏览器打开，效果如图 6-5 所示。

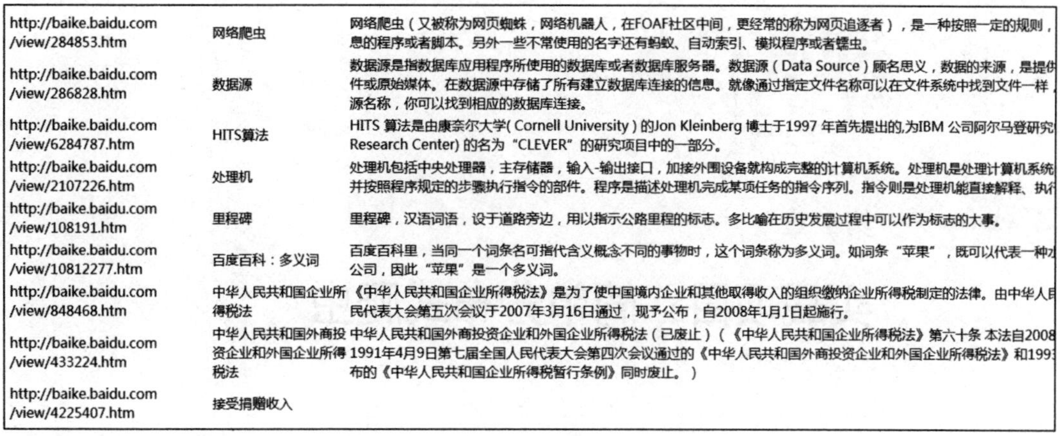

http://baike.baidu.com /view/284853.htm	网络爬虫	网络爬虫（又被称为网页蜘蛛，网络机器人，在FOAF社区中间，更经常的称为网页追逐者），是一种按照一定的规则，息的程序或者脚本。另外一些不常使用的名字还有蚂蚁、自动索引、模拟程序或者蠕虫。
http://baike.baidu.com /view/286828.htm	数据源	数据源是指数据库应用程序所使用的数据库或者数据库服务器。数据源（Data Source）顾名思义，数据的来源，是提 件或原始媒体。在数据源中存储了所有建立数据库连接的信息。就像通过指定文件名称可以在文件系统中找到文件一样 源名称，你可以找到相应的数据库连接。
http://baike.baidu.com /view/6284787.htm	HITS算法	HITS 算法是由康奈尔大学(Cornell University) 的Jon Kleinberg 博士于1997 年首先提出的,为IBM 公司阿尔马登研究 Research Center) 的名为 "CLEVER" 的研究项目中的一部分。
http://baike.baidu.com /view/2107226.htm	处理机	处理机包括中央处理器，主存储器，输入-输出接口，加接外围设备就构成完整的计算机系统。处理机是处理计算机系统 并按照程序规定的步骤执行指令的部件。程序是描述处理机完成某项任务的指令序列。指令则是处理机能直接解释、执
http://baike.baidu.com /view/108191.htm	里程碑	里程碑，汉语词语，设于道路旁边，用以指示公路里程的标志。多比喻在历史发展过程中可以作为标志的大事。
http://baike.baidu.com /view/10812277.htm	百度百科：多义词	百度百科里，当同一个词条名可指代含义概念不同的事物时，这个词条称为多义词。如词条 "苹果" ，既可以代表一种 公司，因此 "苹果" 是一个多义词。
http://baike.baidu.com /view/848468.htm	中华人民共和国企业所得税法	《中华人民共和国企业所得税法》是为了使中国境内企业和其他取得收入的组织缴纳企业所得税制定的法律。由中华人 民代表大会第五次会议于2007年3月16日通过，现予公布，自2008年1月1日起施行。
http://baike.baidu.com /view/433224.htm	中华人民共和国外商投资企业和外国企业所得税法	中华人民共和国外商投资企业和外国企业所得税法（已废止）（《中华人民共和国企业所得税法》第六十条 本法自2008 1991年4月9日第七届全国人民代表大会第四次会议通过的《中华人民共和国外商投资企业和外国企业所得税法》和199 布的《中华人民共和国企业所得税暂行条例》同时废止。）
http://baike.baidu.com /view/4225407.htm	接受捐赠收入	

图 6-5　baike.html

6.7　小结

本章介绍了基础爬虫架构的五个模块，无论大型还是小型爬虫都不会脱离这五个模块，希望大家对整个运行流程有清晰的认识，之后介绍的实战项目都会见到这五个模块的身影。

Chapter 7 第 7 章

实战项目：简单分布式爬虫

本章继续实战项目，介绍如何打造分布式爬虫，这对初学者来说是一个不小的挑战，也是一次有意义的尝试。这次打造的分布式爬虫采用比较简单的主从模式，完全手工打造，不使用成熟框架，基本上涵盖了前六章的主要知识点，其中涉及的分布式知识点是分布式进程和进程间通信的内容，算是对 Python 爬虫基础篇的总结。

目前，大型的爬虫系统都采取分布式爬取结构，通过此次实战项目，大家会对分布式爬虫有一个比较清晰的了解，为之后系统地学习分布式爬虫打下基础。实战目标：爬取 2000 个百度百科网络爬虫词条以及相关词条的标题、摘要和链接等信息，采用分布式结构改写第 6 章的基础爬虫，使其功能更加强大。

7.1 简单分布式爬虫结构

本次分布式爬虫采用主从模式。主从模式是指由一台主机作为控制节点，负责管理所有运行网络爬虫的主机，爬虫只需要从控制节点那里接收任务，并把新生成任务提交给控制节点就可以了，在这个过程中不必与其他爬虫通信，这种方式实现简单、利于管理。而控制节点则需要与所有爬虫进行通信，因此可以看到主从模式是有缺陷的，控制节点会成为整个系统的瓶颈，容易导致整个分布式网络爬虫系统性能下降。

此次使用三台主机进行分布式爬取，一台主机作为控制节点，另外两台主机作为爬虫节点。爬虫结构如图 7-1 所示。

7.2 控制节点

控制节点（ControlNode）主要分为 URL 管理器、数据存储器和控制调度器。控制调度器通过三个进程来协调 URL 管理器和数据存储器的工作：一个是 URL 管理进程，负责 URL 的管理和将 URL 传递给爬虫节点；一个是数据提取进程，负责读取爬虫节点返回的数据，将返回数据中的 URL 交给 URL 管理进程，将标题和摘要等数据交给数据存储进程；最后一个是数据存储进程，负责将数据提取进程中提交的数据进行本地存储。执行流程如图 7-2 所示。

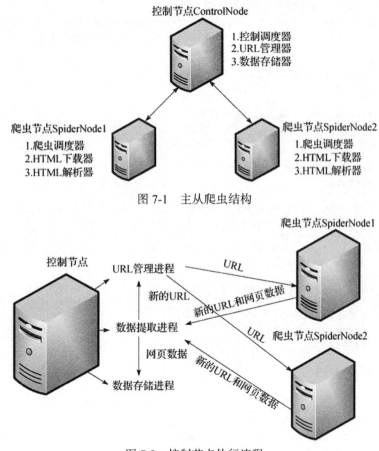

图 7-1 主从爬虫结构

图 7-2 控制节点执行流程

7.2.1 URL 管理器

参考第 6 章的代码，我们对 URL 管理器做了一些优化。我们采用 set 内存去重的方式，如果直接存储大量的 URL 链接，尤其是 URL 链接很长的时候，很容易造成内存溢出，所以我们将爬取过的 URL 进行 MD5 处理。字符串经过 MD5 处理后的信息摘要长度为 128 位，将生成的 MD5 摘要存储到 set 后，可以减少好几倍的内存消耗，Python 中的 MD5 算法生成的是32位字符串,由于我们爬取的URL较少,MD5冲突不大,完全可以取中间的16位字符串,即16位MD5加密。我们同时添加了save_progress和load_progress方法进行序列化的操作,将未爬取URL集合和已爬取的URL集合序列化到本地,保存当前的进度,以便下次恢复状态。URL管理器URLManager.py代码如下:

```python
# coding:utf-8
import cPickle
import hashlib
class UrlManager(object):
    def __init__(self):
        self.new_urls = self.load_progress('new_urls.txt')# 未爬取URL集合
        self.old_urls = self.load_progress('old_urls.txt')# 已爬取URL集合
    def has_new_url(self):
        '''
        判断是否有未爬取的URL
        :return:
        '''
        return self.new_url_size()!=0

    def get_new_url(self):
        '''
        获取一个未爬取的URL
        :return:
        '''
        new_url = self.new_urls.pop()
        m = hashlib.md5()
        m.update(new_url)
        self.old_urls.add(m.hexdigest()[8:-8])
        return new_url

    def add_new_url(self,url):
        '''
        将新的URL添加到未爬取的URL集合中
        :param url:单个URL
        :return:
        '''
        if url is None:
            return
        m = hashlib.md5()
        m.update(url)
        url_md5 = m.hexdigest()[8:-8]
        if url not in self.new_urls and url_md5 not in self.old_urls:
            self.new_urls.add(url)

    def add_new_urls(self,urls):
        '''
        将新的URL添加到未爬取的URL集合中
        :param urls:url集合
        :return:
        '''
        if urls is None or len(urls)==0:
            return
```

```python
        for url in urls:
            self.add_new_url(url)

    def new_url_size(self):
        '''
        获取未爬取URL集合的大小
        :return:
        '''
        return len(self.new_urls)

    def old_url_size(self):
        '''
        获取已经爬取URL集合的大小
        :return:
        '''
        return len(self.old_urls)

    def save_progress(self,path,data):
        '''
        保存进度
        :param path:文件路径
        :param data:数据
        :return:
        '''
        with open(path, 'wb') as f:
            cPickle.dump(data, f)

    def load_progress(self,path):
        '''
        从本地文件加载进度
        :param path:文件路径
        :return:返回set集合
        '''
        print '[+] 从文件加载进度: %s' % path
        try:
            with open(path, 'rb') as f:
                tmp = cPickle.load(f)
                return tmp
        except:
            print '[!] 无进度文件，创建: %s' % path
        return set()
```

7.2.2 数据存储器

数据存储器的内容基本上和第6章的一样，不过生成的文件按照当前时间进行命名，以避免重复，同时对文件进行缓存写入。代码如下：

```python
# coding:utf-8
import codecs
import time
class DataOutput(object):
```

```python
    def __init__(self):
        self.filepath='baike_%s.html'%(time.strftime("%Y_%m_%d_%H_%M_%S", time.
            localtime()) )
        self.output_head(self.filepath)
        self.datas=[]
    def store_data(self,data):
        if data is None:
            return
        self.datas.append(data)
        if len(self.datas)>10:
            self.output_html(self.filepath)

    def output_head(self,path):
        '''
        将HTML头写进去
        :return:
        '''
        fout=codecs.open(path,'w',encoding='utf-8')
        fout.write("<html>")
        fout.write("<head><meta charset='utf-8'/></head>")
        fout.write("<body>")
        fout.write("<table>")
        fout.close()

    def output_html(self,path):
        '''
        将数据写入HTML文件中
        :param path: 文件路径
        :return:
        '''
        fout=codecs.open(path,'a',encoding='utf-8')
        for data in self.datas:
            fout.write("<tr>")
            fout.write("<td>%s</td>"%data['url'])
            fout.write("<td>%s</td>"%data['title'])
            fout.write("<td>%s</td>"%data['summary'])
            fout.write("</tr>")
            self.datas.remove(data)
        fout.close()

    def ouput_end(self,path):
        '''
        输出HTML结束
        :param path: 文件存储路径
        :return:
        '''
        fout=codecs.open(path,'a',encoding='utf-8')
        fout.write("</table>")
        fout.write("</body>")
        fout.write("</html>")
        fout.close()
```

7.2.3 控制调度器

控制调度器主要是产生并启动 URL 管理进程、数据提取进程和数据存储进程，同时维护 4 个队列保持进程间的通信，分别为 url_queue、result_queue、conn_q、store_q。4 个队列说明如下：

- url_q 队列是 URL 管理进程将 URL 传递给爬虫节点的通道。
- result_q 队列是爬虫节点将数据返回给数据提取进程的通道。
- conn_q 队列是数据提取进程将新的 URL 数据提交给 URL 管理进程的通道。
- store_q 队列是数据提取进程将获取到的数据交给数据存储进程的通道。

因为要和工作节点进行通信，所以分布式进程必不可少。参考 1.4.4 节中服务进程的代码（Linux 版），创建一个分布式管理器，定义为 start_manager 方法。方法代码如下：

```
def start_Manager(self,url_q,result_q):
    '''
    创建一个分布式管理器
    :param url_q: url 队列
    :param result_q: 结果队列
    :return:
    '''
    # 把创建的两个队列注册在网络上,利用 register 方法,callable 参数关联了 Queue 对象,
    # 将 Queue 对象在网络中暴露
    BaseManager.register('get_task_queue',callable=lambda:url_q)
    BaseManager.register('get_result_queue',callable=lambda:result_q)
    # 绑定端口 8001,设置验证口令 "baike"。这个相当于对象的初始化
    manager=BaseManager(address=('',8001),authkey='baike')
    # 返回 manager 对象
    return manager
```

URL 管理进程将从 conn_q 队列获取到的新 URL 提交给 URL 管理器，经过去重之后，取出 URL 放入 url_queue 队列中传递给爬虫节点，代码如下：

```
def url_manager_proc(self,url_q,conn_q,root_url):
    url_manager = UrlManager()
    url_manager.add_new_url(root_url)
    while True:
        while(url_manager.has_new_url()):
            # 从 URL 管理器获取新的 URL
            new_url = url_manager.get_new_url()
            # 将新的 URL 发给工作节点
            url_q.put(new_url)
            print 'old_url=',url_manager.old_url_size()
            # 加一个判断条件,当爬取 2000 个链接后就关闭,并保存进度
            if(url_manager.old_url_size()>2000):
                # 通知爬行节点工作结束
                url_q.put('end')
                print '控制节点发起结束通知!'
                # 关闭管理节点,同时存储 set 状态
                url_manager.save_progress('new_urls.txt',url_manager.new_urls)
```

```
            url_manager.save_progress('old_urls.txt',url_manager.old_urls)
            return
# 将从 result_solve_proc 获取到的 URL 添加到 URL 管理器
try:
    if not conn_q.empty():
        urls = conn_q.get()
        url_manager.add_new_urls(urls)
except BaseException,e:
    time.sleep(0.1)# 延时休息
```

数据提取进程从 result_queue 队列读取返回的数据,并将数据中的 URL 添加到 conn_q 队列交给 URL 管理进程,将数据中的文章标题和摘要添加到 store_q 队列交给数据存储进程。代码如下:

```
def result_solve_proc(self,result_q,conn_q,store_q):
    while(True):
        try:
            if not result_q.empty():
                content = result_q.get(True)
                if content['new_urls']=='end':
                    # 结果分析进程接收通知然后结束
                    print '结果分析进程接收通知然后结束!'
                    store_q.put('end')
                    return
                conn_q.put(content['new_urls'])# url 为 set 类型
                store_q.put(content['data'])# 解析出来的数据为 dict 类型
            else:
                time.sleep(0.1)# 延时休息
        except BaseException,e:
            time.sleep(0.1)# 延时休息
```

数据存储进程从 store_q 队列中读取数据,并调用数据存储器进行数据存储。代码如下:

```
def store_proc(self,store_q):
    output = DataOutput()
    while True:
        if not store_q.empty():
            data = store_q.get()
            if data=='end':
                print '存储进程接受通知然后结束!'
                output.ouput_end(output.filepath)

                return
            output.store_data(data)
        else:
            time.sleep(0.1)
```

最后启动分布式管理器、URL 管理进程、数据提取进程和数据存储进程,并初始化 4 个队列。代码如下:

```python
if __name__=='__main__':
    # 初始化4个队列
    url_q = Queue()
    result_q = Queue()
    store_q = Queue()
    conn_q = Queue()
    # 创建分布式管理器
    node = NodeManager()
    manager = node.start_Manager(url_q,result_q)
    # 创建URL管理进程、数据提取进程和数据存储进程
    url_manager_proc = Process(target=node.url_manager_proc, args=(url_q,conn_q,
        'http://baike.baidu.com/view/284853.htm',))
    result_solve_proc = Process(target=node.result_solve_proc, args=(result_q,
        conn_q,store_q,))
    store_proc = Process(target=node.store_proc, args=(store_q,))
    # 启动3个进程和分布式管理器
    url_manager_proc.start()
    result_solve_proc.start()
    store_proc.start()
    manager.get_server().serve_forever()
```

7.3 爬虫节点

爬虫节点（SpiderNode）相对简单，主要包含HTML下载器、HTML解析器和爬虫调度器。执行流程如下：

❑ 爬虫调度器从控制节点中的url_q队列读取URL。

❑ 爬虫调度器调用HTML下载器、HTML解析器获取网页中新的URL和标题摘要。

❑ 爬虫调度器将新的URL和标题摘要传入result_q队列交给控制节点。

7.3.1 HTML下载器

HTML下载器的代码和第6章的一致，只要注意网页编码即可。代码如下：

```python
# coding:utf-8
import requests
class HtmlDownloader(object):

    def download(self,url):
        if url is None:
            return None
        user_agent = 'Mozilla/4.0 (compatible; MSIE 5.5; Windows NT)'
        headers={'User-Agent':user_agent}
        r = requests.get(url,headers=headers)
        if r.status_code==200:
            r.encoding='utf-8'
            return r.text
        return None
```

7.3.2 HTML 解析器

HTML 解析器的代码和第 6 章的一致，详细的网页分析过程可以回顾第 6 章。代码如下：

```python
# coding:utf-8
import re
import urlparse
from bs4 import BeautifulSoup


class HtmlParser(object):

    def parser(self,page_url,html_cont):
        '''
        用于解析网页内容，抽取 URL 和数据
        :param page_url: 下载页面的 URL
        :param html_cont: 下载的网页内容
        :return:返回 URL 和数据
        '''
        if page_url is None or html_cont is None:
            return
        soup = BeautifulSoup(html_cont,'html.parser',from_encoding='utf-8')
        new_urls = self._get_new_urls(page_url,soup)
        new_data = self._get_new_data(page_url,soup)
        return new_urls,new_data


    def _get_new_urls(self,page_url,soup):
        '''
        抽取新的 URL 集合
        :param page_url: 下载页面的 URL
        :param soup:soup
        :return: 返回新的 URL 集合
        '''
        new_urls = set()
        # 抽取符合要求的 a 标记
        links = soup.find_all('a',href=re.compile(r'/view/\d+\.htm'))
        for link in links:
            # 提取 href 属性
            new_url = link['href']
            # 拼接成完整网址
            new_full_url = urlparse.urljoin(page_url,new_url)
            new_urls.add(new_full_url)
        return new_urls
    def _get_new_data(self,page_url,soup):
        '''
        抽取有效数据
        :param page_url:下载页面的 URL
        :param soup:
        :return:返回有效数据
```

```python
        '''
        data={}
        data['url']=page_url
        title = soup.find('dd',class_='lemmaWgt-lemmaTitle-title').find('h1')
        data['title']=title.get_text()
        summary = soup.find('div',class_='lemma-summary')
        # 获取 tag 中包含的所有文本内容，包括子孙 tag 中的内容，并将结果作为 Unicode 字符串返回
        data['summary']=summary.get_text()
        return data
```

7.3.3 爬虫调度器

爬虫调度器需要用到分布式进程中工作进程的代码，具体内容可以参考第 1 章的分布式进程章节。爬虫调度器需要先连接上控制节点，然后从 url_q 队列中获取 URL，下载并解析网页，接着将获取的数据交给 result_q 队列并返回给控制节点，代码如下：

```python
class SpiderWork(object):
    def __init__(self):
        # 初始化分布式进程中工作节点的连接工作
        # 实现第一步：使用 BaseManager 注册用于获取 Queue 的方法名称
        BaseManager.register('get_task_queue')
        BaseManager.register('get_result_queue')
        # 实现第二步：连接到服务器
        server_addr = '127.0.0.1'
        print('Connect to server %s...' % server_addr)
        # 注意保持端口和验证口令与服务进程设置的完全一致
        self.m = BaseManager(address=(server_addr, 8001), authkey='baike')
        # 从网络连接
        self.m.connect()
        # 实现第三步：获取 Queue 的对象
        self.task = self.m.get_task_queue()
        self.result = self.m.get_result_queue()
        # 初始化网页下载器和解析器
        self.downloader = HtmlDownloader()
        self.parser = HtmlParser()
        print 'init finish'

    def crawl(self):
        while(True):
            try:
                if not self.task.empty():
                    url = self.task.get()

                    if url =='end':
                        print '控制节点通知爬虫节点停止工作...'
                        # 接着通知其他节点停止工作
                        self.result.put({'new_urls':'end','data':'end'})
                        return
                    print '爬虫节点正在解析:%s'%url.encode('utf-8')
```

```python
                content = self.downloader.download(url)
                new_urls,data = self.parser.parser(url,content)
                self.result.put({"new_urls":new_urls,"data":data})
        except EOFError,e:
            print "连接工作节点失败"
            return
        except Exception,e:
            print e
            print 'Crawl fali '

if __name__=="__main__":
    spider = SpiderWork()
    spider.crawl()
```

在爬虫调度器中设置了一个本地 IP 127.0.0.1，大家可以在一台机器上测试代码的正确性。当然也可以使用三台 VPS 服务器，两台运行爬虫节点程序，将 IP 改为控制节点主机的公网 IP，一台运行控制节点程序，进行分布式爬取，这样更贴近真实的爬取环境。图 7-3 为最终爬取的数据，图 7-4 为 new_urls.txt 的内容，图 7-5 为 old_urls.txt 的内容，大家可以进行对比测试，这个简单的分布式爬虫还有很大的发挥空间，希望大家发挥自己的聪明才智进一步完善。

URL	标题	内容
http://baike.baidu.com/view/284853.htm	网络爬虫	网络爬虫（又被称为网页蜘蛛，网络机...信息的程序或者脚本。另外一些不常使...
http://baike.baidu.com/view/1242613.htm	广度优先策略	广度优先 在这里的定义就是 层爬行 也...
http://baike.baidu.com/view/286828.htm	数据源	数据源是指数据库应用程序所使用的数...的器件或原始媒体。在数据源中存储了...确的数据源名称，你可以找到相应的数...
http://baike.baidu.com/view/80110.htm	批处理	批处理(Batch)，也称为批处理脚本。顾...和Windows系统中。批处理文件的扩展名...辑软件Photoshop的，用来批量处理图片...本。更复杂的情况，需要使用if、for、...利用外部程序是必要的，这包括系统本...仅使用命令行软件，任何当前系统下...泛，还包括许多软件自带的批处理语言...通过它们让相应的软件执行自动化操作...制为批处理文件的功能，这样用户不必...TechNet. 2006-06-01 [2014-03-05].
http://baike.baidu.com/view/1360.htm	路由器	路由器（Router），是连接因特网中各...信号。 路由器是互联网络的枢纽，"交...连接、骨干网间互联和骨干网与互联网...据链路层"，而路由发生在第三层，即...现今自功能的方式是不同的。路由器(...单独的网络或者一个子网。当数据从一...选择IP路径的功能，它能在多网络互联...源站或其他路由器的信息，属网络层的...
http://baike.baidu.com/view/552838.htm	随机种子	随机种子是一种以随机数作为对象的...
http://baike.baidu.com/view/995193.htm	文本检索	文本检索（Text Retrieval）与图象检...集合进行检索、分类、过滤等。
http://baike.baidu.com/view/1137090.htm	网络爬虫	网络爬虫（又被称为网页蜘蛛，网络机...信息的程序或者脚本。另外一些不常使...
http://baike.baidu.com/view/4788917.htm	分布式搜索引擎	分布式搜索引擎是根据地域、主题、IP...置。
http://baike.baidu.com/view/62889.htm	全文索引	全文索引技术是目前搜索引擎的关键技...更大的文件中搜索那么就需要更大的系...档技术。
http://baike.baidu.com/view/79537.htm	爱德华·纽盖特	爱德华·纽盖特，日本动漫《海贼王》...为世界最强男人。能力为最强超人系震...伤害，最后因伤过重后被伺机出手的...

图 7-3　最终爬取的数据

```
c__builtin__
set
p1
((lp2
Vhttp://baike.baidu.com/view/404402.htm
p3
aVhttp://baike.baidu.com/view/1765562.htm
p4
aVhttp://baike.baidu.com/view/381469.htm
p5
aVhttp://baike.baidu.com/view/1117503.htm
p6
aVhttp://baike.baidu.com/view/166248.htm
p7
aVhttp://baike.baidu.com/view/593053.htm
p8
aVhttp://baike.baidu.com/view/167593.htm
p9
aVhttp://baike.baidu.com/view/82343.htm
p10
aVhttp://baike.baidu.com/view/1106925.htm
p11
aVhttp://baike.baidu.com/view/2205439.htm
p12
aVhttp://baike.baidu.com/view/87781.htm
p13
aVhttp://baike.baidu.com/view/649188.htm
p14
aVhttp://baike.baidu.com/view/2147419.htm
p15
aVhttp://baike.baidu.com/view/576327.htm
```


图 7-4　new_urls.txt


```
c__builtin__
set
p1
((lp2
S'0d3fc7ed58aed814'
p3
aS'0dec0af6d6c26bc8'
p4
aS'b642a68d43457326'
p5
aS'1192ed1347b2d15e'
p6
aS'711109c4b4df5017'
p7
aS'b1ce07d693a11a8d'
p8
aS'cb918f37fce954bb'
p9
aS'432ed15851e1e31a'
p10
aS'fe2177cf37985908'
p11
aS'540b6606c1339741'
p12
aS'fa745ba7eca67e28'
p13
aS'215ebf8bd4c1cf6e'
p14
aS'0e35077f014394fd'
p15
```


图 7-5　old_urls.txt

7.4　小结

本章讲解了一个简单的分布式爬虫结构，主要目的是帮助大家对 Python 爬虫基础篇的知识进行总结和强化，开拓思维，同时也让大家知道分布式爬虫并不是高不可攀。不过当你亲手打造一个分布式爬虫后，就会知道分布式爬虫的难点在于节点的调度，什么样的结构能让各个节点稳定高效地运作才是分布式爬虫要考虑的核心内容。到本章为止，Python 爬虫基础篇已经结束，这个时候大家基本上可以编写简单的爬虫，爬取一些静态网站的内容，但是 Python 爬虫开发不仅如此，大家接着往下学习吧。

中级篇

- 第 8 章 数据存储（数据库版）
- 第 9 章 动态网站抓取
- 第 10 章 Web 端协议分析
- 第 11 章 终端协议分析
- 第 12 章 初窥 Scrapy 爬虫框架
- 第 13 章 深入 Scrapy 爬虫框架
- 第 14 章 实战项目：Scrapy 爬虫

第 8 章

数据存储（数据库版）

第 5 章已经讲解了数据存储（无数据库版），本章继续讲解数据存储（数据库版），主要讲解 SQLite、MySQL 和 MongoDB 三种数据库的基本用法和如何使用 Python 对数据库进行操作。

8.1 SQLite

SQLite 是一个开源的嵌入式关系数据库，实现自包容、零配置、支持事务的 SQL 数据库引擎。其特点是高度便携、使用方便、结构紧凑、高效、可靠。与其他数据库管理系统不同，SQLite 的安装和运行非常简单，如果对并发性要求不是特别高，SQLite 是一个不错的选择。SQLite 还是单文件数据库引擎，一个文件即是一个数据库，方便存储和转移。

8.1.1 安装 SQLite

下面主要介绍如何在 Ubuntu 和 Windows 下安装 SQLite 数据库引擎。

1. Ubuntu

目前，大多数的 Linux 系统都预安装了 SQLite，只需要在 shell 中输入：sqlite3，如图 8-1 所示。如果没有看到图 8-1 的效果，可以在 shell 中输入以下命令进行安装：

```
sudo apt-get install sqlite3
```

安装完成后可以使用 sqlite3-version 命令查看 SQLite 的版本信息。

2. Windows

首先到 SQLite 下载页面 http://www.sqlite.org/download.html，根据 windows 系统版本下载 sqlite-dll-*.zip 和 sqlite-tools-win32-*.zip 两个压缩包，在硬盘上创建一个文件夹，比如

D:\sqlite3，将两个压缩包中的文件解压到 D:\sqlite3 中，最后将 D:\sqlite3 添加到环境变量 PATH 中即可。打开 cmd 命令行窗口，输入 sqlite3，效果如图 8-2 所示，则证明配置成功。

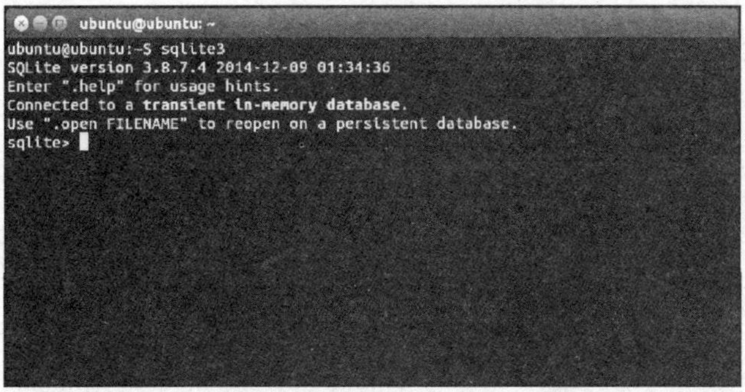

图 8-1　SQLite(Ubuntu)

图 8-2　SQLite(Windows)

8.1.2　SQL 语法

进行数据库操作，必然要了解 SQL 语法。SQL 是一门 ANSI 的标准计算机语言，用来访问和操作数据库系统，用于取回和更新数据库中的数据，并与数据库程序协同工作，比如 MS Access、DB2、Informix、MS SQL Server、Oracle、Sybase 以及其他数据库系统。

不幸的是，存在着很多不同版本的 SQL 语言，每个数据库都有一些它们独特的 SQL 语法，但是为了与 ANSI 标准相兼容，它们必须以相似的方式共同地来支持一些主要的关键词，比如 SELECT、UPDATE、DELETE、INSERT、WHERE 等等。因此本小节主要讲解一些常见的 SQL 语法。

SQL 语言主要分为两个部分：数据定义语言（DDL）和数据操作语言（DML）。数据定义语言（DDL）使我们有能力创建或删除表格，也可以定义索引（键），规定表之间的链接，以及施加表间的约束。数据操作语言（DML）用于执行查询、更新、插入和删除记录。有一点需要注意：SQL 语法对大小写不敏感。

1. 数据定义语言(DDL)

对于数据定义语言，主要讲解表 8-1 所示内容。

表 8-1　数据定义语言

DDL 语句	含　义
CREATE DATABASE	创建数据库
DROP DATABASE	修改数据库
CREATE TABLE	创建新表
ALTER TABLE	变更数据库表
DROP TABLE	删除表
CREATE INDEX	创建索引
DROP INDEX	删除索引

CREATE DATABASE 用于创建数据库，语法格式：CREATE DATABASE database_name。比如创建名称为 first_db 的数据库，SQL 语句为 CREATE DATABASE first_db。

DROP DATABASE 用于删除数据库，语法格式：DROP DATABASE database_name。比如删除名称为 first_db 的数据库，SQL 语句为 DROP DATABASE first_db。

CREATE TABLE 语句用于创建数据库中的表，语法格式：CREATE TABLE 表名称（列名称 1 数据类型，列名称 2 数据类型，列名称 3 数据类型,...）。SQL 支持的数据类型如表 8-2 所示。

表 8-2　SQL 支持的数据类型

数据类型	含　义
integer(size) int(size) smallint(size) tinyint(size)	代表整数，size 代表整数的最大位数
decimal(size,d) numeric(size,d)	代表小数，size 为小数的最大位数，d 为小数点右侧的最大位数
char(size)	代表固定长度的字符串，size 为字符串的长度，输入的字符串长度小于 size，依然会分配 size 的大小
varchar(size)	代表可变长度的字符串，size 为字符串的最大长度，会根据字符串实际的大小分配长度
date(yyyymmdd)	代表日期

比如创建一个名称为 student 的表，表里面包含 5 列，列名分别是："id"、"Name"、"Birth"、"Address" 以及 "City"。语句如下：CREATE TABLE student(id integer,Name varchar(255),Birth date,Address varchar(255),City varchar(255))。id 列的数据类型是 integer，包含整数，Birth 为日期类型，其余的数据类型是 varchar，最大长度为 255 个字符。

ALTER TABLE 语句用于在已有的表中添加、修改或删除列。

❑ 在表中添加列：ALTER TABLE table_name ADD column_name datatype

- 修改表中某一列的数据类型：ALTER TABLE table_name ALTER COLUMN column_name datatype
- 删除表中的某一列：ALTER TABLE table_name DROP COLUMN column_name

例如在之前创建的 student 表中添加名为 class 的一列，语句如下：ALTER TABLE student ADD class varchar(255)。接着将 class 列的数据类型改为 char(10)，语句如下：ALTER TABLE student ALTER COLUMN class char(10)。最后将 class 列删除，语句如下：ALTER TABLE student DROP COLUMN class。

DROP TABLE 语句用于删除表（表的结构、属性以及索引也会被删除），语法格式：DROP TABLE table_name。比如删除表名为 student 的表，SQL 语句为 DROP TABLE student。

CREATE INDEX 语句用于创建索引，索引有助于加快 SELECT 查询和 WHERE 子句，但它会减慢使用 UPDATE 和 INSERT 语句时的数据输入。索引可以创建或删除，但不会影响数据。CREATE INDEX 的基本语法如下：CREATE INDEX index_name ON table_name。创建索引还分为创建单一索引、唯一索引、组合索引和隐式索引。单一索引指的是在表的某一列设置索引，语法如下：CREATE INDEX index_nameON table_name (column_name)。唯一索引指的是不允许任何重复的值插入到表中，语法如下：CREATE UNIQUE INDEX index_name on table_name (column_name)。组合索引可以对一个表中的几列进行索引，语法如下：CREATE INDEX index_name on table_name (column1, column2)。隐式索引是在创建对象时，由数据库服务器自动创建的索引。比如在之前的 student 表中对 Name 添加名称为 name_index 的索引，语句为：CREATE INDEX name_index ON student (Name)。

DROP INDEX 语句用于删除索引，语法格式为：DROP INDEX index_name。比如将上面创建的 name_index 索引删除，语句为：DROP INDEX name_index。

2. 数据操作语言（DML）

对于数据操作语言的定义，主要讲解一下增删改查四个部分的语法：
- SELECT 用于查询数据库表中数据。
- UPDATE 用于更新数据库表中数据。
- DELETE 用于从数据库表中删除数据。
- INSERT INTO 用于向数据库表中插入数据。

SELECT 用来从表中选取数据，结果存储在一个结果集中。语法格式：SELECT 列名称1, 列名称2,... FROM 表名称以及 SELECT * FROM 表名称。以表 8-3 的 student 表为例：

表 8-3　student 表

id	Name	Birth	City
1	qiye	1991-9-12	beijing
2	marry	1989-8-14	shanghai
3	john	1989-10-11	shenzhen
4	marry	1988-7-14	shanghai

比如我们想获取 student 表中 Name 和 City 列的内容，SQL 语句为：`SELECT Name,City FROM student`。最后查询的结果如下所示：

Name	City
qiye	beijing
marry	shanghai
john	shenzhen
marry	shanghai

如果想获取 student 表中的所有列，使用通配符*来代替列名称，SQL 语句为：`SELECT * FROM student`。

在表中可能会包含重复值，关键词 DISTINCT 用于返回唯一不同的值。语法格式为：`SELECT DISTINCT 列名称 1，列名称 2,...FROM 表名称`。上面的查询结果 marry 出现两次。去重复可以使用如下 SQL 语句：`SELECT DISTINCT Name,City FROM student`。查询结果如下所示：

Name	City
qiye	beijing
marry	shanghai
john	shenzhen

对表中数据进行有条件查找，需要用到 WHERE 子句，将 WHERE 子句添加到 SELECT 语句中。语法格式为：`SELECT 列名称 FROM 表名称 WHERE 列 运算符 值`。以下运算符可在 WHERE 子句中使用：

运算符	含义
=	等于
<>	不等于，有的数据库可以写为!=
>	大于
<	小于
>=	大于等于
<=	小于等于
BETWEEN	在这个范围内
LIKE	按某种模式搜索

如果我们想选取 City 为 beijing 的记录，SQL 语句为：`SELECT Name,City FROM student WHERE City='beijing'`。查询结果如下所示：

Name	City
qiye	beijing

大家可能注意到了，WHERE City='beijing'子句中 beijing 使用单引号包裹起来了，一般使

用文本值进行选取时，需要使用单引号进行包裹，如果使用数值进行选取，则不需要用单引号。比如选取 id>2 的记录，SQL 语句为：SELECT Name,City FROM student WHERE id > 2。

上面讲到 WHERE 语句使用的是单一条件，可以在 WHERE 子句中添加 OR 或者 AND 运算符实现一个以上条件的筛选。AND 运算符相连的条件，必须所有条件都成立，才能显示一条有效记录。OR 运算符相连的条件，只要有一个条件成立，就能显示一条有效记录。示例如表 8-4 所示。

表 8-4　AND 和 OR 使用示例

例　子	含　义
SELECT * FROM student WHERE Name='marry' and City='shanghai'	从 student 表中选取 name 为 marry，city 为 shanghai 的记录
SELECT * FROM student WHERE Name='marry' OR id>2	从 student 表中选取 name 为 marry 或者 id 大于 2 的记录
SELECT * FROM student WHERE (Name='marry' and City='shanghai') OR id>2	从 student 表中选取 name 为 marry，city 为 shanghai 或者 id 大于 2 的记录

使用多个条件进行筛选时，可以使用圆括号组成复杂的表达式。

如果对查询到的数据进行排序，需要和 ORDER BY 语句配合使用。ORDER BY 语句用于根据指定的列对结果集进行排序，默认按照升序 ASC 对记录进行排序。如果想按照降序对记录进行排序，可以使用 DESC 关键字。示例如表 8-5 所示。

表 8-5　OROER BY 语句使用示例

例　子	含　义
SELECT Name,City FROM student ORDER BY id	从 student 中选取数据，按照 id 升序排列
SELECT Name,City FROM student ORDER BY Name,id	从 student 中选取数据，先按照 Name 字母升序排列，Name 相同再按照 id 升序排列
SELECT Name,City FROM student ORDER BY id DESC	从 student 中选取数据，按照 id 降序排列
SELECT Name,City FROM student ORDER BY Name DESC,id ASC	从 student 中选取数据，先按照 Name 字母降序排列，Name 相同再按照 id 升序排列

UPDATE 语句用于修改表中的数据。语法格式：UPDATE 表名称 SET 列名称=新值 WHERE 列名称=某值。比如想修改 id=1 这条记录中 Name 和 City 表项的内容，SQL 语句如下：UPDATE student SET Name = 'jack'，City = 'Nanjing' WHERE id = 1。

DELETE 语句用于删除表中的行。语法格式：DELETE FROM 表名称 WHERE 列名称=值。比如删除 Name 为 jack 这条记录，SQL 语句为：DELETE FROM student WHERE Name='jack'。

INSERT INTO 语句用于向表格中插入新的行。语法格式：INSERT INTO 表名称 VALUES (值 1, 值 2,....)或者指定要插入数据的列：INSERT INTO table_name (列 1, 列 2,...) VALUES (值 1, 值 2,....)。以表 8-3 为例，向其中插入一条记录，SQL 语句为：INSERT INTO student

VALUES (5, 'Bill', '1999-8-10', 'beijing')。结果如下所示：

id	Name	Birth	City
1	qiye	1991-9-12	beijing
2	marry	1989-8-14	shanghai
3	john	1989-10-11	shenzhen
4	marry	1988-7-14	shanghai
5	Bill	1999-8-10	beijing

向指定的列插入一条记录，SQL 语句为：INSERT INTO student (id,Name,city) VALUES (6,'Rose','shenzhen')。结果如下所示：

id	Name	Birth	City
1	qiye	1991-9-12	Beijing
2	marry	1989-8-14	Shanghai
3	john	1989-10-11	Shenzhen
4	marry	1988-7-14	Shanghai
5	Bill	1999-8-10	Beijing
6	Rose		Shenzhen

8.1.3 SQLite 增删改查

讲解完了 SQL 语法，基本上可以完成大多数据库的增删改查的操作。下面讲解一下在 SQLite 的命令行窗口中，进行一系列增删改查的工作。

1. 创建数据库和表

在命令行窗口中输入：sqlite3 D:\test.db，就可以在 D 盘创建 test.db 数据库。接着在数据库中创建 person 表，包含 id、name、age 等 3 列，输入语句：CREATE TABLE person (id integer primary key,name varchar(20),age integer);，效果如图 8-3 所示。

图 8-3　创建数据库和表

2. 增删改查操作

增加：插入一条 name 为 qiye，age 为 20 的记录：

```
INSERT INTO person(name,age) VALUES('qiye',20);
```

修改：将 name 为 qiye 的记录中 age 修改为 17：

```
UPDATE person SET age=17 WHERE name='qiye';
```

查询：查询表中的记录：

```
SELECT * FROM person;
```

删除 name 为 qiye 的记录：

```
DELETE FROM person WHERE name='qiye';
```

以上操作如图 8-4 所示。

图 8-4　增删改查操作

3. 常用 SQLite 命令

下面主要说一下常用的 SQLite 命令，方便大家对 SQLite 进行操作。以下均是在命令行中的效果：

❑ 显示表结构：

```
sqlite> .schema [table]
```

❑ 获取所有表和视图：

```
sqlite > .tables
```

- 获取指定表的索引列表：

```
sqlite > .indices [table]
```

- 导出数据库到 SQL 文件：

```
sqlite > .output [filename]
sqlite > .dump
qlite > .output stdout
```

- 从 SQL 文件导入数据库：

```
sqlite > .read [filename]
```

- 格式化输出数据到 CSV 格式：

```
sqlite >.output [filename.csv]
sqlite >.separator ,
sqlite > select * from test;
sqlite >.output stdout
```

- 从 CSV 文件导入数据到表中：

```
sqlite >create table newtable (id integer primary key,name varchar(20),age integer );
sqlite >.import [filename.csv] newtable
```

- 备份数据库：

```
sqlite3 test.db .dump > backup.sql
```

- 恢复数据库：

```
sqlite3 test.db < backup.sql
```

8.1.4 SQLite 事务

数据库事务指的是作为单个逻辑工作单元执行的一系列操作，要么完全执行，要么完全不执行。设想一个网上购物的场景，用户付款的过程至少包括以下几步操作：

1）更新客户所购商品的库存信息。
2）保存客户付款信息，同时与银行系统交互。
3）生成订单并且保存到数据库中。
4）更新用户相关信息，例如购物数量等数据。

正常情况下，这些操作完全成功执行，才算一次有效的交易。交易成功后，与交易相关的所有数据库信息也将成功更新。但是以上四步任意一个环节出现了异常，例如网络中断、客户银行帐户存款不足等，都会导致交易的失败。大家可以想象一下，假如数据库更新完第二步，到第三步时操作失败了，就会出现成功付款但是没有买到商品的情况，这是非常不合理的情况。这个时候事务的作用就体现出来了，一旦交易失败，数据库中所有信息都必须保持交易前的状态，即使进行到最后一步才出错，也要恢复到交易前状态，因此事务是用来保证这种情况下交易的平稳性和可预测性的技术。通俗来说，事务是将四个步骤打包成一件事来做，其中任何一个步骤出错，都代表这件事情没完成，数据库就会回滚到之前的状态。

SQLite 主要通过以下命令来控制事务：
❑ BEGIN TRANSACTION：启动事务处理。
❑ COMMIT：保存更改，或者使用 END TRANSACTION 命令。
❑ ROLLBACK：回滚所做的更改。

控制事务的命令只与 DML 命令中的 INSERT、UPDATE 和 DELETE 一起使用，不能在创建表和删除表时使用，因为这两个操作是数据库自动提交的。

下面在命令行中演示一下如何使用事务，打开之前创建的 test.db 文件，向 person 里面插入一条记录，在插入数据之前要先查看一下表中数据，用来进行对比。如图 8-5 所示。

经过回滚操作，可以看到数据并没有插入到 person 数据表中。下面使用 COMMIT 命令进行提交，如图 8-6 所示。

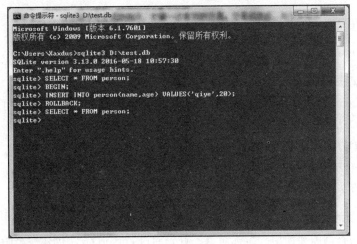

图 8-5　事务回滚

8.1.5　Python 操作 SQLite

1. 导入 sqlite 数据库模块

Python 中使用 sqlite3 模块操作 SQLite。从 Python 2.5 以后，sqlite3 成为内置模块，不需要额外安装，只需导入即可。

```
import sqlite3
```

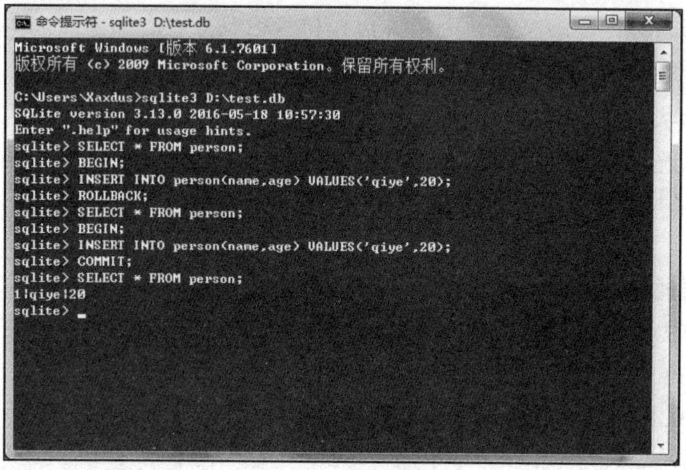

图 8-6　事务提交

2. 创建/打开数据库

sqlite3 模块中使用 connect 方法创建/打开数据库，需要指定数据库路径，如果数据库存在则打开，不存在则创建一个新的数据库。

```
con = sqlite3.connect('D:\test.db')
```

不仅可以在硬盘上创建数据库文件，还可以在内存中创建。

```
con = sqlite3.connect(':memory:')
```

3. 数据库连接对象

上面通过 connect 方法返回的 con 对象，即是数据库连接对象，它提供了以下方法：
- cursor()方法用来创建一个游标对象。
- commit()方法用来事务提交。
- rollback()方法用来事务回滚。
- close()方法用来关闭一个数据库连接。

4. 游标对象的使用

对数据库的查询需要使用到游标对象，首先通过 cursor()方法创建一个游标对象：

```
cur = con.cursor()
```

游标对象有以下方法支持数据库的操作：
- execute()用来执行 sql 语句。
- executemany()用来执行多条 sql 语句。
- close()用来关闭游标。
- fetchone()用来从结果中取一条记录，并将游标指向下一条记录。

- fetchmany()用来从结果中取多条记录。
- fetchall()用来从结果中取出所有记录。
- scroll()用于游标滚动。

5. 建表

首先使用游标对象创建一个 person 表，包含 id、name、age 等 3 列，代码如下：

```
cur.execute(' CREATE TABLE person (id integer primary key,name varchar(20),age
    integer)')
```

6. 插入数据

向 person 表中插入两条数据。插入数据一般有两种做法，第一种做法是直接构造一个插入的 SQL 语句，代码如下：

```
data="0,'qiye',20"
    cur.execute(' INSERT INTO person VALUES (%s)'%data)
```

但是这种做法是非常不安全的，容易导致 SQL 注入。另一种做法使用占位符"?"的方式来规避这个问题，代码如下：

```
cur.execute(' INSERT INTO person VALUES (?,?,?)',(0,'qiye',20))
```

还可以使用 executemany()执行多条 SQL 语句，使用 executemany()方法比循环使用 execute()方法执行多条 SQL 语句效率高很多。

```
cur.executemany(' INSERT INTO person VALUES (?,?,?)',[(3,'marry',20),(4,'jack',20)])
```

这两种方法插入数据都不会立即生效，需要使用数据库对象 con 进行提交操作：

```
con.commit()
```

如果出现错误，还可以使用回滚操作：

```
con.rollback()
```

7. 查询数据

查询 person 表中的所有数据，代码如下：

```
cur.execute('SELECT * FROM person')
```

要提取查询数据，游标对象提供了 fetchall()和 fetchone()方法。fetchall()方法获取所有数据，返回一个二维的列表。fetchone()方法获取其中的一个结果，返回一个元组。使用方法如下：

```
cur.execute('SELECT * FROM person')
res = cur.fetchall()
```

```
for line in res:
    print line
cur.execute('SELECT * FROM person')
res = cur.fetchone()
print res
```

8. 修改和删除数据

```
cur.execute('UPDATE person SET name=? WHERE id=?',('rose',1))
cur.execute('DELETE FROM person WHERE id=?',(0,))
con.commit()
con.close()
```

> **注意** 执行完所有操作记得关闭数据库，插入或者修改中文数据时，记得在中文字符串之前加上 "u"。

8.2 MySQL

MySQL 是一个关系型数据库管理系统，由瑞典 MySQL AB 公司开发，目前属于 Oracle 公司。MySQL 是一种关联数据库管理系统，关联数据库将数据保存在不同的表中，而不是将所有数据放在一个大仓库内，这样就增加了速度并提高了灵活性。Mysql 是开源的，而且支持大型的数据库，可以处理上千万条记录，因此如果你的数据量很大的话，MySQL 确实是一个不错的选择。本节将对 MySQL 的一些基本操作进行讲解。

8.2.1 安装 MySQL

接下来开始进行 MySQL 的安装，以 Ubuntu 和 Windows 为例。

1. Ubuntu 下安装和配置 MySQL

Ubuntu 上安装 MySQL 非常简单，打开命令行窗口，输入以下命令即可。

- sudo apt-get install mysql-server
- sudo apt-get install mysql-client
- sudo apt-get install libmysqlclient-dev

在安装的过程中需要根据提示设置 MySQL 账号和密码，如图 8-7 所示。注意设置完不要忘记，之后会使用账号密码登录 MySQL。

安装完成之后可以使用如下命令来检查是否安装成功：sudo netstat -tap | grep mysql。如果看到有 mysql 的 socket 处于 listen 状态则表示安装成功，效果如图 8-8 所示。

接下来使用之前设置的账号和密码进行登录，在命令行中输入：mysql-u root-p。这时候会提示输入密码。成功登录如图 8-9 所示。

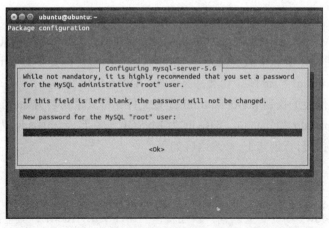

图 8-7 配置 MySQL

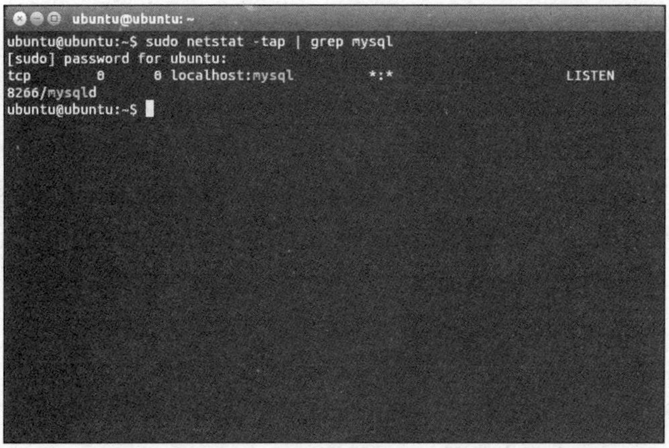

图 8-8 安装 MySQL 成功

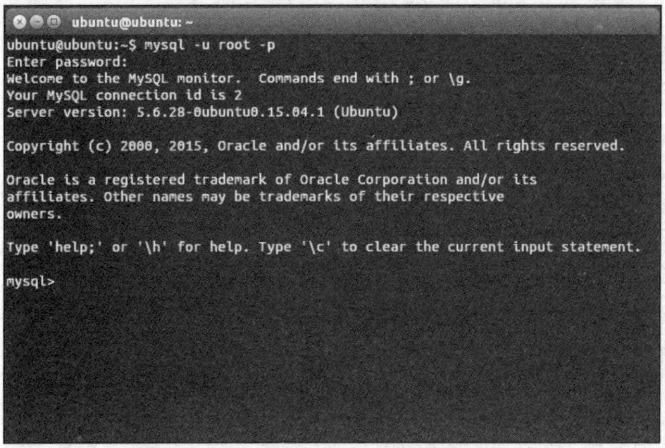

图 8-9 Ubuntu 下登录 MySQL 成功

2. Windows 下安装和配置 MySQL

Windows 版 MySQL 的下载地址为 http://dev.mysql.com/downloads/mysql/，大家可以根据自己的系统版本进行下载，下载的是一个 zip 格式的压缩包。配置步骤如下：

1）将下载的 mysql-*.zip 解压到文件夹，如：D:\MySQL

2）在安装文件夹下找到 my-default.ini 配置文件，将其重命名为 config.ini，打开该文件进行编辑，修改 basedir 和 datadir。basedir 为 MySQL 所在目录，datadir 为 basedir 下的 data 文件夹（如果没有，自行创建），修改内容如下：

```
basedir = D:\MySQL\mysql-5.7.16-winx64;
datadir = D:\MySQL\mysql-5.7.16-winx64\data.
```

3）打开 Windows 环境变量设置，新建变量名 MYSQL_HOME，变量值为 MySQL 安装目录路径，这里为 D:\MySQL\mysql-5.7.16-winx64。在环境变量的 Path 变量中追加 "%MYSQL_HOME%\bin;"

4）安装 MySQL 服务，以管理员权限运行 Windows 命令提示符，并切换到 bin 目录下，执行命令：mysqld --install MySQL --defaults-file="D:\MySQL\mysql-5.7.16-winx64\config.ini"，提示 "Service successfully installed." 表示成功

安装完成后，接着在 windows 命令行中输入：mysqld --initialize-insecure --user=mysql，最后通过以下命令实现对 MySQL 服务的控制：

- 启动：net start MySQL
- 停止：net stop MySQL
- 卸载：sc delete MySQL

服务启动完成后，登录 MySQL，输入：mysql -u root -p。一开始是没有密码的，要求输入密码时直接回车即可，登录成功如图 8-10 所示。

图 8-10　Windows 下登录 MySQL 成功

8.2.2 MySQL 基础

完成 MySQL 的配置，接下来开始讲解 MySQL 的基础内容。

1. MySQL 数据类型

MySQL 数据类型比之前讲的 SQL 语法中的数据类型多了一些，下面通过表 8-6 对 MySQL 的数据类型进行以下总结。

表 8-6 MySQL 数据类型总结

MySQL 数据类型	含 义
整形	
tinyint(m)	1 个字节，范围（-128～127）
smallint(m)	2 个字节，范围（-32768～32767）
mediumint(m)	3 个字节，范围（-8388608～8388607）
int(m)	4 个字节，范围（-2147483648～2147483647）
bigint(m)	8 个字节，范围（+-9.22*10 的 18 次方）
浮点型	
float(m,d)	单精度浮点型，8 位精度（4 字节），m 总个数，d 小数位
double(m,d)	双精度浮点型，16 位精度（8 字节），m 总个数，d 小数位
定点型	
decimal(m,d)	定点型是相对于浮点型的，浮点型存放的是近似值，而定点型是精确值。m<65 是总个数，d 是小数位，d<30 且 d<m
字符串	
char(n)	固定长度，最多 255 个字符
varchar(n)	可变长度，最多 65535 个字符，n 为存储的最大长度
tinytext	可变长度，最多 255 个字符
text	可变长度，最多 65535 个字符
mediumtext	可变长度，最多 2 的 24 次方-1 个字符
longtext	可变长度，最多 2 的 32 次方-1 个字符
二进制数据	
tinyblob	0～255 字节，存储不超过 255 个字符的二进制字符串
blob	0～65535 字节，存储二进制形式的长文本数据
mediumblob	0～16777215 字节，存储二进制形式的中等长度文本数据
long blob	0～4 294967295 字节，存储二进制形式的极大文本数据
日期时间类型	
date	日期，例如 2016-1-12
time	时间，例如 11:21:35
datetime	日期时间，例如 2016-1-12 11:21:35
timestamp	自动存储记录修改时间，这个数据类型的字段可以存放这条记录最后被修改的时间

2. MySQL 关键字

MySQL 有一些和数据类型有关的关键字，如表 8-7 所示。

表 8-7 MySQL 的关键字总结

MySQL 关键字	含 义
NULL	数据列可包含 NULL 值
NOT NULL	数据列不允许包含 NULL 值
DEFAULT	默认值
PRIMARY KEY	主键
AUTO_INCREMENT	自动递增，适用于整数类型
UNSIGNED	无符号，整型如果加了 unsigned，如 tinyint unsigned 的取值范围将变为（0～256），最大值会翻倍
CHARACTER SET name	指定一个字符集，比如 CHARACTER SET gbk

3. 创建数据库与表

登录成功 MySQL 之后，使用 create database 语句可完成对数据库的创建，创建命令的格式如下：

```
create database 数据库名 [其他选项];
```

比如创建一个名称为 test 的数据库，并设置编码为 gbk：

```
create database test character set gbk;
```

创建成功后，会返回如下信息：

```
Query OK, 1 row affected (0.01 sec)
```

创建成功后，我们需要对数据库进行选择，选择成功后才能对数据库进行操作。使用 use 语句指定，命令如下：

```
use 数据库名;
```

选择创建的 test 数据库：

```
use test;
```

选择成功后会提示：`Database changed`

使用 create table 语句可实现对表的创建，创建命令的格式如下：

```
create table 表名称(列声明1, 列声明2,...);
```

以创建 student 表为例，表中有学号（id）、姓名（name）、性别（sex）、年龄（age）等列：

```
create table student
(
    id int unsigned not null auto_increment primary key,
```

```
    name char(8) not null,
    sex char(4) not null,
    age tinyint unsigned not null
);
```

如果担心在命令行中输入这么长的 SQL 语句会出错，可以将以上 SQL 语句保存为 create_student.sql 文件，比如将它保存在 D 盘根目录。有两种方式可以让 MySQL 执行 sql 文件。

❑ 在登录 MySQL 的时候输入：mysql -D test -u root -p < D:\create_student.sql。

❑ 在登录 MySQL 之后，输入：source D:\create_student.sql，或输入：\. D:\create_student.sql。

4. 增删改查操作

MySQL 中的增删改查操作基本上和 SQLite 一样，下面以 student 表进行演示：

❑ insert into student values（NULL, "七夜", "男", 24）;

❑ update student set age=18 where name="七夜";

❑ select name,age from student；

❑ delete from student where age = 18;

效果如图 8-11 所示。

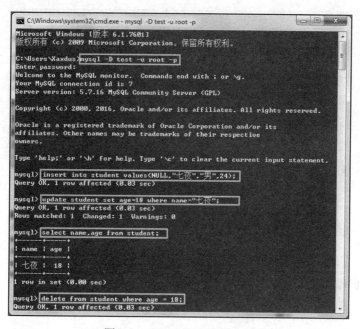

图 8-11　MySQL 下增删改查

> **注意**　在 MySQL 中字符串既可以使用单引号包裹，也可以使用双引号包裹。

5. 对表结构的操作

alter table 语句用于对创建后的表进行修改，MySQL 对表结构的操作相对于 SQLite 更加完整和丰富。基本用法如表 8-8 所示。

表 8-8　MySQL 对表结构的操作

表结构操作	语法格式
添加列	alter table 表名 add 列名列数据类型[after 插入位置]
修改列	alter table 表名 change 列名称列新名称新数据类型
删除列	alter table 表名 drop 列名称
重命名表	alter table 表名 rename 新表名

示例如下：

- alter table student add address varchar(60) after age;
- alter table student change address addr char(60);
- alter table student drop addr;
- alter table student rename students;

效果如图 8-12 所示。

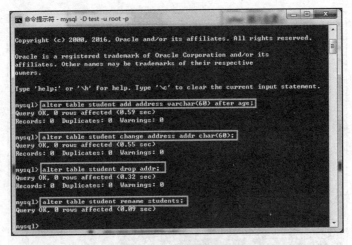

图 8-12　表结构操作

6. 删除数据库和表

基本用法如表 8-9 所示。

表 8-9　MySQL 删除数据库和表的操作

功　能	语法格式	例　子
删除表	drop table 表名；	drop table student;
删除数据库	drop database 数据库名；	Drop database test;

7. MySQL 常用命令

下面主要说一下常用的 MySQL 命令，其中例子均是在命令行中的操作，用法如表 8-16 所示：

连接 MySQL。命令格式为：mysql-h 主机地址-u 用户名 -p 用户密码。示例如下：

1）连接到本机 MySQL。

在命令行中输入 mysql-u root-p;，回车后按提示输入密码。

2）连接到远程主机上的 MySQL。

远程主机的 IP 为：10.110.18.120，用户名为 root，密码为 123：mysql-h 10.110.18.120 -u root -p 123；

修改密码。命令格式为：mysqladmin -u 用户名-p 旧密码 password 新密码。示例如下：

1）给 root 加个密码 abc12。

在命令行中输入 mysqladmin -u root -password abc123;，开始的时候 root 没有密码，所以"-p 旧密码"一项就可以省略了。

2）再将 root 的密码改为 root123。

```
mysqladmin -u root -p abc123 -password root123;
```

增加新用户。命令格式：grant 权限 1，权限 2，…权限 n on 数据库名称.表名称 to 用户名@用户地址 identified by'密码';，示例如下：

给来自 10.163.215.87 的用户 qiye 分配可对数据库 company 的 employee 表进行 select、insert、update、delete、create、drop 等操作的权限，并设定口令为 123。

```
mysql>grant select,insert,update,delete,create,drop on company.employee to qiye@10.163.215.87 identified by '123';
```

显示数据库。命令格式：show databases。示例如下：

```
mysql> show databases;
```

备份数据库。数据库的备份包括数据库的备份、表的备份。格式：mysqldump -h 主机名 -P 端口-u 用户名-p 密码-database 数据库名表名>文件名.sql。示例如下：

1）导出整个数据库。

```
mysqldump -u user_name -p123456 database_name > outfile_name.sql
```

2）导出一个表。

```
mysqldump -u user_name -p123456 database_name table_name > outfile_name.sql
```

8.2.3 Python 操作 MySQL

1. 导入 MySQLdb 数据库模块

在导入 MySQLdb 之前，需要安装 MySQLdb 模块。使用 pip 安装，命令如下：

```
pip install MySQL-python
```

安装成功后，导入 MySQLdb 模块：

```
import MySQLdb
```

2. 打开数据库

MySQLdb 模块使用 connect 方法打开数据库，方法参数可以为主机 ip（host）、用户名（user）、密码（passwd）、数据库名称（db）、端口（port）和编码（charset）。

```
con = MySQLdb.connect(host='localhost',user='root',passwd='',db='test',port=3306,charset='utf8')
```

3. 数据库连接对象

上面通过 connect 方法返回的 con 对象，即是数据库连接对象，它提供了以下方法：
- cursor()方法用来创建一个游标对象。
- commit()方法用来事务提交。
- rollback()方法用来事务回滚。
- close()方法用来关闭一个数据库连接。

4. 游标对象的使用

对数据库的查询需要使用到游标对象，首先通过 cursor()方法创建一个游标对象：

```
cur = con.cursor()
```

游标对象有以下方法支持数据库的操作：
- execute()用来执行 SQL 语句。
- executemany()用来执行多条 SQL 语句。
- close()用来关闭游标。
- fetchone()用来从结果中取一条记录，并将游标指向下一条记录。
- fetchmany()用来从结果中取多条记录。
- fetchall()用来从结果中取出所有记录。
- scroll()用于游标滚动。

5. 建表

首先使用游标对象创建一个 person 表，包含 id、name、age 等 3 列，代码如下：

```
cur.execute(' CREATE TABLE person (id int not null auto_increment primary key,name varchar(20),age int)')
```

6. 插入数据

向 person 表中插入两条数据。插入数据一般有两种做法，第一种做法是直接构造一个插入的 SQL 语句，代码如下：

```
data="'qiye',20"
cur.execute(' INSERT INTO person (name,age) VALUES (%s)'%data)
```

但是这种做法非常不安全，容易导致 SQL 注入。另一种做法使用占位符"%s"的方式来规避这个问题，代码如下：

```
cur.execute(' INSERT INTO person (name,age) VALUES (%s,%s)',('qiye',20))
```

还可以使用 executemany()执行多条 SQL 语句，使用 executemany()方法比循环使用 execute()方法执行多条 SQL 语句效率高很多。

```
cur.executemany(' INSERT INTO person (name,age) VALUES (%s,%s)',[('marry',20),('jack',20)])
```

这两种方法插入数据都不会立即生效，需要使用数据库对象 con 进行提交操作：

```
con.commit()
```

如果出现错误，还可以使用回滚操作：

```
con.rollback()
```

7. 查询数据

查询 person 表中的所有数据，代码如下：

```
cur.execute('SELECT * FROM person')
```

要提取查询数据，游标对象提供了 fetchall()和 fetchone()方法。fetchall()方法获取所有数据，返回一个二维的列表。fetchone()方法获取其中的一个结果，返回一个元组。使用方法如下：

```
cur.execute('SELECT * FROM person')
res = cur.fetchall()
for line in res:
    print line
cur.execute('SELECT * FROM person')
res = cur.fetchone()
print res
```

8. 修改和删除数据

```
cur.execute('UPDATE person SET name=%s WHERE id=%s',('rose',1))
cur.execute('DELETE FROM person WHERE id=%s',(0,))
con.commit()
con.close()
```

8.3 更适合爬虫的 MongoDB

MongoDB 是一个基于分布式文件存储的数据库，由 C++语言编写，旨在为 Web 应用提供可扩展的高性能数据存储解决方案。和 MySQL 不同的，MongoDB 是一个介于关系数据库和非关系数据库之间的产品，属于非关系数据库，但是非常像关系型数据库。MongoDB 功能比较丰富，非常适合在爬虫开发中用作大规模数据的存储。

8.3.1 安装 MongoDB

接下来开始进行 MongoDB 的安装，以 Ubuntu 和 Windows 为例。

1. Ubuntu 下安装和配置 MongoDB

MongoDB 提供了 Linux 平台上 32 位和 64 位的安装包，可以在官网进行下载。下载地址：http://www.mongodb.org/downloads，如图 8-13 所示。

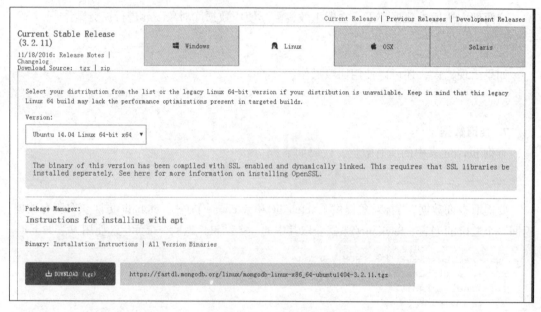

图 8-13　下载页面

下载压缩包，并解压到新建的 mongodb 目录下：

- mkdir mongodb
- curl-O https://fastdl.mongodb.org/linux/mongodb-linux-x86_64-ubuntu1404-3.2.11.tgz
- tar-zxvf mongodb-linux-x86_64-ubuntu1404-3.2.11.tgz
- mv mongodb-linux-x86_64-ubuntu1404-3.2.11/ mongodb/

MongoDB 的可执行文件位于 mongodb-linux-x86_64-ubuntu1404-3.2.11 文件夹下的 bin 目录下，将 bin 目录所在路径添加到环境变量中。本人 Ubuntu 系统所使用的 bin 目录路径为 /home/ubuntu/mongodb/mongodb-linux-x86_64-ubuntu1404-3.2.11/bin。

```
export PATH=/home/ubuntu/mongodb/mongodb-linux-x86_64-ubuntu1404-3.2.11/bin:$PATH
```

接着需要创建数据库路径，MongoDB 的数据存储默认在 data 目录的 db 目录下。

`mkdir -p /data/db`

这个时候，进入 bin 目录，运行 mongod 服务，效果如图 8-14 所示。

`sudo ./mongod`

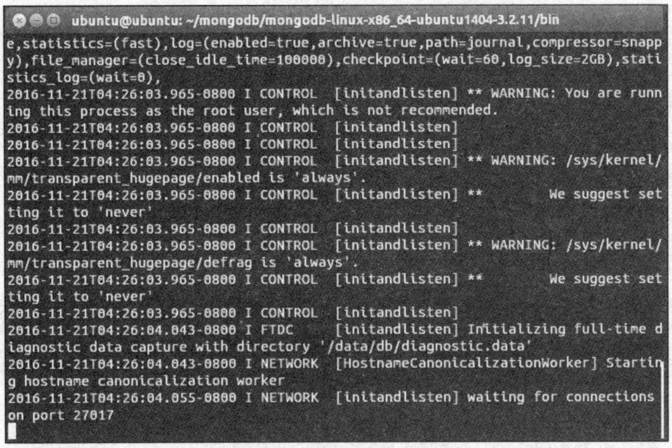

图 8-14　启动 mongodb 服务

如果你创建数据库的目录不是在根目录下，可以使用--dbpath 参数指定。示例如下：

`sudo ./mongod --dbpath /home/data/db`

2. Windows 下安装和配置 MongoDB

下载 Windows 下的安装包，双击开始安装，设置安装路径为 D:\Program Files\MongoDB\Server\3.3\，安装效果如图 8-15 所示。

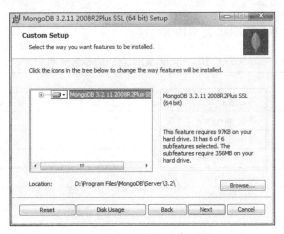

图 8-15　安装 mongoDB

安装完 mongoDB，将 mongodb 下的 bin 目录添加到 PATH 环境变量中。最后配置 mongoDB 的存储路径，例如在 D 盘下建立 D:\mongodb\data\db 目录结构。

当以上的工作都完成后，就可以在命令行中启动 mongoDB 服务，输入：mongod --dbpath D:\mongodb\data\db，运行效果如图 8-16 所示。

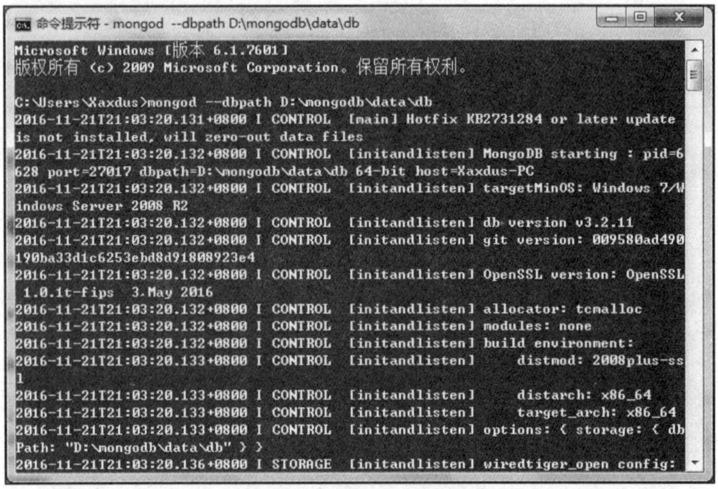

图 8-16 启动 mongoDB

大家可以将这 mongod --dbpath D:\mongodb\data\db 做成一个批处理文件，方便使用。

除了在命令行中启动，还可以将 mongoDB 注册成一个服务，在系统启动时自动运行。命令格式如下：

```
mongod --bind_ip yourIPadress --logpath <logpath> --logappend --dbpath <dbpath>
    --port yourPortNumber --serviceName "YourServiceName" --serviceDisplayName
    "YourServiceName" --install
```

mongoDB 启动的参数说明如表 8-10 所示。

表 8-10 mongoDB 启动的参数说明

参　　数	含　　义
--bind_ip	绑定服务 IP，若绑定 127.0.0.1，则只能本机访问；不指定 IP 地址则默认本地所有 IP
--logpath	指定 mongodb 日志文件
--logappend	使用追加方式写日志
--dbpath	指定 mongodb 存储路径
--port	指定服务端口号，默认端口 27017
--serviceName	指定服务名称
--serviceDisplayName	指定服务名称，有多个 mongodb 服务时执行
--install	指定作为一个 Windows 服务安装

例如先将命令行窗口以管理员权限启动，并输入命令：mongod--logpath "D:\mongodb\log.txt" --dbpath "D:\mongodb\data\db" --install。注册完成后，接着输入 net start mongodb 就可以启动服务，效果如图 8-17 所示。

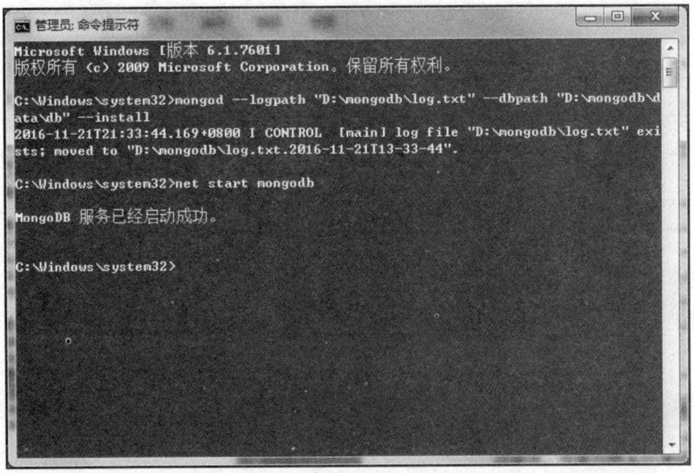

图 8-17　注册 MongoDB 服务

如果想连接 MongoDB 进行数据库操作，只需要在命令行中输入 mongo，就可以进入 shell 操作界面，如图 8-18 所示。

图 8-18　MongoDB shell 界面

8.3.2　MongoDB 基础

MongoDB 属于 NoSQL 数据库，里面的一些概念和 MySQL 等关系型数据库大不相同。MongoDB 中基本的概念是文档、集合、数据库，下面通过表 8-11 将 SQL 概念和 MongoDB

中的概念进行对比。

表 8-11　SQL 概念和 MongoDB 中的概念进行对比

SQL 概念	MongoDB 概念	说　　明
database	database	数据库
table	collection	数据库表/集合
row	document	数据行/文档
column	field	数据字段列/域
index	index	索引
primary key	primary key	主键，MongoDB 自动将_id 字段设置为主键

1. MongoDB 中文档、集合、数据库的概念

文档：文档是 MongoDB 中数据的基本单元（即 BSON），类似关系型数据库中的行。文档有唯一的标识"_id"，数据库可自动生成。文档以 key/value 的方式，比如{"name":"qiye","age":20}，可类比数据表的列名，以及列对应的值。下面通过三个不同的文档来说明文档的特性。

- 文档 1：
- {"name":"qiye","age":24,"email":["qq_email","163_email","gmail"],"chat":{"qq":"11111","weixin":"11111"}}
- 文档 2：
- {"Name":"qiye","Age":24,"email":["qq_email","163_email","gmail"],"chat":{"qq":"11111","weixin":"11111"}}
- 文档 3：
- {"name":"qiye","email":["qq_email","163_email","gmail"],"age":24,"chat":{"qq":"11111","weixin":"11111"}}

主要说明三个文档的特性：

- 文档的键值对是有序的，顺序不同文档亦不同。
- 文档的值可以使字符串、整数、数组以及文档等类型。
- 文档的键是用双引号标识的字符串（常见的）；除个别例外，可用任务 UTF-8 字符。要求如下：键不能含有"\0"（空字符），这个字符用来标识键的结尾；"."和"$"被保留，存在特别含义，最好不要用来命名键名；以"_"开头的键是保留的，建议不要使用。
- 文档区分大小写以及值类型，比如：{"name":"qiye","age":24}和{"name":"qiye","age":"24"}，{"Name":"qiye","Age":24}和{"name":"qiye","age":"24"}都是不同的。

集合：集合在 MongoDB 中是一组文档，类似关系型数据库中的数据表。集合存在于数据库中，集合没有固定的结构，这意味着你在集合中可以插入不同格式和类型的数据，比如{"name":"qiye","age":19}、{"name":"admin","age":22,"sex":"1"}，可以存在同一个集合当中。

合法的集合名为：
- 集合名不能是空字符串。
- 集合名不能含有"\0"字符（空字符），这个字符表示集合名的结尾。
- 集合名不能以"system."开头，这是为系统集合保留的前缀。
- 用户创建的集合名字不能含有保留字符。有些驱动程序的确支持在集合名里面包含保留字符，这是因为某些系统生成的集合中包含该字符。除非你要访问这种系统创建的集合，否则千万不要在名字里出现"$"。

数据库：一个 MongoDB 中可以建立多个数据库，默认数据库为"db"，该数据库存储在 data 目录中，这就是我们当时为什么在 data 目录下创建 db 文件夹。MongoDB 的单个实例可以容纳多个独立的数据库，每一个都有自己的集合和权限，不同的数据库也放置在不同的文件中。在 MongoDB 的 shell 窗口中，使用 show dbs 命令可以查看所有的数据库，使用 db 命令可以看当前的数据库。

2. MongoDB 常见数据类型

MongoDB 中常用的几种数据类型如表 8-12 所示。

表 8-12　MongoDB 中常用的几种数据类型

数据类型	含义
String	字符串。存储数据常用的数据类型。在 MongoDB 中，UTF-8 编码的字符串才是合法的
Integer	整型数值。根据你所采用的服务器，可分为 32 位或 64 位
Boolean	布尔值，True 与 False
Double	双精度浮点值
Min/Max keys	将一个值与 BSON（二进制的 JSON）元素的最低值和最高值相对比
Arrays	用于将数组或列表或多个值存储为一个键
Timestamp	时间戳。记录文档修改或添加的具体时间
Object	用于内嵌文档
Null	用于创建空值
Symbol	符号。该数据类型基本上等同于字符串类型，但不同的是，它一般用于采用特殊符号类型的语言
Date	日期时间。用 UNIX 时间格式来存储当前日期或时间
Object ID	用于创建文档的 ID
Binary Data	二进制数据
Code	用于在文档中存储 JavaScript 代码
Regular expression	正则表达式类型。用于存储正则表达式

3. 创建/删除数据库

MongoDB 创建数据库的语法格式如下：use DATABASE_NAME。如果数据库不存在，则创建数据库，否则切换到指定数据库。如果你想查看所有数据库，可以使用 show dbs 命令，但是数据库中如果没有数据，就显示不出来。

MongoDB 删除数据库的语法格式如下：db.dropDatabase()。此语句可以删除当前数据库，你可以使用 db 命令查看当前数据库名。

下面在 MongoDB 的 shell 中新建一个名称为 pythonSpider 的数据库，接着再删除，如图 8-19 所示。

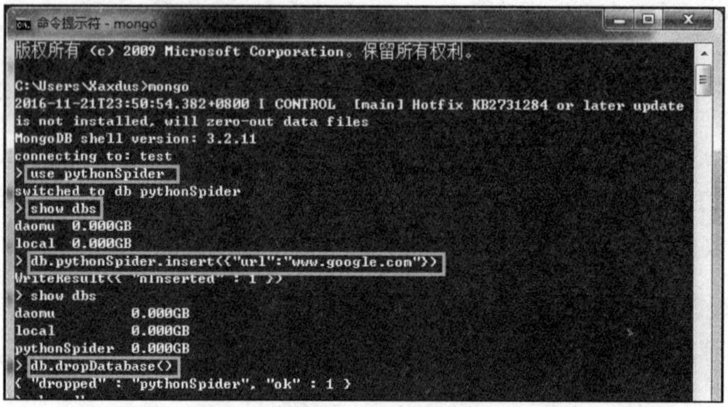

图 8-19　创建/删除数据库

4. 集合中文档的增删改查

上面我们已经创建了一个 pythonSpider 数据库，以下均是在这个数据库中进行操作。文档的数据结构和 JSON 基本一样，所有存储在集合中的数据都是 BSON 格式，BSON 是类 JSON 的一种二进制形式的存储格式。

插入文档。MongoDB 使用 insert() 或 save() 方法向集合中插入文档，语法如下：

```
db.COLLECTION_NAME.insert(document)
```

示例如下：

```
>db.python.insert({title: 'python',
    description: '动态语言',
    url: 'http://www.python.org',
    tags: ['动态', '编程', '脚本'],
    likes: 100
})
```

以上示例中 python 是我们的集合名称，如果该集合不在该数据库中，MongoDB 会自动创建该集合并插入文档。插入的数据必须符合 JSON 格式。

查询文档。MongoDB 使用 find() 方法从集合中查询文档。查询数据的语法格式如下：

```
db.COLLECTION_NAME.find()
```

如果你需要以易读的方式来读取数据，可以使用 pretty() 方法，语法格式如下：

```
db.COLLECTION_NAME.find().pretty()
```

示例如下：

```
> db.python.find()
```

上面的代码用于查出 python 集合中的所有的文档，相当于 select*ftom table。如果我们想进行条件操作，就需要了解一下 MongoDB 中的条件语句和操作符，如表 8-13 所示。

表 8-13　MongoDB 中的条件语句和操作符

操作	格式	示例	说明
等于	{<key>:<value>}	db.python.find({"likes":100}).pretty()	从 python 集合中找到 likes 等于 100 的文档
小于	{<key>:{$lt:<value>}}	db.python.find({"likes":{$lt:100}}).pretty()	从 python 集合中找到 likes 小于 100 的文档
小于或等于	{<key>:{$lte:<value>}}	db.python.find({"likes":{$lte:100}}).pretty()	从 python 集合中找到 likes 小于或等于 100 的文档
大于	{<key>:{$gt:<value>}}	db.python.find({"likes":{$gt:100}}).pretty()	从 python 集合中找到 likes 大于 100 的文档
大于或等于	{<key>:{$gte:<value>}}	db.python.find({"likes":{$gte:100}}).pretty()	从 python 集合中找到 likes 大于或等于 100 的文档
不等于	{<key>:{$ne:<value>}}	db.python.find({"likes":{$ne:100}}).pretty()	从 python 集合中找到 likes 不等于 100 的文档

表中的例子都是单条件操作，下面说一下条件组合，类似于 and 和 or 的功能。

MongoDB 的 find()方法可以传入多个键（key），每个键以逗号隔开，来实现 AND 条件。语法格式如下：

```
>db. COLLECTION_NAME.find({key1:value1, key2:value2}).pretty()
```

查找 python 集合中 likes 大于等于 100 且 title 等于 python 的文档，示例如下：

```
>db.python.find({"likes": {$gte:100}, "title":"python"}).pretty()
```

运行效果为：

```
{
    "_id" : ObjectId("5833f31a386f0b6ffa7aedf4"),
    "title" : "python",
    "description" : "动态语言",
    "url" : "http://www.python.org",
    "tags" : [
            "动态",
            "编程",
            "脚本"
    ],
    "likes" : 100
```

}

MongoDB OR 条件语句使用了关键字 "$or"，语法格式如下：

```
>db.COLLECTION_NAME.find(
    {
        $or: [
         {key1: value1}, {key2:value2}
        ]
    }
).pretty()
```

查找 python 集合中 likes 大于等于 100 或者 title 等于 python 的文档，示例如下：

```
> db.python.find(
    {
        $or: [
            {"likes": {$gte:100}}, {"title":"python"}
        ]
    }
).pretty()
```

MongoDB AND 和 OR 条件可以联合使用，示例如下：

```
>db.python.find({"likes": {$gt:50}, $or: [{"description ": "动态语言"},{"title":"python"}]}).pretty()
```

更新文档。MongoDB 使用 update() 和 save() 方法来更新集合中的文档。首先看一下 update() 方法，用于更新已经存在的文档，方法原型如下：

```
db.collection.update(
    query,
    update,
    {
        upsert: boolean
        multi: boolean
        writeConcern: document
    }
)
```

参数分析：

- query：update 的查询条件，类似 where 子句。
- update：update 的对象和一些更新的操作符等，类似于 set 后面的内容。
- upsert：可选，这个参数的意思是如果不存在 update 的记录，是否插入新的文档，true 为插入，默认是 false。
- multi：可选，mongodb 默认是 false，只更新找到的第一条记录，如果这个参数为 true，就把按条件查出来多条记录全部更新。

❑ writeConcern：可选，抛出异常的级别。

我们将 title 为 python 的文档修改为 title 为 "python" 爬虫，示例如下：

```
>db.python.update({'title':'python'},{$set:{'title':'python 爬虫'}})
```

以上语句只会修改第一条发现的文档，如果你要修改多条相同的文档，则需要设置 multi 参数为 true。示例如下：

```
>db.python.update({'title':'python'},{$set:{'title':'python 爬虫'}},{multi:true})
```

save()方法通过传入的文档来替换已有文档。方法原型如下：

```
db.collection.save(
    document,
    {
        writeConcern: document
    }
)
```

参数说明：

❑ document：文档数据。

❑ writeConcern：可选，抛出异常的级别。

我们替换一下 _id 为 5833f31a386f0b6ffa7aedf4 的文档数据，示例如下：

```
>db.python.save(
    {
        "_id" : ObjectId("5833f31a386f0b6ffa7aedf4"),
        "title" : "Mongodb",
        "description" : "数据库",
        "url" : "http://www.python.org",
        "tags" : [
                "分布式",
                "mongo"
        ],
        "likes" : 100
    }
)
```

删除文档。MongoDB 提供了 remove()方法来删除文档，函数原型如下：

```
db.collection.remove(
    query,
    {
        justOne: boolean,
        writeConcern: document
    }
)
```

参数说明：
- query：可选，删除的文档的条件。
- justOne：可选，如果设为 true 或 1，则只删除一个文档。
- writeConcern：可选，抛出异常的级别。

将刚才更新的文档删除，也就是删除 title 等于 MongoDB 的文档，示例如下：

```
>db.python.remove({'title':'Mongodb'})
```

如果没有 query 条件，意味着删除所有文档。

8.3.3　Python 操作 MongoDB

1. 导入 pymongo 数据库模块

在导入 pymongo 之前，需要安装 pymongo 模块。使用 pip 安装，命令如下：

```
pip install pymongo
```

安装成功后，导入 pymongo 模块：

```
import pymongo
```

2. 建立连接

pymongo 模块使用 MongoClient 对象来描述一个数据库客户端，创建对象所需的参数主要是 host 和 port。常见的有三种形式：
- client = pymongo.MongoClient()
- client = pymongo.MongoClient('localhost',27017)
- client = pymongo.MongoClient('mongodb://localhost:27017/')

第一种方式是连接默认的主机 IP 和端口，第二种显式指定 IP 和端口，第三种是采用 URL 格式进行连接。

3. 获取数据库

一个 MongoDB 实例可以支持多个独立的数据库。使用 pymongo 时，可以通过访问 MongoClient 的属性的方式来访问数据库：

```
db = client.papers
```

如果数据库名字导致属性访问方式不能用（比如 pa-pers），可以通过字典的方式访问数据库：

```
db = client['pa-pers']
```

4. 获取一个集合

一个 collection 指一组存在于 MongoDB 中的文档，获取 Collection 方法与获取数据库方法一致：

```
collection = db.books
```

或者使用字典方式：

```
collection = db['books']
```

需要强调的一点是，MongoDB 里的 collection 和数据库都是惰性创建的，之前我们提到的所有命令实际并没有对 MongoDB Server 进行任何操作。直到第一个文档插入后，才会创建，这就是为什么在不插入文档之前，使用 show dbs 查看不到之前创建的数据库。

5. 插入文档

数据在 MongoDB 中是以 JSON 类文件的形式保存起来的。在 PyMongo 中用字典来代表文档，使用 insert()方法插入文档，示例如下：

```
book = {"author": "Mike",
 "text": "My first book!",
 "tags": ["爬虫", "python", "网络"],
"date": datetime.datetime.utcnow()
 }
book_id= collection .insert(book)
```

文件被插入之后，如果文件内没有_id 这个键值，那么系统自动添加一个到文件里。这是一个特殊键值，它的值在整个 collection 里是唯一的。insert()返回这个文件的_id 值。

除了单个文件插入，也可以通过给 insert()方法传入可迭代的对象作为第一个参数，进行批量插入操作。这将会把迭代表中的每个文件插入，而且只向 Server 发送一条命令：

```
books = [{"author": "Mike",
 "text": "My first book!",
 "tags": ["爬虫", "python", "网络"],
"date": datetime.datetime.utcnow()
 },{"author": "qiye",
 "text": "My sec book!",
 "tags": ["hack", "python", "渗透"],
"date": datetime.datetime.utcnow()
 }]
books_id = collection.insert(books)
```

6. 查询文档

MongoDB 中最基本的查询就是 find_one。这个函数返回一个符合查询的文件，或者在没有匹配的时候返回 None。示例如下：

```
collection.find_one()
```

返回结果是一个之前插入的符合条件的字典类型值。注意，返回的文件里已经有了_id 这个键值，是数据库自动添加的。

find_one()还支持对特定元素进行匹配查询。例如筛选出 author 为 qiye 的文档，代码如下：

```
collection.find_one({"author": "qiye"})
```

通过_id 也可以进行查询，book_id 就是返回的 id 对象，类型为 ObjectId。示例如下：

```
collection.find_one({'_id':ObjectId('58344fcc1123ea2e54cb2e0f')})
```

这个常用于 Web 应用，可以从 URL 抽取 id，从数据库中进行查询。

如果想获取多个文档，可以使用 find()方法。find()返回一个 Cursor 实例，通过它我们可以获取每个符合查询条件的文档。示例如下：

```
for book in collection.find():
    print book
```

与使用 find_one()时候相同，可以传入条件来限制查询结果。比如查询所有作者是 qiye 的书：

```
for book in collection.find({"author": "qiye"}):
    print book
```

如果只想知道符合查询条件的文件有多少，可以用 count()操作，而不必进行完整的查询。示例如下：

```
collection.find({"author": "qiye"}).count()
```

7. 修改文档

MongoDB 可以使用 update()和 save()方法来更新文档，和之前在 MongoDB shell 中的操作类似。示例如下：

```
collection.update({"author": "qiye"},{"$set":{"text":"python book"}})
```

8. 删除文档

MongoDB 使用 remove()方法来删除文档。示例如下：

```
collection.remove({"author": "qiye"})
```

8.4 小结

本章讲解了三种数据库的基础操作和 Python 调用方式，相对比较简单。熟练掌握数据库的操作，对之后的大数据存储非常有益。但是本章的知识只适合初级者的需要，对于亿万级数据的存储和搜索优化，需要大家更多的努力。

第 9 章

动态网站抓取

前面所讲的都是对静态网页进行抓取,从今天开始开始讲解动态网站的抓取。动态网站的抓取相比静态网页来说困难一些,主要涉及的技术是 Ajax 和动态 Html。简单的网页访问是无法获取完整的数据的,需要对数据加载流程进行分析。下面介绍几种抓取动态网站的方法,基本上都是有利有弊。

9.1 Ajax 和动态 HTML

对于传统的 Web 应用,当我们提交一个表单请求给服务器,服务器接收到请求之后,返回一个新的页面给浏览器,这种方式不仅浪费网络带宽,还会极大地影响用户体验,因为原网页和发送请求后获得的新页面两者中大部分的 HTML 内容是相同的,而且每次用户的交互都需要向服务器发送请求,同时需要对整个网页进行刷新。这种问题的存在催生出了 Ajax 技术。

Ajax 的全称是 Asynchronous JavaScript and XML,中文名称定义为异步的 JavaScript 和 XML,是 JavaScript 异步加载技术、XML 以及 Dom,还有表现技术 XHTML 和 CSS 等技术的组合。使用 Ajax 技术不必刷新整个页面,只需对页面的局部进行更新,Ajax 只取回一些必需的数据,它使用 SOAP、XML 或者支持 JSON 的 Web Service 接口,我们在客户端利用 JavaScript 处理来自服务器的响应,这样客户端和服务器之间的数据交互就减少了,访问速度和用户体验都得到了提升。

DHTML 是 Dynamic HTML 的简称,就是动态的 HTML,是相对传统的静态 HTML 而言的一种制作网页的概念。所谓动态 HTML(Dynamic HTML,简称 DHTML),其实并不是一门新的语言,它只是 HTML、CSS 和客户端脚本的一种集成,即一个页面中包括 HTML+CSS+JavaScript(或其他客户端脚本)。DHTML 不是一种技术、标准或规范,只是一种将目前已有的网页技术、语言标准整合运用,制作出能实时变换页面元素效果的网页设计概念。比如,当鼠标移至文章段落中,段落能够变成蓝色,或者当你点击一个超链后会自动生成一个下拉式的子超链目录。

如何判断要爬取的网站是动态网站还是静态网站呢?一个比较简单做法,是看看有没有"查看更多"这样的字样,一般有这样的字样差不多是动态网站。当然,这种做法太经验化了,其实更准确的做法是当你使用 Requests 访问一个网页,返回的 Response 内容和在浏览器上看的 HTML 内容不一样时,不要奇怪,这就是用了动态技术,这就是为什么你无法从响应中抽取出有效的数据。

那怎么解决这个问题呢?一般有两种做法:一种是直接从 JavaScript 中采集加载的数据,另一种方式是直接采集浏览器中已经加载好的数据。接下来,我会一一进行讲解。

9.2　动态爬虫 1:爬取影评信息

接下来就以 MTime 电影网(www.mtime.com)为例进行分析。首先先判断一下是不是动态网站,使用 Firefox 浏览器访问 http://movie.mtime.com/217130/其中一部电影,打开 Firebug,监听网络,如图 9-1 所示。

图 9-1　MTime 电影网

在网络响应中搜索"票房"是搜索不到的,但是在网页中确实显示了票房是多少,这基本上可以确定使用了动态加载技术。这个时候我们需要做的是找出哪个 JavaScript 文件进行了加载请求。将 Firebug 中网络选项的 JavaScript 分类选中,然后查看一下包含敏感内容的链接,比如含有 Ajax 字符串。如图 9-2 所示，在一个链接 http://service.library.mtime.com/Movie.api?Ajax_CallBack=true&Ajax_CallBackType=Mtime.Library.Services&Ajax_CallBackMethod=GetMovieOverviewRating&Ajax_CrossDomain=1&Ajax_RequestUrl=http%3A%2F%2Fmovie.mtime.com%2F217130%2F&t=20161113213418444&Ajax_CallBackArgument0=217130 中，找到了评分、票房的信息。

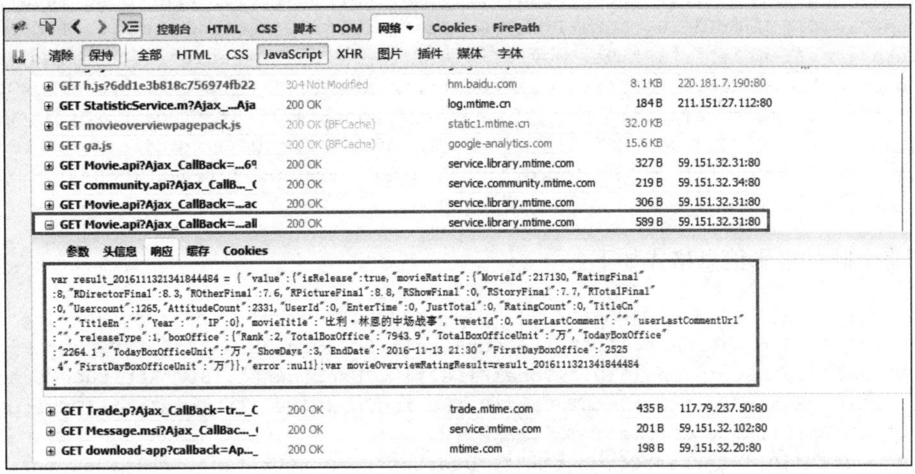

图 9-2 Ajax 链接

找到了我们所需要的链接和响应内容，接下来需要做两件事情，第一件事是如何构造这样的链接，链接中的参数有什么特征，第二件事是如何提取响应信息的内容，为我所用。

在 http://service.library.mtime.com/Movie.api?Ajax_CallBack=true&Ajax_CallBackType=Mtime.Library.Services&Ajax_CallBackMethod=GetMovieOverviewRating&Ajax_CrossDomain=1&Ajax_RequestUrl=http%3A%2F%2Fmovie.mtime.com%2F217130%2F&t=20161113213418444&Ajax_CallBackArgument0=217130 这个 GET 请求中，总共有 7 个参数，这些参数中哪些是变化的？哪些是不变化的？我们首先要确定一下。最有效的办法就是从另外的一部电影的访问请求中找到加载票房和评分的链接，进行一下对比。比如我访问 http://movie.mtime.com/108737/ 这个网页，动态加载票房的链接为：http://service.library.mtime.com/Movie.api?Ajax_CallBack=true&Ajax_CallBackType=Mtime.Library.Services&Ajax_CallBackMethod=GetMovieOverviewRating&Ajax_CrossDomain=1&Ajax_RequestUrl=http%3A%2F%2Fmovie.mtime.com%2F108737%2F&t=20161113223149328&Ajax_CallBackArgument0=108737。通过对比，我们可以发现只有 Ajax_RequestUrl、t 和 Ajax_CallBackArgument0 这三个参数是变化的。通过分析，还会发现 Ajax_RequestUrl 是当前网页的链接，Ajax_CallBackArgument0 是 http://movie.mtime.com/108737/ 链接中的数字，t 为当前的时间。知道以上信息，我们就可以构造一个获取票房和评分的链接了。

最后要提取响应中的内容，首先看一下响应内容的格式。响应内容主要分三种，一种是正在上映的电影信息，一种是即将上映的电影信息，最后一种是还有较长时间才能上映的电影信息。

正在上映的电影信息格式如下：

var result_201611132231493282 = { "value":{"isRelease":true,"movieRating":{"MovieId":108737,"RatingFinal":7.7,"RDirectorFinal":7.7,"ROtherFinal":7,"RPictureFinal":8.4,"RShowFinal":10,"RStoryFinal":7.3,"RTotalFinal":10,"Usercount":4067,"AttitudeCount":4300,"UserId":0,"EnterTime":0,"JustTotal":0,"RatingCount":0,"TitleCn":"","TitleEn":"","Year":"","IP":0},"movieTitle":"奇异博士","tweetId":0,"userLastComment":"","userLastCommentUrl":"","releaseType":1,"boxOffice":{"Rank":1,"TotalBoxOffice":"5.66","TotalBoxOfficeUnit":" 亿 ","TodayBoxOffice":"4776.8","TodayBoxOfficeUnit":" 万 ","ShowDays":10,"EndDate":"2016-11-13 22:00","FirstDayBoxOffice":"8146.21","FirstDayBoxOfficeUnit":" 万 "}},"error":null};var movieOverviewRatingResult=result_201611132231493282;

即将上映的电影信息格式如下：

var result_2016111414381839596 ={ "value":{"isRelease":true,"movieRating":{"MovieId":229639,"RatingFinal":-1,"RDirectorFinal":0,"ROtherFinal":0,"RPictureFinal":0,"RShowFinal":0,"RStoryFinal":0,"RTotalFinal":0,"Usercount":130,"AttitudeCount":2119,"UserId":0,"EnterTime":0,"JustTotal":0,"RatingCount":0,"TitleCn":"","TitleEn":"","Year":"","IP":0},"movieTitle":"我不是潘金莲
","tweetId":0,"userLastComment":"","userLastCommentUrl":"","releaseType":2,"hotValue":{"MovieId":229639,"Ranking":1,"Changing":0,"YesterdayRanking":1}},"error":null};var movieOverviewRatingResult=result_2016111414381839596;

还有较长时间才能上映的电影信息格式如下：

var result_201611141343063282 = { "value":{"isRelease":false,"movieRating":{"MovieId":236608,"RatingFinal":-1,"RDirectorFinal":0,"ROtherFinal":0,"RPictureFinal":0,"RShowFinal":0,"RStoryFinal":0,"RTotalFinal":0,"Usercount":5,"AttitudeCount":19,"UserId":0,"EnterTime":0,"JustTotal":0,"RatingCount":0,"TitleCn":"","TitleEn":"","Year":"","IP":0},"movieTitle":"江南灵异录之白云桥","tweetId":0,"userLastComment":"","userLastCommentUrl":"","releaseType":2,"hotValue":{"MovieId":236608,"Ranking":53,"Changing":4,"YesterdayRanking":57}},"error":null};
var movieOverviewRatingResult=result_201611141343063282;

这三种格式的区别只是多了或者少了一些字段，需要在异常处理时加一些判断。

"="和";"之间的内容是一个标准的 JSON 格式，我们要提取的字段含义如表 9-1 所示。

表 9-1 字段的定义

字 段	值	含 义
MovieId	108 737	电影的 ID
RatingFinal	7.7	综合评分
RDirectorFinal	7.7	导演评分

(续)

字　段	值	含　义
RPictureFinal	8.4	画面评分
RStoryFinal	7.3	故事评分
ROtherFinal	7	音乐评分
Usercount	4 067	参与评分人数
AttitudeCount	4 300	想看的人数
movieTitle	奇异博士	电影名称
Rank	1	排名
TotalBoxOffice	5.66	总票房
TotalBoxOfficeUnit	亿	总票房单位
TodayBoxOffice	4 776.8	今日票房
TodayBoxOfficeUnit	万	今日票房单位
ShowDays	10	上映时间

确定了链接和提取字段，接下来写一个动态爬虫来爬取电影的评分和票房信息。

1. 网页下载器

网页下载器的实现方式和第 6 章的一样，代码如下：

```python
# coding:utf-8
import requests
class HtmlDownloader(object):

    def download(self,url):
        if url is None:
            return None
        user_agent = 'Mozilla/4.0 (compatible; MSIE 5.5; Windows NT)'
        headers={'User-Agent':user_agent}
        r = requests.get(url,headers=headers)
        if r.status_code==200:
            r.encoding='utf-8'
            return r.text
        return None
```

2. 网页解析器

网页解析器中主要包括两个部分，一个是从当前网页中提取所有正在上映的电影链接，另一个是从动态加载的链接中提取我们所需的字段。

提取当前正在上映的电影链接，使用正则表达式，电影页面链接类似 http://movie.mtime.com/17681/这个样子，正则表达式可以写成如下的样子进行匹配：

http://movie.mtime.com/\d+/。在 HtmlParser 类定义一个 parser_url 方法，代码如下：

```python
def parser_url(self,page_url,response):
    pattern = re.compile(r'(http://movie.mtime.com/(\d+)/)')
```

```python
        urls = pattern.findall(response)
    if urls!=None :
        # 将urls进行去重
        return list(set(urls))
    else:
        return None
```

接着从动态加载的链接中提取我们所需的字段,首先使用正则表达式取出 "=" 和 ";" 之间的内容,接着就可以使用 JSON 模块进行处理了。下面只需要提取不同格式的信息,其中 parser_json 为主方法,负责解析响应,同时又使用了两个辅助方法 _parser_no_release 和 _parser_release。代码如下:

```python
def parser_json(self,page_url,response):
    '''
    解析响应
    :param response:
    :return:
    '''
    # 将 "=" 和 ";" 之间的内容提取出来
    pattern = re.compile(r'=(.*?);')
    result = pattern.findall(response)[0]
    if result!=None:
        # json模块加载字符串
        value = json.loads(result)
        try:
            isRelease = value.get('value').get('isRelease')
        except Exception,e:
            print e
            return None
        if isRelease:
            if value.get('value').get('hotValue')==None:
                return self._parser_release(page_url,value)
            else:
                return self._parser_no_release(page_url,value,isRelease=2)
        else:
            return self._parser_no_release(page_url,value)

def _parser_release(self,page_url,value):
    '''
    解析已经上映的影片
    :param page_url:电影链接
    :param value:json 数据
    :return:
    '''
    try:
        isRelease = 1
        movieRating = value.get('value').get('movieRating')
        boxOffice = value.get('value').get('boxOffice')
        movieTitle = value.get('value').get('movieTitle')
```

```python
            RPictureFinal = movieRating.get('RPictureFinal')
            RStoryFinal = movieRating.get('RStoryFinal')
            RDirectorFinal = movieRating.get('RDirectorFinal')
            ROtherFinal = movieRating.get('ROtherFinal')
            RatingFinal = movieRating.get('RatingFinal')

            MovieId = movieRating.get('MovieId')
            Usercount = movieRating.get('Usercount')
            AttitudeCount = movieRating.get('AttitudeCount')

            TotalBoxOffice = boxOffice.get('TotalBoxOffice')
            TotalBoxOfficeUnit = boxOffice.get('TotalBoxOfficeUnit')
            TodayBoxOffice = boxOffice.get('TodayBoxOffice')
            TodayBoxOfficeUnit = boxOffice.get('TodayBoxOfficeUnit')

            ShowDays = boxOffice.get('ShowDays')
            try:
                Rank = boxOffice.get('Rank')
            except Exception,e:
                Rank=0
            # 返回所提取的内容
            return (MovieId,movieTitle,RatingFinal,
                    ROtherFinal,RPictureFinal,RDirectorFinal,
                    RStoryFinal,Usercount,AttitudeCount,
                    TotalBoxOffice+TotalBoxOfficeUnit,
                    TodayBoxOffice+TodayBoxOfficeUnit,
                    Rank,ShowDays,isRelease )
        except Exception,e:
            print e,page_url,value
            return None

    def _parser_no_release(self,page_url,value,isRelease = 0):
        '''
        解析未上映的电影信息
        :param page_url:
        :param value:
        :return:
        '''
        try:
            movieRating = value.get('value').get('movieRating')
            movieTitle = value.get('value').get('movieTitle')

            RPictureFinal = movieRating.get('RPictureFinal')
            RStoryFinal = movieRating.get('RStoryFinal')
            RDirectorFinal = movieRating.get('RDirectorFinal')
            ROtherFinal = movieRating.get('ROtherFinal')
            RatingFinal = movieRating.get('RatingFinal')
```

```python
            MovieId = movieRating.get('MovieId')
            Usercount = movieRating.get('Usercount')
            AttitudeCount = movieRating.get('AttitudeCount')
            try:
                Rank = value.get('value').get('hotValue').get('Ranking')
            except Exception,e:
                Rank = 0
            return (MovieId,movieTitle,RatingFinal,
                    ROtherFinal,RPictureFinal,RDirectorFinal,
                    RStoryFinal, Usercount,AttitudeCount,u'无',
                    u'无',Rank,0,isRelease )
        except Exception,e:
            print e,page_url,value
            return None
```

3. 数据存储器

数据存储器将返回的数据插入 sqlite 数据库中，主要包括建表，插入和关闭数据库等操作，表中设置了 15 个字段，用来存储电影信息。代码如下：

```python
import sqlite3
class DataOutput(object):
    def __init__(self):
        self.cx = sqlite3.connect("MTime.db")
        self.create_table('MTime')
        self.datas=[]

    def create_table(self,table_name):
        '''
        创建数据表
        :param table_name:表名称
        :return:
        '''
        values = '''
        id integer primary key,
        MovieId integer,
        MovieTitle varchar(40) NOT NULL,
        RatingFinal REAL NOT NULL DEFAULT 0.0,
        ROtherFinal REAL NOT NULL DEFAULT 0.0,
        RPictureFinal REAL NOT NULL DEFAULT 0.0,
        RDirectorFinal REAL NOT NULL DEFAULT 0.0,
        RStoryFinal REAL NOT NULL DEFAULT 0.0,
        Usercount integer NOT NULL DEFAULT 0,
        AttitudeCount integer NOT NULL DEFAULT 0,
        TotalBoxOffice varchar(20) NOT NULL,
        TodayBoxOffice varchar(20) NOT NULL,
        Rank integer NOT NULL DEFAULT 0,
        ShowDays integer NOT NULL DEFAULT 0,
        isRelease integer NOT NULL
```

```python
        '''
        self.cx.execute('CREATE TABLE IF NOT EXISTS %s(%s)'%(table_name, values))

    def store_data(self,data):
        '''
        数据存储
        :param data:
        :return:
        '''
        if data is None:
            return
        self.datas.append(data)
        if len(self.datas)>10:
            self.output_db('MTime')

    def output_db(self,table_name):
        '''
        将数据存储到sqlite
        :return:
        '''
        for data in self.datas:
            self.cx.execute("INSERT INTO %s (MovieId,MovieTitle,"
                "RatingFinal,ROtherFinal,RPictureFinal,"
                "RDirectorFinal,RStoryFinal, Usercount,"
                "AttitudeCount,TotalBoxOffice,TodayBoxOffice,"
                "Rank,ShowDays,isRelease) VALUES (?,?,?,?,?,?,?,?,?,?,?,?,?,?) "
                ""%table_name,data)
            self.datas.remove(data)
        self.cx.commit()

    def output_end(self):
        '''
        关闭数据库
        :return:
        '''
        if len(self.datas)>0:
            self.output_db('MTime')
        self.cx.close()
```

4. 爬虫调度器

爬虫调度器的工作主要是协调以上模块，同时还负责 AJax 动态链接的构造。代码如下：

```python
class SpiderMan(object):
    def __init__(self):
        self.downloader = HtmlDownloader()
        self.parser = HtmlParser()
        self.output = DataOutput()
    def crawl(self,root_url):
        content = self.downloader.download(root_url)
```

```python
            urls = self.parser.parser_url(root_url,content)
            # 构造一个获取评分和票房链接
            for url in urls:
                try:
                    t = time.strftime("%Y%m%d%H%M%S3282", time.localtime())
                    rank_url ='http://service.library.mtime.com/Movie.api' \
                        '?Ajax_CallBack=true' \
                        '&Ajax_CallBackType=Mtime.Library.Services' \
                        '&Ajax_CallBackMethod=GetMovieOverviewRating' \
                        '&Ajax_CrossDomain=1' \
                        '&Ajax_RequestUrl=%s' \
                        '&t=%s' \
                        '&Ajax_CallBackArgument0=%s'%(url[0],t,url[1])
                    rank_content = self.downloader.download(rank_url)
                    data = self.parser.parser_json(rank_url,rank_content)
                    self.output.store_data(data)
                except Exception,e:
                    print "Crawl failed"
        self.output.output_end()
        print "Crawl finish"

if __name__=='__main__':
    spider = SpiderMan()
    spider.crawl('http://theater.mtime.com/China_Beijing/')
```

当以上四个模块都完成后，启动爬虫。由于数据量小，大约一分钟后，爬取结束。在 shell 中使用 sqlite 命令，查看爬取的结果，如图 9-3 所示。

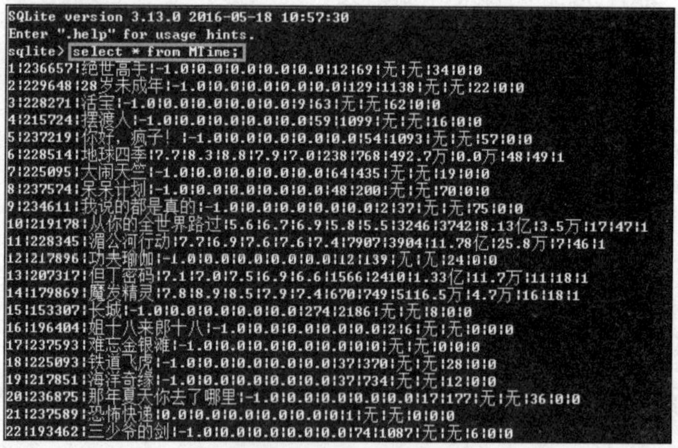

图 9-3　sqlite 查询结果

如果不习惯使用 shell 来查询，可以使用 GUI 版查看器 SqliteBrowser 进行查询，如图 9-4 所示。

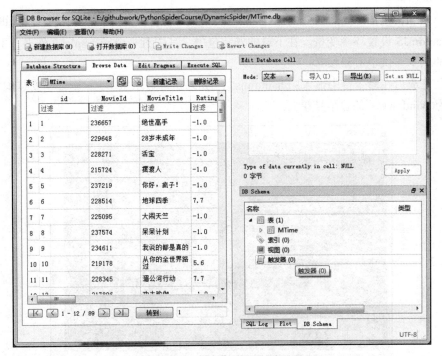

图 9-4　SqliteBrowser 查询结果

9.3　PhantomJS

9.2 节讲了直接从 JavaScript 中采集加载的数据的方法，本节进行讲解第二种方法，即直接从浏览器中提取渲染好的 HTML 文档。如果 Ajax 请求很多，有时请求参数还进行了加密，我们手动分析每一个 Ajax 请求，将成为一项繁重的工作，而且没有一定的 JavaScript 分析功底，很难做到。这个时候第二种方法的好处就体现出来了，直接提取浏览器渲染好的结果，不进行 Ajax 请求分析，PhantomJS 就是这样的一个浏览器。

PhantomJS 是一个基于 WebKit 的服务器端 JavaScript API。它全面支持 Web 而无需浏览器支持，不仅运行快，原生支持各种 Web 标准：DOM 处理、CSS 选择器、JSON、Canvas，和 SVG。PhantomJS 可以用于页面自动化、网络监控、网页截屏，以及无界面测试等。PhantomJS 可以看做一个没有界面的浏览器，它既有 Firefox 浏览器、google 浏览器的功能，又因为没有界面而更加快速，占更小的内存，在爬虫开发中非常受欢迎。

9.3.1　安装 PhantomJS

PhantomJS 安装方法有两种，一种是下载源码之后自行编译，另一种是直接下载编译好的二进制文件,官方推荐直接使用编译好的二进制文件。安装下载地址为：http://phantomjs.org/

download.html，包括 Windows、Mac OS、Linux 版本，自行选择对应版本下载解压即可，建议为 PhantomJS 设置环境变量。在下载的安装包中，其中有一个 example 文件夹，里面有很多官方的例子可供学习和参考。

安装完成后在命令行中输入：phantomjs -v。如果正常显示版本号，则证明安装配置成功。图 9-5 为 Windows 下的显示结果。

图 9-5　phantomJS 版本

9.3.2　快速入门

配置完成 PhantomJS，下面使用它输出"hello world"。新建一个 JavaScript 文件 hello.js，代码内容为：

```
console.log('Hello, world!');
phantom.exit();
```

这时候在命令行中输入：

```
phantomjs hello.js
```

输出内容为：Hello, world!。代码中的第一句是在控制台输出"Hello, world!"，第二句是终止 phantom 的运行，不然程序会一直运行，不会停止。

通过上面的小例子我们已经了解了 PhantomJS 的基本操作，PhantomJS 还有一些有趣而且强大功能。

1. 页面加载

通过 PhantomJS，一个网页可以被加载、分析和通过创建网页对象呈现。下面演示一个简单的页面加载的例子，访问我的博客园地址：http://www.cnblogs.com/qiyeboy/，并将当前页面进行截图保存。pageload.js 代码如下：

```
var page = require('webpage').create();
page.open('http://www.cnblogs.com/qiyeboy/', function(status) {
    console.log("Status: " + status);
    if(status === "success") {
        page.render('qiye.png');
    }
    phantom.exit();
});
```

在命令行中运行:

```
phantomjs pageload.js
```

输出内容为:Status: success,并在当前目录下生成对网页的截图 qiye.png,如图 9-6 所示。

图 9-6　qiye.png

代码解释:首先使用 webpage 模块创建一个 page 对象,然后通过 page 对象打开 http://www.cnblogs.com/qiyeboy/网址,如果请求响应状态为 success,则通过 render 方法将当前页面保存为 qiye.png 图片。

除了打开网页截图之外,还可以对网页的打开进行测速。下面的例子用来计算一个网页的加载速度,同时还用到了给 JavaScript 脚本传递参数的功能。loadspeed.js 代码如下:

```
var page = require('webpage').create(),
    system = require('system'),
    t, address;
```

```javascript
    if (system.args.length === 1) {
        console.log('Usage: loadspeed.js <some URL>');
        phantom.exit();
    }
    t = Date.now();
    address = system.args[1];
    page.open(address, function(status) {
        if (status !== 'success') {
            console.log('FAIL to load the address');
        } else {
            t = Date.now() - t;
            console.log('Loading ' + system.args[1]);
            console.log('Loading time ' + t + ' msec');
        }
        phantom.exit();
    });
```

在命令行中输入：

```
phantomjs loadspeed.js http://www.cnblogs.com/qiyeboy/
```

输出结果为：

```
Loading http://www.cnblogs.com/qiyeboy/
Loading time 793 msec
```

代码解释：首先使用 webpage 模块创建一个 page 对象，使用 system 模块获取系统对象 system，并声明了两个变量 t 和 address，用来保存时间和传入参数。如果传入参数的长度等于 1，说明要加载的地址没有传入，进行提示并退出 phantom。为什么要等于 1 呢？因为 phantomjs loadspeed.js 第一个参数是 loadspeed.js。接着获取当前的时间，然后打开网页，获取加载完成后的时间，进行相减即可。

2. 代码评估

为了评估网页中的 JavaScript 代码，可以利用 evaluate。这个执行是"沙盒式"的，它不会去执行网页外的 JavaScript 代码。evaluate 方法可以返回一个对象，然而返回值仅限于对象，不能包含函数（或闭包）。比如我们可以使用 evaluate 方法获取 http://www.cnblogs.com/qiyeboy/ 页面的标题，evaluate.js 代码如下：

```javascript
    var url = 'http://www.cnblogs.com/qiyeboy/';
    var page = require('webpage').create();
    page.open(url, function(status) {
        var title = page.evaluate(function() {
            return document.title;
        });
        console.log('Page title is ' + title);
        phantom.exit();
    });
```

在命令行中输入：

phantomjs evaluate.js

输出结果为：

Page title is 七夜的故事 - 博客园

任何来自于网页并且包括来自 evaluate() 内部代码的控制台信息，默认不会显示。要覆盖此行为，使用 onConsoleMessage 回调方法。将 evaluate.js 代码改动如下：

```
var url = 'http://www.cnblogs.com/qiyeboy/';
var page = require('webpage').create();
page.onConsoleMessage = function(msg) {
    console.log('Page title is ' + msg);
};
page.open(url, function(status) {
    page.evaluate(function() {
        console.log(document.title);
    });
    phantom.exit();
});
```

在命令行中输入：

phantomjs evaluate.js

输出结果为：

Page title is 七夜的故事 - 博客园

9.3.3 屏幕捕获

上节简单讲解了如何将网页保存为一张图片，下面详细解释一下这个屏幕捕获的功能。由于 PhantomJS 使用的是 WebKit 内核，一个真正的布局和渲染引擎，它可以捕捉一个网页的屏幕截图。另外 PhantomJS 可以渲染网页上的元素，所以它不仅可以用于 HTML 和 CSS 的内容转换，还可以用于 SVG 和画布。PhantomJS 不仅可以将网页保存为 png 格式，还可以保存为 jpg、gif 和 pdf 格式。下面将 pageload.js 代码进行改动，转成 pdf 格式，代码如下：

```
var page = require('webpage').create();
page.open('http://www.cnblogs.com/qiyeboy/', function(status) {
    console.log("Status: " + status);
    if(status === "success") {
        page.render('qiye.pdf');
    }
    phantom.exit();
});
```

最后生成的 pdf 文件，效果如图 9-7 所示。

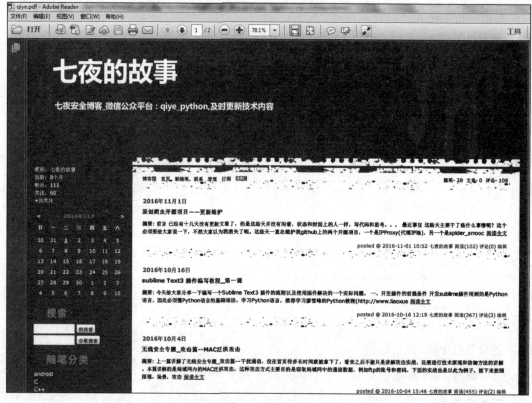

图 9-7 qiye.pdf

PhantomJS 不仅可以将页面转化为不同的文件格式，还可以对视图进行缩放和裁剪，主要用到 page 对象中两个非常重要的属性：viewportSize 和 clipRect。viewportSize 是视区的大小，其作用可以看做是将打开的浏览器窗口进行缩放。clipRect 是在这个视区中裁剪矩形的大小，需要四个参数，前两个是基准点，后两个参数是宽高。下面将 pageload.js 进行改动，代码如下：

```
var page = require('webpage').create();

page.viewportSize = { width: 1024, height: 768 };
page.clipRect = { top: 0, left: 0, width: 512, height: 256 };

page.open('http://www.cnblogs.com/qiyeboy/', function(status) {
    console.log("Status: " + status);
    if(status === "success") {
        page.render('qiye.png');
    }
    phantom.exit();
});
```

效果如图 9-8 所示，只是截取出了顶端一角。

图 9-8　网页裁剪

9.3.4　网络监控

因为 PhantomJS 允许检验网络流量，因此它适合分析网络行为和性能，实现对网络的监听。当向远程服务器发送请求时，可以使用 onResourceRequested 和 onResourceReceived 两个方法嗅探所有的资源请求和响应。示例 netmonitor.js 代码如下：

```
var url = 'http://www.cnblogs.com/qiyeboy/';
var page = require('webpage').create();
page.onResourceRequested = function(request) {
    console.log('Request ' + JSON.stringify(request, undefined, 4));
};
page.onResourceReceived = function(response) {
    console.log('Receive ' + JSON.stringify(response, undefined, 4));
};
page.open(url);
```

在命令行中输入：

```
phantomjs netmonitor.js
```

请求和响应的信息会以 JSON 的格式进行显示，效果如图 9-9 所示。

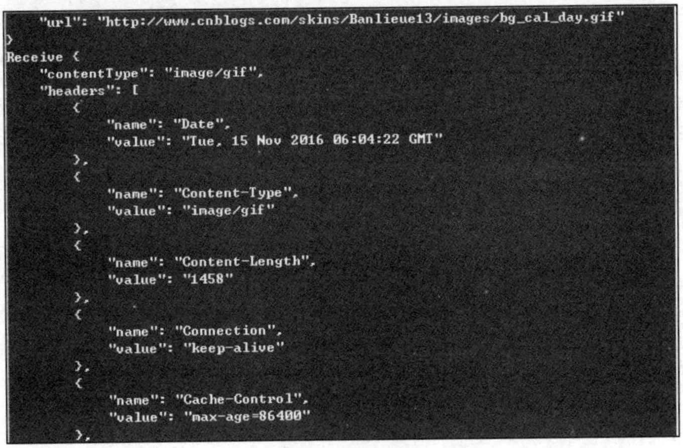

图 9-9　网络监控

9.3.5 页面自动化

PhantomJS 可以加载和处理一个网页，非常适用于自动化处理，PhantomJS 中标准 JavaScript 的 DOM 操作和 CSS 选择器都是生效的。下面使用一个小例子讲解一下 DOM 操作，获取 MTime 时光网的影评信息，HTML 标记位置如图 9-10 所示。

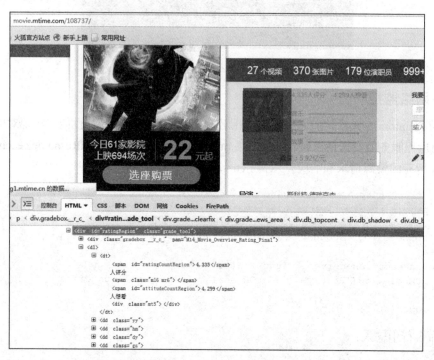

图 9-10 评分和票房标记

示例代码如下：

```
var page = require('webpage').create();
console.log('The default user agent is ' + page.settings.userAgent);
page.settings.userAgent = 'Mozilla/5.0 (Windows NT 6.1; WOW64; rv:49.0) 
    Gecko/20100101 Firefox/49.0';
page.open('http://movie.mtime.com/108737/', function(status) {
    if (status !== 'success') {
        console.log('Unable to access network');
    } else {
        var ua = page.evaluate(function() {
            return document.getElementById('ratingRegion').textContent;
        });
        console.log(ua);
    }
    phantom.exit();
});
```

输出结果如下：

```
The default user agent is Mozilla/5.0 (Windows NT 6.1; WOW64) AppleWebKit/
538.1(KHTML, like Gecko) PhantomJS/2.1.1 Safari/538.1
       7.7总分：104,335人评分 4,299人想看音乐 画面 导演 故事 …票房：5.92亿元
```

代码解释：首先创建 page 对象，接着将默认的 User-Agent 进行了修改，打开指定网页，当加载完成之后，执行 DOM 操作，获取 id 为 ratingRegion 元素下的内容，并打印出来。

大家可以看一下默认 UserAgent 的内容，会发现里面包含了 PhantomJS 关键字，一些网站就是通过这个关键字来识别是否正在使用 PhantomJS 爬取数据。

在 1.6 版本之后 PhantomJS 允许添加外部的 JS 库，比如下面的例子添加了 jQuery，然后执行了 jQuery 代码。

```
var page = require('webpage').create();
page.open('http://www.sample.com', function() {
    page.includeJs("http://ajax.googleapis.com/ajax/libs/jquery/1.6.1/jquery.min
.js", function() {
        page.evaluate(function() {
            $("button").click();
        });
        phantom.exit()
    });
});
```

9.3.6 常用模块和方法

上面的例子中我们用到了 phantom、webpage 和 system 模块，在这三个模块基础上再讲一个 fs 模块。

1. phantom

对于 phantom，主要讲解其中的五个方法，如表 9-2 所示。

表 9-2 phantom 方法

方法原型	功　　能	例　　子
{Boolean} addCookie(Object)	添加一个 Cookie 信息到 Cookie-Jar 中	phantom.addCookie({ 'name': 'Added-Cookie-Name', 'value': 'Added-Cookie-Value', 'domain': '.google.com' });
{void} clearCookies()	删除 Cookiejar 中的所有 Cookie 信息	phantom.clearCookies();
{Boolean}deleteCookie(cookieName)	删除指定名称的 Cookie 信息	phantom.deleteCookie('Added-Cookie-Name');

{void}phantom.exit(returnValue)	以指定的返回值退出程序	if (somethingIsWrong) {
		  phantom.exit(1);
		} else {
		  phantom.exit(0);
		}

{boolean}phantom.injectJs(filename)	注入外部的 js 文件	var wasSuccessful = phantom.injectJs('lib/utils.js');

2. webpage

对于 webpage,主要说一下 includeJs、open 两个普通方法,onInitialized、onLoadFinished 两个回调方法。

includeJs 方法原型为 includeJs(url, callback){void},功能是包含从指定的 URL 获取远程 javaScript 脚本,并执行回调方法。示例代码如下:

```
var webPage = require('webpage');
var page = webPage.create();
page.includeJs(
    // Include the https version, you can change this to http if you like.
    'https://ajax.googleapis.com/ajax/libs/jquery/1.8.2/jquery.min.js',
    function() {
        (page.evaluate(function() {
            // jQuery is loaded, now manipulate the DOM
            var $loginForm = $('form# login');
            $loginForm.find('input[name="username"]').value('phantomjs');
            $loginForm.find('input[name="password"]').value('c45p3r');
        }))
    }
);
```

open 方法比较复杂,有四种函数重载方式,分别为 open(url, callback) {void}、open(url, method, callback) {void}、open(url, method, data, callback) {void}、open(url, settings, callback) {void}。open(url, callback)方法之前已经用过,第二种和第三种方式类似,所以下面主要说一下后两种形式。

open(url, method, data, callback)中 url 为链接,method 为 GET 或者 POST 请求,data 为附加的数据,callback 为回调函数。示例如下,用于发送一个 POST 请求。

```
var webPage = require('webpage');
var page = webPage.create();
var postBody = 'user=username&password=password';
page.open('http://www.google.com/', 'POST', postBody, function(status) {
    console.log('Status: ' + status);
    // Do other things here...
});
```

open(url, settings, callback)中 url 为链接,setting 为对请求头和内容的设置,callback 为回调函数。示例如下:

```
var webPage = require('webpage');
var page = webPage.create();
var settings = {
    operation: "POST",
    encoding: "utf8",
    headers: {
```

```
        "Content-Type": "application/json"
    },
    data: JSON.stringify({
        some: "data",
        another: ["custom", "data"]
    })
};

page.open('http://your.custom.api', settings, function(status) {
    console.log('Status: ' + status);
    // Do other things here...
});
```

onInitialized 是回调方法,在 webpage 对象被创建之后,url 被加载之前被调用,主要是用来操作一些全局变量。示例代码如下:

```
var webPage = require('webpage');
var page = webPage.create();
page.onInitialized = function() {
    page.evaluate(function() {
        document.addEventListener('DOMContentLoaded', function() {
            console.log('DOM content has loaded.');
        }, false);
    });
};
```

onLoadFinished 是回调方法,在页面加载完成之后调用,方法还有一个参数 status。如果加载成功 status 为 success,否则为 fail。webpage 中 open 方法就是用这个方法作为回调函数。示例代码如下:

```
var webPage = require('webpage');
var page = webPage.create();

page.onLoadFinished = function(status) {
    console.log('Status: ' + status);
    // Do other things here...
};
```

3. system

system 模块只有属性,没有方法。下面通过表 9-3 列举一下 system 的属性及其含义。

表 9-3 system 属性

属性	含义	例子

args	从命令行中输入的参数,是一个字符串列表	`var system = require('system');`
		`var args = system.args;`
		`if (args.length > 1)`
		`    args.forEach(function(arg, i) {`
		`        console.log(i + ': ' + arg);`
		`    });`
		`}`

(续)

属性	含义	例子

env	系统变量，是一个键值对列表	`var system = require('system');`
		`var env = system.env;`
		`Object.keys(env).forEach(function(key) {`
		`    console.log(key + '=' + env[key]);`
		`});`

os	操作系统的信息	`var system = require('system');`
		`var os = system.os;`
		`console.log(os.architecture); // '32bit'`
		`console.log(os.name);         // 'windows'`
		`console.log(os.version);      // '7'`

pid	当前执行 PhantomJS 的进程号	`var system = require('system');`
		`var pid = system.pid;`
		`console.log(pid);`

platform	平台名称，总是 PhantomJS	`var system = require('system');` `console.log(system.platform); // 'phantomjs'`

4. fs

fs 模块全称为 File System，主要是对文件系统进行操作。该模块方法很多，这里主要讲解创建文件、判断文件是否存在、读写文件的方法，如表 9-4 所示。

表 9-4　fs 方法

方法	功能	例子

touch	创建一个空文件	`var fs = require('fs');`
		`var path = 'test.txt';`
		`// Creates an empty file`
		`fs.touch(path);`
		`phantom.exit();`

exists	判断文件是否存在	`var fs = require('fs');`
		`var path = '/Full/Path/To/test.txt';`
		`if (fs.exists(path))`
		`    console.log('"'+path+'" exists.');`
		`else`
		`    console.log('"'+path+'" doesn\'t exist.');`
		`phantom.exit();`

read	读文件	`var fs = require('fs');`
		`var content = fs.read('file.txt');`
		`console.log('read data:', content);`
		`phantom.exit();`

write	写文件	`var fs = require('fs');`
		`var path = 'output.txt';`
		`var content = 'Hello World!';`
		`fs.write(path, content, 'w');`
		`phantom.exit();`

以上介绍了一些常用模块和方法，如果大家想详细了解相关内容，可以去 phantom 官网（http://phantomjs.org/api/）查看完整的 API 文档。

9.4　Selenium

上一节我们讲解了 PhantomJS 的用法，它只是一个没有界面的浏览器，运行的还是 JavaScript 脚本，这和 Python 爬虫开发有什么联系呢？本节介绍的 Selenium 能将 Python 和

PhantomJS 紧密地联系起来，从而实现爬虫的开发。

Selenium 是一个自动化测试工具，支持各种浏览器，包括 Chrome、Safari、Firefox 等主流界面式浏览器，也包括 PhantomJS 等无界面浏览器，通俗来说 Selenium 支持浏览器驱动，可以对浏览器进行控制。而且 Selenium 支持多种语言开发，比如 Java、C、Ruby，还有 Python，因此 Python+Selenium+PhantomJS 的组合就诞生了。PhantomJS 负责渲染解析 JavaScript，Selenium 负责驱动浏览器和与 Python 对接，Python 负责做后期处理，三者构成了一个完整的爬虫结构。

9.4.1　安装 Selenium

Selenium 现在最新的版本为 3.0.1，本书也是以此为标准进行讲解。Selenium 官方地址为：http://www.seleniumhq.org/，其安装主要有两种方式：

- pip install Selenium==3.0.1
- 从 https://pypi.python.org/pypi/selenium 下载源代码解压后，运行 python setup.py install。

Selenium3.x 和 Selenium2.x 版本有以下区别：

- Selenium2.x 调用高版本浏览器会出现不兼容问题，调用低版本浏览器正常。
- Selenium3.x 调用浏览器必须下载一个类似补丁的文件，比如 Firefox 的为 geckodriver，Chrome 的为 chromedriver。

各种版本浏览器的补丁下载地址为：http://www.seleniumhq.org/download/，如图 9-11 所示。

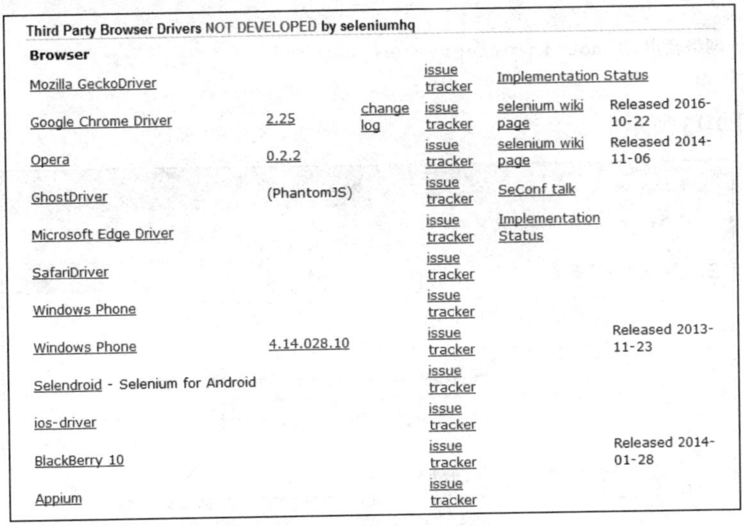

Third Party Browser Drivers NOT DEVELOPED by seleniumhq

Browser					
Mozilla GeckoDriver			issue tracker	Implementation Status	
Google Chrome Driver	2.25	change log	issue tracker	selenium wiki page	Released 2016-10-22
Opera	0.2.2		issue tracker	selenium wiki page	Released 2014-11-06
GhostDriver	(PhantomJS)		issue tracker	SeConf talk	
Microsoft Edge Driver			issue tracker	Implementation Status	
SafariDriver			issue tracker		
Windows Phone			issue tracker		
Windows Phone	4.14.028.10		issue tracker		Released 2013-11-23
Selendroid - Selenium for Android			issue tracker		
ios-driver			issue tracker		
BlackBerry 10			issue tracker		Released 2014-01-28
Appium			issue tracker		

图 9-11　补丁下载地址

根据自己的操作系统，下载指定的 geckodriver 文件。下面以 Firefox 为例，对 geckodriver 进行配置。在 ubuntu 下，将文件下载下来之后解压到指定目录下，我把它解压到 firefoxDriver

目录下，如图 9-12 所示。

接着配置环境变量，在 shell 中执行：export PATH=$PATH:/home/ubuntu/firefoxDriver，将 geckodriver 所在的目录配置到环境变量中，其他操作系统配置方式类似。

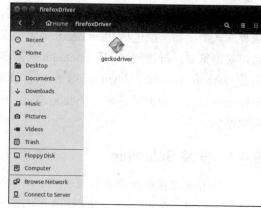

图 9-12　补丁解压位置

9.4.2　快速入门

安装和配置完成后，现在开始使用 Selenium 写一个小例子，功能是打开百度主页，在搜索框中输入网络爬虫，进行搜索。代码如下：

```python
from selenium import webdriver
from selenium.webdriver.common.keys import Keys
import time

driver = webdriver.Firefox()
driver.get("http://www.baidu.com")
assert u"百度" in driver.title
elem = driver.find_element_by_name("wd")
elem.clear()
elem.send_keys(u"网络爬虫")
elem.send_keys(Keys.RETURN)
time.sleep(3)
assert u"网络爬虫." not in driver.page_source
driver.close()
```

效果如图 9-13 所示。

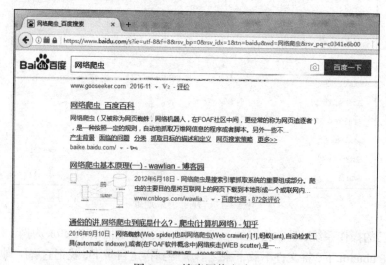

图 9-13　搜索网络爬虫

代码分析：首先使用 webdriver.Firefox() 获取 Firefox 浏览器的驱动，调用 get 方法，打开百度首页，判断标题中是否包含百度字样，接着通过元素名称 wd 获取输入框，通过 send_keys 方法将网络爬虫填写其中，然后回车。延时 3 秒后，判断搜索页面是否有网络爬虫字样，最后关闭 driver。

我相信即使是同样的代码，大家也会遇到各种各样的问题。下面将大家可能遇到的问题进行一下总结：

1）错误信息为：Exception AttributeError: "'Service' object has no attribute 'process'" in...，可能是 geckodriver 环境变量有问题，重新将 geckodriver 所在目录配置到环境变量中。或者直接在代码中指定路径：

```
webdriver.Firefox(executable_path='/home/ubuntu/firefoxDriver/geckodriver')
```

2）错误信息为：selenium.common.exceptions.WebDriverException: Message: Unsupported Marionette protocol version 2, required 3，可能是 Firefox 版本太低，使用 Selenium3.x 要求 Firefox>=v47。

3）错误信息为：selenium.common.exceptions.WebDriverException: Message: Failed to start browser，可能是没找到 Firefox 浏览器，可以在代码中指定 Firefox 的位置：

```
binary = FirefoxBinary(r'E:\Mozilla Firefox\firefox.exe')
driver = webdriver.Firefox(firefox_binary=binary)
```

9.4.3 元素选取

要想对页面进行操作，首先要做的是选中页面元素。元素选取方法如表 9-5 所示。

表 9-5 定位方法

定位一个元素	定位多个元素	含义
find_element_by_id	find_elements_by_id	通过元素 id 进行定位
find_element_by_name	find_elements_by_name	通过元素名称进行定位
find_element_by_xpath	find_elements_by_xpath	通过 xpath 表达式进行定位
find_element_by_link_text	find_elements_by_link_text	通过完整超链接文本进行定位
find_element_by_partial_link_text	find_elements_by_partial_link_text	通过部分超链接文本进行定位
find_element_by_tag_name	find_elements_by_tag_name	通过标记名称进行定位
find_element_by_class_name	find_elements_by_class_name	通过类名进行定位
find_element_by_css_selector	find_elements_by_css_selector	通过 css 选择器进行定位

除了上面具有确定功能的方法，还有两个通用方法 find_element 和 find_elements，可以通过传入参数来指定功能。示例如下：

```
from selenium.webdriver.common.by import By
driver.find_element(By.XPATH, '//button[text()="Some text"]')
```

这一个例子是通过 xpath 表达式来查找，方法中第一个参数是指定选取元素的方式，第二个参数是选取元素需要传入的值或表达式。第一个参数还可以传入 By 类中的以下值：

- By.ID
- By.XPATH
- By.LINK_TEXT
- By.PARTIAL_LINK_TEXT
- By.NAME
- By.TAG_NAME
- By.CLASS_NAME
- By.CSS_SELECTOR

下面通过一个 HTML 文档来讲解一下如何使用以上方法提取内容，HTML 文档如下：

```html
<html>
    <body>
    <h1>Welcome</h1>
    <p class="content">用户登录</p>
        <form id="loginForm">
            <input name="username" type="text" />
            <input name="password" type="password" />
            <input name="continue" type="submit" value="Login" />
            <input name="continue" type="button" value="Clear" />
        </form>
    <a href="register.html">Register</a>
    </body>
<html>
```

定位方法的使用如表 9-6 所示。

表 9-6　定位方法示例

定位方式	代码示例
通过元素 id 定位	login_form = driver.find_element_by_id('loginForm')
通过元素 name 定位	username = driver.find_element_by_name('username') password = driver.find_element_by_name('password')
通过 xpath 定位	login_form = driver.find_element_by_xpath("//form[@id='loginForm']") clear_button = driver.find_element_by_xpath("//input[@type='button']")
通过链接文本定位超链接	register_link = driver.find_element_by_link_text('Register') register_link = driver.find_element_by_partial_link_text('Reg')
通过标记名称定位	h1= driver.find_element_by_tag_name('h1')
通过类名定位	content = driver.find_element_by_class_name('content')
通过 CSS 表达式定位	content = driver.find_element_by_css_selector('p.content')

9.4.4　页面操作

以如下 HTML 文档为例介绍页面操作，login.html 代码如下：

```html
<html>
<head>
<meta http-equiv="content-type" content="text/html;charset=gbk">
</head>
    <body>
    <h1>Welcome</h1>
    <p class="content">用户登录</p>
        <form id="loginForm">
            <select name="loginways">
                <option value="email">邮箱</option>
                <option value="mobile">手机号</option>
                <option value="name">用户名</option>
        </select>
        <br/>
            <input name="username" type="text" />
            <br/>
            密码
            <br/>
            <input name="password" type="password" />
            <br/><br/>
            <input name="continue" type="submit" value="Login" />
            <input name="continue" type="button" value="Clear" />
        </form>
    <a href="register.html">Register</a>
    </body>
</html>
```

效果如图 9-14 所示。

1. 页面交互与填充表单

第一步：初始化 Firefox 驱动，打开 html 文件，由于是本地文件，可以使用下面方式打开。

```
driver = webdriver.Firefox()
driver.get("file:///e:/login.html")
```

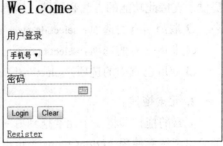

图 9-14　登录页面

第二步：获取用户名和密码的输入框，和登录按钮。

```
username = driver.find_element_by_name('username')
password = driver.find_element_by_xpath(".//*[@id='loginForm']/input[2]")
login_button = driver.find_element_by_xpath("//input[@type='submit']")
```

第三步：使用 send_keys 方法输入用户名和密码，使用 click 方法模拟点击登录。

```
username.send_keys("qiye")
password.send_keys("qiye_pass")
login_button.click()
```

如果想清除 username 和 password 输入框的内容，可以使用 clear 方法。

```
username.clear()
password.clear()
```

上面还有一个问题没解决,如何操作下拉选项卡选择登录方式呢?第一种方法代码如下:

```
select = driver.find_element_by_xpath("//form/select")
all_options = select.find_elements_by_tag_name("option")
for option in all_options:
    print("Value is: %s" % option.get_attribute("value"))
    option.click()
```

在代码中首先获取 select 元素,也就是下拉选项卡。然后轮流设置了 select 选项卡中的每一个 option 选项。这并不是一个非常好的办法。官方提供了更好的实现方式,在 WebDriver 中提供了一个叫 Select 方法,也就是第二种操作方式。代码如下:

```
from selenium.webdriver.support.ui import Select
select = Select(driver.find_element_by_xpath('//form/select '))
select.select_by_index(index)
select.select_by_visible_text("text")
select.select_by_value(value)
```

它可以根据索引、文字、value 值来选择选项卡中的某一项。

如果 select 标记中 multiple="multiple",也就是说这个 select 标记支持多选,Select 对象提供了支持此功能的方法和属性。示例如下:

- 取消所有的选项:select.deselect_all()
- 获取所有的选项:select.options
- 获取已选中的选项:select. all_selected_options

2. 元素拖拽

元素的拖拽即将一个元素拖到另一个元素的位置,类似于拼图。首先要找到源元素和目的元素,然后使用 ActionChains 类可以实现。代码如下:

```
element = driver.find_element_by_name("source")
target = driver.find_element_by_name("target")

from selenium.webdriver import ActionChains
action_chains = ActionChains(driver)
action_chains.drag_and_drop(element, target).perform()
```

3. 窗口和页面 frame 的切换

一个浏览器一般都会开多个窗口,我们可以 switch_to_window 方法实现指定窗口的切换。示例如下:

```
driver.switch_to_window("windowName")
```

也可以通过 window handle 来获取每个窗口的操作对象。示例如下:

```
for handle in driver.window_handles:
driver.switch_to_window(handle)
```

如需切换页面 frame，可以使用 switch_to_frame 方法，示例如下：

```
driver.switch_to_frame("frameName")
driver.switch_to_frame("frameName.0.child")
```

4. 弹窗处理

如果你在处理页面的过程中，触发了某个事件，跳出弹框。可以使用 switch_to_alert 获取弹框对象，从而进行关闭弹框、获取弹框信息等操作。示例如下：

```
alert = driver.switch_to_alert()
alert.dismiss()
```

5. 历史记录

操作页面的前进和后退功能，示例如下：

```
driver.forward()
driver.back()
```

6. Cookie 处理

可以使用 get_cookies 方法获取 cookie，也可以使用 add_cookie 方法添加 cookie 信息。示例如下：

```
driver.get("http://www.baidu.com")
cookie = {'name': 'foo', 'value' : 'bar'}
driver.add_cookie(cookie)
driver.get_cookies()
```

7. 设置 phantomJS 请求头中 User-Agent

这个功能在爬虫中非常有用，一般针对 phantomJS 的反爬虫措施都会检测这个字段，默认的 User-Agent 中含有 phantomJS 内容，可以通过代码进行修改。代码如下：

```
dcap = dict(DesiredCapabilities.PHANTOMJS)
dcap["phantomjs.page.settings.userAgent"] = (
    "Mozilla/5.0 (Linux; Android 5.1.1; Nexus 6 Build/LYZ28E) AppleWebKit/537.36 
        (KHTML, like Gecko) Chrome/48.0.2564.23 Mobile Safari/537.36"
)
driver = webdriver.PhantomJS()# desired_capabilities=dcap)
driver.get("http://www.google.com")
driver.quit()
```

9.4.5 等待

由于现在很多网站采用 Ajax 技术，不确定网页元素什么时候能被完全加载，所以网页元素的选取会比较困难，这时候就需要等待。Selenium 有两种等待方式，一种是显式等待，一种是隐式等待。

1. 显式等待

显式等待是一种条件触发式的等待方式，指定某一条件直到这个条件成立时才会继续执行，可以设置超时时间，如果超过这个时间元素依然没被加载，就会抛出异常。示例如下：

```python
from selenium import webdriver
from selenium.webdriver.common.by import By
from selenium.webdriver.support.ui import WebDriverWait
from selenium.webdriver.support import expected_conditions as EC

driver = webdriver.Firefox()
driver.get("http://somedomain/url_that_delays_loading")
try:
    element = WebDriverWait(driver, 10).until(
        EC.presence_of_element_located((By.ID, "myDynamicElement"))
    )
finally:
    driver.quit()
```

以上代码加载 http://somedomain/url_that_delays_loading 页面，并定位 id 为 myDynamicElement 的元素，设置超时时间为 10s。WebDriverWait 默认会 500ms 检测一下元素是否存在。

Selenium 提供了一些内置的用于显式等待的方法，位于 expected_conditions 类中，方法名称如表 9-7 所示：

表 9-7 内置方法

内置方法	功　　能
title_is	判断当前页面的 title 是否等于预期内容
title_contains	判断当前页面的 title 是否包含预期字符串
presence_of_element_located	判断某个元素是否被加到了 dom 树里，并不代表该元素一定可见
visibility_of_element_located	判断某个元素是否可见
visibility_of	判断某个元素是否可见
presence_of_all_elements_located	判断是否至少有 1 个元素存在于 dom 树中
text_to_be_present_in_element	判断某个元素中的 text 是否包含了预期的字符串
text_to_be_present_in_element_value	判断某个元素中的 value 属性是否包含了预期的字符串
frame_to_be_available_and_switch_to_it	判断该 frame 是否可以切换进去，如果可以的话，返回 True 并且切换进去，否则返回 False
invisibility_of_element_located	判断某个元素中是否不存在于 dom 树或不可见
element_to_be_clickable	判断某个元素中是否可见并且是 enable 的
staleness_of	等待某个元素从 dom 树中移除
element_to_be_selected	判断某个元素是否被选中了，一般用于下拉列表
element_located_to_be_selected	判断某个元素是否被选中了，一般用于下拉列表

（续）

内置方法	功能
element_selection_state_to_be	判断某个元素的选中状态是否符合预期
element_located_selection_state_to_be	判断某个元素的选中状态是否符合预期
alert_is_present	判断页面上是否存在 alert 框

2. 隐式等待

隐式等待是在尝试发现某个元素的时候，如果没能立刻发现，就等待固定长度的时间，类似于 socket 超时，默认设置是 0 秒。一旦设置了隐式等待时间，它的作用范围是 Webdriver 对象实例的整个生命周期，也就是说 Webdriver 执行每条命令的超时时间都是如此。如果大家感觉设置的时间过长，可以进行不断地修改。使用方法示例如下：

```
from selenium import webdriver
driver = webdriver.Firefox()
driver.implicitly_wait(10) # seconds
driver.get("http://somedomain/url_that_delays_loading")
myDynamicElement = driver.find_element_by_id("myDynamicElement")
```

3. 线程休眠

time.sleep(time)，这是使用线程休眠延时的办法，也是比较常用的。

9.5 动态爬虫 2：爬取去哪网

讲解完了 Selenium，接下来编写一个爬取去哪网酒店信息的简单动态爬虫。目标是爬取上海今天的酒店信息，并将这些信息存成文本文件。下面将整个目标进行功能分解：

1）搜索功能，在搜索框输出地点和入住时间，点击搜索按钮。
2）获取一页完整的数据。由于去哪网一个页面数据分为两次加载，第一次加载 15 条数据，这时候需要将页面拉到底部，完成第二次数据加载。
3）获取一页完整且渲染过的 HTML 文档后，使用 BeautifulSoup 将其中的酒店信息提取出来进行存储。
4）解析完成，点击下一页，继续抽取数据。

第一步：找到酒店信息的搜索页面，如图 9-15 所示。

使用 Firebug 查看 Html 结果，可以通过 selenium 获取目的地框、入住日期、离店日期和搜索按钮的元素位置，输入内容，并点击搜索按钮。

```
ele_toCity = driver.find_element_by_name('toCity')
ele_fromDate = driver.find_element_by_id('fromDate')
ele_toDate = driver.find_element_by_id('toDate')
ele_search = driver.find_element_by_class_name('search-btn')
ele_toCity.clear()
```

```
ele_toCity.send_keys(to_city)
ele_toCity.click()
ele_fromDate.clear()
ele_fromDate.send_keys(fromdate)
ele_toDate.clear()
ele_toDate.send_keys(todate)
ele_search.click()
```

图 9-15　搜索页面

第二步：分两次获取一页完整的数据，第二次让 driver 执行 js 脚本，把网页拉到底部。

```
try:
    WebDriverWait(driver, 10).until(
        EC.title_contains(unicode(to_city))
    )
except Exception,e:
    print e
    break
time.sleep(5)

js = "window.scrollTo(0, document.body.scrollHeight);"
driver.execute_script(js)
time.sleep(5)
    htm_const = driver.page_source
```

第三步：使用 BeautifulSoup 解析酒店信息，并将数据进行清洗和存储。

```
soup = BeautifulSoup(htm_const,'html.parser', from_encoding='utf-8')
infos = soup.find_all(class_="item_hotel_info")
f = codecs.open(unicode(to_city)+unicode(fromdate)+u'.html', 'a', 'utf-8')
for info in infos:
    f.write(str(page_num)+'--'*50)
    content = info.get_text().replace(" ","").replace("\t","").strip()
    for line in [ln for ln in content.splitlines() if ln.strip()]:
        f.write(line)
        f.write('\r\n')
f.close()
```

第四步：点击下一页，继续重复这一个过程。

```
next_page = WebDriverWait(driver, 10).until(
    EC.visibility_of(driver.find_element_by_css_selector(".item.next"))
)
next_page.click()
```

这个小例子只是简单实现了功能，完整代码如下：

```
class QunaSpider(object):

    def get_hotel(self,driver, to_city,fromdate,todate):
        ele_toCity = driver.find_element_by_name('toCity')
        ele_fromDate = driver.find_element_by_id('fromDate')
        ele_toDate = driver.find_element_by_id('toDate')
        ele_search = driver.find_element_by_class_name('search-btn')
        ele_toCity.clear()
        ele_toCity.send_keys(to_city)
        ele_toCity.click()
        ele_fromDate.clear()
        ele_fromDate.send_keys(fromdate)
        ele_toDate.clear()
        ele_toDate.send_keys(todate)
        ele_search.click()
        page_num=0
        while True:
            try:
                WebDriverWait(driver, 10).until(
                    EC.title_contains(unicode(to_city))
                )
            except Exception,e:
                print e
                break
            time.sleep(5)

            js = "window.scrollTo(0, document.body.scrollHeight);"
            driver.execute_script(js)
            time.sleep(5)

            htm_const = driver.page_source
            soup = BeautifulSoup(htm_const,'html.parser', from_encoding='utf-8')
            infos = soup.find_all(class_="item_hotel_info")
            f = codecs.open(unicode(to_city)+unicode(fromdate)+u'.html', 'a',
                'utf-8')
            for info in infos:
                f.write(str(page_num)+'--'*50)
                content = info.get_text().replace(" ","").replace("\t","").strip()
                for line in [ln for ln in content.splitlines() if ln.strip()]:
                    f.write(line)
```

```python
                f.write('\r\n')
            f.close()
            try:
                next_page = WebDriverWait(driver, 10).until(
                    EC.visibility_of(driver.find_element_by_css_selector(".item.next"))
                )
                next_page.click()
                page_num+=1
                time.sleep(10)
            except Exception,e:
                print e
                break

    def crawl(self,root_url,to_city):
        today = datetime.date.today().strftime('%Y-%m-%d')
        tomorrow=datetime.date.today() + datetime.timedelta(days=1)
        tomorrow = tomorrow.strftime('%Y-%m-%d')
        driver = webdriver.Firefox(executable_path='D:\geckodriver_win32\gecko-
            driver.exe')
        driver.set_page_load_timeout(50)
        driver.get(root_url)
        driver.maximize_window()   # 将浏览器最大化显示
        driver.implicitly_wait(10)  # 控制间隔时间,等待浏览器反映
        self.get_hotel(driver,to_city,today,tomorrow)


if __name__=='__main__':
    spider = QunaSpider()
    spider.crawl('http://hotel.qunar.com/',u"上海")
```

9.6 小结

本章讲解了两种动态网站抓取的方法,两种方法有利有弊。直接从 JavaScript 中提取数据远比使用 Selenium+PhantomJS 速度快,占用系统内存小,但是碰到参数加密的情况,分析起来就较为复杂,而 Selenium+PhantomJS 恰恰避免了这个问题,反爬虫能力很强,基本上可以躲过大部分的检测。两种方法都要掌握,针对不同的网站使用不同的策略。

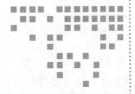

第 10 章 Web 端协议分析

本章主要讲解进行深层次网页爬取时遇到的两个最主要的问题，其中一个是网页登录 POST 分析，另一个是验证码问题。通过解决项目中出现的实际问题，帮助大家开拓思路，熟练掌握解决方法。

10.1 网页登录 POST 分析

本节探讨的是那些需要登录之后才能进行页面爬取的情况，属于深层次的网页爬取。我们将讲一些大家熟悉的例子，比如爬取论坛或者贴吧的内容，这种网站对权限的管理非常严格，不同的角色权限，对应的网页内容是不同的。假如你没有登录该论坛或贴吧，相当于游客权限，基本上爬取不到任何有价值的数据。本节要做的就是完成登录获取 Cookie 这一步，现在的网页登录基本上都是使用表单提交 POST 请求来完成验证。接下来就讲解登录 POST 请求中需要注意的情况。

10.1.1 隐藏表单分析

大家在分析 POST 请求时经常碰到这种情况，通过 FireBug 截获 POST 请求，发现 POST 出去的数据比我们在表单中填写的数据多，而且这些数据的内容每次还变化，这非常影响我们使用 Python 发送 POST 请求进行模拟登录。下面以知乎（https://www.zhihu.com/#signin）为例，如图 10-1 所示。

打开 Firebug，打开网络监听，输入账号和密码进行登录。截获的请求如图 10-2 所示。

POST 内容如下：

_xsrf=03be292fc21b83fa6ddb48760af4f4c2

```
password=XXXXXXXX
phone_num=XXXXXXXX
remember_me=true
```

我使用的是手机号登录，账号密码使用 XXXXXXXX 代替。大家发现 phone_num、password、remember_me 这三个字段是我们在表单中输入或者选中的，除了这三个还多了一个_xsrf 参数，做过 Web 前端的朋友肯定认识这个字段，这是用来防跨站请求伪造的。那这个参数在哪呢？我们需要使用_xsrf 这个参数模拟登录。

图 10-1　登录知乎

这就需要 Firebug 强大的搜索功能，将_xsrf 后面的值 03be292fc21b83fa6ddb48760af4f4c2 填入搜索框中并回车，如图 10-3 所示。

图 10-2　POST 请求

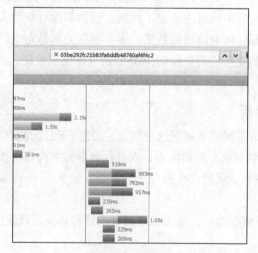

图 10-3　搜索框

很快就在当前页面的响应中找到了_xsrf的值,可以确定位置是在表单提交的隐藏<input>标记中,如图10-4所示。

图 10-4　_xsrf 位置

知道了_xsrf 的位置,既可以使用 Beautiful Soup 提取其中的值,也可以直接使用正则表达式提取。这次使用正则表达式进行提取,然后使用 Requests 提交 POST 请求。代码如下:

```
# coding:utf-8
# 构造 Request headers
import re
import requests
def get_xsrf(session):
    '''_xsrf 是一个动态变化的参数,从网页中提取'''
    index_url = 'http://www.zhihu.com'
    # 获取登录时需要用到的_xsrf
    index_page = session.get(index_url, headers=headers)
    html = index_page.text
    pattern = r'name="_xsrf" value="(.*?)"'
    # 这里的_xsrf 返回的是一个 list
    _xsrf = re.findall(pattern, html)
    return _xsrf[0]
agent = 'Mozilla/5.0 (Windows NT 5.1; rv:33.0) Gecko/20100101 Firefox/33.0'
headers = {
    'User-Agent': agent
}
session = requests.session()
_xsrf = get_xsrf(session)
post_url = 'http://www.zhihu.com/login/phone_num'
postdata = {
            '_xsrf': _xsrf,
            'password': 'xxxxxxxx',
```

```
                'remember_me': 'true',
                'phone_num': 'xxxxxxx',
            }
login_page = session.post(post_url, data=postdata, headers=headers)
login_code = login_page.text
print(login_page.status_code)
print(login_code)
```

登录成功的输出结果为：

```
200
{"r":0,
 "msg": "\u767b\u5f55\u6210\u529f"
}
```

10.1.2 加密数据分析

上面看到的知乎账号和密码都是使用明文进行发送，但是为了安全，很多网站都会将密码进行加密，然后添加一系列附加的参数到 POST 请求中，而且还有验证码，分析难度和知乎登录完全不是一个量级。下面我们就进行一下挑战，分析百度 POST 登录方式，强化大家的分析能力。由于百度登录使用的是同一套加密规则，所以这次就以百度云盘的登录为例进行分析，整个分析过程分为三个部分。

第一部分

首先打开 FireBug，访问 http://yun.baidu.com/，监听网络数据，如图 10-5 所示。

图 10-5 百度网盘

操作流程：

1）输入账号和密码。

2）点击登录。（第一次 POST 登录。）

3）这时候会出现验证码，输入验证码。

4）最后点击登录成功上线。（第二次 POST 登录成功。）

在一次成功的登录过程中，我们需要点击两次登录按钮，也就出现了两次 POST 请求，如图 10-6 所示。

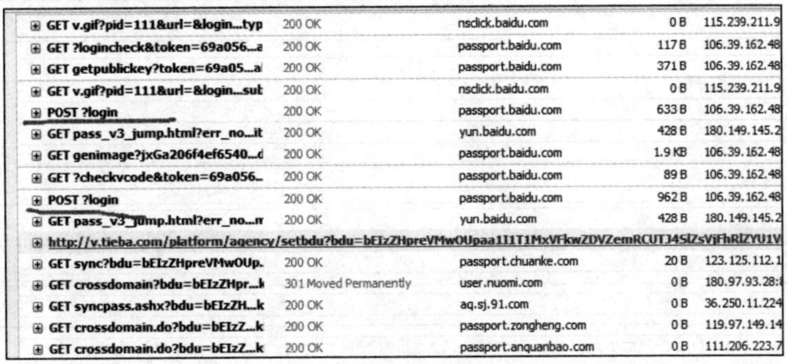

图 10-6 两次 POST 请求

将上面两次的 POST 请求记录下来，记录完成之后，清空 cookie，再进行一次成功的登录，用于比较 POST 请求字段中那些是会变化的，那些是不会变化的。两次登录四次 POST 请求，我们将这四次 POST 请求命名为 post1_1、post1_2、post2_1、post2_2，以便区分是哪一次登录的哪一个 POST 请求。

现在先关注 post2_2 和 post1_2，这是两次登录最后成功的 POST 请求，如图 10-7 所示：

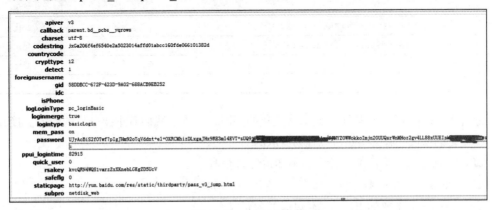

图 10-7 post2_2 参数

通过比较 post2_2 和 post1_2，我们可以发现一些字段是变化的，一些是不变的，如表 10-1 所示。

表 10-1 POST 参数值状态表

POST 参数	变化情况
apiver=v3	不变
charset=utf-8	不变
countrycode=	不变
crypttype=12	不变
detect=1	不变
foreignusername=	不变
idc=	不变
isPhone=	不变
logLoginType=pc_loginBasic	不变
loginmerge=true	不变
logintype=basicLogin	不变
mem_pass=on	不变
quick_user=0	不变
safeflg=0	不变
staticpage=http://yun.baidu.com/res/static/thirdparty/pass_v3_jump.html	不变
subpro=netdisk_web	不变
tpl=netdisk	不变
u=http://yun.baidu.com/	不变
username	不变
callback=parent.bd__pcbs__yqrows	变化
Codestring= jxGa206f4ef6540e2a5023014affd01abcc160fde066101382d	变化
gid =58DDBCC-672F-423D-9A02-688ACB9EB252	变化
password	变化
Rsakey= kvcQRN4WQS1varzZxXKnebLGKgZD5UcV	变化
token =69a056f475fc955dc16215ab66a985af	变化
tt= 1469844379327	变化
verifycode	变化

通过表 10-1，我们可以了解到那些变化的字段，这也是我们着重要分析的地方。接着分析一下变化的参数，看哪些是可以轻易获取的。

- callback：不清楚是什么，不知道怎么获取。
- codestring：不清楚是什么，不知道怎么获取。
- gid：一个生成的 ID 号，不知道怎么获取。
- password：加密后的密码，不知道怎么获取。
- ppui_logintime：时间，不知道怎么获取。

- `rsakey`：RSA 加密的密钥（可以推断出密码肯定是经过了 RSA 加密），不知道怎么获取。
- `token`：访问令牌，不知道怎么获取。
- `tt`：时间戳，可以使用 Python 的 time 模块生成。
- `verifycode`：验证码，可以轻易获取验证码图片并获取验证码值。

通过上面的分析，又确定了 tt、verifycode 参数的提取方式，现在只剩下 callback、codestring、gid、password、ppui_logintime、rsakey、token 等参数的分析。

第二部分

既然已经知道了需要确定的参数，接下来要做的是确定 callback、codestring、gid、password、ppui_logintime、rsakey、token 这些参数是在哪一次登录过程的哪一个 post 请求中产生的。将 post2_1 和 post2_2 的请求参数进行比较，如图 10-8 是 post2_1 请求的内容，可以和图 10-7 进行比较，以发现参数的变化。

图 10-8 post2_1 参数

通过比较，参数变化如表 10-2 所示。

表 10-2 post2_1 和 post2_2 参数值对比

POST 参数	post2_1	post2_2
callback	产生	变化
codestring	未产生	产生
gid	产生	未变化
password	产生	变化
ppui_logintime	产生	变化
rsakey	产生	未变化
token	产生	未变化

通过上表我们看到出现明显变化的是 codestring，从无到有。可以基本上确定 codestring 是

在 post2_1 之后产生的，所以 codestring 这个字段应该是在 post2_1 的响应中找到。果不其然，如图 10-9 所示：

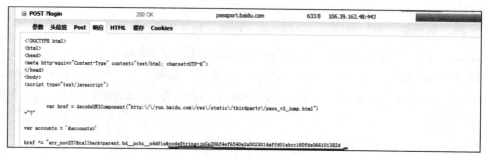

图 10-9 codestring 参数

codestring 这个字段的获取位置已经确定。

接着分析 post2_1 已经产生，post2_1 内容没有发生变化的参数：gid、rsakey、token。这些参数可以确定是在 post2_1 请求发送之前就已经产生，根据网络响应的顺序，从下到上，看看能不能发现一些敏感命名的链接。在 post2_1 的不远处，发现了一个敏感链接：https://passport.baidu.com/v2/getpublickey?token=69a056f475fc955dc16215ab66a985af&tpl=netdisk&subpro=netdisk_web&apiver=v3&tt=1469844359188&gid=58DDBCC-672F-423D-9A02-688ACB9EB252&callback=bd__cbs__rn85cf，如图 10-10 所示。

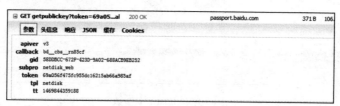

图 10-10 敏感链接

通过查看响应我们找到 rsakey，虽然在响应中变成了 key，可是值是一样的。通过之前的信息，我们知道密码是通过 RSA 加密的，所以响应中的 publickey 可能是公钥，这个要重点注意，如图 10-11 所示：

图 10-11 敏感链接响应

还可以发现 callback 参数，参数中出现 callback 字段，之后响应中也出现了 callback 字段的值将响应包裹，由此可以推断 callback 字段可能只是进行标识作用，不参与实际的参数校验。

通过对这个敏感链接的请求参数可以得出以下结论：gid 和 token 可以得到 rsakey 参数。

接着分析 gid 参数和 token 参数。直接在 FireBug 的搜索框中输入 token，进行搜索。搜索两到三次，可以发现 token 的出处位于 https://passport.baidu.com/v2/api/?getapi&tpl=netdisk&subpro=netdisk_web&apiver=v3&tt=1469844296412&class=login&gid=58DDBCC-672F-423D-9A02-688ACB9EB252&logintype=basicLogin&callback=bd__cbs__cmkxjj，如图 10-12 所示：

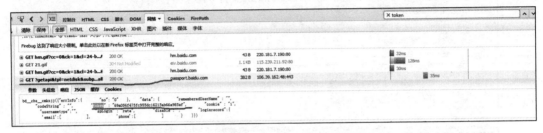

图 10-12　token 出处

通过这个链接的 get 参数，我们可以得到如下的结论：通过 gid 可以得出 Token。

最后分析一下 gid 参数。依旧是通过搜索的办法，很快在 http://passport.bdimg.com/passApi/js/login_tangram_a829ef5.js 中找到了 gid 的出处，如图 10-13 所示：

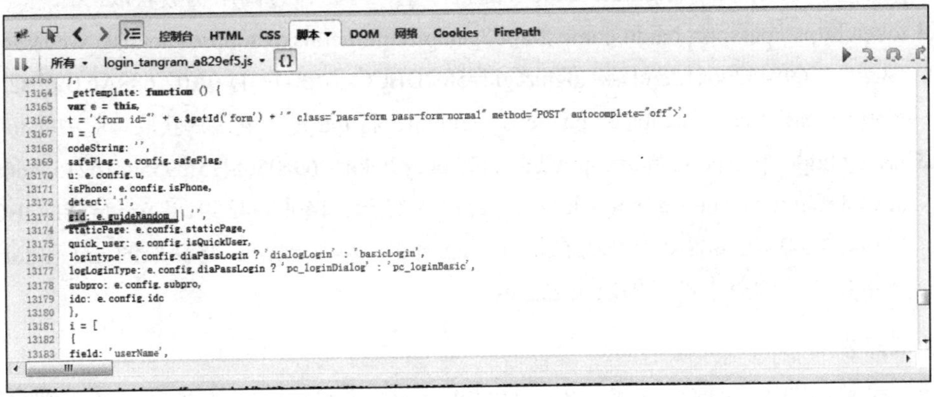

图 10-13　gid 位置

格式化脚本之后，咱们看一下这个 gid 是怎么产生的。通过 gid:e.guideRandom，我们可以知道 gid 是由 guideRandom 这个函数产生的，接着在脚本中搜索这个函数，如图 10-14 所示：

最后找到这个函数的原型，通过代码可以看到，这是随机生成的字符串，这就好办了。函数原型如下：

```
gid = this.guideRandom = function () {
    return 'xxxxxxxx-xxxx-4xxx-yxxx-xxxxxxxxxxxx'.replace(/[xy]/g, function (e) {
    var t = 16 * Math.random() | 0,
```

```
        n='x'==e?t:3&t|8;
        return n.toString(16)
    }).toUpperCase()
}()
```

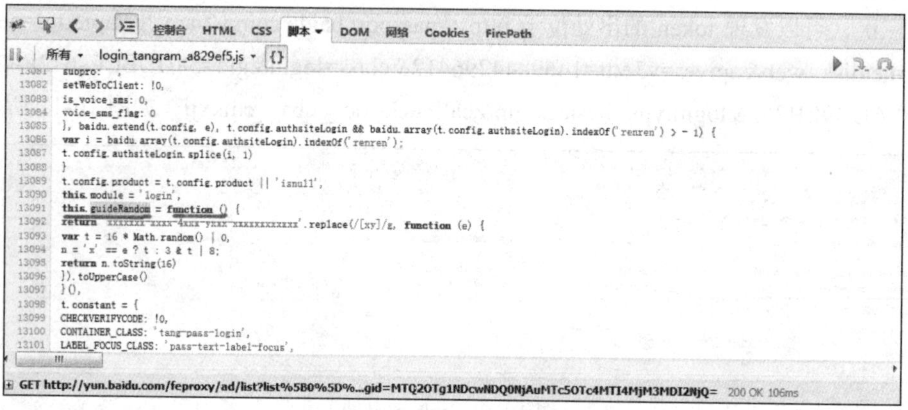

图 10-14 guideRandom 函数

最后将第二部分进行一下总结：

- codestring：从第一次 POST 之后的响应中提取出来
- gid：由一个已知函数 guideRandom 随机产生，可以通过调用函数获取
- token:https://passport.baidu.com/v2/api/?getapi&tpl=netdisk&subpro=netdisk_web&apiver=v3&tt=1469844296412&class=login&gid=58DDBCC-672F-423D-9A02-688ACB9EB252&logintype=basicLogin&callback=bd__cbs__cmkxjj，将 gid 带入链接，获取响应中的 token
- rsakey:https://passport.baidu.com/v2/getpublickey?token=69a056f475fc955dc16215ab66a985af&tpl=netdisk&subpro=netdisk_web&apiver=v3&tt=1469844359188&gid=58DDBCC-672F-423D-9A02-688ACB9EB252&callback=bd__cbs__rn85c，将获取的 gid 和 token 带入链接，从响应中可以提取出 rsakey

第三部分

最后还剩 callback、password 和 ppui_logintime 参数。通过之前的分析，可以了解到 callback 可能没啥用，所以放到后面再分析。一般来说 password 是最难分析的，所以也放到后面分析。

接下来分析 ppui_logintime，搜索 ppui_logintime，在下面的链接中找到了 ppui_logintime 的出处：http://passport.bdimg.com/passApi/js/login_tangram_a829ef5.js，如图 10-15 所示。

找到了 timeSpan: 'ppui_logintime'，接着搜索 timeSpan，如图 10-16 所示。

找到了 r.timeSpan = (new Date).getTime() - e.initTime，接着搜索 initTime，如图 10-17 所示。

通过上面的代码我们可以知道 ppui_logintime 可能是从输入登录信息，一直到点击登录按钮提交的这段时间，可以直接使用之前的 POST 请求所发送的数据，没有什么影响。

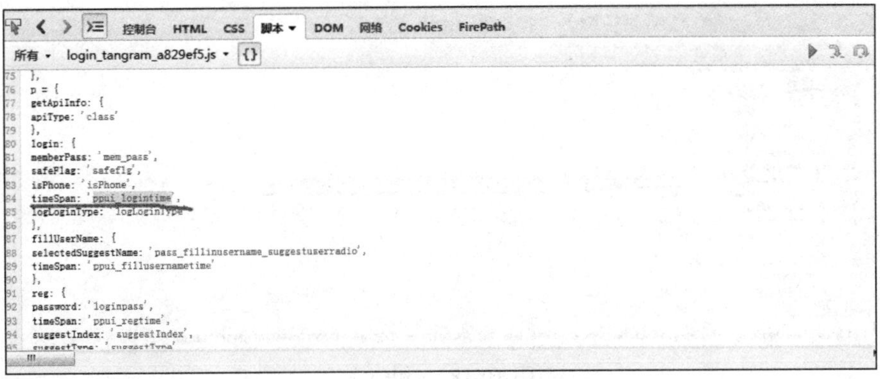

图 10-15 ppui_logintime 参数

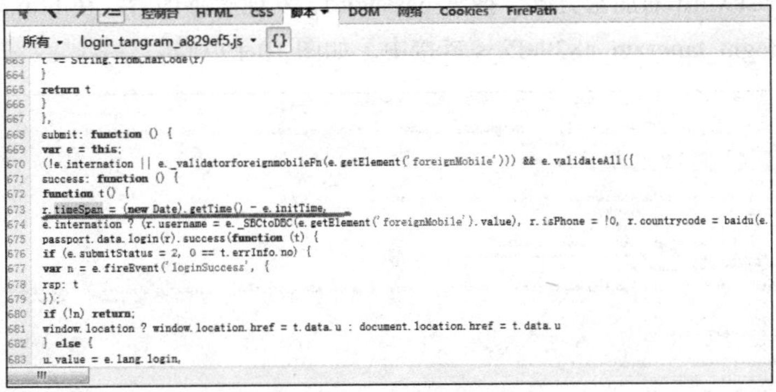

图 10-16 timeSpan

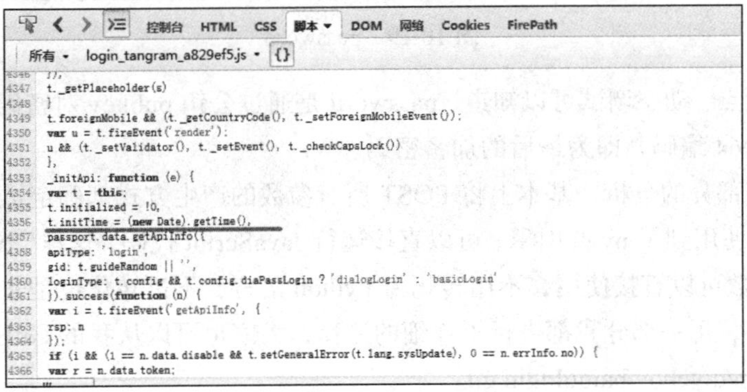

图 10-17 initTime

接着分析 callback 参数，搜索 callback，我们将可以找到 callback 的生成方式，如图 10-18 所示。

callback 生成方式为：

callback ='bd__cbs__'+Math.floor(2147483648 *Math.random()).toString(36)

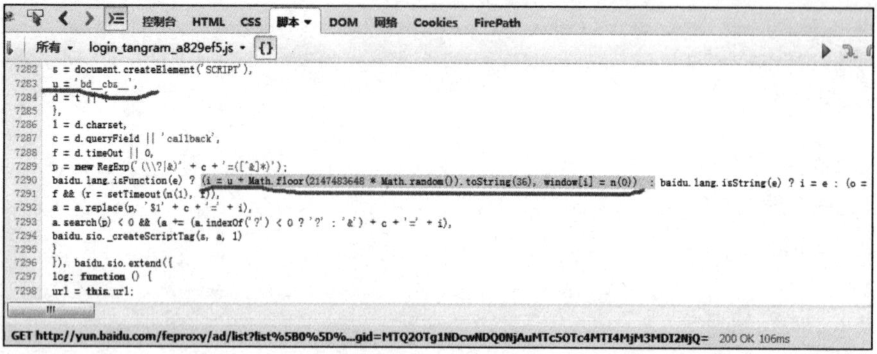

图 10-18 callback

最后分析 password 的加密方式，搜索 password，发现敏感内容，在 http://passport.bdimg.com/passApi/js/login_tangram_a829ef5.js 链接中，如图 10-19 所示。

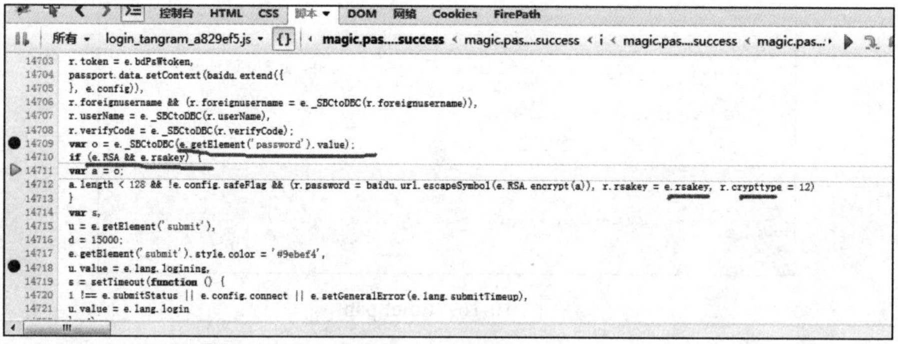

图 10-19 password

通过设置断点，动态调试可以知道，password 是通过公钥 pubkey 对密码进行加密，最后对输出进行 base64 编码，即为最后的加密密码。

通过以上三部分的分析，基本上将 POST 所有参数的产生方式都确定了。最后我们进行模拟登录，其中使用到了 pyv8 引擎，可以直接运行 JavaScript 代码，这样生成 gid 和 callback 的 JavaScript 函数可以直接使用，不用转化为 Python 语言，不过转化也是非常简单的。完整的登录代码如下，每一部分我都进行了详细的注释，大家也可以从我的 GitHub 上进行下载：https://github.com/qiyeboy/baidulogin.git。

```
# coding:utf-8
import base64
import json
import re
from Crypto.Cipher import PKCS1_v1_5
from Crypto.PublicKey import RSA
import PyV8
from urllib import quote
```

```python
import requests
import time
if __name__=='__main__':
    s = requests.Session()
    s.get('http://yun.baidu.com')
    js='''
    function callback(){
        return 'bd__cbs__'+Math.floor(2147483648 * Math.random()).toString(36)
    }
    function gid(){
        return 'xxxxxxx-xxxx-4xxx-yxxx-xxxxxxxxxxxx'.replace(/[xy]/g, function (e) {
        var t = 16 * Math.random() | 0,
        n = 'x' == e ? t : 3 & t | 8;
        return n.toString(16)
        }).toUpperCase()

    }
    '''
    ctxt = PyV8.JSContext()
    ctxt.enter()
    ctxt.eval(js)
    ########### 获取gid############################ 3
    gid = ctxt.locals.gid()
    ########### 获取callback############################ 3
    callback1 = ctxt.locals.callback()
    ########### 获取token############################ 3
    tokenUrl="https://passport.baidu.com/v2/api/?getapi&tpl=netdisk&subpro=net" \
        "disk_web&apiver=v3" \
            "&tt=%d&class=login&gid=%s&logintype=basicLogin&callback=%s"%(time.
                time()*1000,gid,callback1)

    token_response = s.get(tokenUrl)
    pattern = re.compile(r'"token"\s*:\s*"(\w+)"')
    match = pattern.search(token_response.text)
    if match:
        token = match.group(1)
    else:
        raise Exception
    ########### 获取callback############################ 3
    callback2 = ctxt.locals.callback()
    ########### 获取rsakey和pubkey############################ 3
    rsaUrl = "https://passport.baidu.com/v2/getpublickey?token=%s&" \
            "tpl=netdisk&subpro=netdisk_web&apiver=v3&tt=%d&gid=%s&callback=" \
                "%s"%(token,time.time()*1000,gid,callback2)
    rsaResponse = s.get(rsaUrl)
    pattern = re.compile("\"key\"\s*:\s*'(\w+)'")
    match = pattern.search(rsaResponse.text)
    if match:
        key = match.group(1)
        print key
```

```
    else:
        raise Exception
pattern = re.compile("\"pubkey\":'(.+?)'")
match = pattern.search(rsaResponse.text)
if match:
    pubkey = match.group(1)
    print pubkey
else:
    raise Exception
############### 加密password####################### 3
password = 'xxxxxxx'# 填上自己的密码
pubkey = pubkey.replace('\\n','\n').replace('\\','')
rsakey = RSA.importKey(pubkey)
cipher = PKCS1_v1_5.new(rsakey)
password = base64.b64encode(cipher.encrypt(password))
print password
########### 获取callback############################ 3
callback3 = ctxt.locals.callback()
data={
    'apiver':'v3',
    'charset':'utf-8',
    'countrycode':'',
    'crypttype':12,
    'detect':1,
    'foreignusername':'',
    'idc':'',
    'isPhone':'',
    'logLoginType':'pc_loginBasic',
    'loginmerge':True,
    'logintype':'basicLogin',
    'mem_pass':'on',
    'quick_user':0,
    'safeflg':0,
    'staticpage':'http://yun.baidu.com/res/static/thirdparty/pass_v3_jump.html',
    'subpro':'netdisk_web',
    'tpl':'netdisk',
    'u':'http://yun.baidu.com/',
    'username':'xxxxxxxxx',# 填上自己的用户名
    'callback':'parent.'+callback3,
    'gid':gid,'ppui_logintime':71755,
    'rsakey':key,
    'token':token,
    'password':password,
    'tt':'%d'%(time.time()*1000),
}
########### 第一次post########################## 3
post1_response = s.post('https://passport.baidu.com/v2/api/?login',data=data)
pattern = re.compile("codeString=(\w+)&")
match = pattern.search(post1_response.text)
if match:
```

```python
########## 获取codeString############################ 3
    codeString = match.group(1)
    print codeString
else:
    raise Exception
data['codestring']= codeString
############ 获取验证码##################################
verifyFail = True
while verifyFail:
    genimage_param = ''
    if len(genimage_param)==0:
        genimage_param = codeString
    verifycodeUrl="https://passport.baidu.com/cgi-bin/genimage?%s"%genimage_param
    verifycode = s.get(verifycodeUrl)
    ############ 下载验证码###################################
    with open('verifycode.png','wb') as codeWriter:
        codeWriter.write(verifycode.content)
        codeWriter.close()
    ############ 输入验证码###################################
    verifycode = raw_input("Enter your input verifycode: ");
    callback4 = ctxt.locals.callback()
    ############ 检验验证码###################################
    checkVerifycodeUrl='https://passport.baidu.com/v2/?' \
        'checkvcode&token=%s' \
        '&tpl=netdisk&subpro=netdisk_web&apiver=v3&tt=%d' \
        '&verifycode=%s&codestring=%s' \
        '&callback=%s'%(token,time.time()*1000,quote(verifycode),
        codeString,callback4)
    print checkVerifycodeUrl
    state = s.get(checkVerifycodeUrl)
    print state.text
    if state.text.find(u'验证码错误')!=-1:
        print '验证码输入错误...已经自动更换...'
        callback5 = ctxt.locals.callback()
        changeVerifyCodeUrl = "https://passport.baidu.com/v2/?reggetcodestr" \
            "&token=%s" \
            "&tpl=netdisk&subpro=netdisk_web&apiver=v3" \
            "&tt=%d&fr=login&" \
            "vcodetype=de94eTRcVz1GvhJFsiK5G+ni2k2Z78PYR xUaRJLEmxdJO5ftPhviQ3/
                JiT9vezbFtwCyqdkNWSP29oeOvYE0SYPocOGL+iTafSv8pw" \
            "&callback=%s"%(token,time.time()*1000,callb ack5)
        print changeVerifyCodeUrl
        verifyString = s.get(changeVerifyCodeUrl)
        pattern = re.compile('"verifyStr"\s*:\s*"(\w+)"')
        match = pattern.search(verifyString.text)
        if match:
            ########## 获取verifyString############################ 3
            verifyString = match.group(1)
            genimage_param = verifyString
            print verifyString
```

```
            else:
                verifyFail = False
                raise Exception
        else:
            verifyFail = False
data['verifycode']= verifycode
############ 第二次 post############################ 3
data['ppui_logintime']=81755
########################################################
# 特地说明,大家会发现第二次的 post 出去的密码是改变的,为什么我这里没有变化呢?
# 是因为 RSA 加密,加密钥和密码原文即使不变,每次加密后的密码都是改变的,RSA 有随机因子
  的关系
# 所以我这里不需要在对密码原文进行第二次加密了,直接使用上次加密后的密码即可,是没有问题的。
############################################################################
post2_response = s.post('https://passport.baidu.com/v2/api/?login',data=data)
if post2_response.text.find('err_no=0')!=-1:
    print '登录成功'
else:
    print '登录失败'
```

> **注意** 以上百度登录分析过程仅限于当时的加密情况,如果之后换了登录方式,以上代码可能会失效,但是分析方法不变

10.2 验证码问题

对于爬虫来说,一个比较大的阻碍就是验证码,验证码也是反爬虫的有效措施之一。接下来针对验证码出现的方式,就如何突破验证码进行进一步的探讨。

10.2.1 IP 代理

当你使用同一个 IP 频繁访问网页时,这时候网站服务器就极有可能将你判定为爬虫,此时会在网页中出现验证码,输入正确才能正常访问,类似淘宝的这种情况,如图 10-20 所示。

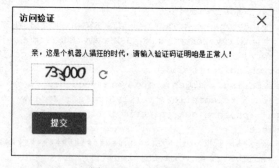

图 10-20 访问验证

这种验证码的产生原因是由于同一 IP 的频繁访问，当然你可以加大爬虫的延时，做到和人访问速率一样，不过这样效率稍微低一些，好的做法是换 IP 进行访问。

之前在第 3 章中对于 urllib2 和 Requests 如何配置代理 IP 的方法已经进行了讲解，这里不再进行赘述。大家可能更关心的是如何获取更多的代理 IP，主要有以下几种方式：

- 首先是 VPN：国内和国外很多厂商提供 VPN 服务，可以分配不同的网络线路，并可以自动更换 IP，实时性很高，速度很快。稳定可靠的 VPN 的价格一般都不低，适合商用。
- IP 代理池：一些厂商将很多 IP 做成代理池，提供 API 接口，允许用户使用程序调用。稳定的 IP 代理池也是很贵的，不适合个人学习使用。
- ADSL 宽带拨号：大家肯定都用过拨号上网的方式，ADSL 有个特点是断开再重新连接时分配的 IP 会变化，爬虫可以利用这个原理更换 IP。由于更换 IP 需要断开再重连，使用这种方式的效率并不高，适合实时性不高的场景。

VPN 和 IP 代理池都有厂商各自提供的更换 IP 接口，大家可以根据自己选择的厂商进行配置。

ADSL 宽带拨号，可以使用 Python 实现拨号和断开，比如 Windows 提供了一个用于操作拨号的命令 rasdial，接下来用 Python 操作这个命令实现上网，代码如下：

```python
# coding:utf-8
import os
import time
g_adsl_account = {"name": "adsl",
                  "username": "xxxxxxx",
                  "password": "xxxxxxx"}
class Adsl(object):
    #########################################################
    # __init__ : name: adsl 名称
    #########################################################
    def __init__(self):
        self.name = g_adsl_account["name"]
        self.username = g_adsl_account["username"]
        self.password = g_adsl_account["password"]
    #########################################################
    # set_adsl : 修改 adsl 设置
    #########################################################
    def set_adsl(self, account):
        self.name = account["name"]
        self.username = account["username"]
        self.password = account["password"]

    #########################################################
    # connect : 宽带拨号
    #########################################################
    def connect(self):
        cmd_str = "rasdial %s %s %s" % (self.name, self.username, self.password)
        os.system(cmd_str)
        time.sleep(5)
```

```python
#####################################################
# disconnect : 断开宽带连接
#####################################################
def disconnect(self):
    cmd_str = "rasdial %s /disconnect" % self.name
    os.system(cmd_str)
    time.sleep(5)

#####################################################
# reconnect : 重新进行拨号
#####################################################
def reconnect(self):
    self.disconnect()
    self.connect()

if __name__=='__main__':
    adsl = Adsl()
    adsl.connect()
```

现在有很多提供宽带拨号的服务商，提供专门的 VPS 拨号主机，例如无极网络等，价格不是很贵，也相对比较稳定，大家可以尝试去用一下，IP 基本上是秒切换。

最后提供一个适合个人使用的代理方式 IPProxyPool，这是本人用 Python 写的一个开源项目，放置于 GitHub：https://github.com/qiyeboy/IPProxyPool。原理：通过爬取各大 IP 代理网站的免费 IP，将这些 IP 进行去重、检测代理有效性等操作，最后存储到 SQLite 数据库中，并提供一个 API 接口，方便大家调用。以 Windows 使用进行讲解：

1）使用 git 将代码 clone 到本地，或在 GitHub 上下载 IPProxyPool 压缩包解压即可

2）进入 IPProxyPool 目录，在命令行窗口运行 Python IPProxys.py

这个时候 IPProxyPool 就开始工作，爬取免费 IP 了。每半个小时进行一次 IP 的爬取和校验，防止 IP 失效，效果如图 10-21 所示。

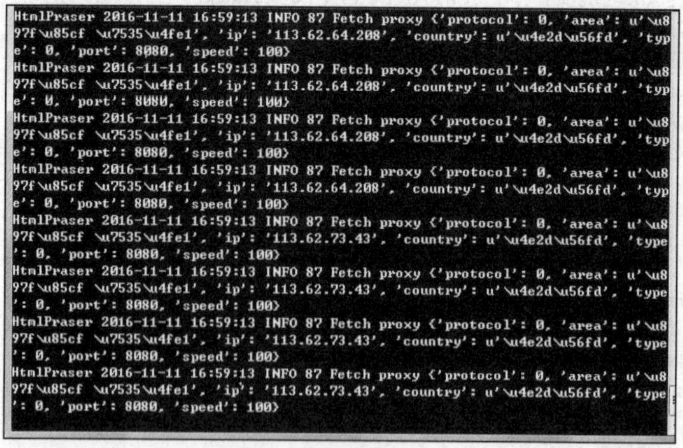

图 10-21　IPProxys 运行

那我们自己的爬虫如何获取 IPProxyPool 提供的 IP 呢？非常简单，IPProxyPool 提供了一个 HTTP 请求接口，假如我们的爬虫程序和 IPProxys 在同一台主机上，可以向 127.0.0.1:8000 发送一个 GET 请求，请求参数如表 10-3 所示。

表 10-3 GET 参数

名 称	类 型	描 述
Types	int	0：高匿代理，1 透明
protocol	int	0：http，1 https
count	int	数量
country	str	国家
area	str	地区

假如发送的 GET 请求为 http://127.0.0.1:8000/?types=0&count=5&county=中国，这个请求的意思是返回 5 个 IP 所在地在中国，类型为高匿的 IP 地址，响应格式为 JSON，按照响应速度由高到低，返回数据，类似[{"ip": "220.160.22.115", "port": 80}, {"ip": "183.129.151.130", "port": 80}, {"ip": "59.52.243.88", "port": 80}, {"ip": "112.228.35.24", "port": 8888}, {"ip": "106.75.176.4", "port": 80}]，大家在爬虫程序中只要将响应进行解析即可。示例代码如下：

```
import requests
import json
r = requests.get('http://127.0.0.1:8000/?types=0&count=5&country=中国')
ip_ports = json.loads(r.text)
print ip_ports
ip = ip_ports[0]['ip']
port = ip_ports[0]['port']
proxies={
    'http':'http://%s:%s'%(ip,port),
    'https':'http://%s:%s'%(ip,port)
}
r = requests.get('http://ip.chinaz.com/',proxies=proxies)
r.encoding='utf-8'
print r.text
```

根据我的统计，一般有用的代理 IP 在 70 个左右，完全满足个人的需要。

10.2.2 Cookie 登录

当我们在登录的时候遇到了验证码，这时候我们需要人工识别之后才能登录上去，其实这是个非常繁琐的过程，每次登录都要我们手动输入验证码，很不可取。但是大部分的网站当你登录上去之后，Cookie 都会保持较长的一段时间，避免因用户频繁输入账号和密码造成的不便。我们可以利用这个特性，当我们登录成功一次之后，可以将 Cookie 信息保存到本地，下次登录时直接使用 Cookie 登录。以 10.1 节的知乎登录为例，我们可以加入两个函数：

save_session 和 load_session。代码如下：

```python
def save_session(session):
    # 将session写入文件：session.txt
    with open('session.txt', 'wb') as f:
        cPickle.dump(session.headers, f)
        cPickle.dump(session.cookies.get_dict(), f)
        print '[+] 将session写入文件：session.txt'
def load_session():
    # 加载session
    with open('session.txt', 'rb') as f:
        headers = cPickle.load(f)
        cookies = cPickle.load(f)
    return headers,cookies
```

10.2.3 传统验证码识别

当我们识别并手动输入验证码，成功登录，并保存 Cookie 信息以便下次使用，这些操作做完之后仅仅可以暂时松一口气，因为 Cooke 总有失效的时候，下次还是要重复这个过程，尤其是爬取的网站很多时，将是一个很繁重的工作。如果能使用 Python 程序自动识别验证码，这将是一件省时省力的事情，这就涉及传统验证码的识别。

为什么限定为传统验证码呢？传统验证码即传统的输入型验证码，可以是数字、字母和汉字，这类验证码不涉及验证码含义的分析，仅仅识别验证码的内容，识别相对简单，进行验证码识别需要使用到 tesseract-ocr。下面讲解一下 Python 如何使用 tesseract-ocr 进行验证码识别。

Python 识别验证码需要安装 tesseract-ocr、pytesseract 和 Pillow。

Ubuntu：

❑ tesseract-ocr：sudo apt-get install tesseract-ocr

❑ pytesseract：sudo pip install pytesseract

❑ Pillow：sudo pip install pillow

Windows：

❑ tesseract-ocr：下载链接为 http://digi.bib.uni-mannheim.de/tesseract/，下载后直接安装，建议使用安装过程中的默认选项，安装目录默认为 C:\Program Files (x86)\Tesseract-OCR。

❑ pytesseract：pip install pytesseract

❑ Pillow：pip install pillow

安装完成后开始进行识别验证码，以 0376 这个验证码为例，识别代码如下：

```python
# coding:utf-8
import pytesseract
from PIL import Image
```

```
image = Image.open('code.png')
# 设置tesseract的安装路径
pytesseract.tesseract_cmd = 'c:\\Program Files (x86)\\Tesseract-OCR\\tesseract.exe'
code = pytesseract.image_to_string(image)
print code
```

输出结果为：

0376

我们只是简单介绍了 tesseract-ocr 的使用，对验证码的识别涉及图像处理方面的知识，提高识别率还要学习训练样本，本节不进行扩展讲解，感兴趣的话大家可以自行研究。

10.2.4 人工打码

当传统验证码识别难度加大，识别程序很难保证较高的准确率，例如这种情况 monstor，验证码粘连扭曲非常严重，识别起来比较困难，这时候人工打码就产生了。

人工打码采用自动识别+人工识别的组合方式。本人之前用过人工打码的平台，主要有两个，分别为打码兔和 QQ 超人打码，都提供了各种编程语言的接入方式，包括 Python，当然人工打码是需要收费的。以 QQ 超人打码为例，首先要去注册开发者账号，在识别程序中需要填写个人账号进行认证计费，如图 10-22 所示。

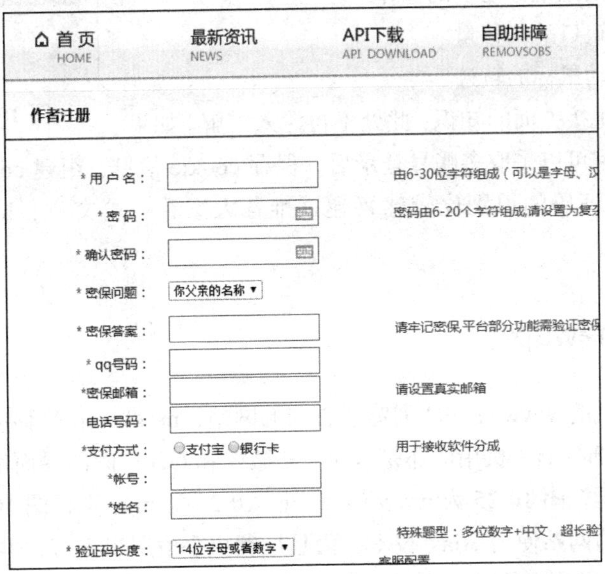

图 10-22 注册界面

注册完成后，官方提供了各种编程语言接入方式的示例，其中就有 Python 的，如图 10-23 所示。

大家可以根据提供的 API 示例，开发自己的识别程序。

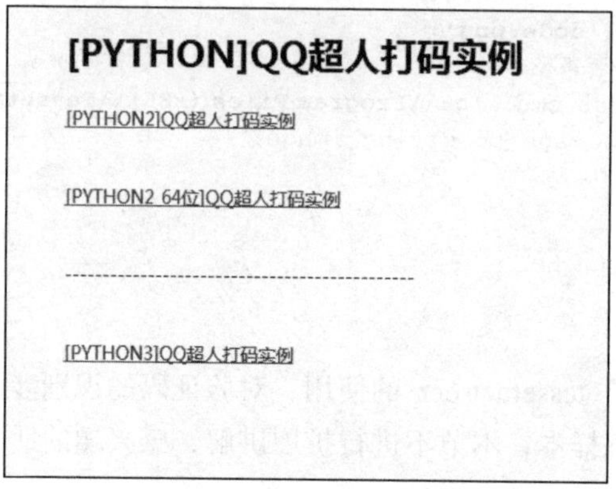

```
[PYTHON]QQ超人打码实例

[PYTHON2]QQ超人打码实例

[PYTHON2 64位]QQ超人打码实例

-------------------------------------------

[PYTHON3]QQ超人打码实例
```

图 10-23　Python 示例

10.2.5　滑动验证码

滑动验证码是最近比较流行的验证方式，是一种基于行为的验证方式，如图 10-24 所示。

滑动验证码虽然验证方式比较特别，不过依然有办法突破，一种通用的办法是使用 selenium 来进行处理。主要的技术要点有：

❑ 在浏览器上模拟鼠标拖动的操作。
❑ 计算图片中缺口的偏移量。
❑ 模拟人类拖动鼠标的轨迹。

由于涉及图像拼接方面的知识，此处不再深入讲解。如果

图 10-24　滑动验证码

遇到这种情况，大家可以采取多账号登录后，保存 cookie 信息，组建 cookie 池的方法绕过。如果大家对滑动验证码的识别比较感兴趣，推荐大家看一篇文章：http://www.w2bc.com/article/170660。

10.3　www>m>wap

本节标题中所说的 www 是 PC 浏览器看到的网站，m 和 wap 是移动端，现在智能手机一般用的是 m 站，部分旧手机用的还是 wap。从微博和 QQ 空间的界面最容易发现这三者的不同。以微博为例子，图 10-25 为 www 站点，图 10-26 为 m 站点，图 10-27 为 wap 站点。

现在越来越多的网站使用 Ajax 技术，而且反爬虫手段层出不穷，但是像 wap 这种结构简单的移动网站，不会使用复杂的技术，页面结构简单，非常利于我们提取数据，因此如果网站有 m 或者 wap 站点，优先选择作为爬取对象。如何伪装成不同的平台去访问呢？当然是修改 User-Agent 头，网站服务器会根据你的浏览器表头判断你是从哪个平台发送的请求，因此在爬取的时候将 User-Agent 头修改一下。可能大家不知道如何修改 User-Agent 使其符合识

别要求，可以这样做。Firefox 或者 Chrome 浏览器都有修改 User-Agent 的插件 User-agent Switcher，通过网络请求监控，就可以查看这些插件手机发送的是什么类型的 User-Agent。

图 10-25　www 站

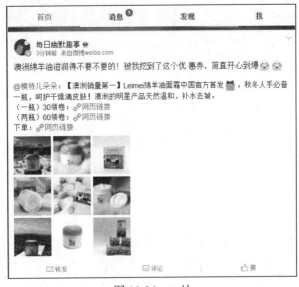

图 10-26　m 站

图 10-27　wap 站

10.4　小结

本章讲解了深层次网页爬取的登录问题和验证码问题，尤其是对于登录 POST 加密请求的分析十分重要，关键在于分析思路。熟练掌握处理验证码的方法，会让爬虫变得更加强大和灵活。

第 11 章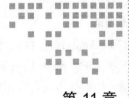

终端协议分析

本章主要讲解的是 PC 客户端和移动端 APP 协议分析，为什么会出现这个专题？当 Web 端反爬虫方式越来越多，JavaScript 调试越来越复杂，是不是感觉爬虫比较难写了呢？这时候，我们需要转变思路，让爬虫在 PC 端和移动端活跃起来，继续爬取数据。例如虾米音乐，这类比较大型的产品，不仅有 Web 端，还有 PC 客户端和移动客户端。通过网页我们可以在线听音乐，获取歌曲和专辑的信息。同样，PC 客户端和移动客户端也可以听取音乐，获取歌曲和专辑的信息，只要我们能把爬虫伪装成 PC 客户端或者移动客户端，模拟它们的请求方式，就可以进行数据爬取。这就是本章终端协议分析的由来和意义，接下来开启分析之旅。

11.1 PC 客户端抓包分析

要想将爬虫伪装成 PC 客户端，我们需要对 PC 客户端进行抓包分析。PC 上的抓包软件本人比较喜欢的有 Wireshark、Http Analyzer 等。Wireshark 擅长各类网络协议的分析，比较重型。Http Analyzer 则更专注于对 HTTP/HTTPS 协议的分析。Http Analyzer 可以针对某一个进程进行抓包，对特定软件的分析更加快捷，所以 PC 抓包工具选用的是 Http Analyzer。

11.1.1 HTTP Analyzer 简介

HTTP Analyzer 是一款实时捕捉分析 HTTP/HTTPS 协议数据的工具，可以显示许多信息（包括文件头、内容、Cookie、查询字符串、提交的数据、重定向的 URL 地址），可以提供缓冲区信息、清理对话内容、HTTP 状态信息和其他过滤选项。同时还是一个非常有用的分析、调试和诊断的开发工具。下载链接：http://www.ieinspector.com/httpanalyzer/download.html。

Http Analyzer 安装很简单，从上述链接下载的安装包，双击即可。接下来介绍一下 Http Analyzer 的基本功能。

1）打开 HTTP Analyzer，我们可以看到如图 11-1 的界面。

点击上图中所示的"Start Logging"按钮，即可开始记录当前处于会话状态的所有应用程序的 HTTP 流量。如果你当前有应用程序正在进行网络会话，即可看到中间网格部分会显示一条或多条详细的 HTTP 流量信息。如果你没有正在进行网络会话的应用程序，你也可以在按下"Start Logging"按钮后，使用浏览器随意打开一个网页，即可看到相应的 HTTP 流量信息。

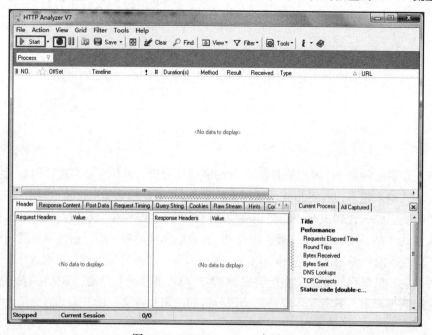

图 11-1 HTTP Analyzer 主界面

2）如图 11-2 所示，HTTP Analyzer 会根据进程进行区分，将捕获到的 HTTP 连接信息显示到中间的网格中。点击任意的 HTTP 连接，即可在下方查看该连接对应的详细信息。

整个面板主要分为三个部分：

❏ 窗口 1 显示所有的 HTTP 流量信息，并根据进程和时间进行归类排序。

❏ 窗口 2 以选项卡的方式显示 HTTP 连接的详细信息。其中包括 HTTP 头信息、响应内容、POST 表单数据、请求计时、查询字符串、Cookies、原始数据流、提示信息、注释、响应状态码的解释信息。

❏ 窗口 3 显示的是当前连接所属进程的相关信息。

3）HTTP Analyzer 为我们提供了数据过滤器，方便我们快速地定位到符合条件的数据。我们可以按照进程来过滤，也可以按照数据的类型来过滤。比如要让图 11-2 中窗口 1 只显示虾米音乐播放器进程的信息，可以如图 11-3 这样设置。

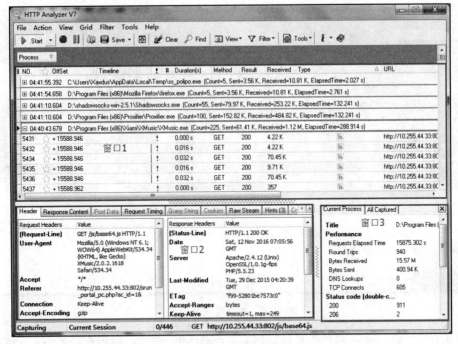

图 11-2　面板划分

也可以根据数据类型进行过滤，如图 11-4 所示：

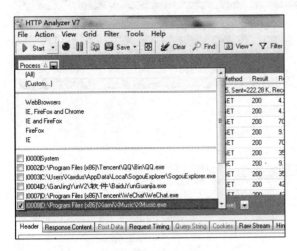
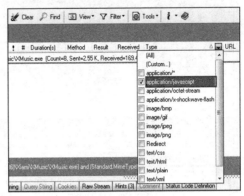

图 11-3　过滤进程　　　　　　　　图 11-4　过滤数据类型

11.1.2　虾米音乐 PC 端 API 实战分析

以虾米音乐 PC 客户端为例，使用 HTTP Analyzer 分析获取歌手信息、歌曲信息和专辑信息等 API 接口。打开虾米音乐 PC 客户端，如图 11-5 所示：

图 11-5　虾米音乐客户端

启动 HTTP Analyzer，设置为仅显示虾米客户端进程，并将过滤类型设置为 text/html。此时在客户端搜索框中搜索陈奕迅，我们观察一下抓包结果，如图 11-6 所示。

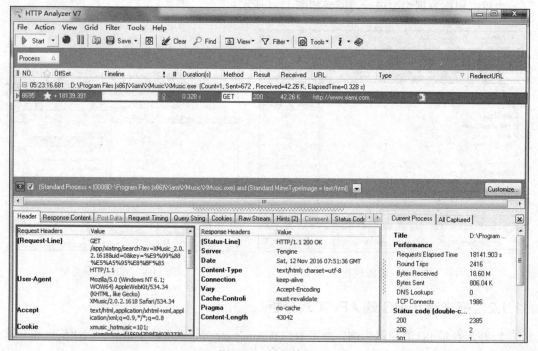

图 11-6　抓包效果

主要关注搜索请求的类型头和响应。搜索使用的是 GET 请求，请求链接为 http://www.xiami.com/app/xiating/search?av=XMusic_2.0.2.1618&uid=0&key=%E9%99%88%E5%A5%95%E8%BF%85，key 参数为陈奕迅的 URL 编码，这就是一个搜索 API。这时查看一下响应，如图 11-7 所示：

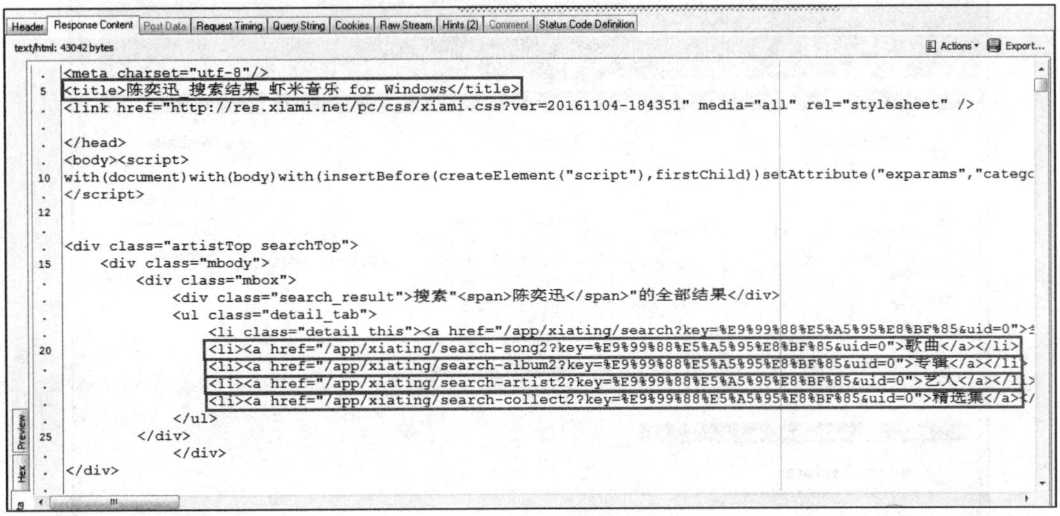

图 11-7 抓包效果

响应是一个标准的 HTML 文档，也就是我们可以使用 Beautiful Soup4 或者 lxml 对它进行解析和提取数据。同时在响应中发现了歌手个人信息、歌曲信息、专辑信息和精选集的 API 接口。

以上就是使用 HTTP Analyzer 分析 API 接口的操作流程，大家可以根据这种方式分析出所有的虾米音乐接口，然后启动爬虫发送请求进行解析就可以了。此次分析比较简单，一些客户端例如网易云音乐的链接请求都是进行加密的，这样的分析就会变得很困难。如果没有逆向 PC 客户端软件和分析算法的能力，还是放弃通过 PC 客户端分析 API 接口的想法，接着往下看吧。

11.2 App 抓包分析

说完 PC 客户端的抓包分析，接下来进入移动端 App 进行分析。App 抓包分析以 Android App 为例，iOS 的抓包分析大家可以自行探索，原理都是一样的。对 Android 应用进行抓包分析，使用的策略是在电脑上安装一个 Android 模拟器，将应用安装到模拟器中，这个时候 Wireshark 的作用就体现了。下面对 Wireshark 的功能进行简要介绍。

11.2.1 Wireshark 简介

Wireshark 是世界上最流行的网络分析工具，这个强大的工具可以捕捉网络中的数据，并为用户提供关于网络和上层协议的各种信息。官方下载网址为 https://www.wireshark.

org/download.html。安装完成后,启动 Wireshark,可以看到图 11-8 的界面。

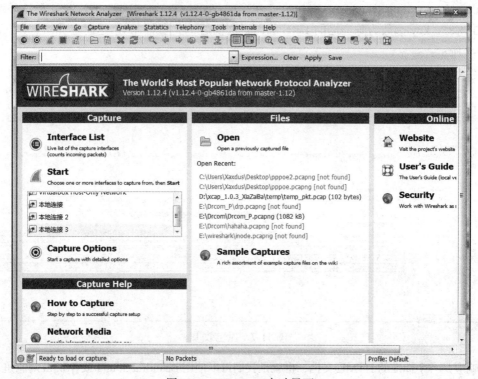

图 11-8　Wireshark 启动界面

启动完 Wireshark 后,接下来讲解一下 Wireshark 的基本功能和操作。Wireshark 是捕获机器上的某一块网卡的网络包,当你的机器上有多块网卡的时候,你需要选择一个网卡。点击 /Caputre→Interfaces../,出现如图 11-9 所示的对话框,选择正确的网卡。然后点击 Start 按钮,开始抓包。

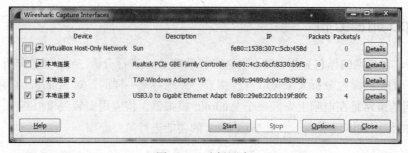

图 11-9　选择网卡

抓包开始后,效果如图 11-10 所示,下面介绍一下 Wireshark 窗口面板和功能。
Wireshark 面板主要分为以下几个部分:

第 11 章 终端协议分析 ❖ 261

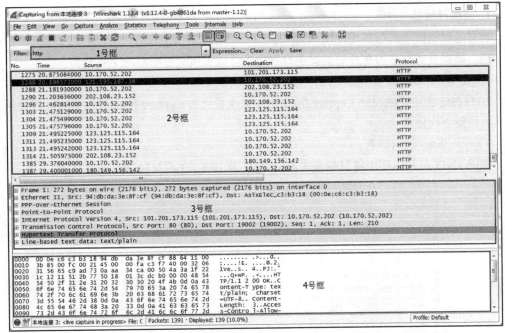

图 11-10　Wireshark 窗口面板

- 1 号框：Display Filter（显示过滤器），用于过滤数据，这个非常有用。
- 2 号框：Packet List Pane（封包列表），显示捕获到的封包，有源地址和目标地址、端口号。
- 3 号框：Packet Details Pane（封包详细信息），用于显示封包中的字段，可以查看封包的详细信息。
- 4 号框：Dissector Pane（16 进制数据），使用 16 进制显示数据包的内容。

其实使用 Wireshark 抓包分析协议相对简单，但是作为初学者，使用 Wireshark 时最常见的问题，是当你使用默认设置时，会得到大量冗余信息，以至于很难找到自己需要的部分。这就是为什么过滤器会如此重要。它们可以帮助我们在庞杂的结果中迅速找到我们需要的信息。Wireshark 主要支持两种过滤器：

- 捕捉过滤器：用于决定将什么样的信息记录在捕捉结果中，需要在开始捕捉前设置。
- 显示过滤器：在捕捉结果中进行详细查找，可以在得到捕捉结果后随意过滤。

这两种过滤器我们该使用哪一种呢？一般采取的措施是两种结合起来使用，两种过滤器的目的是不同的。

- 捕捉过滤器是数据经过的第一层过滤器，它用于控制捕捉数据的数量，以避免产生过大的数据包文件。
- 显示过滤器是一种更为强大的过滤器，它允许你在数据包文件中迅速准确地找到所需要的记录。

这两种过滤器的语法完全不同，接下来依次对过滤器的语法进行讲解。

1. 捕捉过滤器

捕捉过滤器的语法与其他使用 Libpcap（Linux）或者 Winpcap（Windows）库开发的软件一样。捕捉过滤器必须在开始捕捉前设置完毕。设置捕捉过滤器的主要分为三步：

1）在 Wireshark 的菜单栏中选择 Capture -> Options。

2）将过滤表达式填写到 Capture filter 输入框或者点击 Capture filter 按钮为过滤器表达式命名，以便下次使用。

3）点击 Start 进行捕捉。

如图 11-11 所示，用于将目的或来源 IP 地址为 10.1.2.3 的封包进行捕获显示。

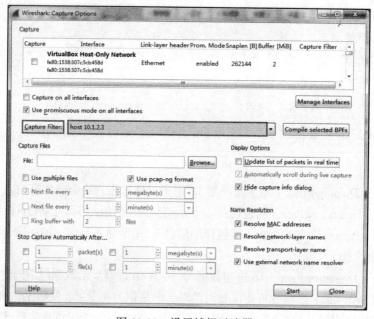

图 11-11　设置捕捉过滤器

捕捉过滤器的语法如下：

```
Protocol Direction    Host(s) Value Logical Operations Other expression
```

一个过滤表达式可以包括 Protocol、Direction、Host(s)、Value、Logical Operations 和 Other expression 等 6 个部分，中间以空格相连。

- Protocol 代表着协议，可能的值：ether、fddi、ip、arp、rarp、decnet、lat、sca、moprc、mopdl、tcp and udp。如果没有特别指明是什么协议，则默认使用所有支持的协议。
- Direction 代表着数据包方向，可能的值：src、dst、src and dst、src or dst。如果没有特别指明来源或目的地，可以不用添加，Wireshark 默认使用"src or dst"作为关键字。
- Host(s)可能的值：net、port、host、portrange。如果没有指定此值，则默认使用 host 关键字。例如，src 10.11.12.1 与 src host 10.11.12.1 含义相同。

- Logical Operations 为逻辑运算符，可能的值：not、and、or。not 具有最高的优先级，or 和 and 具有相同的优先级，运算时从左至右进行。如果想改变运算范围，可以使用()进行包裹。例如表达式 not tcp port 80 and tcp port 21 与(not tcp port 80) and tcp port 21 含义相同，而 not tcp port 80 and tcp port 21 与 not (tcp port 80 and tcp port 21)不同。
- Other expression 意思是其他表达式，也就是说可以使用逻辑运算符将两个过滤表达式进行连接。

下面使用一个非常完整的例子和上面的语法顺序进行一一对应：

```
tcp dst 10.11.1.1 80 and   tcp dst 10.22.2.2 801
```

这个表达式的意思就是捕获目的 IP 为 10.11.1.1，端口为 80 和目的 IP 为 10.22.2.2，端口为 801 的 tcp 数据包。

2. 显示过滤器

有时候经过捕捉过滤器后，数据包的数量还是很大，这个时候就要用到显示过滤器。它的功能比捕捉过滤器更为强大，可以更加细致地查找，而且修改过滤器条件时，并不需要重新捕捉一次，可以做到即时生效。显示过滤器表达式的位置如图 11-12 所示，使用线框圈起来，输入表达式之后回车，过滤会立即生效。

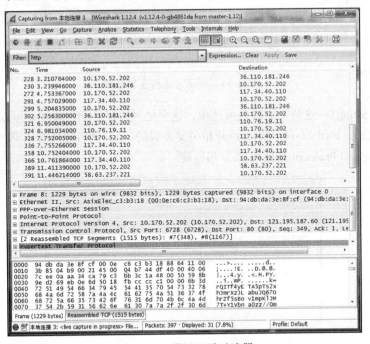

图 11-12　设置显示过滤器

显示过滤器的语法如下：

```
Protocol.String 1.String2 Comparison operator Value Logical Operations Other expression
```

下面对每个字段进行讲解：

Protocol（协议）：可以使用大量位于 OSI 模型第 2 至 7 层的协议。如图 11-13 所示，点击"Expression..."按钮后，可以看到它们的取值。比如：IP、TCP、DNS。

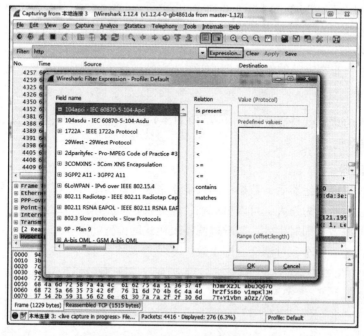

图 11-13　显示过滤器支持协议

String1、String2：这两个字段是可选项，这个是对协议子类的表述，可以对协议中的某个字段进行过滤。如图 11-14 所示，点开相关父类旁的+号，然后选择其子类。这就是为什么 String1，String2 和 Protocol 是使用"."相连接。

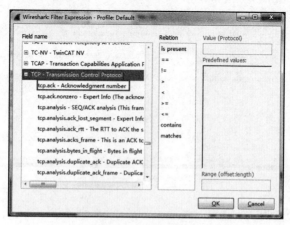

图 11-14　协议子类

Comparison operators：代表着比较运算符，有两种不同写法，可以取表 11-1 所示的值。

表 11-1 比较运算符

英文写法	符号写法	含 义
eq	==	等于
nq	!=	不等于
gt	>	大于
lt	<	小于
ge	>=	大于等于
le	<=	小于等于
contains		用来显示包含某些字符串内容的数据包
matches		可以使用正则表达式匹配

Logical expressions：代表逻辑运算符，同样有两种写法，如表 11-2 所示。

表 11-2 逻辑运算符

英文写法	符号写法	含 义
and	&&	逻辑与
or	||	逻辑或
xor	^^	逻辑异或
not	!	逻辑非

由于显示表达式相对比较复杂，下面通过表 11-3 来展示一些常用的例子帮助大家学习。

表 11-3 常用例子

表达式	含 义
过滤 IP	
ip.addr eq 192.168.1.107	显示源 IP 和目标 IP 为 192.168.1.107 的数据包
ip.src eq 192.168.1.107	显示源 IP 为 192.168.1.107 的数据包
过滤端口	
tcp.port == 80	显示端口为 80 的数据包
tcp.dstport == 80	显示目的端口为 80 的数据包
tcp.port >= 1 and tcp.port <= 80	显示 TCP 端口在 1～80 之间的数据包
过滤协议	
tcp	只显示 TCP 包
udp	只显示 UDP 包
http	只显示 HTTP 包
http 模式过滤	
http.request.method == "GET"	只显示 GET 请求

（续）

表达式	含义
http contains "HTTP/1.1 200 OK" && http contains "Content-Type: "	显示响应码为 200 的响应内容
http.request.method == "GET" && http.host contains "baidu.com"	只显示请求域名包含 baidu.com 的 GET 请求

如果过滤器的语法是正确的，显示过滤器框的背景呈绿色。如果呈红色，说明表达式有误。

11.2.2 酷我听书 App 端 API 实战分析

讲解完 Wireshark 的使用，开始对 App 进行实战分析。首先需要在电脑上装一个 Android 模拟器。Android 模拟器有很多种，比如天天模拟器、Bluestacks 模拟器和 Windroye 模拟器。我使用的是天天模拟器，将酷我听书 App 安装到模拟器中，如图 11-15 所示。

下面就以已经安装的酷我听书 App 为例子，进行 API 分析。启动 Wireshark，并在模拟器中启动酷我听书 App，开始抓包。图 11-16 为启动酷我听书后的界面。

图 11-15　安装酷我听书

图 11-16　酷我听书的界面

这时候已经抓获了很多数据包，在显示过滤器中填入：http.host contains "kuwo.cn"，将域名中包含 kuwo.cn 的请求过滤出来，如图 11-17 所示。

大家可以从封包信息框中查看封包中的详细信息，包括请求的链接、参数和相应信息。请注意 Response inframe:621 这句话，这部分是请求响应的位置，右键点击链接，选择 show Packet Reference in New Window，就可以查看相应数据包的信息，如图 11-18 所示。

第 11 章 终端协议分析 ❖ 267

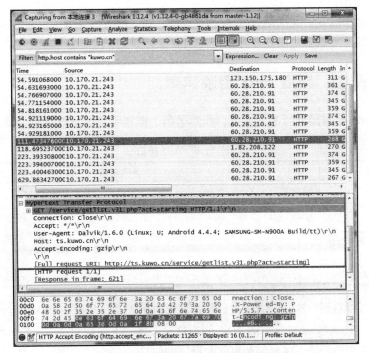

图 11-17 过滤 kuwo.cn 的请求

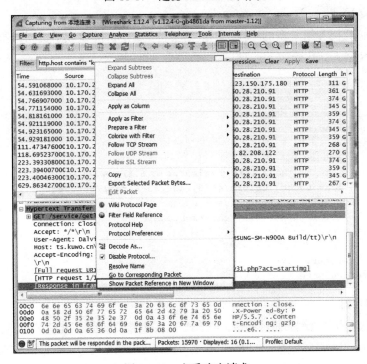

图 11-18 查看响应请求

通过查看响应内容，发现酷我听书使用 JSON 进行传输，爬虫解析器的编写方式基本可以确定。通过以上方法就可以找到自己所需的 API 接口。

11.3 API 爬虫：爬取 mp3 资源信息

通过 Wireshark 对酷我听书的抓包，找到了四个酷我听书的 API 接口，如表 11-4 所示。

表 11-4 API 接口

功 能	API 接口
获取所有节目分类	http://ts.kuwo.cn/service/gethome.php?act=new_home
获取某一分类下的所有节目	http://ts.kuwo.cn/service/getlist.v31.php?act=catlist&id={id}
获取某一节目下的所有热门曲目	http://ts.kuwo.cn/service/getlist.v31.php?act=cat&id={id}&type=hot
获取某一曲目详细信息	http://ts.kuwo.cn/service/getlist.v31.php?act=detail&id={id}

通过上面可以看到，这几个 API 接口是逐层递进的关系，从前一个 API 接口的 JSON 响应中可以获取下一个 API 接口所需的 ID。知道这层关系，下面我们写一个简单的 API 爬虫程序，功能是提取相声分类下郭德纲相声的曲目详细信息。

1. 爬虫下载器

爬虫下载器代码和第 6 章的一样，不过需要将 UserAgent 改成手机浏览器的信息，下载下来的是 JSON 格式。代码如下：

```
# coding:utf-8
import requests
class SpiderDownloader(object):
    def download(self,url):
        if url is None:
            return None
        user_agent = 'Mozilla/5.0 (Windows NT 6.1; WOW64) AppleWebKit/537.36 (KHTML, like Gecko) Chrome/45.0.2454.93 Safari/537.36'
        headers={'User-Agent':user_agent}
        r = requests.get(url,headers=headers)
        if r.status_code==200:
            r.encoding='utf-8'
            return r.text
        return None
```

2. 爬虫解析器

由于是爬取所有郭德纲的曲目信息，提前通过 API 接口知道了 ID，所以直接爬取 http://ts.kuwo.cn/service/getlist.v31.php?act=cat&id=50 这个链接下的数据即可。数据格式如图 11-19 所示。
解析器需要将 JSON 文件中 list 下所有的 Name 和 ID 信息提取出来，将提取出来的 ID，再代入 http://ts.kuwo.cn/service/getlist.v31.php?act=detail&id={id}链接获取详细信息，并将其中曲目的 ID、Name 和 Path 提取出来，存储为 HTML。解析器代码如下：


```
{"ret":200,"sign":"ea6ecbe2ac0c13c0ea90e621c12a3262","count":79,"list":[{"Artist":"郭德
纲","Count":190,"Id":259864,"Img":"259864a","Name":"今古奇观系列单口相声辑","Pid":1,"PlCntAll":137682158,"State":0,"Type":0,"Update":"2016-
02-18 18:11:10","User":"酷我音乐"},{"Pid":1,"Artist":"郭德纲、于谦","User":"小月
月","Count":36,"PlCntAll":118937347,"State":0,"Type":0,"ExclusiveState":0,"Img":"100136576","Id":100136576,"Name":"郭德纲、于谦2016年相声作
品集","Update":"2016-05-13 11:02:37"},{"Id":100134872,"Name":"郭德纲、于谦“你”字相声全集","Artist":"郭德
纲","Count":22,"Img":"100134872","Pid":1,"Update":"2016-02-18 18:18:43","PlCntAll":64949587},{"Artist":"郭德
纲","Count":16,"Id":100100479,"Img":"100100479","Name":"一续济公传","Pid":1,"PlCntAll":57056325,"State":1,"Type":0,"Update":"2016-02-18
18:11:11","User":"云栖"},{"Artist":"郭德纲","Count":31,"Id":100100884,"Img":"100100884","Name":"郭德纲于谦2015相声合
辑","Pid":1,"PlCntAll":40289312,"State":0,"Type":0,"Update":"2016-02-18 18:11:17","User":"wj"},{"Artist":"郭德
纲","Count":36,"Id":236349820,"Img":"236349820","Name":"郭德纲--相声精选","Pid":1,"PlCntAll":29580629,"State":3,"Type":0,"Update":"2016-02-
18 18:07:29","User":"ytj"},{"Artist":"郭德纲","Count":40,"Id":420901,"Img":"420901","Name":"郭德纲于谦2014年相声合
辑","Pid":1,"PlCntAll":27324231,"State":3,"Type":0,"Update":"2016-02-18 18:07:40","User":"艺人"},{"Artist":"郭德
纲","Count":100,"Id":67473,"Img":"67473","Name":"大话刘罗锅","Pid":1,"PlCntAll":22631829,"State":1,"Type":0,"Update":"2016-02-18
18:07:37","User":"ctj"},{"Artist":"郭德纲","Count":82,"Id":100000426,"Img":"100000426","Name":"郭德纲剧场压轴大作实
录","Pid":1,"PlCntAll":20438622,"State":3,"Type":0,"Update":"2016-02-18 18:08:57","User":" 再军"},{"Pid":1,"Artist":"郭德纲等","User":"风
少","Count":17,"PlCntAll":16411602,"State":0,"Type":0,"ExclusiveState":0,"Img":"100136671","Id":100136671,"Name":"那些年你没听过的郭德
纲","Update":"2016-03-09 20:01:32"},{"Artist":"郭德纲","Count":46,"Id":413782,"Img":"413782","Name":"郭德纲于谦合作全集之
四","Pid":1,"PlCntAll":11018371,"State":3,"Type":0,"Update":"2016-04-27 17:12:34","User":"wushi","ExclusiveState":0},{"Artist":"郭德
纲","Count":1500,"Id":811491906,"Img":"811491906","Name":"郭德纲相声大全","Pid":1,"PlCntAll":10834541,"State":3,"Type":0,"Update":"2016-02-
18 18:07:37","User":"可乐"},{"Artist":"","Count":92,"Id":299288030,"Img":"299288030","Name":"郭德纲相
声","Pid":1,"PlCntAll":8573021,"State":3,"Type":0,"Update":"2016-02-18 18:07:29","User":"胖鸟"},{"Id":100134873,"Name":"济公传（2013
年）","Artist":"郭德纲","Count":21,"Img":"100134873","Pid":1,"Update":"2016-02-18 18:18:43","PlCntAll":7958438},{"Pid":1,"Artist":"郭德纲、
于谦","User":"狂飙","Count":24,"PlCntAll":7490983,"State":0,"Type":0,"ExclusiveState":0,"Img":"100136575","Id":100136575,"Name":"郭德纲、于
谦相声作品精选集","Update":"2016-03-01 16:22:12"},{"Pid":1,"Artist":"郭德
纲","User":"maybe","Count":22,"PlCntAll":6564092,"State":0,"Type":0,"ExclusiveState":0,"Img":"100129730","Id":100129730,"Name":"郭德纲单口相
声","Update":"2016-02-18 18:16:27"},{"Id":100134871,"Name":"郭德纲、于谦“我”字系列全集","Artist":"郭德
纲","Count":17,"Img":"100134871","Pid":1,"Update":"2016-02-18 18:18:43","PlCntAll":6545545},{"Artist":"郭德
纲","Count":30,"Id":100100461,"Img":"100100461","Name":"老郭讲水浒","Pid":1,"PlCntAll":4995428,"State":1,"Type":0,"Update":"2016-02-18
18:11:10","User":"boy"},{"Artist":"郭德纲","Count":24,"Id":410398,"Img":"410398","Name":"郭德纲于谦合作全集之
二","Pid":1,"PlCntAll":4459973,"State":3,"Type":0,"Update":"2016-02-18 18:07:37","User":"sunnyking"},{"Artist":"郭德纲 于
谦","Count":21,"Id":431239256,"Img":"431239256","Name":"黄金搭档——郭德纲于谦相声作品
```


图 11-19　数据格式

```
# coding:utf-8
import json
class SpiderParser(object):

    def get_kw_cat(self, response):
        '''
        获取分类下的曲目
        :param response:
        :return:
        '''
        try:
            kw_json = json.loads(response, encoding="utf-8")
            cat_info = []
            if kw_json["sign"] is not None:
                if kw_json["list"] is not None:
                    for data in kw_json["list"]:
                        id = data["Id"]
                        name= data["Name"]
                        cat_info.append({'id':id,'cat_name':name})
                    return cat_info
        except Exception,e:
            print e

    def get_kw_detail(self,response):
        '''
```

```python
    获取某一曲目的详细信息
    :param response:
    :return:
    '''
    detail_json = json.loads(response, encoding="utf-8")
    details=[]
    for data in detail_json["Chapters"]:
        if data is None:
            return
        else:
            try:
                file_path = data["Path"]
                name =data["Name"]
                file_id =str(data["Id"])
                details.append({'file_id':file_id,'name':name,'file_path':
                    file_path})
            except Exception,e:
                print e
    return details
```

3. 数据存储器

数据存储器的代码和第 7 章分布式的代码差别不大，程序如下：

```python
# coding:utf-8
import codecs
class SpiderDataOutput(object):
    def __init__(self):
        self.filepath='kuwo.html'
        self.output_head(self.filepath)

    def output_head(self,path):
        '''
        将 HTML 头写进去
        :return:
        '''
        fout=codecs.open(path,'w',encoding='utf-8')
        fout.write("<html>")
        fout.write("<body>")
        fout.write("<table>")
        fout.close()

    def output_html(self,path,datas):
        '''
        将数据写入 HTML 文件中
        :param path: 文件路径
        :return:
        '''
        if datas==None:
            return
```

```python
        fout=codecs.open(path,'a',encoding='utf-8')
        for data in datas:
            fout.write("<tr>")
            fout.write("<td>%s</td>"%data['file_id'])
            fout.write("<td>%s</td>"%data['name'])
            fout.write("<td>%s</td>"%data['file_path'])
            fout.write("</tr>")
        fout.close()

    def ouput_end(self,path):
        '''
        输出 HTML 结束
        :param path: 文件存储路径
        :return:
        '''
        fout=codecs.open(path,'a',encoding='utf-8')
        fout.write("</table>")
        fout.write("</body>")
        fout.write("</html>")
        fout.close()
```

4. 爬虫调度器

爬虫调度器和第 6 章的调度器内容差不多。代码如下:

```python
class SpiderMan(object):

    def __init__(self):
        self.downloader = SpiderDownloader()
        self.parser = SpiderParser()
        self.output = SpiderDataOutput()
    def crawl(self,root_url):
        content = self.downloader.download(root_url)
        for info in self.parser.get_kw_cat(content):
            print info
            cat_name = info['cat_name']
            detail_url = 'http://ts.kuwo.cn/service/getlist.v31.php?act=detail&id=
                %s'%info['id']
            content = self.downloader.download(detail_url)
            details = self.parser.get_kw_detail(content)
            print detail_url
            self.output.output_html(self.output.filepath,details)
        self.output.ouput_end(self.output.filepath)

if __name__ =="__main__":
    spider = SpiderMan()
    spider.crawl('http://ts.kuwo.cn/service/getlist.v31.php?act=cat&id=50')
```

以上就是 API 爬虫的所有内容,启动爬虫,数据就开始存储了,效果如图 11-20 所示。

```
104926293 第19集_你要锻炼                    VJJvY3.aac
104926294 第20集_你压力大吗                  f2aQRb.aac
104926295 第21集_你要买房                    3eqYja.aac
104926296 第22集_你得锻炼                    YrYfAz.aac
104034241 001—续济公传                      MZB7Zz.mp3
104034242 002—续济公传                      veUbQn.mp3
104034243 003—续济公传                      bia2Yr.mp3
104034244 004—续济公传                      y2I3eu.mp3
104034245 005—续济公传                      nY3Abm.mp3
104034246 006—续济公传                      IVvqqa.mp3
104034247 007—续济公传                      viMJZj.mp3
104034248 008—续济公传                      jYBN7z.mp3
104034249 009—续济公传                      E7ZBNv.mp3
104034250 010—续济公传                      bmE32m.mp3
104034251 011—续济公传                      zMnuui.mp3
104034252 012—续济公传                      ZjQV7n.mp3
104034253 013—续济公传                      mIrABb.mp3
104034254 014—续济公传                      BnQbIf.mp3
104034255 015—续济公传                      rEjiMb.mp3
104034256 016—续济公传                      IBfqQr.mp3
```

图 11-20　最终数据

> 注意　以上所有的分析结果仅限当时的情况,但是方法是一样的。大家可以尝试着将所有的链接都用上,并将数据存储到数据库中。还有一点,这些接口对同一个 IP 有次数限制。

11.4　小结

如果 Web 端的爬虫不是很容易做的话,可以将思路向终端进行转化,但是工具的使用和协议的分析能力依然是必不可少的。

第 12 章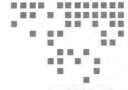

初窥 Scrapy 爬虫框架

从本章开始,我们将正式接触 Scrapy 爬虫框架,学习如何通过成熟的框架来实现定向爬虫。Scrapy 是一个非常优秀的框架,操作简单,拓展方便,是比较流行的爬虫解决方案。本章的内容建立在官方文档(https://doc.scrapy.org/en/latest/)的基础上,再加上实际的项目开发,从爬虫的创建开始,由浅及深,讲解 Scrapy 的用法和特性。

12.1 Scrapy 爬虫架构

Scrapy 是一个用 Python 写的 Crawler Framework,简单轻巧,并且非常方便。Scrapy 使用 Twisted 这个异步网络库来处理网络通信,架构清晰,并且包含了各种中间件接口,可以灵活地完成各种需求。Scrapy 整体架构如图 12-1 所示。

根据架构图介绍一下 Scrapy 中的各大组件及其功能:

- Scrapy 引擎(Engine)。引擎负责控制数据流在系统的所有组件中流动,并在相应动作发生时触发事件。
- 调度器(Scheduler)。调度器从引擎接收 Request 并将它们入队,以便之后引擎请求 request 时提供给引擎。
- 下载器(Downloader)。下载器负责获取页面数据并提供给引擎,而后提供给 Spider。
- Spider。Spider 是 Scrapy 用户编写用于分析 Response 并提取 Item(即获取到的 Item)或额外跟进的 URL 的类。每个 Spider 负责处理一个特定(或一些)网站。
- Item Pipeline。Item Pipeline 负责处理被 Spider 提取出来的 Item。典型的处理有清理验证及持久化(例如存储到数据库中)。

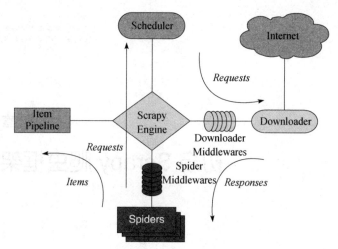

图 12-1　Scrapy 架构

- 下载器中间件（Downloader middlewares）。下载器中间件是在引擎及下载器之间的特定钩子（specific hook），处理 Downloader 传递给引擎的 Response。其提供了一个简便的机制，通过插入自定义代码来扩展 Scrapy 功能。
- Spider 中间件（Spider middlewares）。Spider 中间件是在引擎及 Spider 之间的特定钩子（specific hook），处理 Spider 的输入（response）和输出（Items 及 Requests）。其提供了一个简便的机制，通过插入自定义代码来扩展 Scrapy 功能。

大家有没有发现一个成熟的爬虫框架包含的也是基础篇所讲的简单爬虫的各个模块。

讲完组件，接着看一下数据流，通过数据流的流向，可以清楚地看到 Scrapy 的工作流程。Scrapy 中的数据流由执行引擎控制，其过程如下：

1）引擎打开一个网站（open a domain），找到处理该网站的 Spider 并向该 Spider 请求第一个要爬取的 URL。

2）引擎从 Spider 中获取到第一个要爬取的 URL 并通过调度器（Scheduler）以 Request 进行调度。

3）引擎向调度器请求下一个要爬取的 URL。

4）调度器返回下一个要爬取的 URL 给引擎，引擎将 URL 通过下载中间件（请求（request）方向）转发给下载器（Downloader）。

5）一旦页面下载完毕，下载器生成一个该页面的 Response，并将其通过下载中间件（返回（response）方向）发送给引擎。

6）引擎从下载器中接收到 Response 并通过 Spider 中间件（输入方向）发送给 Spider 处理。

7）Spider 处理 Response 并返回爬取到的 Item 及（跟进的）新的 Request 给引擎。

8）引擎将（Spider 返回的）爬取到的 Item 给 Item Pipeline，将（Spider 返回的）Request 给调度器。

9）（从第二步）重复直到调度器中没有更多的 Request，引擎关闭该网站。

12.2 安装 Scrapy

1. Windows

Scrapy 的安装以在 Windows 平台下最为复杂，因为很多东西没有预安装。Python2.7.X 的安装前面已经讲过，除此之外，安装 Scrapy 还需要 4 步：

1）安装 pywin32，安装地址为 http://sourceforge.net/projects/pywin32/，下载对应版本的 pywin32，直接双击安装即可。安装完毕之后，在 Python 命令行下输入 import win32com，如果没有提示错误，则证明安装成功。

2）安装 pyOpenSSL，源码下载地址为 https://github.com/pyca/pyopenssl。下载完成后，运行 python setup.py install 安装即可。

3）安装 lxml，使用 pip install lxml。如果提示 Microsoft Visual C++库没安装，则可以从 http://www.microsoft.com/en-us/download/details.aspx?id=44266 下载支持的库。

4）安装 Scrapy，使用 pip install Scrapy。安装完成后，在命令行中输入 scrapy，如图 12-2 所示，如果不报错，则证明安装成功。

图 12-2　Windows 下安装 Scrapy

2. Linux Ubuntu

Ubuntu 下的安装比较简单。Python 安装不再多说，Linux 下绝大部分版本都预安装了 Python 环境，而且还预装了 lxml 和 OpenSSL，所以直接就可以使用 sudo pip install Scrapy 进行安装，安装完成后，在 shell 中输入 scrapy，出现如图 12-3 所示的效果即为安装成功。

有一点希望大家注意，下面的讲解所使用的 Scrapy 版本是 1.0.5。

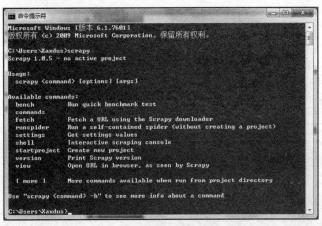

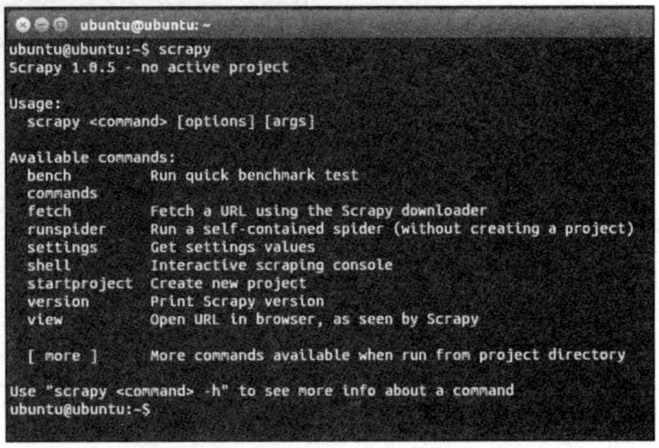

图 12-3　Ubuntu 下安装 Scrapy

12.3 创建 cnblogs 项目

从本节开始正式学习 Scrapy 框架，下面以爬取我的博客（http://www.cnblogs.com/qiyeboy/）为例进行介绍，提取所有文章的链接、时间、标题和摘要，如图 12-4 所示。

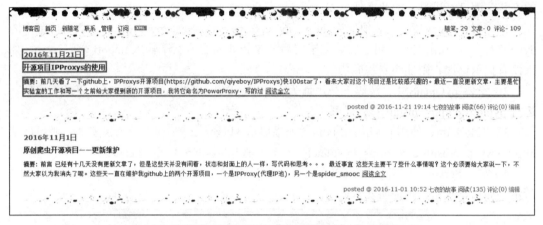

图 12-4　博客文章信息

在开始爬取之前，必须创建一个新的 Scrapy 项目。在命令行中切换到要存储的位置，比如 D:\cnblogs 文件夹，运行命令 scrapy startproject cnblogSpider，即可创建一个名为 cnblogSpider 的项目，如图 12-5 所示。

图 12-5　创建 cnblogSpider 项目

该命令将会在 D:\cnblogs 下创建包含下列内容的 cnblogSpider 目录：

```
cnblogSpider
    │  scrapy.cfg
    │
```

```
└─cnblogSpider
    │   items.py
    │   pipelines.py
    │   settings.py
    │   __init__.py
    │
    └─spiders
            __init__.py
```

cnblogSpider 目录下的文件分别是：
- scrapy.cfg：项目部署文件。
- cnblogSpider/：该项目的 Python 模块，之后可以在此加入代码。
- cnblogSpider/items.py：项目中的 Item 文件。
- cnblogSpider/pipelines.py：项目中的 Pipelines 文件。
- cnblogSpider/settings.py：项目的配置文件。
- cnblogSpider/spiders/：放置 Spider 代码的目录。

12.4 创建爬虫模块

首先编写爬虫模块，爬虫模块的代码都放置于 spiders 文件夹中。爬虫模块是用于从单个网站或者多个网站爬取数据的类，其应该包含初始页面的 URL，以及跟进网页链接、分析页面内容和提取数据函数。创建一个 Spider 类，需要继承 scrapy.Spider 类，并且定义以下三个属性：

1）name：用于区别 Spider。该名字必须是唯一的，不能为不同的 Spider 设定相同的名字。

2）start_urls：它是 Spider 在启动时进行爬取的入口 URL 列表。因此，第一个被获取到的页面的 URL 将是其中之一，后续的 URL 则从初始的 URL 的响应中主动提取。

3）parse()：它是 Spider 的一个方法。被调用时，每个初始 URL 响应后返回的 Response 对象，将会作为唯一的参数传递给该方法。该方法负责解析返回的数据（response data）、提取数据（生成 item）以及生成需要进一步处理的 URL 的 Request 对象。

现在创建 CnblogsSpider 类，保存于 cnblogSpider/spiders 目录下的 cnblogs_spider.py 文件中，代码如下：

```python
# coding:utf-8
import scrapy
class CnblogsSpider(scrapy.Spider):
    name = "cnblogs"# 爬虫的名称
    allowed_domains = ["cnblogs.com"]# 允许的域名
    start_urls = [
        "http://www.cnblogs.com/qiyeboy/default.html?page=1"
    ]
    def parse(self, response):
```

```
    # 实现网页的解析
    pass
```

这时候一个爬虫模块的基本结构搭建起来了，现在的代码只是实现了类似网页下载的功能。在命令行中切换到项目根目录下，如 D:\cnblogs\cnblogSpider，在此目录下执行下列命令启动 spider：

```
scrapy crawl cnblogs
```

效果如图 12-6 所示。crawl cnblogs 的含义就是启动名称为 cnblogs 的爬虫。

图 12-6　运行 cnblogs 爬虫

图中线框的位置是爬取起始 URL 时的打印信息。

12.5　选择器

爬虫模块创建完成后，仅仅拥有了网页下载功能，下面进行网页数据的提取。Scrapy 有自己的一套数据提取机制，称为选择器（selector），因为它们通过特定的 XPath 或者 CSS 表达式来选择 HTML 文件中的某个部分。Scrapy 选择器构建于 lxml 库之上，这意味着它们在速度和解析准确性上非常相似，用法也和之前讲的 lxml 解析基本类似。当然也可以脱离这套机制，使用 BeautifulSoup 包进行解析。

12.5.1　Selector 的用法

之前的章节我们已经讲过 XPath 和 CSS，这里不再赘述。下面主要说一下 Selector 的用法，Selector 对象有四个基本的方法：

1）xpath(query)：传入 XPath 表达式 query，返回该表达式所对应的所有节点的 selector list 列表。

2）css(query)：传入 CSS 表达式 query，返回该表达式所对应的所有节点的 selector list 列表。

3）extract()：序列化该节点为 Unicode 字符串并返回 list 列表。

4）re(regex)：根据传入的正则表达式对数据进行提取，返回 Unicode 字符串列表。regex 可以是一个已编译的正则表达式，也可以是一个将被 re.compile(regex)编译为正则表达式的字符串。

在 CnblogsSpider 类的 parse()方法中，其中一个参数是 response，将 response 传入 Selector(response)中就可以构造出一个 Selector 对象，进而调用以上的四个方法。还有简写的方式，传入的 Response 直接可以调用 xpath 和 css 方法，形如 response.xpath()或者 response.css()。

方法的调用很简单，更多的时间是花费在 XPath 和 CSS 表达式的构造。Scrapy 提供了一种简便的方式来查看表达式是否正确、是否真的起作用。另起一个命令行窗口，在其中输入 scrapy shell "http://www.cnblogs.com/qiyeboy/default.html?page=1"，记得后面的 URL 加上双引号，效果如图 12-7 所示。

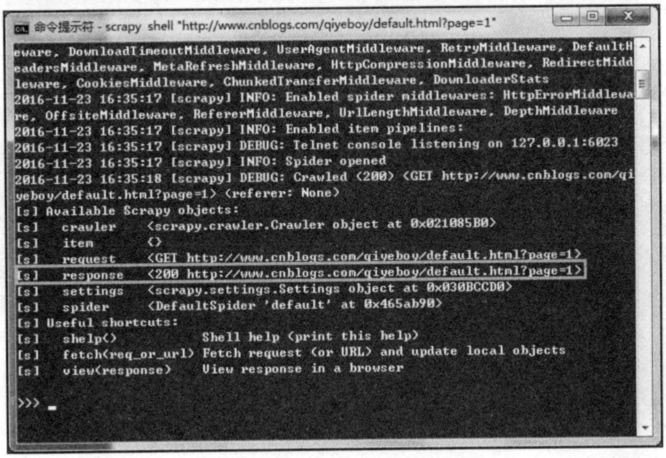

图 12-7　scrapy shell

其中方框圈出来的 response 就是访问以上网址获得响应，直接在 scrapy shell 中输入 response.xpath(".//*[@class='postTitle']/a/text()").extract()，就可以抽取出当前网址的所有文章的标题，返回的是 Unicode 格式，如图 12-8 所示。

大家可以用这种方法来测试自己写的 XPath 或者 CSS 表达式。

可能有人会说，直接使用 Firepath 测试不是更简单?对，使用 Firepath 来获取和测试表达式更直观和方便。但是大家有没有想过动态网站，HTML 网页都是经过渲染的，很多时候浏览器上显示的网页结构和程序访问获取的结构是不一样的，就会导致在 Firepath 获取和调试成功的表达式在程序中不起作用，这种情况的解决办法是将 scrapy shell 和 Firepath 结合起来使用。在 scrapy shell 中有一个功能是查看响应，在 shell 中输入 view(response)，可以将获取的响应在浏览器中打开，然后就可以使用 Firepath 获取和调试真实的表达式了。如图 12-9 所示，响应被存成了一个本地的 html 文件。

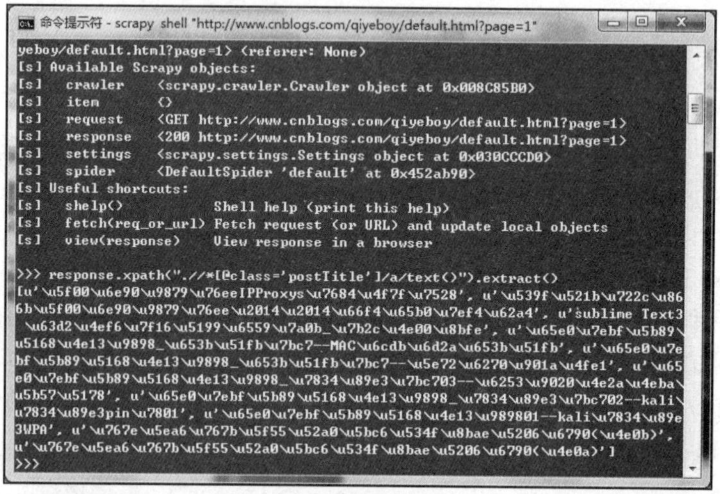

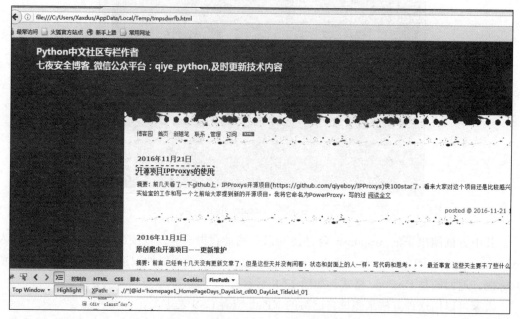

图 12-8　测试表达式

图 12-9　scrapy shell 和 Firepath 结合处理

12.5.2　HTML 解析实现

讲解完 Selector 的用法，下面抽取博客文章的数据。通过分析网页的结构，XPath 表达式如下：
- 所有文章：.//*[@class='day']
- 文章发表时间：.//*[@class='dayTitle']/a/text()
- 文章标题内容：.//*[@class='postTitle']/a/text()
- 文章摘要内容：.//*[@class='postCon']/div/text()
- 文章链接：.//*[@class='postTitle']/a/@href

parse()方法代码如下：

```python
def parse(self, response):
    # 实现网页的解析
    # 首先抽取所有的文章
    papers = response.xpath(".//*[@class='day']")
    # 从每篇文章中抽取数据
    for paper in papers:
        url = paper.xpath(".//*[@class='postTitle']/a/@href").extract()[0]
        title = paper.xpath(".//*[@class='postTitle']/a/text()").extract()[0]
        time = paper.xpath(".//*[@class='dayTitle']/a/text()").extract()[0]
        content = paper.xpath(".//*[@class='postCon']/a/text()").extract()[0]
        print url, title, time, content
```

代码先抽取出当前网页中的所有文章，然后从每篇文章中抽取数据，抽取的数据以列表的格式返回，直接取第一个即可。在命令中输入 scrapy crawl cnblogs 再次启动爬虫就可以看到抽取出的数据，如图 12-10 所示。

图 12-10　抽取效果

12.6 命令行工具

既然用到了 scrapy shell，本节就讲解一下 Scrapy 的命令行功能。Scrapy 提供了两种类型的命令。一种必须在 Scrapy 项目中运行，是针对项目的命令；另外一种则不需要，属于全局命令。全局命令在项目中运行时的表现可能会与在非项目中的运行表现有些许差别，因为可能会使用项目的设定。

全局命令如下：
- startproject
- settings
- runspider
- shell
- fetch
- view
- version
- bench

startproject 命令，语法：scrapy startproject <project_name>。用于在 project_name 文件夹下创建一个名为 project_name 的 Scrapy 项目。示例如下：

```
$ scrapy startproject myproject
```

settings 命令，语法：scrapy settings [options]。在项目中运行时，该命令将会输出项目的设定值，否则输出 Scrapy 默认设定。示例如下：

```
$ scrapy settings --get BOT_NAME
scrapybot
$ scrapy settings --get DOWNLOAD_DELAY
0
```

runspider 命令，语法：scrapy runspider <spider_file.py>。在未创建项目的情况下，运行一个编写好的 spider 模块。示例如下：

```
$ scrapy runspider cnblogs_spider.py
```

shell 命令，语法：scrapy shell [url]。用来启动 Scrapy shell，url 为可选。示例如下：

```
$ scrapy shell "http://www.cnblogs.com/qiyeboy/default.html?page=1"
```

fetch 命令，语法：scrapy fetch <url>。使用 Scrapy 下载器（downloader）下载给定的 URL，并将获取到的内容送到标准输出。该命令以 spider 下载页面的方式获取页面，如果是在项目中运行，fetch 将会使用项目中 spider 的属性访问。如果在非项目中运行，则会使用默认 Scrapy downloader 设定。示例如下：

```
$ scrapy fetch --nolog "http://www.cnblogs.com/qiyeboy/default.html?page=1"
$ scrapy fetch --nolog --headers "http://www.cnblogs.com/qiyeboy/default.html?page=1"
```

view 命令，语法：scrapy view <url>。在浏览器中打开给定的 URL，并以 Scrapy spider 获取到的形式展现，和之前讲的 view(response)效果一样。示例如下：

```
$ scrapy view "http://www.cnblogs.com/qiyeboy/default.html?page=1"
```

version 命令，语法：scrapy version [-v]。输出 Scrapy 版本。配合-v 运行时，该命令同时输出 Python、Twisted 以及平台的信息，方便 bug 提交。

bench 命令，语法：scrapy bench。用于运行 benchmark 测试，测试 Scrapy 在硬件上的效率。

项目命令如下：

- crawl
- check
- list
- edit
- parse
- genspider
- deploy

crawl 命令，语法：scrapy crawl <spider>。用来使用 spider 进行爬取，示例如下：

```
$ scrapy crawl cnblogs
```

check 命令，语法：scrapy check [-l] <spider>。运行 contract 检查，示例如下：

```
$ scrapy check -l
```

list 命令，语法：scrapy list。列出当前项目中所有可用的 spider，每行输出一个 spider。示例如下：

```
$ scrapy list
```

edit 命令，语法：scrapy edit <spider>。使用设定的编辑器编辑给定的 spider。该命令仅仅是提供一个快捷方式，开发者可以自由选择其他工具或者 IDE 来编写调试 spider。

```
$ scrapy edit cnblogs
```

parse 命令，语法：scrapy parse <url> [options]。获取给定的 URL 并使用相应的 spider 分析处理。如果提供--callback 选项，则使用 spider 中的解析方法进行处理。支持的选项：

- --spider=SPIDER：跳过自动检测 spider 并强制使用特定的 spider
- --a NAME=VALUE：设置 spider 的参数（可能被重复）
- --callback or -c：spider 中用于解析 response 的回调函数

- --pipelines：在 pipeline 中处理 item
- --rules or -r：使用 CrawlSpider 规则来发现用于解析 response 的回调函数
- --noitems：不显示爬取到的 item
- --nolinks：不显示提取到的链接
- --nocolour：避免使用 pygments 对输出着色
- --depth or -d：指定跟进链接请求的层次数（默认：1）
- --verbose or -v：显示每个请求的详细信息

示例如下：

```
$ scrapy parse "http://www.cnblogs.com/qiyeboy/default.html?page=1" -c parse
```

genspider 命令，语法：scrapy genspider [-t template] <name> <domain>。可以在当前项目中创建 spider。这仅仅是创建 spider 的一种快捷方法，该方法可以使用提前定义好的模板来生成 spider，也可以自己创建 spider 的源码文件。示例如下：

```
$ scrapy genspider -l
Available templates:
    basic
    crawl
    csvfeed
    xmlfeed

$ scrapy genspider -d basic
import scrapy
class $classname(scrapy.Spider):
    name = "$name"
    allowed_domains = ["$domain"]
    start_urls = (
        'http://www.$domain/',
        )
    def parse(self, response):
        pass

$ scrapy genspider -t basic example example.com
Created spider 'example' using template 'basic' in module:
    mybot.spiders.example
```

deploy 命令，语法：scrapy deploy [<target:project> | -l <target> | -L]。将项目部署到 Scrapyd 服务，之后会用到。

12.7 定义 Item

爬取的主要目标就是从非结构性的数据源提取结构性数据。CnblogsSpider 类的 parse()

方法中解析出了 url、title、time、content 等数据，但是如何将这些数据包装为结构化数据呢？scrapy 提供 Item 类来满足这样的需求。Item 对象是一种简单的容器，用来保存爬取到的数据，提供了类似于词典的 API 以及用于声明可用字段的简单语法。Item 使用简单的 class 定义语法以及 Field 对象来声明。在新建的 cnblogSpider 项目中，有一个 items.py 文件，用来定义存储数据的 Item 类，这个类需要继承 scrapy.Item。代码如下：

```
class CnblogspiderItem(scrapy.Item):
    # define the fields for your item here like:
    url = scrapy.Field()
    time = scrapy.Field()
    title = scrapy.Field()
    content = scrapy.Field()
```

我们对已经声明好的 CnblogspiderItem 进行操作，发现 Item 的操作方式和字典的操作方式非常相似。

- 创建 CnblogspiderItem 对象

```
item = CnblogspiderItem(title="Python爬虫",content='爬虫开发')
```

- 获取字段的值

```
print item['title']
print item.get('title')
```

- 设置字段的值

```
item['title']="爬虫"
```

- 获取所有的键和值

```
print item.keys()
print item.items()
```

- Item 的复制

```
item2 = CnblogspiderItem (item)
item3 = item.copy()
```

- dict 与 item 的转化

```
dict_item = dict(item)
item = CnblogspiderItem({'title':'爬虫','content':'开发'})
```

除了以上的操作，还可以对 Item 进行扩展。通过继承原始的 Item 来扩展 Item，用来添加更多的字段。例如拓展一下 CnblogspiderItem，添加一个 body 字段：

```
class newCnblogItem(CnblogspiderItem):
```

```
        body = scrapy.Field()
```

也可以通过使用原字段的元数据,添加新的值或修改原来的值来扩展字段的元数据:

```
class newCnblogItem(CnblogspiderItem):
    title = scrapy.Field(CnblogspiderItem.fields['title'], serializer=my_serializer)
```

这段代码在保留所有原来的元数据值的情况下添加了 title 字段的 serializer。

讲解完 Item 的用法,需要将 parse()中提取出的 url、title、time、content 封装成 Item 对象,parse()方法的代码如下:

```
def parse(self, response):
    # 实现网页的解析
    # 首先抽取所有的文章
    papers = response.xpath(".//*[@class='day']")
    # 从每篇文章中抽取数据
    for paper in papers:
        url = paper.xpath(".//*[@class='postTitle']/a/@href").extract()[0]
        title = paper.xpath(".//*[@class='postTitle']/a/text()").extract()[0]
        time = paper.xpath(".//*[@class='dayTitle']/a/text()").extract()[0]
        content = paper.xpath(".//*[@class='postTitle']/a/text()").extract()[0]
        item = CnblogspiderItem(url=url,title=title,time=time,content=content)
        yield item
```

代码最后使用 yield 关键字提交 item,将 parse 方法打造成一个生成器,这是 parse 方法中最精彩的地方。

12.8 翻页功能

以上实现了当前网页数据的抽取,但是我们要抽取博客所有页面的文章,这就需要实现翻页功能。翻页功能的实现,本质上是构造 Request 并提交给 Scrapy 引擎的过程。

首先抽取下一页的链接,我们使用 Selector 中的 re()方法进行抽取,正则表达式为

```
<a href="(\S*)">下一页</a>
```

构造请求使用 scrapy.Request 对象。parse()方法代码如下:

```
def parse(self, response):
    # 实现网页的解析
    # 首先抽取所有的文章
    papers = response.xpath(".//*[@class='day']")
    # 从每篇文章中抽取数据
    for paper in papers:
        url = paper.xpath(".//*[@class='postTitle']/a/@href").extract()[0]
        title = paper.xpath(".//*[@class='postTitle']/a/text()").extract()[0]
        time = paper.xpath(".//*[@class='dayTitle']/a/text()").extract()[0]
```

```
            content = paper.xpath(".//*[@class='postTitle']/a/text()").extract()[0]
            item = CnblogspiderItem(url=url,title=title,time=time,content=content)
            yield item
        next_page = Selector(response).re(u'<a href="(\S*)">下一页</a>')
        if next_page:
            yield scrapy.Request(url=next_page[0],callback=self.parse)
```

Request 对象的构造方法中 URL 为请求链接，callback 为回调方法，回调方法用来指定由谁来解析此项 Request 请求的响应。

12.9 构建 Item Pipeline

以上几节已经实现了 cnblogs 爬虫中网页的下载、解析和数据 Item，下面我们需要将爬取到的数据进行持久化存储，这就要说到 Item Pipeline。当 Item 在 Spider 中被收集之后，它将会被传递到 Item Pipeline，一些组件会按照一定的顺序执行对 Item 的处理。

Item Pipeline 主要有以下典型应用：
- 清理 HTML 数据。
- 验证爬取的数据的合法性，检查 Item 是否包含某些字段。
- 查重并丢弃。
- 将爬取结果保存到文件或者数据库中。

12.9.1 定制 Item Pipeline

定制 Item Pipeline 的方法其实很简单，每个 Item Pipeline 组件是一个独立的 Python 类，必须实现 process_item 方法，方法原型如下：

```
process_item(self, item, spider)
```

每个 Item Pipeline 组件都需要调用该方法，这个方法必须返回一个 Item（或任何继承类）对象，或者抛出 DropItem 异常，被丢弃的 Item 将不会被之后的 Pipeline 组件所处理。

参数说明：
- Item 对象是被爬取的 Item。
- Spider 对象代表着爬取该 Item 的 Spider。

我们需要将 cnblogs 爬虫爬取的 Item 存储到本地。定制的 Item Pipeline 代码位于 cnblogSpider/pipelines.py 中，声明为 CnblogspiderPipeline 类，完整内容如下：

```python
import json
from scrapy.exceptions import DropItem
class CnblogspiderPipeline(object):
    def __init__(self):
        self.file = open('papers.json', 'wb')
    def process_item(self, item, spider):
```

```
        if item['title']:
            line = json.dumps(dict(item)) + "\n"
            self.file.write(line)
            return item
        else:
            raise DropItem("Missing title in %s" % item)
```

process_item 方法中，先对 item 中的 title 进行判断，如果不存在就抛出 DropItem 异常，进行丢弃，如果存在就将 item 存入 JSON 文件中，你可以定制自己想存储的方式，比如存到数据库中等。

12.9.2 激活 Item Pipeline

定制完 Item Pipeline，它是无法工作的，需要进行激活。要启用一个 Item Pipeline 组件，必须将它的类添加到 settings.py 中的 ITEM_PIPELINES 变量中。代码如下：

```
ITEM_PIPELINES = {
    'cnblogSpider.pipelines.CnblogspiderPipeline': 300,
}
```

ITEM_PIPELINES 变量中可以配置很多个 Item Pipeline 组件，分配给每个类的整型值确定了它们运行的顺序，item 按数字从低到高的顺序通过 Item Pipeline，通常将这些数字定义在 0 ~ 1000 范围内。

激活完成后，将命令行切换到项目目录下，执行 scrapy crawl cnblogs 命令，就可以将数据存储到 papers.json 文件中，效果如图 12-11 所示。

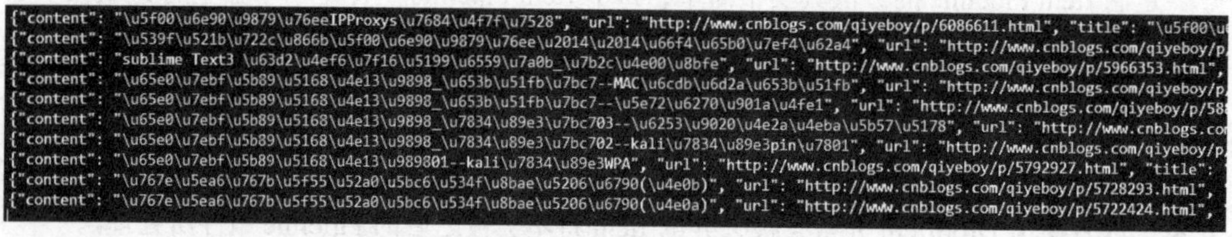

{"content": "\u5f00\u6e90\u9879\u76eeIPProxys\u7684\u4f7f\u7528", "url": "http://www.cnblogs.com/qiyeboy/p/6086611.html", "title": "\u5f00\u
{"content": "\u539f\u521b\u722c\u866b\u5f00\u6e90\u9879\u76ee\u2014\u2014\u66f4\u65b0\u7ef4\u62a4", "url": "http://www.cnblogs.com/qiyeboy/p
{"content": "sublime Text3 \u63d2\u4ef6\u7f16\u5199\u6559\u7a0b_\u7b2c\u4e00\u8bfe", "url": "http://www.cnblogs.com/qiyeboy/p/5966353.html",
{"content": "\u65e0\u7ebf\u5b89\u5168\u4e13\u9898_\u653b\u51fb\u7bc7--MAC\u6cdb\u6d2a\u653b\u51fb", "url": "http://www.cnblogs.com/qiyeboy/p
{"content": "\u65e0\u7ebf\u5b89\u5168\u4e13\u9898_\u653b\u51fb\u7bc7--\u5e72\u6270\u901a\u4fe1", "url": "http://www.cnblogs.com/qiyeboy/p/58
{"content": "\u65e0\u7ebf\u5b89\u5168\u4e13\u9898_\u7834\u89e3\u7bc703--\u6253\u9020\u4e2a\u4eba\u5b57\u5178", "url": "http://www.cnblogs.co
{"content": "\u65e0\u7ebf\u5b89\u5168\u4e13\u9898_\u7834\u89e3\u7bc702--kali\u7834\u89e3pin\u7801", "url": "http://www.cnblogs.com/qiyeboy/p
{"content": "\u65e0\u7ebf\u5b89\u5168\u4e13\u989801--kali\u7834\u89e3WPA", "url": "http://www.cnblogs.com/qiyeboy/p/5792927.html", "title":
{"content": "\u767e\u5ea6\u767b\u5f55\u52a0\u5bc6\u534f\u8bae\u5206\u6790(\u4e0b)", "url": "http://www.cnblogs.com/qiyeboy/p/5728293.html",
{"content": "\u767e\u5ea6\u767b\u5f55\u52a0\u5bc6\u534f\u8bae\u5206\u6790(\u4e0a)", "url": "http://www.cnblogs.com/qiyeboy/p/5722424.html",

图 12-11 papers.json

12.10 内置数据存储

除了使用 Item Pipeline 实现存储功能，Scrapy 内置了一些简单的存储方式，生成一个带有爬取数据的输出文件，通常叫做输出（feed），支持多种序列化格式。其自带支持的类型有：

- ❑ JSON

  FEED_FORMAT: json

  所用的内置输出类：JsonItemExporter

- ❑ JSON lines

FEED_FORMAT: jsonlines

所用的内置输出类：JsonLinesItemExporter

- ❑ CSV

FEED_FORMAT: csv

所用的内置输出类：CsvItemExporter

- ❑ XML

FEED_FORMAT: xml

所用的内置输出类：XmlItemExporter

- ❑ Pickle

FEED_FORMAT: pickle

所用的内置输出类：PickleItemExporter

- ❑ Marshal

FEED_FORMAT: marshal

所用的内置输出类：MarshalItemExporter

使用方式：将命令行切换到项目目录，比如想保存为 CSV 格式，输入命令 scrapy crawl cnblogs -o papers.csv，效果如图 12-12 所示。

```
content,url,title,time
开源项目IPProxys的使用,http://www.cnblogs.com/qiyeboy/p/6086611.html,开源项目IPProxys的使用,2016年11月21日
原创爬虫开源项目—更新维护,http://www.cnblogs.com/qiyeboy/p/6018594.html,原创爬虫开源项目—更新维护,2016年11月1日
sublime Text3 插件编写教程_第一课,http://www.cnblogs.com/qiyeboy/p/5966353.html,sublime Text3 插件编写教程_第一课,2016年10月16日
无线安全专题_攻击篇--MAC泛洪攻击,http://www.cnblogs.com/qiyeboy/p/5930573.html,无线安全专题_攻击篇--MAC泛洪攻击,2016年10月4日
无线安全专题_攻击篇--干扰通信,http://www.cnblogs.com/qiyeboy/p/5889518.html,无线安全专题_攻击篇--干扰通信,2016年9月20日
无线安全专题_破解篇03--打造个人字典,http://www.cnblogs.com/qiyeboy/p/5840577.html,无线安全专题_破解篇03--打造个人字典,2016年9月4日
无线安全专题_破解篇02--kali破解pin码,http://www.cnblogs.com/qiyeboy/p/5825525.html,无线安全专题_破解篇02--kali破解pin码,2016年8月31日
无线安全专题01--kali破解WPA,http://www.cnblogs.com/qiyeboy/p/5792927.html,无线安全专题01--kali破解WPA,2016年8月21日
百度登录加密协议分析(下),http://www.cnblogs.com/qiyeboy/p/5728293.html,百度登录加密协议分析(下),2016年8月2日
百度登录加密协议分析(上),http://www.cnblogs.com/qiyeboy/p/5722424.html,百度登录加密协议分析(上),2016年7月31日
```

图 12-12　papers.csv

12.11　内置图片和文件下载方式

有时在爬取产品的同时也想保存对应的图片，Scrapy 为下载 Item 中包含的文件提供了一个可重用的 Item Pipeline。这些 Pipeline 有些共同的方法和结构，我们称之为 MediaPipeline。一般来说你会使用 FilesPipeline 或者 ImagesPipeline。这两种 Pipeline 都实现了以下特性：

- ❑ 避免重新下载最近已经下载过的数据。
- ❑ 指定存储的位置和方式。

此外，ImagesPipeline 还提供了额外特性：

- ❑ 将所有下载的图片转换成通用的格式（JPG）和模式（RGB）。
- ❑ 缩略图生成。
- ❑ 检测图像的宽/高，确保它们满足最小限制。

这个管道也会为那些当前安排好要下载的图片保留一个内部队列，并将那些到达的包含相同图片的项目连接到该队列中，这可以避免多次下载几个 Item 共享的同一个图片。

当使用 FilesPipeline 时，典型的工作流程如下所示：

1）在一个爬虫里，抓取一个 Item，把其中文件的 URL 放入 file_urls 组内。

2）Item 从爬虫内返回，进入 Item Pipeline。

3）当 Item 进入 FilesPipeline，file_urls 组内的 URL 将被 Scrapy 的调度器和下载器（这意味着调度器和下载器的中间件可以复用）安排下载，如果优先级更高，会在其他页面被抓取前处理。Item 会在这个特定的管道阶段保持"locker"的状态，直到完成文件的下载（或者由于某些原因未完成下载）。

4）当文件下载完后，另一个字段（files）将被更新到结构中。这个组将包含一个字典列表，其中包括下载文件的信息，比如下载路径、源抓取地址（从 file_urls 组获得）和图片的校验码（checksum）。files 列表中的文件顺序将和源 file_urls 组保持一致。如果某个图片下载失败，将会记录下错误信息，图片也不会出现在 files 组中。

当使用 ImagesPipeline 时，典型的工作流程如下所示：

1）在一个爬虫里，抓取一个 Item，把其中图片的 URL 放入 images_urls 组内。

2）项目从爬虫内返回，进入 Item Pipeline。

3）当 Item 进入 ImagesPipeline，images_urls 组内的 URL 将被 Scrapy 的调度器和下载器（这意味着调度器和下载器的中间件可以复用）安排下载，如果优先级更高，会在其他页面被抓取前处理。项目会在这个特定的管道阶段保持"locker"的状态，直到完成文件的下载（或者由于某些原因未完成下载）。

4）当文件下载完后，另一个字段（images）将被更新到结构中。这个组将包含一个字典列表，其中包括下载文件的信息，比如下载路径、源抓取地址（从 images_urls 组获得）和图片的校验码（checksum）。images 列表中的文件顺序将和源 images_urls 组保持一致。如果某个图片下载失败，将会记录下错误信息，图片也不会出现在 images 组中。

Pillow 用来生成缩略图，并将图片归一化为 JPEG/RGB 格式，因此为了使用 ImagesPipeline，你需要安装这个库。Python Imaging Library（PIL）在大多数情况下是有效的，但众所周知，在一些设置里会出现问题，因此我们推荐使用 Pillow 而不是 PIL，使用 pip install pillow 可以安装这个模块。

1. 使用 FilesPipeline

使用 FilesPipeline 非常简单，只需要三个步骤即可：

1）在 settings.py 文件的 ITEM_PIPELINES 中添加一条'scrapy.pipelines.files.FilesPipeline':1。

2）在 item 中添加两个字段，比如：

```
file_urls = scrapy.Field()
files = scrapy.Field()
```

3）在 settings.py 文件中添加下载路径 FILES_STORE、文件 url 所在的 item 字段

FILES_URLS_FIELD 和文件结果信息所在的 item 字段 FILES_RESULT_FIELD，比如

```
FILES_STORE = 'D:\\cnblogs'
FILES_URLS_FIELD = 'file_urls'
FILES_RESULT_FIELD = 'files'
```

使用 FILES_EXPIRES 设置文件过期时间，示例如下：

```
FILES_EXPIRES = 30# 30 天过期
```

2. 使用 ImagesPipeline

使用 ImagesPipeline 的基本步骤和 FilesPipeline 一样，不过针对的是图片下载，又添加了一些新的特性。基本步骤如下：

1）在 settings.py 文件的 ITEM_PIPELINES 中添加一条'scrapy.pipelines.images.ImagesPipeline':1。

2）在 item 中添加两个字段，比如：

```
image_urls = scrapy.Field()
images = scrapy.Field()
```

3）在 settings.py 文件中添加下载路径 IMAGES_STORE、文件 url 所在的 item 字段 IMAGES_URLS_FIELD 和文件结果信息所在的 item 字段 IMAGES_RESULT_FIELD，比如

```
IMAGES_STORE = 'D:\\cnblogs'
IMAGES_URLS_FIELD= 'image_urls'
IMAGES_RESULT_FIELD = 'images'
```

可以在 settings.py 中使用 IMAGES_THUMBS 制作缩略图，并设置缩略图尺寸大小。使用 IMAGES_EXPIRES 设置文件过期时间，示例如下：

```
IMAGES_THUMBS = {
    'small': (50, 50),
    'big': (270, 270),
}
IMAGES_EXPIRES = 30# 30 天过期
```

如果想过滤特别小的图片可以使用 IMAGES_MIN_HEIGHT 和 IMAGES_MIN_WIDTH 来设置图片的最小高和宽。

通过上面讲解的内容，我们可以给 cnblogs 爬虫添加下载每篇文章中图片的功能。首先按照 ImagesPipeline 基本步骤进行配置。

settings.py 文件中的设置如下：

```
ITEM_PIPELINES = {
    'cnblogSpider.pipelines.CnblogspiderPipeline': 300,
    'scrapy.pipelines.images.ImagesPipeline':1
}
```

```
IMAGES_STORE = 'D:\\cnblogs'
IMAGES_URLS_FIELD = 'cimage_urls'
IMAGES_RESULT_FIELD = 'cimages'
IMAGES_EXPIRES = 30
IMAGES_THUMBS = {
    'small': (50, 50),
    'big': (270, 270),
}
```

items.py 文件代码如下,添加了 cimage_url 和 cimages 字段:

```
class CnblogsspiderItem(scrapy.Item):
    # define the fields for your item here like:
    url = scrapy.Field()
    time = scrapy.Field()
    title = scrapy.Field()
    content = scrapy.Field()
    cimage_urls = scrapy.Field()
    cimages = scrapy.Field()
```

cnblogs_spider.py 文件代码如下,添加了 parse_body 方法,用于提取文章正文中的图片链接,同时还用到了 Request 的 meta 属性,用来将 Item 示例进行暂存,统一提交:

```
def parse(self, response):
    # 实现网页的解析
    # 首先抽取所有的文章
    papers = response.xpath(".//*[@class='day']")
    # 从每篇文章中抽取数据
    for paper in papers:
        url = paper.xpath(".//*[@class='postTitle']/a/@href").extract()[0]
        title = paper.xpath(".//*[@class='postTitle']/a/text()").extract()[0]
        time = paper.xpath(".//*[@class='dayTitle']/a/text()").extract()[0]
        content = paper.xpath(".//*[@class='postTitle']/a/text()").extract()[0]
        item = CnblogsspiderItem(url=url,title=title,time=time,content=content)
        request = scrapy.Request(url=url,callback=self.parse_body)
        request.meta['item'] = item# 将 item 暂存
        yield request
    next_page = Selector(response).re(u'<a href="(\S*)">下一页</a>')
    if next_page:
        yield scrapy.Request(url=next_page[0],callback=self.parse)

def parse_body(self,response):
    item = response.meta['item']
    body = response.xpath(".//*[@class='postBody']")
    item['cimage_urls'] = body.xpath('.//img//@src').extract()# 提取图片链接
    yield item
```

最后在命令行中切换到项目目录下,运行 scrapy crawl cnblogs,开始爬取数据。爬取到的图片所在的目录结构如下:

```
cnblogs
├──full
│      0215c0dfe13fa7da8ed07467e94bc62d7f6e7583.jpg
│      059a17af502b604ea825d164d799d59406e9e573.jpg
│      09b23ca063bee1dc713cc37e023c7fd9709effac.jpg
└──thumbs
    ├──big
    │      0215c0dfe13fa7da8ed07467e94bc62d7f6e7583.jpg
    │      059a17af502b604ea825d164d799d59406e9e573.jpg
    │      09b23ca063bee1dc713cc37e023c7fd9709effac.jpg
    └──small
           0215c0dfe13fa7da8ed07467e94bc62d7f6e7583.jpg
           059a17af502b604ea825d164d799d59406e9e573.jpg
           09b23ca063bee1dc713cc37e023c7fd9709effac.jpg
```

大家肯定会发现图片的名称很奇怪，图片名称是图片下载链接经过 SHA1 哈希后的值，由 Scrapy 自行处理。

以上讲解了 Scrapy 内置的 FilesPipeline 和 ImagesPipeline，那么如何定制我们自己的 FilesPipeline 或者 ImagesPipeline 呢？我们需要继承 FilesPipeline 或者 ImagesPipeline，重写 get_media_requests 和 item_completed()方法。下面以 ImagesPipeline 为例进行讲解。

1. get_media_requests(item, info)方法

在工作流程中可以看到，管道会得到图片的 URL 并从项目中下载。需要重写 get_media_requests()方法，并对各个图片 URL 返回一个 Request：

```python
def get_media_requests(self, item, info):
    for image_url in item['image_urls']:
        yield scrapy.Request(image_url)
```

这些请求将由管道处理，当它们完成下载后，结果 results 将以 2-元素的元组列表形式传送到 item_completed()方法，结果类似如下的形式：

```
[(True,
    {'checksum': '2b00042f7481c7b056c4b410d28f33cf',
     'path': 'full/7d97e98f8af710c7e7fe703abc8f639e0ee507c4.jpg',
     'url': 'http://www.example.com/images/product1.jpg'}),
 (True,
    {'checksum': 'b9628c4ab9b595f72f280b90c4fd093d',
     'path': 'full/1ca5879492b8fd606df1964ea3c1e2f4520f076f.jpg',
     'url': 'http://www.example.com/images/product2.jpg'}),
 (False,
    Failure(...))]
```

返回结果的格式解释如下：

❑ success 是一个布尔值，当图片成功下载时为 True，因为某个原因下载失败为 False。如果 success 为 True，image_info_or_error 是一个包含下列关键字的字典，如果出问题时则为 Twisted Failure。
- url 是图片下载的 url。这是从 get_media_requests()方法返回的请求的 url。
- path 是图片存储的路径（类似 IMAGES_STORE）。
- checksum 是图片内容的 MD5 hash。

2. item_completed(results, items, info)方法

当一个单独项目中的所有图片请求完成时（要么完成下载，要么因为某种原因下载失败），ImagesPipeline.item_completed()方法将被调用。其中 results 参数就是 get_media_requests 下载完成之后返回的结果。item_completed()方法需要返回一个输出，其将被送到随后的 ItemPipelines，因此你需要返回或者丢弃项目，这和之前在 ItemPipelines 中的操作一样。

以下是 item_completed()方法的例子，其中我们将下载的图片路径存储到 item 中的 image_paths 字段里，如果其中没有图片，我们将丢弃项目：

```
from scrapy.exceptions import DropItem

def item_completed(self, results, item, info):
    image_paths = [x['path'] for ok, x in results if ok]
    if not image_paths:
        raise DropItem("Item contains no images")
    item['image_paths'] = image_paths
    return item
```

以下是一个定制 ImagesPipeline 的完整例子，代码如下：

```
import scrapy
from scrapy.contrib.pipeline.images import ImagesPipeline
from scrapy.exceptions import DropItem

class MyImagesPipeline(ImagesPipeline):

    def get_media_requests(self, item, info):
        for image_url in item['image_urls']:
            yield scrapy.Request(image_url)

    def item_completed(self, results, item, info):
        image_paths = [x['path'] for ok, x in results if ok]
        if not image_paths:
            raise DropItem("Item contains no images")
        item['image_paths'] = image_paths
        return item
```

12.12 启动爬虫

本节主要讲解爬虫的启动，我们之前运行爬虫采取的都是命令行的方式，输入命令为 scrapy

crawl spider_name。除了这种方式，Scrapy 还提供了 API 可以让我们在程序中启动爬虫。

由于 Scrapy 是在 Twisted 异步网络库上构建的，因此必须在 Twisted reactor 里运行。

第一种通用的做法是使用 CrawlerProcess 类，这个类内部将会开启 Twisted reactor、配置 log 和设置 Twisted reactor 自动关闭。下面给我们的 cnblogs 爬虫添加启动脚本，在 cnblogs_spider.py 下面添加如下代码：

```python
if __name__=='__main__':
    process = CrawlerProcess({
        'USER_AGENT': 'Mozilla/4.0 (compatible; MSIE 7.0; Windows NT 5.1)'
    })

    process.crawl(CnblogsSpider)
    process.start()
```

可以在 CrawlerProcess 初始化时传入设置的参数，使用 crawl 方式运行指定的爬虫类。

也可以在 CrawlerProcess 初始化时传入项目的 settings 信息，在 crawl 方法中传入爬虫的名字。代码如下：

```python
if __name__=='__main__':
    process = CrawlerProcess(get_project_settings())
    process.crawl('cnblogs')
    process.start()
```

另一种启动的办法是使用 CrawlerRunner，这种方法稍微复杂一些。在 spider 运行结束后，必须自行关闭 Twisted reactor，需要在 CrawlerRunner.crawl 所返回的对象中添加回调函数。代码如下：

```python
if __name__=='__main__':
    configure_logging({'LOG_FORMAT': '%(levelname)s: %(message)s'})
    runner = CrawlerRunner()
    d = runner.crawl(CnblogsSpider)
    d.addBoth(lambda _: reactor.stop())
    reactor.run()
```

代码中使用 configure_logging 配置了日志信息的打印格式，通过 CrawlerRunner 的 crawl 方法添加爬虫，并通过 addBoth 添加关闭 Twisted reactor 的回调函数。

以上的两种方式都是在一个进程中启动了一个爬虫，其实我们可以在一个进程中启动多个爬虫。第一种实现方式的示例代码如下：

```python
import scrapy
from scrapy.crawler import CrawlerProcess

class MySpider1(scrapy.Spider):
    # Your first spider definition
    ...
```

```
class MySpider2(scrapy.Spider):
    # Your second spider definition
    ...
process = CrawlerProcess()
process.crawl(MySpider1)
process.crawl(MySpider2)
process.start()
```

第二种实现方式的示例代码如下:

```
import scrapy
from twisted.internet import reactor
from scrapy.crawler import CrawlerRunner
from scrapy.utils.log import configure_logging

class MySpider1(scrapy.Spider):
    # Your first spider definition
    ...
class MySpider2(scrapy.Spider):
    # Your second spider definition
    ...
configure_logging()
runner = CrawlerRunner()
runner.crawl(MySpider1)
runner.crawl(MySpider2)
d = runner.join()
d.addBoth(lambda _: reactor.stop())
reactor.run()
```

第三种实现方式的示例代码如下:

```
from twisted.internet import reactor, defer
from scrapy.crawler import CrawlerRunner
from scrapy.utils.log import configure_logging

class MySpider1(scrapy.Spider):
    # Your first spider definition
    ...
class MySpider2(scrapy.Spider):
    # Your second spider definition
    ...
configure_logging()
runner = CrawlerRunner()
@defer.inlineCallbacks
def crawl():
    yield runner.crawl(MySpider1)
    yield runner.crawl(MySpider2)
    reactor.stop()
crawl()
reactor.run()
```

12.13 强化爬虫

本节讲解一下 Scrapy 中的调试方法、异常和控制运行状态等内容，可以帮助我们更好地使用 Scrapy 编写爬虫。

12.13.1 调试方法

Scrapy 中共有三种比较常用的调试技术：Parse 命令、Scrapy shell 和 logging。下面以 cnblogs 爬虫为例讲解以上三种技术。

1. Parse 命令

检查 spider 输出的最基本方法是使用 Parse 命令。这能让你在函数层上检查 spider 各个部分的效果，其十分灵活并且易用，不过不能在代码中调试。

查看特定 url 爬取到的 item，命令格式为 scrapy parse --spider=<spidername> -c <parse_item> -d 2 <item_url>。在命令行中切换到项目目录下，输入 scrapy parse --spider=cnblogs -c parse -d 2 "http://www.cnblogs.com/qiyeboy/default.html?page=1"，效果如图 12-13 所示。

图 12-13 parse 命令

配合使用 --verbose 或 -v 选项，可以查看各个层次的详细状态。

2. Scrapy shell

尽管 Parse 命令对检查 spider 的效果十分有用，但除了显示收到的 response 及输出外，其对检查回调函数内部的过程并没有提供什么便利。这个时候可以通过 scrapy.shell.inspect_response

方法来查看 spider 的某个位置中被处理的 response，以确认期望的 response 是否到达特定位置。在 CnblogsSpider 类中 parse 方法里添加两句代码：

```
def parse(self, response):
    # 实现网页的解析
    # 首先抽取所有的文章
    papers = response.xpath(".//*[@class='day']")
    # 从每篇文章中抽取数据
    from scrapy.shell import inspect_response
    inspect_response(response, self)

    for paper in papers:
        url = paper.xpath(".//*[@class='postTitle']/a/@href").extract()[0]
        title = paper.xpath(".//*[@class='postTitle']/a/text()").extract()[0]
        time = paper.xpath(".//*[@class='dayTitle']/a/text()").extract()[0]
        content = paper.xpath(".//*[@class='postTitle']/a/text()").extract()[0]
        item = CnblogspiderItem(url=url,title=title,time=time,content=content)
        request =  scrapy.Request(url=url,callback=self.parse_body)
        request.meta['item'] = item
        yield request
    next_page = Selector(response).re(u'<a href="(\S*)">下一页</a>')
    if next_page:
        yield scrapy.Request(url=next_page[0],callback=self.parse)
```

我们使用命令行执行程序时，当程序运行到 inspect_response 方法时会暂停，并切换进 shell 中，可以方便我们对当前的 response 进行调试，效果如图 12-14 所示。

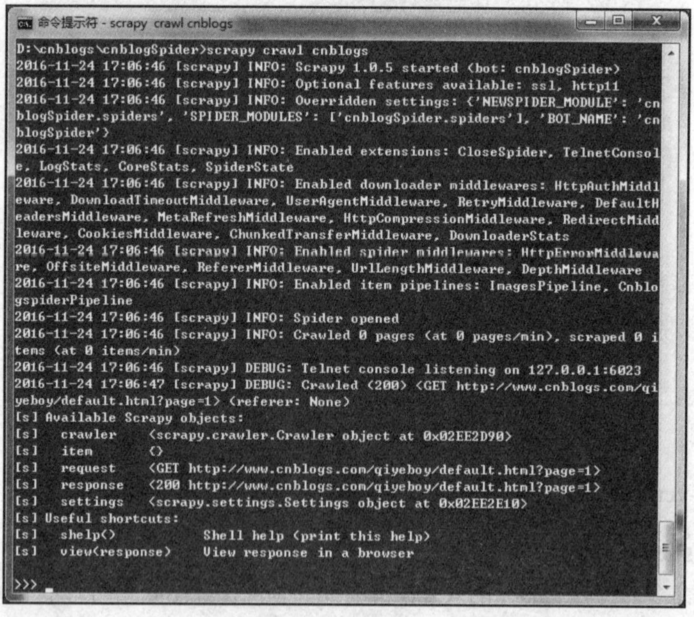

图 12-14　inspect_response 方法使用

这时可以在 shell 中调试 Xpath，或者查看当前响应内容。

如果调试完了，可以点击 Ctrl-D 来退出终端，恢复爬取，当程序再次运行到 inspect_response 方法时再次暂停，这样可以帮助我们了解每一个响应的细节。

3. logging

记录（logging）是另一个获取 spider 运行信息的方法。虽然不是那么方便，但好处是日志的内容在以后的运行中也可以看到。

以上就是 Scrapy 调试的三种方式，其实还有一种我比较喜欢的调试方式。首先将爬虫改写成 API 启动的方式，然后使用 Pycharm 打开整个爬虫项目，设置断点进行 Debug 调试，效果如图 12-15 所示。

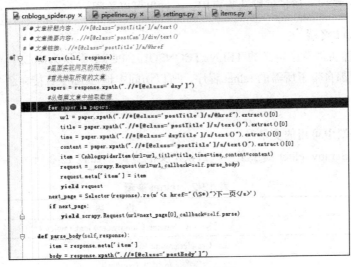

图 12-15　Debug 调试

12.13.2　异常

下面是 Scrapy 提供的异常及其用法，如表 12-1 所示。

表 12-1　Scrapy 提供的异常及其用法

异　　常	原　　型	说　　明
DropItem	exception scrapy.exceptions.DropItem	该异常由 item pipeline 抛出，用于停止处理 item
CloseSpider	exception scrapy.exceptions.CloseSpider(reason='cancelled')	该异常由 spider 的回调函数（callback）抛出，来暂停/停止 spider。支持的参数：reason(str)：关闭的原因
IgnoreRequest	exception scrapy.exceptions.IgnoreRequest	该异常由调度器（Scheduler）或其他下载器中间件抛出，声明忽略该 request
NotConfigured	exception scrapy.exceptions.NotConfigured	该异常由某些组件抛出，声明其仍然保持关闭。这些组件包括：

(续)

异常	原型	说明
NotConfigured	exception scrapy.exceptions.NotConfigured	• Extensions • Item pipelines • Downloader middlwares • Spider middlewares 该异常必须由组件的构造器（constructor）抛出
NotSupported	exception scrapy.exceptions.NotSupported	该异常声明一个不支持的特性

12.13.3 控制运行状态

Scrapy 提供了内置的 telnet 终端，以供检查、控制 Scrapy 运行的进程。telnet 终端是一个自带的 Scrapy 扩展。该扩展默认为启用，不过也可以关闭。

1. 访问 telnet 终端

telnet 终端监听设置中定义的 TELNETCONSOLE_PORT 默认为 6023。Windows 及大多数 Linux 发行版都自带了所需的 telnet 程序，所以访问本地 Scrapy 直接在命令行中输入：

```
telnet localhost 6023
```

2. telnet 终端中可用的变量

为了方便，Scrapy telnet 提供了一些默认定义的变量，如表 12-2 所示。

表 12-2　telnet 变量

变量	描述
crawler	Scrapy Crawler（scrapy.crawler.Crawler 对象）
engine	Crawler.engine 属性
spider	当前激活的爬虫（spider）
slot	the engine slot
extensions	扩展管理器（manager）（Crawler.extensions 属性）
stats	状态收集器（Crawler.stats 属性）
settings	Scrapy 设置（setting）对象（Crawler.settings 属性）
est	打印引擎状态的报告
prefs	针对内存调试
p	pprint.pprint 函数的简写
hpy	针对内存调试

3. 使用示例

在终端中可以使用 Scrapy 引擎的 est() 方法来快速查看状态，示例如下：

```
>>> est()
Execution engine status
```

```
time()-engine.start_time                    : 424.530999899
engine.has_capacity()                       : False
len(engine.downloader.active)               : 16
engine.scraper.is_idle()                    : False
engine.spider.name                          : jiandan
engine.spider_is_idle(engine.spider)        : False
engine.slot.closing                         : False
len(engine.slot.inprogress)                 : 18
len(engine.slot.scheduler.dqs or [])        : 0
len(engine.slot.scheduler.mqs)              : 1
len(engine.scraper.slot.queue)              : 0
len(engine.scraper.slot.active)             : 2
engine.scraper.slot.active_size             : 160265
engine.scraper.slot.itemproc_size           : 2
engine.scraper.slot.needs_backout()         : False
```

暂停、恢复和停止 Scrapy 引擎：

❑ 暂停：

```
>>> engine.pause()
>>>
```

❑ 恢复：

```
>>> engine.unpause()
>>>
```

❑ 停止：

```
>>> engine.stop()
Connection closed by foreign host.
```

4. 配置 telnet

在 Settings.py 中配置 IP 和端口：

❑ TELNETCONSOLE_PORT：默认为[6023, 6073]，telnet 终端使用的端口范围。如果设为 None 或 0，则动态分配端口。

❑ TELNETCONSOLE_HOST：默认为'127.0.0.1'，telnet 终端监听的接口。

12.14 小结

本章通过 cnblogs 项目讲解了 Scrapy 的基本用法，从爬虫项目的创建到爬虫项目的最终运行，已经将 Scrapy 的基本功能都涵盖了。通过本章的学习，基本上可以将之前的项目换成 Scrapy 来实现。

Chapter 13 第 13 章

深入 Scrapy 爬虫框架

本章将深入讲解 Scrapy 框架，不仅对上一章讲的内容进行了深入拓展，还讲解了一些新的知识点，包括中间件的重写，框架的扩展等，尽可能让大家对 Scrapy 有深入的理解。本章的内容建立在官方文档（https://doc.scrapy.org/en/latest/intro/install.html）的基础上，并根据本人使用 Scrapy 的项目经验，对常用的重要知识点进行讲解，但肯定还有没涉及到的内容，大家可以学完本章之后阅读官方文档。

13.1 再看 Spider

上一章讲解了 Spider 模块的基本用法，本节继续讲解 Spider 的其他用法。Spider 类定义了如何爬取某个或某些网站，包括了爬取的动作（例如是否跟进链接），以及如何从网页的内容中提取结构化数据 item。换句话说，Spider 是定义爬取的动作及分析网页结构的地方。

对 Spider 来说，爬取的循环流程如下：

1）以入口 URL 初始化 Request，并设置回调函数。此 Request 下载完毕返回 Response，并作为参数传给回调函数。spider 中初始的 Request 是通过调用 start_requests() 方法来获取的，start_requests() 读取 start_urls 中的 URL，并以 parse 为回调函数生成 Request。

2）在回调函数内分析 Response，返回 Item 对象、dict、Request 或者一个包括三者的可迭代容器。其中返回的 Request 对象之后会经过 Scrapy 处理，下载相应的内容，并调用设置的回调函数，可以是 parse() 或者其他函数。

3）在回调函数内，可以使用选择器（Selectors）或者其他第三方解析器来分析 response，并根据分析的数据生成 item。

4）最后，由 spider 返回的 item 可以经由 Item Pipeline 被存到数据库或使用 Feed exports 存入到文件中。

1. scrapy.Spider

上一章创建 Spider 模块是通过继承 scrapy.Spider 类来实现，这是一种最简单的 spider。每个 spider 必须继承自 scrapy.Spider 类（包括 Scrapy 自带的 spider 以及自定义的 spider）。Spider 并没有提供什么特殊的功能，仅仅提供了 start_requests()的默认实现，读取并请求 spider 属性中的 start_urls，并根据返回的 response 调用 spider 的 parse 方法。

Spider 类常用的属性为：

- name。定义 spider 名字的字符串，Scrapy 使用 spider 的名字来定位和初始化 spider，所以它必须是唯一的。不过可以生成多个相同的 spider 实例，这没有任何限制。name 是 spider 最重要的属性，而且是必需的。一个常见的做法是以该网站的域名来命名 spider。例如，如果 spider 爬取 cnblogs.com，该 spider 通常会被命名为 cnblogs。
- allowed_domains。可选。包含了 spider 允许爬取的域名列表。当 OffsiteMiddleware 组件启用时，域名不在列表中的 URL 不会被跟进。
- start_urls 为 URL 列表。当没有使用 start_requests()方法配置 Requests 时，Spider 将从该列表中开始进行爬取，因此第一个被获取到的页面的 URL 将是该列表之一。后续的 URL 将会从获取到的数据中提取。
- custom_settings。该设置是一个 dict。当启动 spider 时，该设置将会覆盖项目级的设置。由于设置必须在初始化前被更新，所以该属性必须定义为 class 属性。
- crawler。该属性在初始化 class 后，由类方法 from_crawler()设置，并且链接了本 spider 实例对应的 Crawler 对象。Crawler 包含了很多项目中的组件，作为单一的入口点（例如插件、中间件、信号管理器等）。

常用的方法如下：

- start_requests()方法。该方法必须返回一个可迭代对象，该对象包含了 spider 用于爬取的第一个 Request。当 spider 启动爬取并且未制定 URL 时，该方法被调用。当指定了 URL 时，make_requests_from_url 将被调用来创建 Request 对象。该方法仅仅会被 Scrapy 调用一次，因此可以将其实现为生成器。该方法的默认实现是使用 start_urls 的 url 生成 Request。如果想要修改最初爬取某个网站的 Request 对象，可以重写该方法。例如在进行深层次爬取时，在启动阶段需要 POST 登录某个网站，获取用户权限，代码如下：

```
class MySpider(scrapy.Spider):
    name = 'myspider'
    def start_requests(self):
        return [scrapy.FormRequest("http://www.example.com/login",
                                   formdata={'user': 'john', 'pass': '
                                   secret'},callback=self.login)]
```

```
def login(self, response):
    pass
```

make_requests_from_url(url)方法。该方法接受一个 URL 并返回用于爬取的 Request 对象。该方法在初始化 request 时被 start_requests() 调用，也用于转化 URL 为 Request。默认未被复写（overridden）的情况下，该方法返回的 Request 对象中，parse 作为回调函数。

- parse(response)方法。response 参数即用于分析的 response。当 response 没有指定回调函数时，该方法是 Scrapy 处理下载的 response 的默认方法。parse 负责处理 response 并返回处理的数据以及跟进的 URL，该方法及其他的 Request 回调函数必须返回一个包含 Request、dict 或 Item 的可迭代的对象。
- closed(reason)方法。当 spider 关闭时，该函数被调用。可以用来在 spider 关闭时释放占用的资源。

Scrapy 除了提供了 Spider 类作为基类进行拓展，还提供了 CrawlSpider、XMLFeedSpider、CSVFeedSpider 和 SitemapSpider 等类来实现不同的爬虫任务。下面主要讲解 CrawlSpider 和 XMLFeedSpider 的用法，其他用法类似。

2. CrawlSpider

CrawlSpider 类常用于爬取一般网站，其定义了一些规则（rule）来提供跟进链接功能，使用非常方便。除了从 Spider 继承过来的属性外，还提供了一个新的属性 rules，该属性是一个包含一个或多个 Rule 对象的集合，每个 Rule 对爬取网站的动作定义了特定的规则。如果多个 Rule 匹配了相同的链接，则根据它们在 rules 属性中被定义的顺序，第一个会被使用。CrawlSpider 也提供了一个可复写的方法 parse_start_url(response)，当 start_urls 的请求返回时，该方法被调用。该方法分析最初的响应，并返回一个 Item 对象或者一个 Request 对象或者一个可迭代的包含二者的对象。

Rule 类的原型为：

```
scrapy.contrib.spiders.Rule(link_extractor,callback=None,cb_kwargs=None,follow=None,
process_links=None, process_request=None)
```

构造参数说明：

- link_extractor 是一个 LinkExtractor 对象，其定义了如何从爬取到的页面提取链接。
- callback 是一个 callable 或 string，该 spider 中与 string 同名的函数将会被调用。每次从 link_extractor 中获取到链接时将会调用该函数。该回调函数接受一个 response 作为第一个参数，并返回 Item 或 Request 对象。当编写爬虫规则时，应避免使用 parse 作为回调函数。由于 CrawlSpider 使用 parse 方法来实现其逻辑，如果覆盖了 parse 方法，CrawlSpider 将会运行失败。
- cb_kwargs 包含传递给回调函数的参数的字典。
- follow 是一个布尔值，指定了根据该规则从 response 提取的链接是否需要跟进。如果

callback 为 None，follow 默认设置为 True，否则默认为 False。
- process_links 是一个 callable 或 string，该 spider 中与 string 同名的函数将会被调用。从 link_extractor 中获取到链接列表时将会调用该函数，主要用来过滤链接。
- process_request 是一个 callable 或 string，该 spider 中与 string 同名的函数将会被调用。该规则提取到每个 Request 时都会调用该函数，该函数必须返回一个 Request 或者 None，用来过滤 Request。

下面将 CnblogsSpider 类进行一下改造，继承 CrawlSpider 来实现同样的功能。代码如下：

```python
class CnblogsSpider(CrawlSpider):
    name = 'cnblogs'
    allowed_domains = ["cnblogs.com"]#允许的域名
    start_urls = [
        "http://www.cnblogs.com/qiyeboy/default.html?page=1"
    ]
    rules = (
        Rule(LinkExtractor(allow=("/qiyeboy/default.html\?page=\d{1,}",)),
            follow=True,
            callback='parse_item'
        ),
    )
    def parse_item(self,response):
        papers = response.xpath(".//*[@class='day']")
        #从每篇文章中抽取数据
        for paper in papers:
            url = paper.xpath(".//*[@class='postTitle']/a/@href").extract()[0]
            title = paper.xpath(".//*[@class='postTitle']/a/text()").extract()[0]
            time = paper.xpath(".//*[@class='dayTitle']/a/text()").extract()[0]
            content = paper.xpath(".//*[@class='postCon']/a/text()").extract()[0]
            item = CnblogspiderItem(url=url,title=title,time=time,content=content)
            request = scrapy.Request(url=url,callback=self.parse_body)
            request.meta['item'] = item
            yield request

    def parse_body(self,response):
        item = response.meta['item']
        body = response.xpath(".//*[@class='postBody']")
        item['cimage_urls'] = body.xpath('.//img//@src').extract()#提取图片链接
        yield item
```

在以上代码中，重点说一下 Rule 的定义，将其中的 Rule 改成下面的情况：

```
Rule(LinkExtractor(allow=("/qiyeboy/default.html\?page=\d{1,}",)),)
```

这句话中不带 callback，说明只是"跳板"，即只下载网页并根据 allow 中匹配的链接，继续遍历下一步的页面。在很多情况下，我们并不是只抓取某个页面，而需要"顺藤摸瓜"，从几个种子页面，依次递进，最终定位到我们想要的页面。LinkExtractor 对象的构造也很重要，用来产生过滤规则。LinkExtractor 常用的参数有：
- allow：提取满足正则表达式的链接。
- deny：排除正则表达式匹配的链接，优先级高于 allow。
- allow_domains：允许的域名，可以是 str 或 list。
- deny_domains：排除的域名，可以是 str 或 list。
- restrict_xpaths：提取满足 XPath 选择条件的链接，可以是 str 或 list。
- restrict_css：提取满足 CSS 选择条件的链接，可以是 str 或 list。
- tags：提取指定标记下的链接，默认从 a 和 area 中提取，可以是 str 或 list。
- attrs：提取满足拥有属性的链接，默认为 href，类型为 list。
- unique：链接是否去重，类型为 Boolean。
- process_value：值处理函数，优先级大于 allow。

注意 rules 属性中即使只有一个 Rule 实例，后面也要用逗号","分隔。

3. XMLFeedSpider

XMLFeedSpider 被设计用于通过迭代各个节点来分析 XML 源。迭代器可以从 Iternodes、XML、HTML 中选择，但是 XML 以及 HTML 迭代器需要先读取所有 DOM 再分析，性能较低，一般推荐使用 Iternodes。不过使用 HTML 作为迭代器能有效应对不标准的 XML。在 XMLFeedSpider 中，需要定义下列类属性来设置迭代器以及标记名称：

- iterator 用于确定使用哪个迭代器的 string，默认值为 iternodes。可选项有：

iternodes：一个高性能的基于正则表达式的迭代器

html：基于 Selector 的迭代器。

xml：基于 Selector 的迭代器。

- itertag 为一个包含开始迭代的节点名的 string。
- namespaces 称为命名空间，一个由（prefix,url）元组（tuple）所组成的 list，其定义了在该文档中会被 Spider 处理的可用的 namespace。prefix 和 url 会被自动调用，由 register_namespace()方法生成 namespace。示例如下：

```
class YourSpider(XMLFeedSpider):
    namespaces = [('n', 'http://www.sitemaps.org/schemas/sitemap/0.9')]
        itertag = 'n:url'
```

除了提供了以上的属性，XMLFeedSpider 还提供了下列可以被重写的方法：

- adapt_response(response)。该方法在 Spider 分析 Response 前被调用，可以在 Response 被分析之前使用该函数来修改 Response 内容。该方法接受一个 Response 并返回一个 Response，返回的 Response 可以是修改过的，也可以是原来的。

- parse_node(response, selector)。当节点符合提供的 itertag 时，该方法被调用。接收到的 Response 以及相应的 Selector 作为参数传递给该方法，需要返回一个 Item 对象或者 Request 对象或者一个包含二者的可迭代对象。
- process_results(response, results)。当 Spider 返回 Item 或 Request 时，该方法被调用。该方法的目的是在结果返回给框架核心之前做最后的处理例如修改 Item 的内容。一个结果列表 Results 及对应的 Response 作为参数传递给该方法，其结果必须返回一个结果列表，可以包含 Item 或者 Request 对象。

现在很多博客都有 RSS 订阅功能，输出的是 XML 格式。下面使用 XMLFeedSpider 来解析订阅内容，以 http://feed.cnblogs.com/blog/u/269038/rss 为例，如图 13-1 所示。

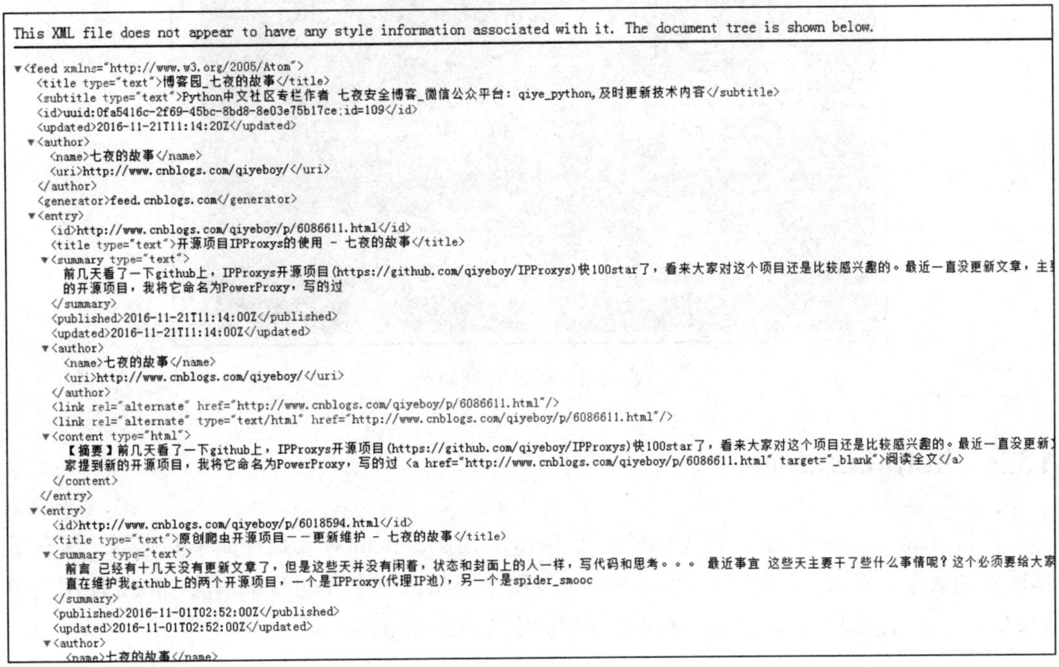

图 13-1　RSS 订阅

代码如下：

```
class XMLSpider(XMLFeedSpider):

    name = 'xmlspider'
    allowed_domains = ['cnblogs.com']
    start_urls = ['http://feed.cnblogs.com/blog/u/269038/rss']
    iterator = 'html'   # This is actually unnecessary, since it's the default value
    itertag = 'entry'

    def adapt_response(self,response):
```

```
    return response

def parse_node(self, response, node):
    print node.xpath('id/text()').extract()[0]
    print node.xpath('title/text()').extract()[0]
    print node.xpath('summary/text()').extract()[0]
```

解析效果如图 13-2 所示。

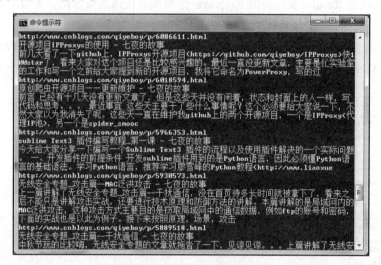

图 13-2　RSS 订阅解析

13.2　Item Loader

在讲 Item Loader 之前，首先回顾一下 Item 的用法。Item 对象是种简单的容器，保存了爬取到的数据，提供了类似于词典的 API 以及用于声明可用字段的简单语法。Item 使用简单的 class 定义语法以及 Field 对象来声明，例如定义一个 Product 类：

```
import scrapy

class Product(scrapy.Item):
    name = scrapy.Field()
    price = scrapy.Field()
    stock = scrapy.Field()
    last_updated = scrapy.Field(serializer=str)
```

以下都以 Product 类为例，讲解 Item 与 Item Loaders 的关系。

13.2.1　Item 与 Item Loader

Item Loader 提供了一种便捷的方式填充抓取到的 Items。虽然 Items 可以使用自带的类字典形式 API 填充，但是 Items Loader 提供了更便捷的 API，可以分析原始数据并对 Item 进行赋值。换句话说，Items 提供保存抓取数据的容器，而 Item Loader 提供的是填充容器的机制。

Item Loader 提供的是一种灵活、高效的机制，可以更方便地被 spider 或 HTML、XML 等文件扩展，重写不同字段的解析规则，这对大型的爬虫项目的后期维护非常有利，拓展新的功能更加方便。下面是 Item Loader 在 Spider 中的典型应用方式，代码如下：

```
def parse(self, response):
    l = ItemLoader(item=Product(), response=response)
    l.add_xpath('name', '//div[@class="product_name"]')
    l.add_xpath('name', '//div[@class="product_title"]')
    l.add_xpath('price', '//p[@id="price"]')
    l.add_css('stock', 'p#stock]')
    l.add_value('last_updated', 'today')
    return l.load_item()
```

我们可以发现 name 字段被从页面中两个不同的 XPath 位置提取：

```
l.add_xpath('name', '//div[@class="product_name"]')
l.add_xpath('name', '//div[@class="product_title"]')
```

也就是说使用 add_xpath 方法，将数据从两处 XPath 位置上收集起来，之后会分配给 name 字段。

类似操作被应用于 price、stock 和 last_updated，pirce 的字段数据通过 XPath 方式收集，stock 字段数据通过 CSS 选择器方式收集，而 last_updated 字段数据直接被填充字符串 today。当所有的数据被收集起来后，使用 l.load_item() 将数据实际填充到 Item 中。

13.2.2 输入与输出处理器

从上面的分析可以看到，Item Loader 负责了数据的收集、处理和填充，Item 仅仅承载了数据本身而已。数据的收集、处理和填充，归功于 Item Loader 中两个重要的组件：输入处理器（input processors）和输出处理器（output processors）。下面说一下 Item Loaders 这两个处理器的职能：

- 首先 Item Loader 在每个字段中都包含了一个输入处理器和一个输出处理器。
- 输入处理器收到 response 后时立刻通过 add_xpath()、add_css()或者 add_value()等方法提取数据，经过输入处理器的结果被收集起来并且保存在 ItemLoader 内，这个时候数据还没有给 Item。
- 收集到所有的数据后，调用 ItemLoader.load_item()方法来填充并返回 Item 对象。load_item()方法内部先调用输出处理器来处理收集到的数据，处理后的结果最终存入 Item 中。

说完了输入和输出处理器的职能，下面声明一个 Item Loader。Item Loader 的声明类似于 Items，以 class 的语法来声明，代码如下：

```
from scrapy.contrib.loader import ItemLoader
from scrapy.contrib.loader.processor import TakeFirst, MapCompose, Join

class ProductLoader(ItemLoader):

    default_output_processor = TakeFirst()

    name_in = MapCompose(unicode.title)
    name_out = Join()

    price_in = MapCompose(unicode.strip)

    # ...
```

代码中输入处理器以_in 为后缀来声明，输出处理器以_out 为后缀来声明，也可以用 ItemLoader.default_input_processor 和 ItemLoader.default_output_processor 属性来声明默认的输入/输出处理器。

除了可以在 ItemLoader 类中声明输入输出处理器，也可以在 Item 中声明。示例如下：

```
import scrapy
from scrapy.contrib.loader.processor import Join, MapCompose, TakeFirst
from w3lib.html import remove_tags

def filter_price(value):
    if value.isdigit():
        return value

class ProductItem(scrapy.Item):
    name = scrapy.Field(
        input_processor=MapCompose(remove_tags),
        output_processor=Join(),
    )
    price = scrapy.Field(
        input_processor=MapCompose(remove_tags, filter_price),
        output_processor=TakeFirst(),
    )
```

以上说了三种输入输出处理器的声明方式：
- ItemLoader 类中声明类似 field_in 和 field_out 的属性。
- Item 的字段中声明。
- Item Loader 默认处理器：ItemLoader.default_input_processor()和 ItemLoader.default_output_processor()。

这种三种方式的响应优先级是从上到下依次递减。

13.2.3 Item Loader Context

Item Loader Context 是一个任意的键值对字典，能被 Item Loader 中的输入输出处理器所共享。它在 Item Loader 声明、实例化、使用的时候传入，可以调整输入输出处理器的行为。举个例子，假设有个 parse_length 方法用于接收 text 值并且获取其长度：

```
def parse_length(text, loader_context):
    unit = loader_context.get('unit', 'm')
    # ... length parsing code goes here ...
    return parsed_length
```

通过接收一个 loader_context 参数，这个方法告诉 Item Loader 它能够接收 Item Loader context，因此当这个方法被调用时，Item Loader 能将当前的 active Context 传递给它。

有以下几种方式可以修改 Item Loader Context 的值：

❏ 通过 context 属性修改当前 active Item Loader Context：

```
loader = ItemLoader(product)
loader.context['unit'] = 'cm'
```

❏ 在 Item Loader 实例化的时候：

```
loader = ItemLoader(product, unit='cm')
```

❏ 对于那些支持 Item Loader Context 实例化的输入输出处理器（例如 MapCompose），可以在 Item Loader 定义时修改 Context：

```
class ProductLoader(ItemLoader):
    length_out = MapCompose(parse_length, unit='cm')
```

13.2.4 重用和扩展 Item Loader

当爬虫项目越来越大，使用的 Spider 越来越多时，项目的维护将成为一个要紧的问题。特别是维护每一个 Spider 中许多而且不同的解析规则时，会出现很多异常，这个时候需要考虑重用和拓展的问题了。

Item Loader 本身的设计就是为了减轻维护解析规则的负担，而且提供了方便的接口，用来重写和拓展他们。Item Loader 支持通过传统 Python 类继承的方式来处理不同 Spider 解析的差异。

比如你之前写了一个 ProductLoader 来提取和解析某家公司网站的产品名称 Plasma TV，但是一段时间之后公司网站更新，产品用三个短线封装起来，如---Plasma TV---。现在的需求是去掉这些短线，提取其中的产品名。示例代码如下：

```
def strip_dashes(x):
    return x.strip('-')

class SiteSpecificLoader(ProductLoader):
    name_in = MapCompose(strip_dashes, ProductLoader.name_in)
```

通过继承 ProductLoader 类，通过 strip_dashes 方法将 name 中的短线去掉，这便是拓展输入处理器的方法。

对于输出处理器，更常用的方式是在 Item 字段元数据里声明，因为通常它们依赖于具体的字段而不是网站，这个可以参考 13.2.2 节在 Item 的字段中声明输入和输出处理器。

13.2.5 内置的处理器

除了可以使用可调用的函数作为输入输出处理器，Scrapy 提供了一些常用的处理器。例如 MapCompose，通常用于输入处理器，能把多个方法执行的结果按顺序组合起来产生最终的输出。

下面是一些内置的处理器。

1. Identity

类原型：class scrapy.loader.processors.Identity

最简单的处理器，不进行任何处理，直接返回原来的数据，无参数。

2. TakeFirst

类原型：class scrapy.loader.processors.TakeFirst

返回第一个非空值，常用于单值字段的输出处理器，无参数。

在 Scrapy shell 运行示例如下：

```
>>> from scrapy.loader.processors import TakeFirst
>>> proc = TakeFirst()
>>> proc(['', 'one', 'two', 'three'])
'one'
```

3. Join

类原型：class scrapy.loader.processors.Join(separator=u' ')

返回用分隔符 separator 连接后的值,分隔符 separator 默认为空格。不接受 Loader contexts。当使用默认分隔符的时候，这个处理器等同于 Python 字符串对象中的 join 方法：''.join。

在 Scrapy shell 运行示例如下：

```
>>> from scrapy.loader.processors import Join
>>> proc = Join()
>>> proc(['one', 'two', 'three'])
u'one two three'
>>> proc = Join('<br>')
>>> proc(['one', 'two', 'three'])
u'one<br>two<br>three'
```

4. Compose

类原型：class scrapy.loader.processors.Compose(*functions, **default_loader_context)

用给定的多个方法的组合来构造处理器，每个输入值被传递到第一个方法，然后其输出再传递到第二个方法，诸如此类，直到最后一个方法返回整个处理器的输出。默认情况下，当遇到 None 值的时候停止处理，可以通过传递参数 stop_on_none=False 改变这种设定。

在 Scrapy shell 运行示例如下：

```
>>> from scrapy.loader.processors import Compose
>>> proc = Compose(lambda v: v[0], str.upper)
>>> proc(['hello', 'world'])
'HELLO'
```

每个方法可以选择接收一个 loader_context 参数。

5. MapCompose

类原型：class scrapy.loader.processors.MapCompose(*functions, **default_loader_context)

和 Compose 类似，也是用给定的多个方法的组合来构造处理器，不同的是内部结果在方法间传递的方式：

- 处理器的输入值是被迭代处理的，每一个元素被单独传入第一个函数进行处理，处理的结果被串连起来形成一个新的迭代器，并被传入第二个函数，以此类推，直到最后一个函数。最后一个函数的输出被连接起来形成处理器的输出。
- 每个函数能返回一个值或者一个值列表，也能返回 None。如果返回值是 None，此值会被下一个函数所忽略。
- 这个处理器提供了方便的方式来组合多个处理单值的函数。因此它常用于输入处理器，因为通过 selectors 中的 extract() 函数提取出来的值是一个 unicode strings 列表。

在 Scrapy shell 运行示例如下：

```
>>> def filter_world(x):
...     return None if x == 'world' else x
...
>>> from scrapy.loader.processors import MapCompose
>>> proc = MapCompose(filter_world, unicode.upper)
>>> proc([u'hello', u'world', u'this', u'is', u'scrapy'])
[u'HELLO, u'THIS', u'IS', u'SCRAPY']
```

与 Compose 处理器类似，它也能接受 Loader context。

6. SelectJmes

类原型：class scrapy.loader.processors.SelectJmes(json_path)

使用指定的 json_path 查询并返回值。需要 jmespath 的支持，而且每次只接受一个输入。jmespath：https://github.com/jmespath/jmespath.py。

在 Scrapy shell 运行示例如下：

```
>>> from scrapy.loader.processors import SelectJmes, Compose, MapCompose
>>> proc = SelectJmes("foo") # for direct use on lists and dictionaries
>>> proc({'foo': 'bar'})
'bar'
>>> proc({'foo': {'bar': 'baz'}})
{'bar': 'baz'}
```

和 JSON 一起使用：

```
>>> import json
>>> proc_single_json_str = Compose(json.loads, SelectJmes("foo"))
>>> proc_single_json_str('{"foo": "bar"}')
u'bar'
>>> proc_json_list = Compose(json.loads, MapCompose(SelectJmes('foo')))
>>> proc_json_list('[{"foo":"bar"}, {"baz":"tar"}]')
[u'bar']
```

13.3 再看 Item Pipeline

之前讲解了 Item Pipeline 的创建和激活，Item Pipeline 还有三个方法非常常用，也很重要。

❑ open_spider(self, spider)

参数：spider 是一个 Spider 对象，代表被开启的 Spider。

当 spider 被开启时，这个方法被调用。

❑ close_spider(self, spider)

参数：spider 是一个 Spider 对象，代表被关闭的 Spider。

当 spider 被关闭时，这个方法被调用。

❑ from_crawler(cls, crawler)

参数：crawler 是一个 Crawler 对象。

这个类方法从 Crawler 属性中创建一个 pipeline 实例。Crawler 对象能够接触所有 Scrapy 的核心组件，比如 settings 和 signals。

下面看一个例子，就可以明白每个方法的使用，该例子的功能使用 MongoDB 进行数据存储：

```python
import pymongo

class MongoPipeline(object):
    collection_name = 'scrapy_items'
    def __init__(self, mongo_uri, mongo_db):
        self.mongo_uri = mongo_uri
        self.mongo_db = mongo_db

    @classmethod
    def from_crawler(cls, crawler):
        return cls(
            mongo_uri=crawler.settings.get('MONGO_URI'),
            mongo_db=crawler.settings.get('MONGO_DATABASE', 'items')
        )

    def open_spider(self, spider):
        self.client = pymongo.MongoClient(self.mongo_uri)
        self.db = self.client[self.mongo_db]

    def close_spider(self, spider):
        self.client.close()
```

```
    def process_item(self, item, spider):
        self.db[self.collection_name].insert(dict(item))
        return item
```

代码中首先通过 from_crawler 方法，获取 setting 中的 MongoDB 的 URL 和数据库名称，从而创建一个 MongoPipeline 实例。在 Spider 开始运行时，在 open_spider 方法中建立数据库连接。当 Spider 关闭时，在 close_spider 方法中关闭数据库连接。

之前激活 Item Pipeline 时，是在 settings.py 里面配置 Pipeline，这里配置的 Pipeline 会作用于所有的 Spider。假如项目中有很多 Spider 在运行，Item Pipeline 的处理就会很麻烦，你可以通过 process_item(self, item, spider) 中的 Spider 参数判断是来自哪个爬虫，但是这种方法很冗余，更好的做法是配置 Spider 类中的 custom_settings 对象，为每一个 Spider 配置不同的 Pipeline。示例如下：

```
class MySpider(CrawlSpider):
    ...
    # 自定义配置
    custom_settings = {
        'ITEM_PIPELINES': {
            'test.pipelines.TestPipeline.TestPipeline': 1,
        }
    }
```

13.4 请求与响应

在编写 Spider 模块中接触最紧密的是请求和响应。上一章我们讲解了如何简单地构造 Request 对象和解析 Response 对象，下面对这两个对象进行详细分析。

13.4.1 Request 对象

一个 Request 对象代表着一个 HTTP 请求，通常在 Spider 类中产生，然后传递给下载器，最后返回一个响应。

类原型：class scrapy.http.Request(url[, callback, method='GET', headers, body, cookies, meta, encoding='utf-8', priority=0, dont_filter=False, errback])

构造参数说明：

- url(string)：请求的链接。
- callback(callable)：指定用于解析请求响应的方法。如果没有指定，默认使用 spider 的 parse() 方法。
- method(string)：HTTP 请求方式，默认为 GET。
- meta(dict)：可以用来初始化 Request.meta 属性。
- body(str or unicode)：请求的 body。
- headers(dict)：请求头。如果传入的为 None，请求头不会被发送。
- cookies(dict or list)：请求的 cookie 信息。

- encoding(string)：请求的编码，默认为 UTF-8。
- priority(int)：请求的优先级，默认为 0。优先级被调度器用来安排处理请求的顺序。
- dont_filter(boolean)：表明该请求不应由调度器过滤。适用场景为你想多次执行相同请求的时候。小心使用它，否则你会进入爬行循环。默认为 False。
- errback(callable)：如果在处理请求的过程中出现异常，指定的方法将会被调用。

下面介绍一下 cookies 参数的设置，有两种方式：

- 使用字典发送：

```
request_with_cookies = Request(url="http://www.example.com",
                               cookies={'currency': 'USD', 'country': 'UY'})
```

- 使用字典列表发送：

```
request_with_cookies = Request(url="http://www.example.com",
                               cookies=[{'name': 'currency',
                                         'value': 'USD',
                                         'domain': 'example.com',
                                         'path': '/currency'}])
```

后面的这种方式可以定制 Cookie 中的 domain 和 path 属性。如果想把 cookie 信息保存到之后的请求中，这种方式会很有用。

当一些网站返回 cookie 信息，它们会被保存到 cookie 域中，在之后的请求时发送出去，这是一个典型的浏览器行为。但是由于某些原因，如果不想和现有的 cookie 进行合并，可以设置 Request.meta 中 dont_merge_cookies 字段的值。示例如下：

```
request_with_cookies = Request(url="http://www.example.com",
                               cookies={'currency': 'USD', 'country': 'UY'},
                               meta={'dont_merge_cookies': True})
```

Request 对象还提供一些属性和方法，如表 13-1 所示。

表 13-1 常见属性与方法

属性与方法	说明
url	只读属性，请求的 url 字符串
method	HTTP 请求方式，比如"GET"、"POST"、"PUT"
headers	字典形式，代表请求头信息
body	只读属性，包含请求 body 的字符串
meta	跟随请求并包含元数据的字典。可以往字典中添加字段，例如之前 cnblogs 爬虫中定义的 Item，当然也有一些特殊的键值，接下来会讲解
copy()	复制一份新的 Request
replace([url, method, headers, body, cookies, meta, encoding, dont_filter, callback, errback])	可以替换 Request 中相对应的内容，返回一个新的 Request 实例

除了我们能给 meta 设置任意的元数据，Scrapy 还为 Request.meta 定义了一些特殊的键值，下面介绍其中一些常用的键值，如表 13-2 所示。

表 13-2 常用键值

键 值	说 明
dont_redirect	True 或者 False。True 意味着不允许重定向
dont_retry	True 或者 False。True 意味着 Request 出现错误，不会进行重试操作
handle_httpstatus_list	对于 Scrapy 来说，Response 只处理 20x，可以设置 handle_httpstatus_list = [301,302,204,206,404,500]，添加更多可以处理的响应码
handle_httpstatus_all	True 或 False。如果想让 Response 允许所有的响应码，可以设置为 True
dont_merge_cookies	True 或者 False。True 意味着不和现有的 cookie 合并
cookiejar	用来管理 Cookie，之后讲到登录时会用到
redirect_urls	包含了被重定向 Request 的 URL
dont_obey_robotstxt	True 或者 False。True 意味着不遵循 Robots 协议
download_timeout	设置下载超时，以秒为单位
download_maxsize	设置最大下载页面大小
proxy	设置请求代理，比如：request.meta['proxy'] = "http://127.0.0.1:1080"

下面着重介绍一下 FormRequest 类，这是 Request 的子类，专门用来处理 HTML 表单，尤其对隐藏表单的处理非常方便，适合用来完成登录操作。

类原型：

```
class scrapy.http.FormRequest(url[, formdata, ...])
```

其中构造参数 formdata 可以是字典，也可以是可迭代的（key,value）元组，代表着需要提交的表单数据。示例如下：

```
return FormRequest(url="http://www.example.com/post/action",
                   formdata={'name': 'John Doe', 'age': '27'},
                   callback=self.after_login)
```

通常网站通过 <input type="hidden"> 实现对某些表单字段（如数据或是登录界面中的认证令牌等）的预填充，例如之前讲过的知乎网站的登录情况，如何处理这种隐藏表单呢？FormRequest 类提供了一个类方法 from_response。

方法原型如下：

```
from_response(response[, formname=None, formnumber=0, formdata=None, formxpath=None, clickdata=None, dont_click=False, ...])
```

常用参数说明：
- response：一个包含 HTML 表单的响应页面。
- formname(string)：如果不为 None，表单中的 name 属性将会被设定为这个值。

- formnumber(int)：当响应页面中包含多个 HTML 表单时，本参数用来指定使用第几个表单，第一个表单数字为 0。
- formdata(dict)：本参数用来填充表单中属性的值。如果其中一个属性的值在响应页面中已经被预填充，但 formdata 中也指定了这个属性的值，将会把预填充的值覆盖掉。
- formxpath(string)：如果页面中有多个 HTML 表单，可以用 xpath 表达式定位页面中的表单，第一个被匹配的将会被操作。

下面使用 from_response 方法来实现登录功能，示例如下：

```
import scrapy

class LoginSpider(scrapy.Spider):
    name = 'example.com'
    start_urls = ['http://www.example.com/users/login.php']

    def parse(self, response):
        return scrapy.FormRequest.from_response(
            response,
            formdata={'username': 'john', 'password': 'secret'},
            callback=self.after_login
        )

    def after_login(self, response):
        # check login succeed before going on
        if "authentication failed" in response.body:
            self.logger.error("Login failed")
            return
```

13.4.2　Response 对象

Response 对象代表着 HTTP 响应，Response 通常是从下载器获取然后交给 Spider 处理。
类原型：

```
scrapy.http.Response(url[, status=200, headers, body, flags])
```

构造参数说明：
- url (string)：响应的 URL。
- headers (dict)：响应头信息。
- status (integer)：响应码，默认为 200。
- body (str)：响应的 body。
- meta (dict)：用来初始化 Response.meta。
- flags (list)：用来初始化 Response.flags。

下面说一下常用的属性和方法，如表 13-3 所示。

表 13-3 常用属性和方法

属性和方法	说　明
`url`	只读属性。响应的 url
`status`	响应码。比如 200、404
`headers`	响应头。字典类型
`body`	响应 body 的字符串
`request`	代表产生这个响应的请求
`meta`	其实是 Response.request 中的 meta 属性，具有传播性，无论发生重定向和重试，都可以通过这个属性获取最原始的 Request.meta 的值
`flags`	List 类型，是附加在 Response 上的标记，可以用来标记响应，用于调试
`copy()`	将当前响应复制出一个新的 Response 实例
`replace([url, status, headers, body, request, flags, cls])`	可以替换 response 中的相对应的内容，返回一个新的 response 实例
`urljoin(url)`	用来将 Response.url 和一个相对的 url，构造成一个绝对 url，相当于对 urlparse.urljoin 进行包装

Response 有一个子类 TextResponse，TextResponse 在 Response 的基础上添加了智能编码的功能。

类原型：

`scrapy.http.TextResponse(url[, encoding[, ...]])`

构造参数 encoding 是一个包含编码的字符串。如果使用一个 unicode 编码的 body 构造出 TextResponse 实例，那 body 属性会使用 encoding 进行编码。

TextResponse 类除了具有 Response 的属性，还拥有自己的属性：

❑ encoding：包含编码的字符串。为什么说 TextResponse 具有智能编码的功能呢？编码的优先级由高到低如下所示：

1）首先选用构造器中传入的 encoding。

2）选用 HTTP 头中 Content-Type 字段的编码。如果编码无效，则被忽略，继续尝试下面的规则。

3）选用响应 body 中的编码。

4）最后猜测响应的编码，这种方式是比较脆弱的。

❑ selector：以当前响应为目标的选择器实例。

TextResponse 类除了支持 Response 中的方法，还支持以下方法：

❑ body_as_unicode()：返回 unicode 编码的响应 body 内容。等价于：

`response.body.decode(response.encoding)`

❑ xpath(query)：等价于 TextResponse.selector.xpath(query)。示例如下：

`response.xpath('//p')`

❑ css(query)：等价于 TextResponse.selector.css(query)。示例如下：

```
response.css('p')
```

TextResponse 还有两个子类 HtmlResponse 和 XmlResponse，用法大同小异，不再赘述。

13.5 下载器中间件

从 Scrapy 框架图 12-1 中可以看到，下载器中间件是介于 Scrapy 的 request/response 处理的钩子框架，是用于全局修改 Scrapy 的 request 和 response，可以帮助我们定制自己的爬虫系统。

13.5.1 激活下载器中间件

要激活下载器中间件组件，需要将其加入到 DOWNLOADER_MIDDLEWARES 设置中。该设置位于 Settings.py 文件，是一个字典（dict），键为中间件类的路径，值为其中间件的顺序。示例如下：

```
DOWNLOADER_MIDDLEWARES = {
    'myproject.middlewares.CustomDownloaderMiddleware': 543,
}
```

在 Settings.py 中对 DOWNLOADER_MIDDLEWARES 的设置，会与 Scrapy 内置的下载器中间件设置 DOWNLOADER_MIDDLEWARES_BASE 合并，但不会覆盖，而是根据顺序值进行排序，最后得到启用中间件的有序列表：第一个中间件是最靠近引擎的，最后一个中间件是最靠近下载器的。Scrapy 内置的中间件设置 DOWNLOADER_MIDDLEWARES_BASE 为：

❑ 'scrapy.downloadermiddlewares.robotstxt.RobotsTxtMiddleware': 100
❑ 'scrapy.downloadermiddlewares.httpauth.HttpAuthMiddleware': 300
❑ 'scrapy.downloadermiddlewares.downloadtimeout.DownloadTimeoutMiddleware': 350
❑ 'scrapy.downloadermiddlewares.useragent.UserAgentMiddleware': 400
❑ 'scrapy.downloadermiddlewares.retry.RetryMiddleware': 500
❑ 'scrapy.downloadermiddlewares.defaultheaders.DefaultHeadersMiddleware': 550
❑ 'scrapy.downloadermiddlewares.redirect.MetaRefreshMiddleware': 580
❑ 'scrapy.downloadermiddlewares.httpcompression.HttpCompressionMiddleware': 590
❑ 'scrapy.downloadermiddlewares.redirect.RedirectMiddleware': 600
❑ 'scrapy.downloadermiddlewares.cookies.CookiesMiddleware': 700
❑ 'scrapy.downloadermiddlewares.httpproxy.HttpProxyMiddleware': 750
❑ 'scrapy.downloadermiddlewares.chunked.ChunkedTransferMiddleware': 830
❑ 'scrapy.downloadermiddlewares.stats.DownloaderStats': 850

❏ 'scrapy.downloadermiddlewares.httpcache.HttpCacheMiddleware': 900

如何分配中间件的位置，首先看一下内置的中间件的位置，然后根据将你想放置的中间件的位置设置一个值。有时候你想放置的中间件可能会依赖前后的中间件的作用，因此设置顺序相当重要。如果想禁用内置的中间件，必须在 DOWNLOADER_MIDDLEWARES 中定义该中间件，并将值设置为 None。例如想关闭 User-Agent 中间件：

```
DOWNLOADER_MIDDLEWARES = {
    'myproject.middlewares.CustomDownloaderMiddleware': 543,
    'scrapy.downloadermiddlewares.useragent.UserAgentMiddleware': None,
}
```

> **注意** DOWNLOADER_MIDDLEWARES_BASE 中内置中间件并不是都开启的，有些中间件需要通过特定的设置来启用。

13.5.2　编写下载器中间件

如何定制我们自己的下载器中间件才是我们比较关心的问题，编写下载器中间件非常简单。每个中间件组件是定义了以下一个或多个方法的 Python 类：

❏ process_request(request, spider)

❏ process_response(request, response, spider)

❏ process_exception(request, exception, spider)

下面分别介绍这三种中间件。

1．process_request(request, spider)

方法说明：当每个 Request 通过下载中间件时，该方法被调用，返回值必须为 None、Response 对象、Request 对象中的一个或 Raise IgnoreRequest 异常。

参数：

Request（Request 对象）：处理的 Request。

Spider（Spider 对象）：该 Request 对应的 Spider。

返回值：

如果返回 None，Scrapy 将继续处理该 Request，执行其他的中间件的相应方法，直到合适的下载器处理函数被调用，该 Request 被执行（其 Response 被下载）。

如果返回 Response 对象，Scrapy 不会调用其他的 process_request()、process_exception() 方法，或相应的下载方法，将返回该 response。已安装的中间件的 process_response() 方法则会在每个 response 返回时被调用。

如果返回 Request 对象，Scrapy 则停止调用 process_request 方法并重新调度返回的 Request。当新返回的 Request 被执行后，相应地中间件链将会根据下载的 Response 被调用。

如果是 Raise IgnoreRequest 异常，则安装的下载中间件的 process_exception()方法会被调用。如果没有任何一个方法处理该异常，则 Request 的 errback 方法会被调用。如果没有代码处理抛出的异常，则该异常被忽略且不记录。

2. process_response(request, response, spider)

方法说明：该方法主要用来处理产生的 Response，返回值必须是 Response 对象、Request 对象中的一个或 Raise IgnoreRequest 异常。

参数：

request（Request 对象）：Response 对应的 Request。

response（Response 对象）：处理的 Response。

spider（Spider 对象）：Response 对应的 Spider。

返回值：

如果返回 Response 对象，可以与传入的 Response 相同，也可以是新的对象，该 Response 会被链中的其他中间件的 process_response()方法处理。

如果返回 Request 对象，则中间件链停止，返回的 Request 会被重新调度下载。处理类似于 process_request()返回 Request 时所做的那样。

如果抛出 IgnoreRequest 异常，则调用 Request 的 errback 方法。如果没有代码处理抛出的异常，则该异常被忽略且不记录。

3. process_exception(request, exception, spider)

方法说明：当下载处理器或 process_request()抛出异常，比如 IgnoreRequest 异常时，Scrapy 调用 process_exception()。process_exception()应该返回 None、Response 对象或者 Request 对象其中之一。

参数：

request（Request 对象）：产生异常的 Request。

exception（Exception 对象）：抛出的异常。

spider（Spider 对象）：Request 对应的 Spider。

返回值：

如果返回 None，Scrapy 将会继续处理该异常，接着调用已安装的其他中间件的 process_exception()方法，直到所有中间件都被调用完毕，则调用默认的异常处理。

如果返回 Response 对象，则已安装的中间件链的 process_response()方法被调用。Scrapy 将不会调用任何其他中间件的 process_exception()方法。

如果返回 Request 对象，则返回的 request 将会被重新调用下载，这将停止中间件的 process_exception()方法执行，类似于返回 Response 对象的处理。

下面通过两个例子帮助大家理解下载器中间件的编写，这两个例子也是在实际项目中经常用到。

一个是动态设置 Request 的 User-Agent 字段，主要是为了突破反爬虫对 User-Agent 字段的检测，实例代码如下：

```
'''
这个类主要用于产生随机 User-Agent
'''

class RandomUserAgent(object):

    def __init__(self,agents):
        self.agents = agents

    @classmethod
    def from_crawler(cls,crawler):
        # 从 Settings 中加载 USER_AGENTS 的值
        return cls(crawler.settings.getlist('USER_AGENTS'))

    def process_request(self,request,spider):
        # 在 process_request 中设置 User-Agent 的值
        request.headers.setdefault('User-Agent', random.choice(self.agents))
```

其中 USER_AGENTS 是写在 Settings.py 中的 User-Agent 列表，内容如下：

```
USER_AGENTS = [
    "Mozilla/4.0 (compatible; MSIE 6.0; Windows NT 5.1; SV1; AcooBrowser; .NET CLR
        1.1.4322; .NET CLR 2.0.50727)",
    "Mozilla/4.0 (compatible; MSIE 7.0; Windows NT 6.0; Acoo Browser; SLCC1; .NET
        CLR 2.0.50727; Media Center PC 5.0; .NET CLR 3.0.04506)",
    "Mozilla/4.0 (compatible; MSIE 7.0; AOL 9.5; AOLBuild 4337.35; Windows NT
        5.1; .NET CLR 1.1.4322; .NET CLR 2.0.50727)",
    "Mozilla/5.0 (Windows; U; MSIE 9.0; Windows NT 9.0; en-US)",
    "Mozilla/5.0 (compatible; MSIE 9.0; Windows NT 6.1; Win64; x64; Tri
        dent/5.0; .NET CLR 3.5.30729; .NET CLR 3.0.30729; .NET CLR 2.0.50727; Media
        Center PC 6.0)",
    "Mozilla/5.0 (compatible; MSIE 8.0; Windows NT 6.0; Trident/4.0; WOW64;
        Trident/4.0; SLCC2; .NET CLR 2.0.50727; .NET CLR 3.5.30729; .NET CLR
        3.0.30729; .NET CLR 1.0.3705; .NET CLR 1.1.4322)",
    "Mozilla/4.0 (compatible; MSIE 7.0b; Windows NT 5.2; .NET CLR 1.1.4322; .NET
        CLR 2.0.50727; InfoPath.2; .NET CLR 3.0.04506.30)",
    "Mozilla/5.0 (Windows; U; Windows NT 5.1; zh-CN) AppleWebKit/523.15 (KHTML,
        like Gecko, Safari/419.3) Arora/0.3 (Change: 287 c9dfb30)",
    "Mozilla/5.0 (X11; U; Linux; en-US) AppleWebKit/527+ (KHTML, like Gecko,
        Safari/419.3) Arora/0.6",
    "Mozilla/5.0 (Windows; U; Windows NT 5.1; en-US; rv:1.8.1.2pre) Gecko/20070215
        K-Ninja/2.1.1",
    "Mozilla/5.0 (Windows; U; Windows NT 5.1; zh-CN; rv:1.9) Gecko/20080705
        Firefox/3.0 Kapiko/3.0",
    "Mozilla/5.0 (X11; Linux i686; U;) Gecko/20070322 Kazehakase/0.4.5",
    "Mozilla/5.0 (X11; U; Linux i686; en-US; rv:1.9.0.8) Gecko Fedora/1.9.0.8-1.
```

```
        fc10 Kazehakase/0.5.6",
    "Mozilla/5.0 (Windows NT 6.1; WOW64) AppleWebKit/535.11 (KHTML, like Gecko)
        Chrome/17.0.963.56 Safari/535.11",
]
```

一个是动态设置 Request 的代理 IP，主要是为了突破反爬虫对 IP 的检测，实例代码如下：

```
'''
这个类主要用于产生随机代理
'''
class RandomProxy(object):

    def __init__(self,iplist):# 初始化一下数据库连接
        self.iplist=iplist

    @classmethod
    def from_crawler(cls,crawler):
    # 从 Settings 中加载 IPLIST 的值
        return cls(crawler.settings.getlist('IPLIST'))

    def process_request(self, request, spider):
        '''
        在请求上添加代理
        :param request:
        :param spider:
        :return:
        '''
        proxy = random.choice(self.iplist)
        request.meta['proxy'] =proxy
```

其中 IPLIST 是写在 Settings.py 中的代理 IP 列表，内容如下：

```
IPLIST=["http://220.160.22.115:80", "http://183.129.151.130:80","http://112.228.
    35.24:8888"]
```

写完以上两个中间件，如果想使用的话，直接按照上一节讲解的那样，进行激活即可。

13.6 Spider 中间件

从 Scrapy 框架图 12-1 中可以看到，Spider 中间件是介入到 Scrapy 的 Spider 处理机制的钩子框架，可以用来处理发送给 Spiders 的 Response 及 Spider 产生的 Item 和 Request。

13.6.1 激活 Spider 中间件

和下载器中间件一样，Spider 也是需要激活才能使用的。要启用 Spider 中间件，需要将其加入到 SPIDER_MIDDLEWARES 设置中。该设置和 DOWNLOADER_MIDDLEWARES 一样，键是中间件的路径，值为中间件的顺序。示例如下：

```
SPIDER_MIDDLEWARES = {
    'myproject.middlewares.CustomSpiderMiddleware': 543,
}
```

在 Settings.py 中对 SPIDER_MIDDLEWARES 的设置，会与 Scrapy 内置的 Spider 中间件设置 SPIDER_MIDDLEWARES_BASE 合并，但是不会覆盖，而是根据顺序值进行排序，最后得到启用中间件的有序列表：第一个中间件是最靠近引擎的，最后一个中间件是最靠近 Spider 的。Scrapy 内置的 spider 中间件设置 SPIDER_MIDDLEWARES_BASE 为：

- 'scrapy.spidermiddlewares.httperror.HttpErrorMiddleware': 50
- 'scrapy.spidermiddlewares.offsite.OffsiteMiddleware': 500
- 'scrapy.spidermiddlewares.referer.RefererMiddleware': 700
- 'scrapy.spidermiddlewares.urllength.UrlLengthMiddleware': 800
- 'scrapy.spidermiddlewares.depth.DepthMiddleware': 900

如何分配中间件的位置，首先看一下内置的中间件的位置，然后根据将你想放置的中间件的位置设置一个值。有时候你想放置的中间件可能会依赖前后的中间件的作用，因此设置顺序相当重要。如果想禁用内置的中间件，必须在 SPIDER_MIDDLEWARES 中定义该中间件，并将值设置为 None。例如想关闭（off-site）中间件：

```
SPIDER_MIDDLEWARES = {
    'myproject.middlewares.CustomSpiderMiddleware': 543,
    'scrapy.contrib.spidermiddleware.offsite.OffsiteMiddleware': None,
}
```

> **注意** SPIDER_MIDDLEWARES_BASE 中内置中间件并不是都开启的，有些中间件需要通过特定的设置来启用。

13.6.2 编写 Spider 中间件

编写 spider 中间件十分简单，和下载器中间件非常类似，每个中间件组件是定义了以下一个或多个方法的 Python 类：

- process_spider_input(response, spider)
- process_spider_output(response, result, spider)
- process_spider_exception(response, exception, spider)
- process_start_requests(start_requests, spider)

下面分别介绍这四种中间件。

1. process_spider_input(response, spider)

方法说明：当 response 通过 spider 中间件时，该方法被调用，处理该 response。应该返回 None 或者抛出一个异常。

参数：
- response（Response 对象）：被处理的 response
- spider（Spider 对象）：该 response 对应的 spider

返回：

如果返回 None，Scrapy 将会继续处理该 response，调用所有其他的中间件直到 spider 处理该 response。

如果产生一个异常，Scrapy 将不会调用任何其他中间件的 process_spider_input()方法，并调用 request 的 errback。errback 的输出将会以另一个方向被重新输入到中间件链中，使用 process_spider_output()方法来处理，当其抛出异常时，则调用 process_spider_exception()。

2. process_spider_output(response, result, spider)

方法说明：当 Spider 处理 Response 返回 Result 时，该方法被调用。

参数：
- response（Response 对象）：生成该输出的 Response。
- result：Spider 返回的 Result，是包含 Request、Dict 或 Item 的可迭代对象。
- spider（Spider 对象）：其结果被处理的 Spider。

返回：process_spider_output()必须返回包含 Request、dict 或 Item 对象的可迭代对象（iterable）。

3. process_spider_exception(response, exception, spider)

方法说明：当 Spider 或（其他 Spider 中间件的）process_spider_input()抛出异常时，该方法被调用。该方法必须返回 None 或者包含 Response、Dict 或 Item 对象的可迭代对象中。

参数：
- response（Response 对象）：异常被抛出时被处理的 Response。
- exception（Exception 对象）：被抛出的异常。
- spider（Spider 对象）：抛出该异常的 Spider。

返回：
- 如果其返回 None，Scrapy 将继续处理该异常，调用中间件链中的其他中间件的 process_spider_exception()方法，直到所有中间件都被调用，该异常到达引擎时被记录，最后被忽略。
- 如果返回一个可迭代对象，则中间件链的 process_spider_output()方法被调用，其他的 process_spider_exception()将不会被调用。

4. process_start_requests(start_requests, spider)

方法说明：该方法以 spider 启动的 request 为参数，执行的过程类似于 process_spider_output()，其接受一个可迭代的对象（start_requests 参数）且必须返回另一个包含 Request 对象的可迭代对象。

参数：

- start_requests（包含 Request 的可迭代对象）：起始 Requests。
- spider（Spider 对象）：起始 Requests 所属的 Spider。

下面通过一个例子帮助大家理解 Spider 中间件的编写，中间件的功能是实现 Request 中的 URL 规范化，示例代码如下：

```python
from scrapy.http import Request
from scrapy.utils.url import canonicalize_url

class UrlCanonicalizerMiddleware(object):
    def process_spider_output(self, response, result, spider):
        for r in result:
            if isinstance(r, Request):
                curl = canonicalize_url(r.url)
                if curl != r.url:
                    r = r.replace(url=curl)
            yield r
```

process_spider_output 方法中首先遍历 result，如果判断 result 中有 Request 实例，则提取请求中的 url，并使用 scrapy 中的 canonicalize_url 方法进行 URL 规范化，如果发现规范化之后的 url 与原 url 不相同，就将原 url 替换掉生成一个新的请求返回。

13.7 扩展

扩展框架提供了一种机制，你可以将自定义功能绑定到 Scrapy 中。扩展只是正常的 Python 类，它们会在 Scrapy 启动时被实例化、初始化。

13.7.1 配置扩展

扩展需要在 settings 中进行设置，和中间件的设置类似。扩展在扩展类被实例化时加载和激活，实例化代码必须在类的构造函数（__init__）中执行。要使得扩展可用，需要把它添加到 Settings 的 EXTENSIONS 配置中。在 EXTENSIONS 中，每个扩展都使用一个字符串表示，即扩展类的全 Python 路径。例如：

```python
EXTENSIONS = {
    'scrapy.extensions.corestats.CoreStats': 500,
    'scrapy.telnet.TelnetConsole': 500,
}
```

EXTENSIONS 配置的格式和中间件配置的格式差不多，都是一个字典，键是扩展类的路径，值是顺序，它定义扩展加载的顺序。扩展顺序不像中间件的顺序那么重要，扩展之间一般没有关联。Scrapy 中的内置扩展设置 EXTENSIONS_BASE 如下：

- 'scrapy.extensions.corestats.CoreStats': 0
- 'scrapy.telnet.TelnetConsole': 0
- 'scrapy.extensions.memusage.MemoryUsage': 0
- 'scrapy.extensions.memdebug.MemoryDebugger': 0
- 'scrapy.extensions.closespider.CloseSpider': 0
- 'scrapy.extensions.feedexport.FeedExporter': 0
- 'scrapy.extensions.logstats.LogStats': 0
- 'scrapy.extensions.spiderstate.SpiderState': 0
- 'scrapy.extensions.throttle.AutoThrottle': 0

扩展一般分为三种状态：可用的（Available）、开启的（enabled）和禁用的（disabled）。并不是所有可用的扩展都会被开启。一些扩展经常依赖一些特别的配置，比如 HTTP Cache 扩展是可用的但默认是禁用的，除非设置了 HTTPCACHE_ENABLED 配置项。如何禁用一个默认开启的扩展呢？和中间件的禁用一样，需要将其顺序（order）设置为 None。比如：

```
EXTENSIONS = {
    'scrapy.extensions.corestats.CoreStats': None,
}
```

13.7.2 定制扩展

如何定制我们自己的扩展，强化 Scrapy 的功能才是我们比较关心的问题。扩展类是一个不同的 Python 类，但是如果想操作 Scrapy 的功能，需要一个入口：from_crawler 类方法，它接收一个 Crawler 类的实例，通过这个对象可以访问 settings（设置）、signals（信号）、stats（状态），以便控制爬虫的行为。通常来说，扩展需要关联到 signals 并执行它们触发的任务，如果 from_crawler 方法抛出 NotConfigured 异常，扩展会被禁用。否则，扩展会被开启。下面通过一个例子来实现简单扩展，功能是当出现以下事件时，记录一条日志：

- Spider 被打开。
- Spider 被关闭。
- 爬取了特定数量的 Item。

扩展代码如下：

```python
import logging
from scrapy import signals
from scrapy.exceptions import NotConfigured

logger = logging.getLogger(__name__)

class SpiderOpenCloseLogging(object):

    def __init__(self, item_count):
```

```python
        self.item_count = item_count
        self.items_scraped = 0

    @classmethod
    def from_crawler(cls, crawler):
        # 首先检查一下是否存在相应的配置，如果不存在则抛出 NotConfigured 异常
        if not crawler.settings.getbool('MYEXT_ENABLED'):
            raise NotConfigured

        # 从 setting 中获取 MYEXT_ITEMCOUNT 的值
        item_count = crawler.settings.getint('MYEXT_ITEMCOUNT', 1000)

        # 初始化扩展实例
        ext = cls(item_count)

        # 将扩展中的 spider_opened、spider_closed 和 item_scraped 连接到相应信号处，进行触发。
        crawler.signals.connect(ext.spider_opened, signal=signals.spider_opened)

        crawler.signals.connect(ext.spider_closed, signal=signals.spider_closed)

        crawler.signals.connect(ext.item_scraped, signal=signals.item_scraped)

        # 扩展实例返回
        return ext

    def spider_opened(self, spider):
        logger.info("opened spider %s", spider.name)

    def spider_closed(self, spider):
        logger.info("closed spider %s", spider.name)

    def item_scraped(self, item, spider):
        self.items_scraped += 1
        if self.items_scraped % self.item_count == 0:
            logger.info("scraped %d items", self.items_scraped)
```

编写扩展依赖的 Crawler 实例，其中信号的设置很重要。下面说一下内置的信号。

1. engine_started

原型：scrapy.signals.engine_started()

说明：当 Scrapy 引擎启动爬取时发送该信号。该信号支持返回 deferreds。

2. engine_stopped

原型：scrapy.signals.engine_stopped()

说明：当 Scrapy 引擎停止时发送该信号，例如爬取结束。该信号支持返回 deferreds。

3. item_scraped

原型：scrapy.signals.item_scraped(item, response, spider)

参数：item（dict 或 Item 对象）：爬取到的 item

　　　spider（Spider 对象）：爬取 item 的 spider

　　　response（Response 对象）：提取 item 的 response

说明：当 item 被爬取，并通过所有 Item Pipeline 后（没有被丢弃（dropped），发送该信号。该信号支持返回 deferreds。

4. item_dropped

原型：scrapy.signals.item_dropped（item, exception, spider）

参数：item（dict 或 Item 对象）：Item Pipeline 丢弃的 item。

　　　spider（Spider 对象）：爬取 item 的 spider。

　　　exception（DropItem 异常）：导致 item 被丢弃的异常。

说明：当 item 通过 Item Pipeline，有些 pipeline 抛出 DropItem 异常，丢弃 Item 时，该信号被发送。该信号支持返回 deferreds。

5. spider_closed

原型：scrapy.signals.spider_closed（spider, reason）

参数：spider（Spider 对象）：关闭的 spider。

　　　reason（str）：描述 Spider 被关闭的原因的字符串。如果 Spider 是由于完成爬取而被关闭，则其为 "finished"。否则，如果 Spider 是被引擎的 close_spider 方法所关闭，则其为调用该方法时传入的 reason 参数（默认为 "cancelled"）。如果引擎被关闭（例如，输入 Ctrl-C），则其为 "shutdown"。

说明：当某个 Spider 被关闭时，该信号被发送。该信号可以用来释放每个 Spider 在 spider_opened 时占用的资源。该信号支持返回 deferreds。

6. spider_opened

原型：scrapy.signals.spider_opened（spider）

参数：spider（Spider 对象）：开启的 spider。

说明：当 spider 开始爬取时发送该信号。该信号一般用来分配 Spider 的资源，不过它也能做任何事。该信号支持返回 deferreds。

7. spider_idle

原型：scrapy.signals.spider_idle（spider）

参数：spider（Spider 对象）：空闲的 Spider。

说明：当 Spider 进入空闲（idle）状态时该信号被发送。空闲意味着：

- Requests 正在等待被下载。
- Requests 被调度。
- Items 正在 Item Pipeline 中被处理。

当该信号的所有处理器（handler）被调用后，如果 Spider 仍然保持空闲状态，引擎将会关闭该 Spider。当 Spider 被关闭后，spider_closed 信号将被发送，可以在 spider_idle 处理器中调度某些请求来避免 spider 被关闭。

该信号不支持返回 deferreds。

8. spider_error

原型：scrapy.signals.spider_error（failure, response, spider）

参数：failure（Failure 对象）：以 Twisted Failure 对象抛出的异常。

　　　response（Response 对象）：当异常被抛出时被处理的 response。

　　　spider（Spider 对象）：抛出异常的 Spider。

说明：当 Spider 的回调函数产生错误时，例如抛出异常，该信号被发送。

9. request_scheduled

原型：scrapy.signals.request_scheduled（request, spider）

参数：request（Request 对象）：到达调度器的 Request。

　　　spider（Spider 对象）：产生该 Request 的 Spider。

说明：当引擎调度一个 Request 对象用于下载时，该信号被发送。该信号不支持返回 deferreds。

10. response_received

原型：scrapy.signals.response_received（response, request, spider）

参数：response（Response 对象）：接收到的 response。

　　　request（Request 对象）：生成 response 的 request。

　　　spider（Spider 对象）：response 所对应的 spider。

说明：当引擎从 downloader 获取到一个新的 Response 时发送该信号。该信号不支持返回 deferreds。

11. response_downloaded

原型：scrapy.signals.response_downloaded（response, request, spider）

参数：response（Response 对象）：下载的 response。

　　　request（Request 对象）：生成 response 的 request。

　　　spider（Spider 对象）：response 所对应的 spider。

说明：当一个 HTTPResponse 被下载时，由 downloader 发送该信号。该信号不支持返回 deferreds。

13.7.3 内置扩展

下面简要介绍一下 Scrapy 的内置扩展，方便我们使用，同时也可以参考内置扩展的源码来拓展自己的功能。常见内置扩展如表 13-4 所示。

表 13-4 常见内置扩展

名 称	原 型	说 明
记录统计扩展	class scrapy.extensions.logstats.LogStats	记录基本的统计信息，比如爬取的页面和条目（items）
核心统计扩展	class scrapy.extensions.corestats.CoreStats	如果统计收集器（stats collection）启用了，该扩展开启核心统计收集
Telnet 控制台扩展	class scrapy.telnet.TelnetConsole	提供一个 telnet 控制台。telnet 控制台通过 TELNETCONSOLE_ENABLED 配置项开启，服务器会监听 TELNETCONSOLE_PORT 指定的端口
内存使用扩展	class scrapy.extensions.memusage.MemoryUsage	监控 Scrapy 进程内存使用量，如果使用内存量超过某个指定值，发送提醒邮件。如果超过某个指定值，关闭 spider
内存调试扩展	class scrapy.extensions.memdebug.MemoryDebugger	该扩展用于调试内存使用量，开启该扩展，需打开 MEMDEBUG_ENABLED 配置项
关闭 spider 扩展	class scrapy.extensions.closespider.CloseSpider	当某些状况发生，spider 会自动关闭，用来为状况指定关闭方式
StatsMailer 扩展	class scrapy.extensions.statsmailer.StatsMailer	这个简单的扩展可用来在一个域名爬取完毕时发送提醒邮件，包含 Scrapy 收集的统计信息。邮件会发送给通过 STATSMAILER_RCPTS 指定的所有接收人

13.8 突破反爬虫

既然要突破反爬虫机制，那我们就需要知道有哪些反爬虫措施。大部分网站的反爬虫措施可以分为以下四类：

- **基于验证码的反爬虫**。现在大部分的网站都会有验证码，有传统验证码、逻辑验证码，还有滑动验证码等，例如 google 会在访问的时候有时候要求输入验证码，能加大爬虫大规模爬取的难度，但是依然有办法突破，解决办法可以参考第 10 章的验证码问题。
- **基于 Headers 的反爬虫**。从请求头 Headers 进行反爬虫是比较常见的措施，大部分网站会对 Headers 中的 User-Agent 和 Referer 字段进行检测。突破办法是可以根据浏览器正常访问的请求头对爬虫的请求头进行修改，尽可能和浏览器保持一致。
- **基于用户行为的反爬虫**。还有一些网站通过用户的行为进行反爬虫，例如同一 IP 短时间内多次访问同一页面，同一账户短时间内多次进行相同操作或者访问页面的间隔比较固定，通俗来说就是表现得不像人在访问。大部分都是第一种情况，可以使用大量的 IP 代理进行绕过。第二种情况可以注册较多的账户登录，构成一个 Cookie 池，对用户状态进行自动切换。第三种情况可以将访问间隔设置成随机的，尽可能模拟人的访问频率。
- **基于动态页面的反爬虫**。现在越来越多的网站采用动态加载技术，无法直接从页面上获取数据，需要分析 Ajax 请求，然后进行模拟发送获取数据。如果能够直接模拟 Ajax 请求，这当然是最好的结果，但是有些网站把 Ajax 请求的所有参数全部加密了，无法构造自己所需要的数据的请求，这就大大增加了爬取的难度。如果能忍受较低的效率和较大的内存消耗，我们可以使用 selenium+phantomJS 进行突破。

综上所述，突破反爬虫的秘诀是将爬虫模拟得像人在操作浏览器进行访问，而且在爬虫和反爬虫的斗争中，最终必然是爬虫胜利，只不过是付出的代价有多大而已。但是我建议做爬虫的时候，尽可能地减小访问频率，不要给他人的网站服务器造成过大的负担，毕竟我们只是想提取数据而已。下面我们讲解一下 Scrapy 中推荐的突破反爬虫措施，这些措施不仅能用于 Scrapy，也可以用于普通爬虫程序。

13.8.1　UserAgent 池

HTTP 请求头中 User-Agent 包含了我们使用的浏览器和操作系统的一些信息，很多网站通过判断 User-Agent 内容来确定用户，所以要动态设置 User-Agent，来伪装存在很多用户。这就需要使用 13.5.2 小节的下载器中间件 RandomUserAgent，设置动态的 User-Agent，使用时在 settings 中将内置的 UserAgentMiddleware 禁用，并激活 RandomUserAgent 即可。

13.8.2　禁用 Cookies

假如你爬取的网站不需要登录就可以进行爬取，可以尝试将 Cookie 禁用。因为 Cookie 会跟踪爬虫的访问过程，容易被发现。Scrapy 通过设置 settings 中的 COOKIES_ENABLED=False，即可实现对 cookie 的禁用。

13.8.3　设置下载延时与自动限速

对一个网站访问过于频繁就会被反爬虫措施所识别和拦截，一个比较好的做法是设置下载延时，在 settings 中设置 DOWNLOAD_DELAY。比如设置延时 2 秒：

```
DOWNLOAD_DELAY=2
```

但是存在一个问题，DOWNLOAD_DELAY 设置完成之后，不能动态改变，导致访问延时都差不多，也容易被发现。不过可以设置 RANDOMIZE_DOWNLOAD_DELAY 字段，进行动态调整。

```
RANDOMIZE_DOWNLOAD_DELAY=True
```

如果启用，当从相同的网站获取数据时，Scrapy 将会等待一个随机的值，延迟时间为 0.5 到 1.5 之间的一个随机值乘以 DOWNLOAD_DELAY。这会大大降低被发现的几率，但是有一些网站会检测访问延迟的相似性，也有发现的可能性。Scrapy 提供了一种更智能的方法来解决限速的问题：通过自动限速扩展，该扩展能根据 Scrapy 服务器及爬取的网站的负载自动限制爬取速度。

Scrapy 是如何实现自动限速扩展的呢？在 Scrapy 中，下载延迟是通过计算建立 TCP 连接到接收到 HTTP 包头（header）之间的时间来测量的，该扩展就是以此为前提进行编写的。使用的限速算法根据以下规则调整下载延迟及并发数：

- spider 永远以 1 并发请求数及 AUTOTHROTTLE_START_DELAY 中指定的下载延迟启动。
- 当接收到回复时，下载延迟会调整到该回复的延迟与之前下载延迟之间的平均值。

如何配置自动限速扩展呢？通过配置 settings 中的以下字段：

- AUTOTHROTTLE_ENABLED：默认为 False，设置为 True 可以启用该扩展。
- AUTOTHROTTLE_START_DELAY：初始下载延时，单位为秒，默认为 5.0。
- AUTOTHROTTLE_MAX_DELAY：设置在高延迟情况下最大的下载延迟，单位秒，默认为 60。
- AUTOTHROTTLE_DEBUG：用于启动 Debug 模式，默认为 False。
- CONCURRENT_REQUESTS_PER_DOMAIN：对单个网站进行并发请求的最大值。默认为 8。
- CONCURRENT_REQUESTS_PER_IP：对单个 IP 进行并发请求的最大值。如果非 0，则忽略 CONCURRENT_REQUESTS_PER_DOMAIN 设定，使用该设定。也就是说，并发限制将针对 IP，而不是网站。

13.8.4 代理 IP 池

突破对 IP 访问次数的限制，可以使用大量的代理 IP，然后选取合适的 IP 进行请求的访问。可以使用 13.5.2 节中讲到的 RandomProxy 中间件，对请求设置代理。如果是个人用户，推荐使用我的 IPProxys 项目。

13.8.5 Tor 代理

首先介绍一下 Tor 是什么？Tor 即 "洋葱路由器"，创造这项服务的目的是让人们匿名浏览互联网。它是一个分散式系统，允许用户通过中继网络连接，而无需建立直接连接。这种方法的好处是，可以对访问的网站隐藏 IP 地址，因为连接是在不同服务器之间随机变换的，无法追踪您的踪迹，其实也相当于代理 IP 池的作用，但是也有缺点，比如访问速度较慢。下面以 Windows 和 Ubuntu 上的配置为例。

首先使用 VPN 连接到国外的服务器上或者配置 Tor 代理，因为国内并不容易连接上 Tor，如图 13-3 所示。

接着从官网上（https://www.torproject.org/download/download.html）下载 Tor，如图 13-4 所示，下载 Expert Bundle。

图 13-3　连接 VPN

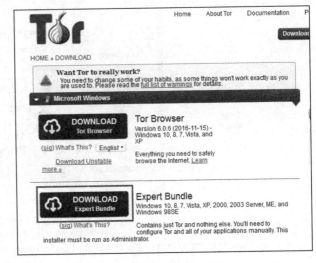

图 13-4　Tor 下载

安装完成后，这个版本并没有一个图形化的操作界面，要修改配置十分麻烦，可以通过下载 Vidalia 来使用 TOR，Vidalia 的下载地址：

https://people.torproject.org/~erinn/vidalia-standalone-bundles/

下载其中的 vidalia-standalone-0.2.21-win32-1_zh-CN.exe 即可，安装完成之后，以管理员权限运行 Start Vidalia.exe，进行下面的设定，选择 Tor 路径，如图 13-5 所示。

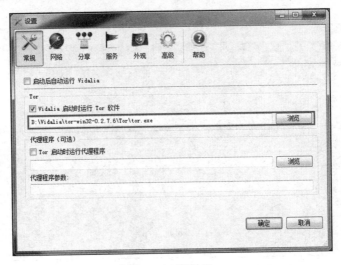

图 13-5　配置 Tor

设置完成后，点击启动 Tor 就可以了，显示如图 13-6 所示，即为启动成功。

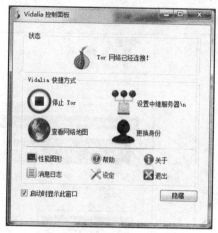

图 13-6 启动 Tor

由于 Scrapy 暂时只支持 HTTP 代理，但是 Tor 使用的 sock5 代理方式，绑定了 9050 端口，所以需要一个 HTTP 转 sock 的代理软件，例如 polipo 或者 privoxy。我选择的是 polipo，下载地址为：https://www.irif.fr/~jch/software/files/polipo/。选择 polipo-1.1.0-win32.zip，下载并解压，然后编辑解压后的文件 config.sample，加入以下配置：

```
socksParentProxy = "localhost:9050"
socksProxyType = socks5
diskCacheRoot = ""
```

在命令行下运行该目录下的程序：polipo.exe -c config.sample，polipo 默认监听 8123 端口，如图 13-7 所示。

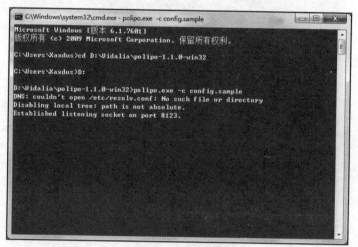

图 13-7 启动 polipo

当以上工作都完成后，我们只需要在 RandomProxy 中间件中将 process_request 方法代码修改为如下所示：

```
def process_request(self, request, spider):
        request.meta['proxy'] ='http://127.0.0.1:8123'
```

Ubuntu 下的配置也是类似的，一共分为 5 个步骤：

1）连接上 VPN。

2）使用以下四条命令添加软件源：

```
sudo add-apt-repository "deb http://deb.torproject.org/torproject.org/ precise main"
gpg --keyserver keys.gnupg.net --recv 886DDD89
gpg --export A3C4F0F979CAA22CDBA8F512EE8CBC9E886DDD89 | sudo apt-key add -
sudo apt-get update
```

3）安装 Tor、polipo、vidalia：sudo apt-get install tor polipo vidalia。

4）配置 polipo：

```
socksParentProxy = "localhost:9050"
socksProxyType = socks5
diskCacheRoot = ""
```

配置完成后，重启 sudo /etc/init.d/polipo restart。

5）启动 vidalia，在界面中启动 Tor 即可。

13.8.6 分布式下载器:Crawlera

Scrapy 官方提供了一个分布式下载器 Crawlera，用来帮助我们躲避反爬虫的封锁。首先去官网 https://app.scrapinghub.com/account/login/?next=/account/login，注册一个账号，如图 13-8 所示。

注册完成后，会分配给用户 API Key，用作访问验证使用，如图 13-9 所示。

不过这个下载器是收费的，需要充值才能正常工作。下面介绍一下如何在 Scrapy 中使用这个下载器，只需要两步即可。

1）安装 scrapy-crawlera：

```
pip install scrapy-crawlera
```

2）修改 settings.py：

```
DOWNLOADER_MIDDLEWARES = {'scrapy_crawlera.CrawleraMiddleware': 300}
CRAWLERA_ENABLED = True
CRAWLERA_APIKEY = '<API key>'
```

这个时候就可以启用爬虫了，具体的配置和管理操作，大家请看官方的使用文档：

https://doc.scrapinghub.com/crawlera.html。

图 13-8　注册 scrapinghub

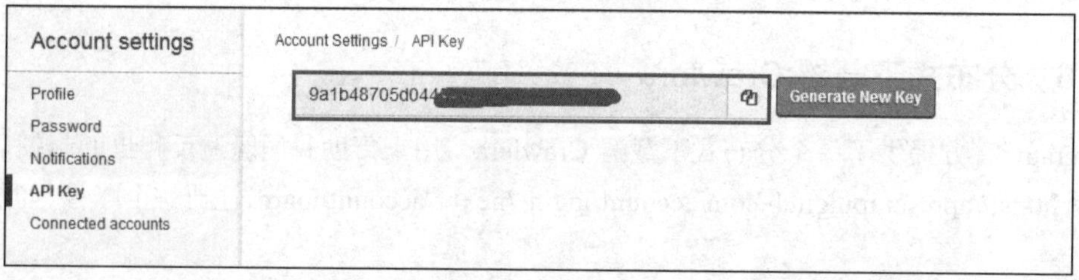

图 13-9　API Key

13.8.7　Google cache

Google cache 指的是 Google 的网页快照功能。Google 是一个强大的搜索引擎，可以将爬取到的网页缓存到服务器中，因此我们可以不用直接访问目的站点，访问缓存也是可以达到提取数据的目的。访问 Google cache 的方式为：http://webcache.googleusercontent.com/search?q=cache:要查询的网址，例如我想查看博客的快照，可以在浏览器中输入以下网址：

http://webcache.googleusercontent.com/search?q=cache:http://www.cnblogs.com/qiyeboy/

搜索结果如图 13-10 所示。

大家只需要写个中间件将 Request 中的 URL 替换成 Google cache 下的 URL 即可。

图 13-10　Google cache

13.9　小结

本章总结了 Scrapy 的常用和较为重要的知识点，通过本章的学习，大家基本上可以理解 Scrapy 框架，在此基础上可以进行简单的扩展功能，进行二次开发。如果大家想深度优化扩展 Scrapy 框架，还需要深入学习一下 Twisted 框架。

第 14 章

实战项目：Scrapy 爬虫

前两章已经讲解完 Scrapy 框架，为了帮助大家夯实学过的知识，本章将开始进行实战项目，本次项目的主题是爬取知乎网站上用户的信息以及人际关系等，下面会对整个分析过程和关键代码进行讲解，完整的项目代码在 GitHub(https://github.com/qiyeboy/)上。

14.1 创建知乎爬虫

在开始编程之前，我们首先需要根据项目需求对知乎网站进行分析。首先确定一下爬取用户的信息以及人际关系的位置，如图 14-1 所示。

图 14-1 用户的信息和人际关系

如上图所示，用户信息主要是提取其中的用户昵称、住址、所在领域、公司、职位和教育经历、用户关注人数和被关注人数。人际关系需要提取用户所关注的人的 id 和被关注的人的 id，并和用户自身 id 绑定，点击"关注了"链接，可以看到关注的用户信息，如图 14-2 所示。

图 14-2　用户的信息和人际关系

接着发现用户信息和提取人际关系，需要用户登录之后，才能进行操作，所以首先需要模拟登录操作，如图 14-3 所示。

在查看人际关系的过程中，发现图 14-2 中关注人信息是动态加载的，每次加载 20 条，如图 14-4 所示。也就是说我们需要模拟动态加载的过程，可以抓包分析请求过程。

图 14-3　知乎登录

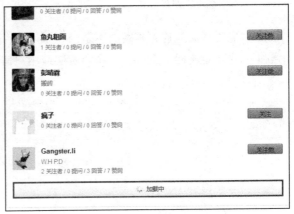

图 14-4　动态加载

通过上面的分析，将整个抓取项目的流程进行分析，如图 14-5 所示。

首先完成登录操作，获取 cookie 信息，接着从起始 url 中解析出用户信息，然后进入关注者界面和被关注者界面，提取关系用户 ID 和新的用户链接，将用户信息和关系用户 ID 存储到 MongoDB 中，将新的用户链接交给用户信息解析模块，依次类推，完成循环抓取任务。

以上将整个知乎爬虫项目的流程分析完成，编程可以正式开始了。首先在命令行中切换到用于存储项目的路径，然后输入以下命令创建知乎爬虫项目和爬虫模块：

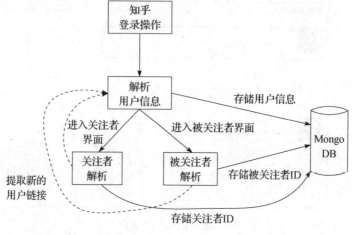

图 14-5 项目流程

```
scrapy startproject zhihuCrawl
cd zhihuCrawl
scrapy genspider -t crawl zhihu.com zhihu.com
```

14.2 定义 Item

创建完工程后，首先要做的不是编写 Spider，而是定义 Item，确定我们需要提取的结构化数据。主要定义两个 Item，一个负责装载用户信息，一个负责装载用户关系。代码如下：

```python
class UserInfoItem(scrapy.Item):
    # define the fields for your item here like:
    # id
    user_id = scrapy.Field()
    # 头像 img
    user_image_url = scrapy.Field()
    # 姓名
    name = scrapy.Field()
    # 居住地
    location = scrapy.Field()
    # 技术领域
    business = scrapy.Field()
    # 性别
    gender = scrapy.Field()
    # 公司
    employment = scrapy.Field()
    # 职位
    position = scrapy.Field()
    # 教育经历
    education = scrapy.Field()
    # 我关注的人数
    followees_num = scrapy.Field()
```

```python
    # 关注我的人数
    followers_num = scrapy.Field()

class RelationItem(scrapy.Item):
    # 用户 id
    user_id =scrapy.Field()
    # relation 类型
    relation_type =scrapy.Field()
    # 和我有关系的人的 id 列表
    relations_id = scrapy.Field()
```

14.3 创建爬虫模块

14.1 节通过 genspider 命令已经创建了一个基于 CrawlSpider 类的爬虫模板，类名称为 ZhihuComSpider，当然现在什么功能都没有。在爬虫模块中，我们需要完成登录、解析当前用户信息、动态加载和解析关系用户 ID 的功能。

14.3.1 登录知乎

首先完成登录操作，要在进行爬取之前完成，因此需要重写 start_requests 方法。首先通过 Firebug 抓取登录 post 包，数据包如下：

```
POST /login/phone_num HTTP/1.1
Host: www.zhihu.com
User-Agent: Mozilla/5.0 (Windows NT 6.1; WOW64; rv:50.0) Gecko/20100101 Fire
    fox/50.0
Accept: */*
Accept-Language: zh-CN,zh;q=0.8,en-US;q=0.5,en;q=0.3
Accept-Encoding: gzip, deflate, br
Content-Type: application/x-www-form-urlencoded; charset=UTF-8
X-Requested-With: XMLHttpRequest
Referer: https://www.zhihu.com/
Content-Length: 226
Cookie:q_c1=e0dd3bc1e3fb43e192d66da7772d2255|1480422237000|1480422237000; _xsrf=
    1451c04ef9f408b69a94196b71c64b07; l_cap_id="ZTA5NzQ3MGE0MzY1NGIxY2IzYWU2OGFm
    YzQwNmI0OWY=|1480422237|35a69271df72e4b588c34ecb427af38e9ad1ffa3"; cap_id="Yz
    Q2N2YwYzcyNGQ1NDYyYjgwMmE1MjU0OGExZjJmNjU=|1480422237|7bc08fee3c211de4195635
    e58ed3b1e0ca5e098d";n_c=1;_zap=9c0e1ceb-6476-413e-837c-67b6c1043993;
    __utma=51854390.1255459250.1480422230.1480422230.1480422230.1;
    __utmb=51854390.2.10.1480422230;__utmc=51854390;
    __utmz=51854390.1480422230.1.1.utmcsr=(direct)|utmccn=(direct)|utmcmd=(none);
    __utmv=51854390.000--|3=entry_date=20161129=1;__utmt=1;
    d_c0="AGAC_lUW7AqPTjlRMkFmtScK_2Dnm6X_imE=|1480422238";
    r_cap_id="OGE3ZjllOTcwYWE3NDI2NzkxNjBlODc0M2I2MDNlOTI=|1480422239|e47878a0b995e909ceb
    878c9ef385a5eb833913f";l_n_c=1; login="ZTY1OTEyNDI0YTNjNDc3N2JmMzYzZjU1MmFiM2I5N2
    I=|1480422257|649e6261252f60f825c82e73ad032f1fbab0d331"
Connection: keep-alive
```

```
_xsrf=1451c04ef9f408b69a94196b71c64b07
captcha_type=cn
password=xxxxxxxxxxxx
phone_num=xxxxxxxxxxx
```

登录成功后,返回 json 数据,内容为登录成功,格式如下:

```
{"r":0,"msg": "\u767b\u5f55\u6210\u529f"}
```

通过第 10 章的讲解,我们知道_xsrf 属于隐藏表单,需要从页面进行提取,提取出来之后,构造 Request 请求,进行发送。总共需要 3 个方法,start_requests 用于进入登录页面,start_login 用于构造登录请求,after_login 用于判断登录状态,如果登录成功则开始爬取起始 url。在 ZhihuComSpider 中代码如下:

```python
def start_requests(self):
    # 首先进入登录界面
    return [Request('https://www.zhihu.com/#signin',
            callback=self.start_login,
            meta={'cookiejar':1})
        ]

def start_login(self,response):
    # 开始登录
    self.xsrf = Selector(response).xpath(
        '//input[@name="_xsrf"]/@value'
    ).extract_first()
    return [FormRequest(
        'https://www.zhihu.com/login/phone_num',
        method='POST',
        meta={'cookiejar': response.meta['cookiejar']},
        formdata={
            '_xsrf': self.xsrf,
            'phone_num': 'xxxxxxx',
            'password': 'xxxxxx',
            'captcha_type': 'cn'},
        callback=self.after_login
    )]

def after_login(self,response):
    if json.loads(response.body)['msg'].encode('utf8') == "登录成功":
        self.logger.info(str(response.meta['cookiejar']))
        return [Request(
        self.start_urls[0],
        meta={'cookiejar':response.meta['cookiejar']},
        callback=self.parse_user_info,
        errback=self.parse_err,
    )]
    else:
```

```
self.logger.error('登录失败')
return
```

代码中的 phone_num 和 password 字段都用 "xxxxxx" 代替，大家可以填写自己的账号和密码。

因为要使用到 Cookie，需要在 Settings 中将 COOKIES_ENABLED 设置为 True。同时还需伪装一下默认请求的 User-Agent 字段，因为默认的 User-Agent 字段包含 Scrapy 关键字，容易被发现，所以在 Setting 中将 USER_AGENT 设置为：Mozilla/5.0 (Windows NT 6.1; WOW64; rv:50.0) Gecko/20100101 Firefox/50.0。

14.3.2 解析功能

登录成功后，我们开始解析数据。首先解析用户信息数据，如图 14-1 所示。和之前的开发手段一样，通过 Firebug 分析页面，可以确定用户信息的 XPath 表达式如下：

- 用户头像链接 user_image_url://img[@class='Avatar Avatar--l']/@src
- 用户昵称 name: //*[@class='title-section']/span/text()
- 居住地 location: //*[@class='location item']/@title
- 技术领域 business: //*[@class='business item']/@title
- 性别 gender: //*[@class='item gender']/i/@class
- 公司 employment: //*[@class='employment item']/@title
- 职位 position: //*[@class='position item']/@title
- 关注者和被关注者 followees_num,followers_num 第一种情况：//div[@class='zm-profile-side-following zg-clear']/a[@class='item']/strong/text()
- 关注者和被关注者 followees_num,followers_num 第二种情况：//div[@class='ProfilefollowStatusValue']/text()
- 关注者和被关注者页面跳转链接 relations_url 第一种情况：//*[@class='zm-profile-side-following zg-clear']/a/@href
- 关注者和被关注者页面跳转链接 relations_url 第二种情况：//a[@class='Profile- followStatus']/@href

解析用户信息的功能在 parse_user_info 方法中实现，部分代码如下：

```
def parse_user_info(self,response):
    '''
    解析用户信息
    :param response:
    :return:
    '''

    user_id = os.path.split(response.url)[-1]
    user_image_url = response.xpath("//img[@class='Avatar Avatar--l']/@src").extract_first()
```

```python
            name = response.xpath("//*[@class='title-section']/span/text()").extract_first()
            location = response.xpath("//*[@class='location item']/@title").extract_first()
            business = response.xpath("//*[@class='business item']/@title").extract_first()
            gender = response.xpath("//*[@class='item gender']/i/@class").extract_first()
            if gender and u"female" in gender:
                gender = u"female"
            else:
                gender = u"male"
            employment = response.xpath("//*[@class='employment item']/@title").extract_first()
            position = response.xpath("//*[@class='position item']/@title").extract_first()
            education = response.xpath("//*[@class='education item']/@title").extract_first()

            try:
                followees_num,followers_num = tuple(response.xpath("//div[@class='zm-
                    profile-side-following
                    zg-clear']/a[@class='item']/strong/text()").extract())
                relations_url = response.xpath("//*[@class='zm-profile-side-following
                    zg-clear']/a/@href").extract()
            except Exception,e:
                followees_num,followers_num =tuple(response.xpath
                    ("//div[@class='Profile-followStatusValue']/text()").extract())
                relations_url =response.xpath("//a[@class='Profile-followStatus']/@href").
                    extract()

            user_info_item = UserInfoItem(user_id=user_id,user_image_url=user_image_url,
                name=name,location=location,business=business,
                gender=gender,employment=employment,position=position,
                education=education,followees_num=int(followees_num),
                followers_num=int(followers_num))
            yield user_info_item
```

其中有一点需要说明，user_id 可以从响应链接中获取，链接类似于以下这种情况：

https://www.zhihu.com/people/qi-ye-59-20

对于性别的判断，可以判断提取出来的 gender 字段是否包含 female。最后将所有的用户信息提取出来，构造成 UserInfoItem 返回即可。

接下来我们需要进入关注者界面和被关注者界面，上面的代码已经将 relations_url 提取出来，需要根据 relations_url 构造 Request，开始进入分析用户关系的阶段。代码如下：

```python
        def parse_user_info(self,response):
            ......省略以上代码.....
            yield user_info_item

            for url in relations_url:
                if u"followees" in url:
                    relation_type = u"followees"
                else:
                    relation_type = u"followers"
```

```
        yield Request(response.urljoin(url=url),
            meta={
            'user_id':user_id,
            'relation_type':relation_type,
                'cookiejar': response.meta['cookiejar'],
            'dont_merge_cookies': True
                },
            errback=self.parse_err,
            callback=self.parse_relation
            )
```

代码中通过 url 是否包含 followees 来判断关系类型，然后将关系类型和用户 ID 添加到 Request.meta 字段中进行绑定。由于关注者界面和被关注者界面的页面结构一样，所以统一通过 parse_relation 方法进行解析，但是因为知乎通过动态加载的方式获取用户关注者，因此需要两个方法来负责用户关系的提取，一个负责进入关注者界面已经存在的 20 个以内的数据，另一个负责发送请求，动态获取数据。parse_relation 属于前者。要提取关注者的 ID，我们只需要从图 14-2 中提取关注者的链接即可，链接中包含关注者 ID，XPath 表达式如下：

```
//*[@class='zh-general-list clearfix']/div/a/@href
```

提取当前静态页面所有关注者 id，代码如下：

```
def parse_relation(self,response):
    '''
    解析和我有关系的用户,只能处理前20条
    :param response:
    :return:
    '''
    user_id = response.meta['user_id']
    relation_type = response.meta['relation_type']
    relations_url = response.xpath("//*[@class='zh-general-list clearfix']/div/
        a/@href").extract()
    relations_id = [os.path.split(url)[-1] for url in relations_url]
    yield RelationItem(user_id=user_id,
                    relation_type=relation_type,
                    relations_id=relations_id)
```

将 user_id、relation_type、relations_id 打包成 RelationItem，存储并返回即可。

前 20 条数据提取完成后，下面我们需要构造请求，动态加载剩余的数据内容。首先看一下请求的方式和内容，请求头如下：

```
POST /node/ProfileFollowersListV2 HTTP/1.1
Host: www.zhihu.com
User-Agent: Mozilla/5.0 (Windows NT 6.1; WOW64; rv:50.0) Gecko/20100101 Fire
    fox/50.0
Accept: */*
Accept-Language: zh-CN,zh;q=0.8,en-US;q=0.5,en;q=0.3
```

```
Accept-Encoding: gzip, deflate, br
X-Xsrftoken: 1451c04ef9f408b69a94196b71c64b07
Content-Type: application/x-www-form-urlencoded; charset=UTF-8
X-Requested-With: XMLHttpRequest
Referer: https://www.zhihu.com/people/tombkeeper/followers
Content-Length: 132
Cookie: q_c1=e0dd3bc1e3fb43e192d66da7772d2255|1480422237000|1480422237000;
_xsrf=1451c04ef9f408b69a94196b71c64b07;
      l_cap_id="ZTA5NzQ3MGE0MzY1NGIxY2IzYWU2OGFmYzQwNmI0OWY=|1480422237|35a69271
      df72e4b588c34ecb427af38e9ad1ffa3";
      cap_id="YzQ2N2YwYzcyNGQ1NDYyYjgwMmE1MjU0OGExZjJmNjU=|1480422237|7bc08fee3c
      211dc4195635c58cd3b1e0ca5e098d"; _zap=9c0e1ceb-6476-413e-837c-67b6c1043993;
__utma=51854390.1255459250.1480422230.1480422230.1480422230.1; __utmb=51854390.
      16.10.1480422230; __utmc=51854390; __utmz=51854390.1480422230.1.1.utmcsr=(direct)|
      utmccn=(direct)|utmcmd=(none);
__utmv=51854390.100-1|2=registration_date=20160504=1^3=entry_date=20160504=1;
      d_c0="AGAC_lUW7AqPTjlRMkFmtScK_2Dnm6X_imE=|1480422238";
      r_cap_id="OGE3ZjllOTcwYWE3NDI2NzkxNjBlODc0M2I2MDNlOTI=|1480422239|e47878a0
      b995e909ceb878c9ef385a5eb833913f"; l_n_c=1;
login="ZTY1OTEyNDI0YTNjNDc3N2JmMzYzZjU1MmFiM2I5N2I=|1480422257|649e6261252f60f8
      25c82e73ad032f1fbab0d331";
      a_t="2.0ADBAt9gp3wkXAAAAogVlWAAwQLfYKd8JAGAC_lUW7AoXAAAA
      YQJVTX8AZVgASZjhTCU3MGhlW3IVuMCb9Hsv-G4zdCSTu9oWQreLGA2bXCQPpxQM-A==";
      z_c0=Mi4wQUR
      CQXQ5Z3Azd2tBWUFMLVZSYnNDaGNBQUFCaEFFsVk5md0JsV0FCSm1PRk1KVGN3YUdWmNoVzR3S
      nYwZXlfNGJn|1480423586|8fa5513790936d0788752bbedce6dc1c0b1058dd; __utmt=1
Connection: keep-alive
```

POST 请求的数据内容如下：

```
method:next
params:{"offset":7,"order_by":"created","hash_id":"40be3c5c5aa1d4b4be674d2f6bebebca"}
```

对我们来说比较关键的是请求头中的 X-Xsrftoken 参数，和 POST 请求的数据内容从何而来。
首先 X-Xsrftoken 数据内容是我们的登录时的 xsrf 参数。POST 请求的数据内容可以从网页中提取，如图 14-6 所示。

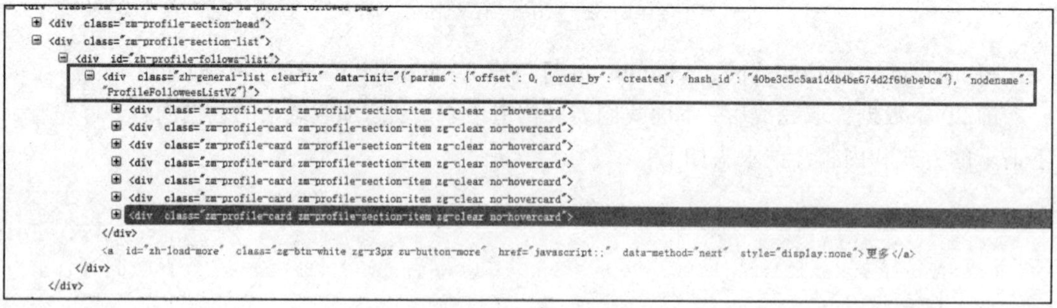

图 14-6 参数提取

所在的标记为\<div class="zh-general-list clearfix" data-init="{"params": {"offset": 0, "order_by": "created", "hash_id": "40be3c5c5aa1d4b4be674d2f6bebebca"}, "nodename": "ProfileFolloweesListV2"}">,XPath 表达式为//*[@class='zh-general-list clearfix']/@data-init。

经过以上分析可知,通过动态改变参数中 offset 的值模拟请求,就可以不断获取加载内容,parse_relation 方法动态模拟的代码如下:

```python
# 提出 POST 所需的参数和和我有关系的人数
users_num = response.xpath("//*[@class='zm-profile-section-name']/text()").extract_first()
users_num = int(re.search(r'\d+', users_num).group())if users_num else len(relations_url)
# 提取要 POST 出去的参数
# data-init="{"params": {"offset": 0, "order_by": "created", "hash_id":
# "fbbe3c439118fddec554b03734f9da99"}, "nodename": "ProfileFollowersListV2"}"
data_init = response.xpath("//*[@class='zh-general-list clearfix']/@data-init").extract_first()
try:
    nodename =json.loads(data_init)['nodename']
    params = json.loads(data_init)['params']
    post_url = 'https://www.zhihu.com/node/%s'% nodename
    # 下面获取剩余的数据 POST
    if users_num > 20:
        params['offset'] = 20
        payload = {
            'method':'next',
            'params':params
        }
        post_header={
            'Host': 'www.zhihu.com',
            'Connection': 'keep-alive',
            'Accept': '*/*',
            'X-Requested-With': 'XMLHttpRequest',
            'User-Agent': 'Mozilla/5.0 (Windows NT 6.1; WOW64; rv:50.0) Gecko/
                20100101Firefox/50.0',
            'Content-Type': 'application/x-www-form-urlencoded; charset=UTF-8',
            'Accept-Encoding': 'gzip, deflate, br',
            'Accept-Language': 'zh-CN,zh;q=0.8,en-US;q=0.5,en;q=0.3',
            'X-Xsrftoken':self.xsrf
        }
        yield Request(url=post_url,method='POST',
            headers=post_header,
            body=urlencode(payload),
            cookies=self.cookies,
            meta={'user_id':user_id,
                'relation_type':relation_type,
                'offset':20,
                'payload':payload,
                'users_num':users_num,
                'cookiejar': response.meta['cookiejar']
```

```
                },
                callback=self.parse_next_relation,
                errback=self.parse_err,
                priority=100
            )
    except Exception,e:
        self.logger.warning('no second post--'+str(data_init)+'--'+str(e))

    for url in relations_url:
        yield Request(response.urljoin(url=url),
            meta={'cookiejar': response.meta['cookiejar']},
            callback=self.parse_user_info,
            errback=self.parse_err)
```

代码中判断关注者是否大于 20，如果大于则模拟 POST 请求，获取动态数据，动态数据的解析放到了 parse_next_relation 方法中。

下面看一下 POST 请求发送后，获取的动态响应格式，然后才知道如何进行解析。响应格式如图 14-7 所示。

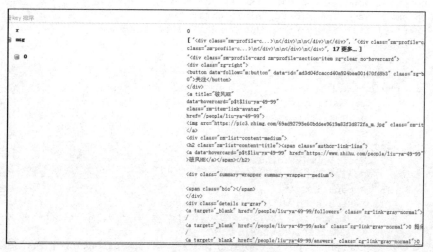

图 14-7　返回数据

POST 请求的响应为 JSON 格式，数据内容其实就是 HTML 代码，我们可以在 HTML 代码中通过 XPath 表达式提取用户链接，XPath 表达式如下：

```
//a[@class="zm-item-link-avatar"]/@href
```

以上就是动态加载部分的全部分析，parse_next_relation 方法代码如下：

```
def parse_next_relation(self,response):
    '''
    解析和我有关的人的剩余部分
    :param response:
    :return:
```

```python
    '''
    user_id = response.request.meta['user_id']
    relation_type = response.request.meta['relation_type']
    payload = response.request.meta['payload']
    relations_id=[]

    offset = response.request.meta['offset']
    users_num = response.request.meta['users_num']
    body = json.loads(response.body)
    user_divs = body.get('msg', [])

    for user_div in user_divs:
        selector = Selector(text=user_div)
        user_url = selector.xpath('//a[@class="zm-item-link-avatar"]/@href').
            extract_first()
        relations_id.append(os.path.split(user_url)[-1])
        # 发送请求
        yield Request(response.urljoin(url=user_url),
                      meta={'cookiejar': response.meta['cookiejar'] },
                      callback=self.parse_user_info,
                      errback=self.parse_err)

    # 发送捕获到的关系数据
    yield RelationItem(user_id=user_id,
                       relation_type=relation_type,
                       relations_id=relations_id)
    # 判断是否还有更多的数据
    if offset + 20 < users_num:
        payload['params']['offset'] = offset+20
        more_post = response.request.copy()
        more_post = more_post.replace(
            body=urlencode(payload),
            meta={'user_id':user_id,
                  'relation_type':relation_type,
                  'offset':offset+20,
                  'users_num':users_num,
                  'cookiejar': response.meta['cookiejar']})
        yield more_post
```

上述代码通过解析动态响应中的 HTML 代码，提取其中关注者的链接，然后将关注者链接构造 Request，交给 parse_user_info 解析用户信息，而且从链接中提取出用户 user_id，构造成 RelationItem 交给 Pipeline 处理，最后判断已经获取的数据是否大于总的数据，如果没有，说明还有数据，改变 offset 偏移量，继续发送动态请求进行循环处理。

14.4 Pipeline

上一节完成了爬虫模块的编写，下面开始编写 Pipeline，主要是完成 Item 到 MongoDB 的存储，分成两个集合进行存储：UserInfo 和 Relation。代码如下：

```python
class ZhihucrawlPipeline(object):

    def __init__(self, mongo_uri, mongo_db):
        self.mongo_uri = mongo_uri
        self.mongo_db = mongo_db

    @classmethod
    def from_crawler(cls, crawler):
        return cls(
            mongo_uri=crawler.settings.get('MONGO_URI'),
            mongo_db=crawler.settings.get('MONGO_DATABASE', 'zhihu')
        )

    def open_spider(self, spider):
        self.client = pymongo.MongoClient(self.mongo_uri)
        self.db = self.client[self.mongo_db]

    def close_spider(self, spider):
        self.client.close()

    def process_item(self, item, spider):

        if isinstance(item,UserInfoItem):
            self._process_user_item(item)
        else:
            self._process_relation_item(item)
        return item

    def _process_user_item(self,item):
        self.db.UserInfo.insert(dict(item))


    def _process_relation_item(self,item):
        self.db.Relation.insert(dict(item))
```

代码和 13.3 节的非常类似，首先从 Settings 中加载 MONGO_URI 和 MONGO_DATABASE，初始化连接 URL 和数据库名称，在 process_item 方法中判断 item 的类型，然后使用_process_user_item 和_process_user_item 方法存储到不同的集合中。下面在 Settings 中设置 MONGO_URI, MONGO_DATABASE 和激活 Pipeline：

```
MONGO_URI = 'mongodb://127.0.0.1:27017/'
MONGO_DATABASE='zhihu'
ITEM_PIPELINES = {
    'zhihuCrawl.pipelines.ZhihucrawlPipeline': 300,
}
```

14.5 优化措施

以上几节其实已经完成了项目的所有功能，本小节对上面的内容进行部分优化，优化包括登录成功后对 Cookie 的存储和 cookie 登录，添加限速功能，防止被发现。

首先要做的是对 Cookie 的存储，即将 Cookie 序列化存储到 session.txt 中，将这段代码放到 parse_user_info 方法的开始位置。代码如下：

```
if not os.path.exists('session.txt'):
    with open('session.txt','wb') as f:
        import pickle
        cookies = response.request.headers['cookie']
        cookieDict={}
        for cookie in cookies.split(';'):
            key,value = cookie[0:cookie.find('=')], cookie[cookie.find('=')+1:]
            cookieDict[key]=value
        pickle.dump(cookieDict,f)
```

首先判断文件是否存在，如果不存在，则从 request.headers 中提取 cookie 字符串，并将 cookie 字符串拆分和组装成字段，最后进行序列化存储。存储完毕后，我们需要在 start_requests 的起始位置加载 Cookie，代码如下：

```
if os.path.exists('session.txt'):
    with open('session.txt','rb') as f:
        import pickle
        self.cookies = pickle.load(f)
        self.xsrf = self.cookies['_xsrf']
        return [Request(
        self.start_urls[0],
        cookies=self.cookies,
        meta={'cookiejar': 1},
        callback=self.parse_user_info,
        errback=self.parse_err,
        )]
```

首先判断 session.txt 是否存在，然后读取 cookeis 的值，直接通过 Cookies 构造 Request 请求，进入起始 url 解析阶段。

最后进行以下限速的操作，在 Settings 中设置如下：

```
DOWNLOAD_DELAY=2
AUTOTHROTTLE_ENABLED=True
AUTOTHROTTLE_START_DELAY=5
AUTOTHROTTLE_MAX_DELAY=60
```

大家也可以根据自己的情况设置延时。

14.6 部署爬虫

知乎爬虫项目已经完成，下面我们需要将爬虫部署到服务器中。之前我们讲到的使用命令行或者 API 启动方式，略显粗糙，仅适合个人调试，不适合应用到实际的工程项目中，我们需要一种灵活稳定的方式启动和控制爬虫。

14.6.1 Scrapyd

Scrapy 官方为我们提供了一个部署爬虫非常有用的工具 Scrapyd。Scrapyd 是运行 Scrapy 爬虫的服务程序，它支持以 HTTP 命令方式通过 JSON API 进行发布、删除、启动、停止爬虫程序的操作，而且 Scrapyd 可以同时管理多个爬虫，每个爬虫还可以有多个版本，也是部署分布式爬虫的有效手段。官方文档：http://scrapyd.readthedocs.io/en/latest/。

1. 安装 Scrapyd

主要有两种安装方式：

❑ pip install scrapyd，安装的版本可能不是最新版本。

❑ 从 https://github.com/scrapy/scrapyd 中下载源码，运行 python setup.py install 命令进行安装。

2. 启动 Scrapyd

在命令行中输入 scrapyd，即可完成启动，如图 14-8 所示。默认情况下 scrapyd 运行后会侦听 6800 端口。

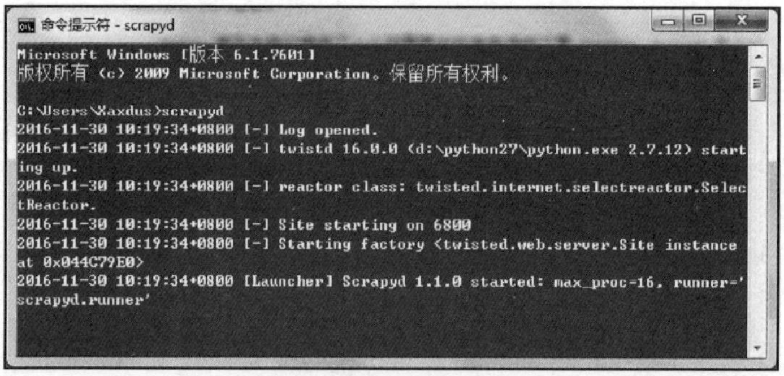

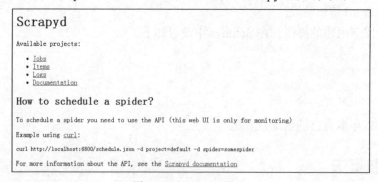

图 14-8　启动 Scrapyd

在浏览器中输入：http://127.0.0.1:6800/，可以打开 Scrapyd 界面，如图 14-9 所示。

图 14-9　Scrapyd 界面

3. Scrapyd API 介绍

Scrapyd 主要支持 10 种操作方式：

- 获取 Scrapyd 状态：http://127.0.0.1:6800/daemonstatus.json。GET 请求方式。响应类似 {"status": "ok", "running": "0", "pending": "0", "finished": "0", "node_name": "node-name"}
- 获取项目列表：http://127.0.0.1:6800/listprojects.json，GET 请求方式。响应类似{"status": "ok", "projects": ["myproject", "otherproject"]}。
- 获取项目下已发布的爬虫列表：

  http://127.0.0.1:6800/listspiders.json?project=myproject。GET 请求方式，参数为项目名称 myproject。响应类似{"status": "ok", "spiders": ["spider1", "spider2", "spider3"]}。
- 获取已发布的爬虫版本列表：

  http://127.0.0.1:6800/listversions.json?project=myproject。GET 请求方式，参数为项目名称 myproject。响应类似{"status": "ok", "versions": ["r99", "r156"]}。
- 获取爬虫运行状态：http://127.0.0.1:6800/listjobs.json?project=myproject。GET 请求方式，参数为项目名称 myproject。响应类似 {"status": "ok","pending": [{"id": "78391cc0fcaf11e1b0090800272a6d06", "spider": "spider1"}],"running": [{"id": "422e608f9f28cef127b3d5ef93fe9399", "spider": "spider2", "start_time": "2012-09-12 10:14:03.594664"}],"finished": [{"id": "2f16646cfcaf11e1b0090800272a6d06", "spider": "spider3", "start_time": "2012-09-12 10:14:03.594664", "end_time": "2012-09-12 10:24:03.594664"}]}
- 启动服务器上某一爬虫：http://127.0.0.1:6800/schedule.json。POST 请求方式，参数为 "project":myproject,"spider":myspider，myproject 为项目名称，myspider 为爬虫名称。响应类似：{"status": "ok", "jobid":"6487ec79947edab326d6db28a2d86511e8247444"}
- 删除某一版本爬虫：http://127.0.0.1:6800/delversion.json。POST 请求方式，参数为 "project":myproject,"version":myversion，myproject 为项目名称，version 为爬虫版本。
- 删除某一工程，并将工程下各版本爬虫一起删除：

  http://127.0.0.1:6800/delproject.json。POST 请求方式，参数为"project":myproject，myproject 为项目名称。响应类似：{"status": "ok"}
- 给工程添加版本，如果工程不存在则创建：http://127.0.0.1:6800/addversion.json。POST 请求方式，参数为"project":myproject,"version":myversion，myproject 为项目名称，version 为项目版本。响应类似{"status": "ok", "spiders": 3}。
- 取消一个运行的爬虫任务：http://127.0.0.1:6800/cancel.json。POST 请求方式，参数为 "project":myproject,"job":jobid，myproject 为项目名称，jobid 为任务的 id。响应类似 {"status": "ok", "prevstate": "running"}

大家只需要使用 request 发送请求，解析 json 响应就可以灵活地控制爬虫。但是上述 API 中还少了如何发布爬虫程序到 Scrapyd 服务中的功能，那是因为额外提供了 Scrapyd-client 发布工具。

14.6.2 Scrapyd-client

Scrapyd-client 是一个专门用来发布 scrapy 爬虫的工具，安装该程序之后会自动在 Python 安装目录下 scripts 文件夹中生成 scrapyd-deploy 工具，其实类似于 Python 脚本，可以直接使用 python scrapyd-deploy 的方式运行。

1. 安装 Scrapyd-client

主要有两种安装方式：

- pip install Scrapyd-client，安装的版本可能不是最新版本。
- 从 https://github.com/scrapy/scrapyd-client 中下载源码，运行 python setup.py install 命令进行安装。

2. 使用 Scrapyd-client

安装完成后，将 scrapyd-deploy 拷贝到爬虫项目目录下，与 scrapy.cfg 在同一级目录。下面我们需要修改 scrapy.cfg 文件，默认生成的 scrapy.cfg 文件内容如下：

```
[settings]
default = zhihuCrawl.settings

[deploy]
# url = http://127.0.0.1:6800/
project = zhihuCrawl
```

首先去掉 url 前的注释符号，url 是 scrapyd 服务器的网址，project = zhihuCrawl 为项目名称，可以随意起。修改[deploy]为[deploy:100]，表示把爬虫发布到名为 100 的爬虫服务器上，一般在需要同时发布爬虫到多个目标服务器时使用。修改如下：

```
[settings]
default = zhihuCrawl.settings

[deploy:100]
url = http://127.0.0.1:6800/
project = zhihuCrawl
```

配置完成后，就可以使用 scrapyd-deploy 进行爬虫的发布了，命令如下：

```
scrapyd-deploy <target> -p <project> --version <version>
```

参数解释：

- target：deploy 后面的名称。
- project：自行定义名称，跟爬虫的工程名字无关。
- version：自定义版本号，不写的话默认为当前时间戳。

下面将命令行切换到工程目录下，运行：python scrapyd-deploy 100 -p zhihu --version ver2016011，如图 14-10 所示。

发布完成后根据 API 发送启动爬虫的请求，爬虫就可以正常工作了。爬取一段时间后，数据存储效果如图 14-11 所示。

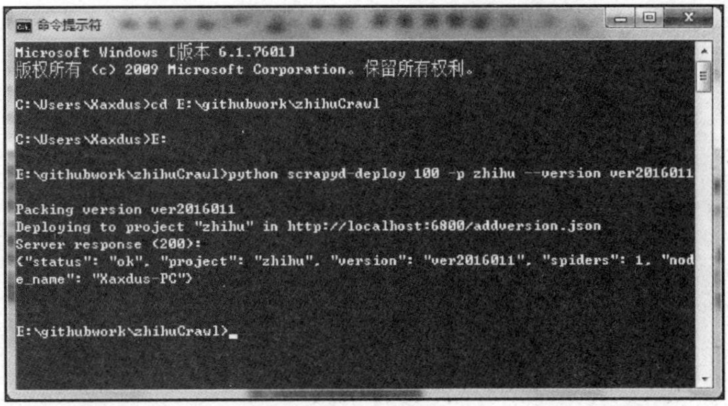

图 14-10　发布爬虫

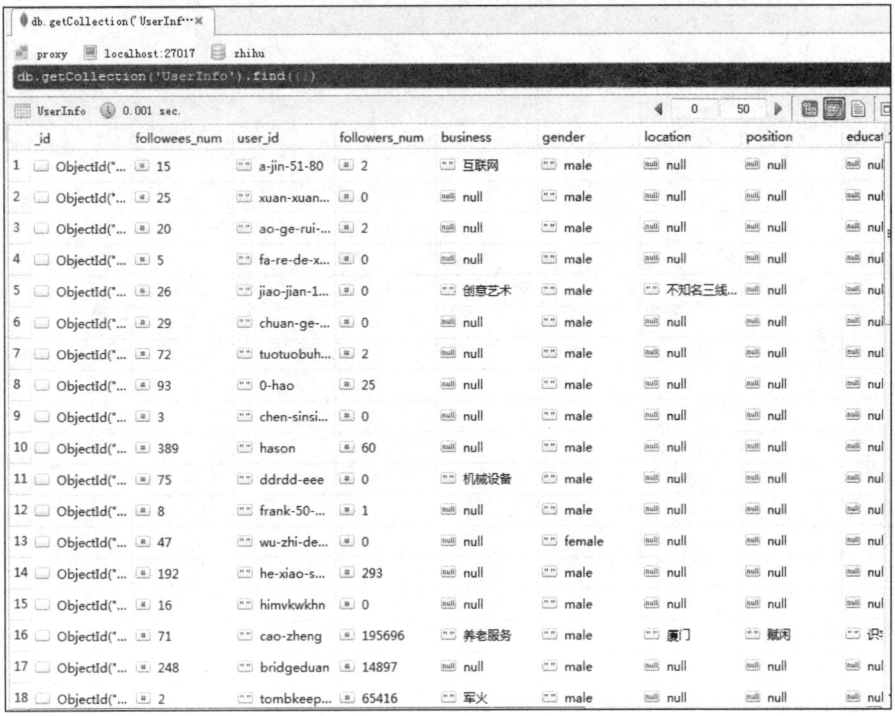

图 14-11　数据存储

14.7　小结

以上就是知乎爬虫实战项目的所有内容，着重强调了 Request 的构造方式，同时对爬虫在工程中的发布进行了描述。在此提出一个新的需求，如果想下载知乎用户的头像图片，上面的代码已经将头像的 URL 提取出来了，大家可以根据学过的知识，实现这个功能。

深入篇

- 第 15 章　增量式爬虫
- 第 16 章　分布式爬虫与 Scrapy
- 第 17 章　实战项目：Scrapy 分布式爬虫
- 第 18 章　人性化 PySpider 爬虫框架

Chapter 15 第 15 章

增量式爬虫

本章我们讲解增量式爬虫,所谓增量式爬虫并不是新型的爬虫架构,而是根据项目需求而产生的一种爬虫类型。例如我们想爬取智联的职位信息,可是我们只想爬取每天更新的职位信息,不想全部都爬取,这就需要增量式爬虫。增量式爬虫的核心在于快速去重,我们必须判断哪些是已经爬取过的,哪些是新产生的。本章将对去重的方式和应用进行深入的讲解。

15.1 去重方案

去重一般的情况是对 URL 进行去重,也就说我们访问过的页面下次不再访问。但是也有一些情况,例如贴吧和论坛等社交网站,同一个 URL,由于用户评论的存在,页面内容是一直变化的,如果想抓取评论内容,那就不能以 URL 为去重标准,但是本质上都可以看做是针对字符串的去重方式。

对于爬虫来说,由于网络间的链接错综复杂,爬虫在网络间爬行很可能会形成"环",这对爬虫来说是非常可怕的事情,会一直做无用功。为了避免形成"环",就需要知道 Spider 已经访问过哪些 URL,基本上有如下几种方案:

1)关系型数据库去重。
2)缓存数据库去重。
3)内存去重。

首先讲解一下前两种方案:

- 关系型数据库去重,需要将 URL 存入到数据库中,每来一个 URL 就启动一次数据库查询,数据量变得非常庞大后关系型数据库查询的效率会变得很低,不推荐。

- 缓存数据库，比如现在比较流行的 Redis，去重方式是使用其中的 Set 数据类型，类似于 Python 中的 Set，也是一种内存去重方式，但是它可以将内存中的数据持久化到硬盘中，应用非常广泛，推荐。

对于第三种"内存去重"方案，还可以细分出三种不同的实现方式：
- 将 URL 直接存储到 HashSet 中，也就是 Python 中的 Set 数据结构中，但是这种方式最明显的缺点是太消耗内存。随着 URL 的增多，占用的内存会越来越多。大家可以计算一下假如存储了 1 亿个链接，每个链接平均 40 个字符，这就占用了 4G 内存。
- 将 URL 经过 MD5 或者 SHA-1 等单向哈希算法生成摘要，再存储到 HashSet 中。由于字符串经过 MD5 处理后的信息摘要长度只有 128 位，SHA-1 处理后也只有 160 位，所以占用的内存将比第一种方式小很多倍。
- 采用 Bit-Map 方法，建立一个 BitSet，将每个 URL 经过一个哈希函数映射到某一位。这种方式消耗内存是最少，但缺点是单一哈希函数发生冲突的概率太高，极易发生误判。

内存去重方案的这三种实现方式各有优缺点，但是对于整个内存去重方案来说，比较致命的是内存大小的制约和掉电易丢失的特性，万一服务器宕机了，所有内存数据将不复存在。

通过对以上去重方式的分析，我们可以确定相对比较好的方式是内存去重方案+缓存数据库，更准确地说是内存去重方案的第二种实现方式+缓存数据库，这种方式基本上可以满足大多数中型爬虫的需要。但是本章要讲的不是针对百万级和千万级数据量的去重方案，而是当数据量上亿甚至几十亿时这种海量数据的去重方案，这就需要用到 BloomFilter 算法。

15.2 BloomFilter 算法

BloomFilter（布隆过滤器）是由 Bloom 在 1970 年提出的一种多哈希函数映射的快速查找算法。BloomFilter 是一种空间效率很高的随机数据结构，它利用位数组很简洁地表示一个集合，并能判断一个元素是否属于这个集合。BloomFilter 的这种高效是有一定代价的：在判断一个元素是否属于某个集合时，有可能会把不属于这个集合的元素误认为属于这个集合（false positive）。因此，BloomFilter 不适合那些"零错误"的应用场合。而在能容忍低错误率的应用场合下，BloomFilter 通过极少的错误换取了存储空间的极大节省。

15.2.1 BloomFilter 原理

上一节内存去重方案中的第三种实现方式 Bit-Map 方法，已经非常接近 BloomFilter 算法的思想，可是由于使用单一哈希函数，导致误判率很高，为了降低冲突，BloomFilter 使用了多个哈希函数。下面讲解一下 BloomFilter 的实现原理：创建一个 m 位的位数组，先将所有位初始化为 0。然后选择 k 个不同的哈希函数。第 i 个哈希函数对字符串 str 哈希的结果记为 h(i,str)，且 h(i,str) 的范围是 0 到 m-1。如图 15-1 所示，将一个字符串经过 k 个哈希函数映射到 m 位数组中。

从图中我们可以看到，字符串经哈希函数映射成介于 0 到 m-1 之间的数字，并将 m 位位数组中下标等于这个数字的那一位置为 1，这样就将字符串映射到位数组中的 k 个二进制位了。

如何判断字符串是否存在过呢？只需要将新的字符串也经过 h(1,str), h(2,str), h(3,str), ..., h(k,str) 哈希映射，检查每一个映射所对应 m 位位数组的值是否为 1。若其中任何一位不为 1 则可以判定 str 一定没有被记录过。但是若一个字符串对应的任何一位全为 1，实际上是不能 100% 的肯定该字符串被 BloomFilter 记录过，这就是所说的低错误率。

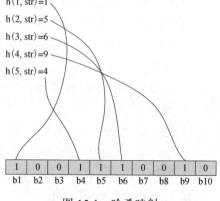

图 15-1 哈希映射

以上即 BloomFilter 的原理，那如何选择 BloomFilter 参数呢？

首先哈希函数的选择对性能的影响应该是很大的，一个好的哈希函数要能近似等概率地将字符串映射到各个位。选择 k 个不同的哈希函数比较麻烦，一种常用的方法是选择一个哈希函数，然后送入 k 个不同的参数。

接下来我们要选取 k、m、n 的取值。哈希函数个数 k、位数组大小 m、加入的字符串数量 n 的关系，如表 15-1 所示。

表 15-1 m、n、k 关系表

m/n	k	k=1	k=2	k=3	k=4	k=5	k=6	k=7	k=8
2	1.39	0.393	0.400						
3	2.08	0.283	0.237	0.253					
4	2.77	0.221	0.155	0.147	0.160				
5	3.46	0.181	0.109	0.092	0.092	0.101			
6	4.16	0.154	0.080 4	0.060 9	0.056 1	0.057 8	0.063 8		
7	4.85	0.133	0.061 8	0.042 3	0.035 9	0.034 7	0.036 4		
8	5.55	0.118	0.048 9	0.030 6	0.024	0.021 7	0.021 6	0.022 9	
9	6.24	0.105	0.039 7	0.022 8	0.016 6	0.014 1	0.013 3	0.013 5	0.014 5
10	6.93	0.095 2	0.032 9	0.017 4	0.011 8	0.009 43	0.008 44	0.008 19	0.008 46
11	7.62	0.086 9	0.027 6	0.013 6	0.008 64	0.006 5	0.005 52	0.005 13	0.005 09

（续）

m/n	k	k=1	k=2	k=3	k=4	k=5	k=6	k=7	k=8
12	8.32	0.08	0.023 6	0.010 8	0.006 46	0.004 59	0.003 71	0.003 29	0.003 14
13	9.01	0.074	0.020 3	0.008 75	0.004 92	0.003 32	0.002 55	0.002 17	0.001 99
14	9.7	0.068 9	0.017 7	0.007 18	0.003 81	0.002 44	0.001 79	0.001 46	0.001 29
15	10.4	0.064 5	0.015 6	0.005 96	0.003	0.001 83	0.001 28	0.001	0.000 852
16	11.1	0.060 6	0.013 8	0.005	0.002 39	0.001 39	0.000 935	0.000 702	0.000 574
17	11.8	0.057 1	0.012 3	0.004 23	0.001 93	0.001 07	0.000 692	0.000 499	0.000 394
18	12.5	0.054	0.011 1	0.003 62	0.001 58	0.000 839	0.000 519	0.000 36	0.000 275
19	13.2	0.051 3	0.009 98	0.003 12	0.001 3	0.000 663	0.000 394	0.000 264	0.000 194
20	13.9	0.048 8	0.009 06	0.002 7	0.001 08	0.000 53	0.000 303	0.000 196	0.000 14
21	14.6	0.046 5	0.008 25	0.002 36	0.000 905	0.000 427	0.000 236	0.000 147	0.000 101
22	15.2	0.044 4	0.007 55	0.002 07	0.000 764	0.000 347	0.000 185	0.000 112	7.46e-05
23	15.9	0.042 5	0.006 94	0.001 83	0.000 649	0.000 285	0.000 147	8.56e-05	5.55e-05
24	16.6	0.040 8	0.006 39	0.001 62	0.000 555	0.000 235	0.000 117	6.63e-05	4.17e-05
25	17.3	0.039 2	0.005 91	0.001 45	0.000 478	0.000 196	9.44e-05	5.18e-05	3.16e-05
26	18	0.037 7	0.005 48	0.001 29	0.000 413	0.000 164	7.66e-05	4.08e-05	2.42e-05
27	18.7	0.036 4	0.005 1	0.001 16	0.000 359	0.000 138	6.26e-05	3.24e-05	1.87e-05
28	19.4	0.035 1	0.004 75	0.001 05	0.000 314	0.000 117	5.15e-05	2.59e-05	1.46e-05
29	20.1	0.033 9	0.004 44	0.000 949	0.000 276	9.96e-05	4.26e-05	2.09e-05	1.14e-05
30	20.8	0.032 8	0.004 16	0.000 862	0.000 243	8.53e-05	3.55e-05	1.69e-05	9.01e-06
31	21.5	0.031 7	0.003 9	0.000 785	0.000 215	7.33e-05	2.97e-05	1.38e-05	7.16e-06
32	22.2	0.030 8	0.003 67	0.000 717	0.000 191	6.33e-05	2.5e-05	1.13e-05	5.73e-06

表 15-1 所示的是 m、n、k 不同的取值所对应的漏失概率，即不存在的字符串有一定概率被误判为已经存在。m 表示多少个位，也就是使用内存的大小，n 表示去重字符串的数量，k 表示哈希函数的个数。例如申请了 256M 内存，即 1<<31，因此 m=2^31，约 21.5 亿。将 k 设置为 7，并查询表中 k=7 的那一列。当漏失率为 8.56e-05 时，m/n 值为 23。所以 n = 21.5/23 = 0.93（亿），表示漏失概率为 8.56e-05 时，256M 内存可满足 0.93 亿条字符串的去重。如果大家想对 m、n、k 之间的关系有更深入的了解，推荐一篇非常有名的文献：http://pages.cs.wisc.edu/~cao/papers/summary-cache/node8.html。

15.2.2 Python 实现 BloomFilter

了解清楚原理之后，下面开始用 Python 来实现 BloomFilter 算法。在 GitHub 中有一个开源项目 python-bloomfilter，这个项目不仅仅实现了 BloomFilter，还实现了一个大小可动态扩展的 ScalableBloomFilter。

1. 安装 python-bloomfilter

从 https://github.com/qiyeboy/python-bloomfilter 中下载源码，进入源码目录，使用 Python setup.py install 即可完成安装。

2. 示例

使用 BloomFilter 创建一个容量为 1000，漏失率为 0.001 的布隆过滤器

```python
from pybloom import BloomFilter
f = BloomFilter(capacity=1000, error_rate=0.001)
print [f.add(x) for x in range(10)]
print 11 in f
print 4 in f
```

输出结果为：

```
[False, False, False, False, False, False, False, False, False, False]
False
True
```

如果你不想静态指定容量，可以使用 python-bloomfilter 中可动态扩展的 ScalableBloomFilter。示例如下：

```python
from pybloom import ScalableBloomFilter
sbf = ScalableBloomFilter(mode=ScalableBloomFilter.SMALL_SET_GROWTH)
count = 10000
for i in xrange(0, count):
    sbf.add(i)
print 10001 in sbf
print 4 in sbf
```

输出结果为：

```
False
True
```

15.3　Scrapy 和 BloomFilter

Scrapy 自带了去重方案，同时支持通过 RFPDupeFilter 来完成去重。在 RFPDupeFilter 源码中依然是通过 set() 进行去重。部分源码如下：

```python
class RFPDupeFilter(BaseDupeFilter):
    """Request Fingerprint duplicates filter"""

    def __init__(self, path=None, debug=False):
        self.file = None
        self.fingerprints = set()
```

```
            self.logdupes = True
            self.debug = debug
            self.logger = logging.getLogger(__name__)
            if path:
                self.file = open(os.path.join(path, 'requests.seen'), 'a+')
                self.file.seek(0)
                self.fingerprints.update(x.rstrip() for x in self.file)
```

继续查看源代码,可以了解到 Scrapy 是根据 request_fingerprint 方法实现过滤的,将 Request 指纹添加到 set()中。部分源码如下:

```
def request_fingerprint(request, include_headers=None):
    if include_headers:
        include_headers = tuple(to_bytes(h.lower())
                                for h in sorted(include_headers))
    cache = _fingerprint_cache.setdefault(request, {})
    if include_headers not in cache:
        fp = hashlib.sha1()
        fp.update(to_bytes(request.method))
        fp.update(to_bytes(canonicalize_url(request.url)))
        fp.update(request.body or b'')
        if include_headers:
            for hdr in include_headers:
                if hdr in request.headers:
                    fp.update(hdr)
                    for v in request.headers.getlist(hdr):
                        fp.update(v)
        cache[include_headers] = fp.hexdigest()
    return cache[include_headers]
```

从代码中我们可以看到,去重指纹为 sha1(method + url + body + header),对这个整体进行去重,去重比例太小。下面我们根据 URL 进行去重,定制过滤器。代码如下:

```
from scrapy.dupefilter import RFPDupeFilter
class URLFilter(RFPDupeFilter):
    """根据URL过滤"""
    def __init__(self, path=None):
        self.urls_seen = set()
        RFPDupeFilter.__init__(self, path)
    def request_seen(self, request):
        if request.url in self.urls_seen:
            return True
        else:
            self.urls_seen.add(request.url)
```

但是这样依旧不是很好,因为 URL 有时候会很长导致内存上升,我们可以将 URL 经过 sha1 操作之后再去重,改进如下:

```
from scrapy.dupefilter import RFPDupeFilter
```

```python
from w3lib.util.url import canonicalize_url
class URLSha1Filter(RFPDupeFilter):
    """根据urlsha1过滤"""
    def __init__(self, path=None):
        self.urls_seen = set()
        RFPDupeFilter.__init__(self, path)
    def request_seen(self, request):
        fp = hashlib.sha1()
        fp.update(canonicalize_url(request.url))
        url_sha1 = fp.hexdigest()
        if url_sha1 in self.urls_seen:
            return True
        else:
            self.urls_seen.add(url_sha1)
```

这样似乎好了一些,但是依然不够,继续优化,加入BloomFilter进行去重。改进如下:

```python
class URLBloomFilter(RFPDupeFilter):
    """根据urlhash_bloom过滤"""
    def __init__(self, path=None):
        self.urls_sbf = ScalableBloomFilter(mode=ScalableBloomFilter.SMALL_SET_GROWTH)
        RFPDupeFilter.__init__(self, path)

    def request_seen(self, request):
        fp = hashlib.sha1()
        fp.update(canonicalize_url(request.url))
        url_sha1 = fp.hexdigest()
        if url_sha1 in self.urls_sbf:
            return True
        else:
            self.urls_sbf.add(url_sha1)
```

经过这样的处理,去重能力将得到极大提升,但是稳定性还是不够,因为是内存去重,万一出现服务器宕机的情况,内存数据将全部消失。如果能把 Scrapy、BloomFilter、Redis 这三者完美地结合起来,才是一个比较稳定的选择。下一章将继续讲解 Redis+BloomFilter 去重。有一点一定要注意,代码编写完成后,去重组件是无法工作的,需要在 settings 中设置 DUPEFILTER_CLASS 字段,指定过滤器类的路径,比如:

```
DUPEFILTER_CLASS = "test.test.bloomRedisFilter.URLBloomFilter "
```

15.4 小结

本章讲解了各式各样的去重方案,不断改进实现方式。但是选择去重方案还是要根据项目需求和成本因素合理选择,最好的不一定就是最适合的。

第 16 章

分布式爬虫与 Scrapy

分布式是大数据时代比较流行的一个词，比如分布式计算、分布式存储，当然还有分布式爬虫。分布式爬虫，从字面意义上讲是集群爬虫，就是将爬取任务分配给多台机器同时处理，而与之相对应的是单机爬虫，单点部署，单点操作。分布式爬虫相当于将多个单机联系起来形成一个整体来完成工作，有一种"众人拾柴火焰高"的感觉，目的是提高可用性、稳定性和性能，毕竟单机有 CPU、IO 和带宽等多重限制。

打造分布式爬虫的关键是调度，因为需要将单机关联起来，现在采用的方式是消息队列。前几章讲到的 Scrapy 框架是基于单机的，但是通过重写调度器的形式可以将 Scrapy 改造成分布式爬虫，其中用到了 Redis 作为消息队列。本章的主要内容是如何使用 Scrapy 打造分布式爬虫。

16.1 Redis 基础

使用 Scrapy 打造分布式爬虫，首先要了解 Redis 的基础知识，在分布式爬虫中，Redis 处于非常关键的地位。

16.1.1 Redis 简介

Redis 是一个开源的使用 ANSI C 语言编写、遵守 BSD 协议、支持网络、可基于内存亦可持久化的日志型、Key-Value 数据库，并提供多种语言的 API。Redis 有以下特点：

- ❏ 支持数据的持久化，可以将内存中的数据保存在磁盘中，重启的时候再次加载进行使用。
- ❏ 不仅支持简单的 key-value 类型的数据，同时还提供 list、set、sorted set、hash 等数据结构的存储，因此也被称为数据结构服务器。
- ❏ 支持 master-slave 模式的数据备份。

Redis 是现在非常流行的 Key-Value 数据库，相比其他的 Key-Value 数据库，优势明显，主要包括以下方面：

- 基于内存，性能极高。Redis 读的速度是 110000 次/秒，写的速度是 81000 次/秒。
- 支持丰富的数据结构。
- 具有丰富的特性，比如支持 publish/subscribe、通知、key 过期等。

16.1.2　Redis 的安装和配置

1. Redis 的安装

对于 Redis 安装，主要讲解 Linux 和 Windows 平台。Redis 官方下载地址为：https://redis.io/download，如图 16-1 所示。

图 16-1　Redis 官网

选择下载 Stable 下的源码包，本书用的版本是 3.2.5。将源码包下载下来进行解压和编译：

```
$ wget http://download.redis.io/releases/redis-3.2.5.tar.gz
$ tar xzf redis-3.2.5.tar.gz
$ cd redis-3.2.5
$ make
```

编译效果如图 16-2 所示。

编译成功后，进入 src 目录下，执行 ./redis-server 命令，即可启动 Redis 服务。Redis 服务端的默认连接端口是 6379，启动效果如图 16-3 所示。

Redis 官方不支持 Windows 版，Windows 版是由 Microsoft Open Tech group 小组维护，并在 GitHub 上发布了 Win64 版，下载地址如下：

https://github.com/MSOpenTech/redis/releases

我们直接下载免安装版，如图 16-4 所示。

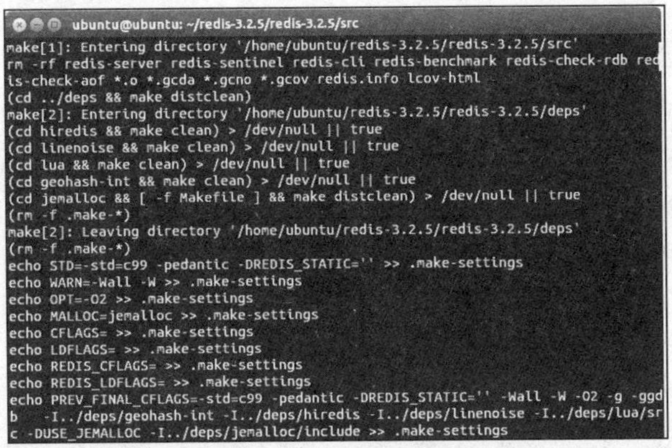

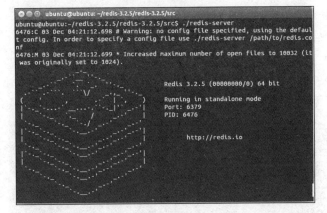

图 16-2　编译 Redis

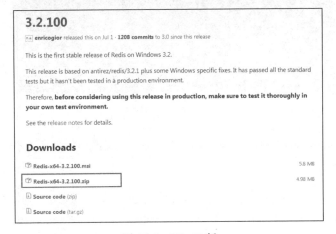

图 16-3　启动 Redis

图 16-4　Win64 版

将压缩包解压，并进入其中，有如下文件：
- EventLog.dll
- Redis on Windows Release Notes.docx
- Redis on Windows.docx
- redis-benchmark.exe
- redis-benchmark.pdb
- redis-check-aof.exe
- redis-check-aof.pdb
- redis-cli.exe
- redis-cli.pdb
- redis-server.exe
- redis-server.pdb
- redis.windows-service.conf
- redis.windows.conf
- Windows Service Documentation.docx

双击 redis-server.exe 即可以运行 Redis 服务，效果如图 16-5 所示。

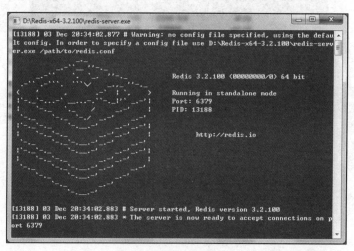

图 16-5　启动 redis-server

最好将 redis-server.exe 添加到 Path 环境变量中，之后就可以在命令行中快速启动服务。

2. Redis 的配置

无论是 Linux 版还是 Windows 版，Redis 里面都有一个配置文件。Linux 下的配置文件为 redis.conf，和 src 在同一级目录下，Windows 下的配置文件为 redis.windows.conf。在使用 redis-server 启动服务的时候，可以在命令后面指定配置文件，类似如下的情况：

```
redis-server redis.conf
```

Redis 配置文件的可用参数如表 16-1 所示。

表 16-1 配置参数

参 数	功 能	示 例
daemonize	Redis 默认不是以守护进程的方式运行，设置为 yes 启用守护进程	Daemonize yes
pidfile	当 Redis 以守护进程方式运行时，Redis 默认会把 pid 写入/var/run/redis.pid 文件，可以使用 pidfile 指定路径	pidfile /var/run/redis.pid
port	指定 Redis 监听端口，默认端口为 6379	port 6379
bind	绑定的主机地址，可以用于限制连接	bind 127.0.0.1
timeout	客户端闲置 timeout 时间后关闭连接，如果设置为 0，则表示关闭此功能	timeout 300
loglevel	指定日志记录级别，Redis 总共支持四个级别：debug、verbose、notice、warning，默认为 verbose	loglevel verbose
logfile	日志记录方式，默认为标准输出	logfile stdout
databases	设置数据库的数量，默认数据库为 0	databases 16
save <seconds> <changes>	指定在 seconds 时间内，有 changes 次更新操作，就将数据同步到数据文件	save 900 1
rdbcompression	指定存储至本地数据库时是否压缩数据，默认为 yes，Redis 采用 LZF 压缩	rdbcompression yes
dbfilename	指定本地数据库文件名，默认值为 dump.rdb	dbfilename dump.rdb
dir	数据库镜像备份的文件放置的路径	dir ./
slaveof <masterip> <masterport>	设置该数据库为其他数据库的 slave 数据库，参数为 master 服务的 IP 地址及端口，在 Redis 启动时，它会自动从 master 进行数据同步	slaveof 127.0.0.1 5000
masterauth <master-password>	当 master 服务设置了密码保护时，slave 服务连接 master 的密码	Masterauth abc123
requirepass	设置 Redis 连接密码	requirepass abc123
maxclients	设置同一时间最大客户端连接数，默认无限制	maxclients 128
maxmemory <bytes>	指定 Redis 最大内存限制，当内存满了的时候，redis 将先尝试剔除设置过 expire 信息的 key，而不管该 key 的过期时间是否到达	Maxmemory 1024
appendonly	指定是否在每次更新操作后进行日志记录，Redis 在默认情况下是异步地把数据写入磁盘	appendonly no
appendfilename	指定更新日志文件名，默认为 appendonly.aof	appendfilename appendonly.aof
appendfsync	指定更新日志条件，共有 3 个可选值。no：表示等操作系统进行数据缓存同步到磁盘，最快的方式；always：表示每次更新操作后手动调用 fsync()将数据写到磁盘，安全但是有点慢；everysec：表示每秒同步一次，默认值	appendfsync everysec

(续)

参　数	功　能	示　例
`vm-enabled`	指定是否启用虚拟内存机制，默认值为 no	`vm-enabled no`
`vm-swap-file`	虚拟内存文件路径，默认值为/tmp/redis.swap	`vm-swap-file /tmp/redis.swap`
`vm-max-memory`	将所有大于 vm-max-memory 的数据存入虚拟内存。当 vm-max-memory 设置为 0 的时候，将所有 value 都存在磁盘。默认值为 0，最好不要使用默认值	`vm-max-memory 0`
`vm-page-size`	设置虚拟内存的页大小	`vm-page-size 32`
`vm-pages`	设置 swap 文件中的 page 数量	`vm-pages 134217728`
`vm-max-threads`	设置访问 swap 文件的线程数，最好不要超过机器的核数。默认值为 4	`vm-max-threads 4`
`glueoutputbuf`	设置在向客户端应答时，是否把较小的包合并为一个包发送，默认为开启	`glueoutputbuf yes`
`hash-max-zipmap-entries`	当 hash 中包含超过指定元素个数并且最大的元素没有超过临界时，hash 将以一种特殊的编码方式来存储，可以大大减少内存使用	`hash-max-zipmap-entries 64` `hash-max-zipmap-value 512`
`activerehashing`	开启之后，redis 将在每 100 毫秒时使用 1 毫秒的 CPU 时间来对 redis 的 hash 表进行重新 hash，可以降低内存的使用。默认开启	`activerehashing yes`

16.1.3　Redis 数据类型与操作

Redis 支持五种数据类型：string（字符串）、hash（哈希）、list（列表）、set（集合）及 sorted set（有序集合）。

1. string 类型

string 是 Redis 最基本的类型，一个 key 对应一个 value。string 类型可以包含任何数据，比如 jpg 图片或者序列化的对象。从内部实现来看，其实 string 可以看作 byte 数组，是二进制安全的，一个键最大能存储 512MB。

下面我们在 Redis 客户端中进行操作，使用 redis-cli 命令连接 Redis 服务，语法格式为：redis-cli -h host -p port -a password。如果 Redis 服务在本机运行，而且无密码，可以直接在命令行中输入：redis-cli，如图 16-6 所示。

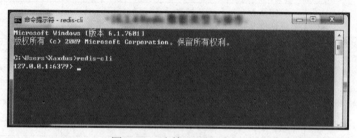

图 16-6　连接 redis-server

下面使用 set 和 get 操作 string 类型数据，示例如下：

```
127.0.0.1:6379> set name qiye
OK
127.0.0.1:6379> get name
"qiye"
127.0.0.1:6379>
```

以上示例使用了 Redis 的 set 和 get 命令。键为 name，对应的值为 qiye。

2. hash 类型

Redis 的 hash 类型是一个 string 类型的 field 和 value 的映射表，特别适合用于存储对象。相较于将对象的每个字段存成单个 string 类型，将一个对象存储在 hash 类型中会占用更少的内存，并且可以更方便地存取整个对象。每个 hash 可以存储 $2^{32}-1$ 个键值对，大约 40 多亿条。下面使用 hset、hget、hmset、hmget 命令进行操作，示例如下：

```
127.0.0.1:6379> hset person name qiye
(integer) 1
127.0.0.1:6379> hget person name
"qiye"
127.0.0.1:6379> hmset student name qiye age 20 country china
OK
127.0.0.1:6379> hmget student age
1) "20"
127.0.0.1:6379> hmget student names
1) (nil)
127.0.0.1:6379>
```

以上示例中，使用 Redis 的 hset 设置了 key 为 person、field 为 name、value 为 qiye 的 hash 数据，hmset 可以设置多个 field 的值。

3. list 类型

list 类型是一个双向键表，其每个子元素都是 string 类型，最多可存储 $2^{32}-1$ 个元素，大约 40 多亿，可以使用 push、pop 操作从链表的头部或者尾部添加删除元素，操作中 key 可以理解为链表的名字。下面使用 lpush 和 lrange 命令进行操作，示例如下：

```
127.0.0.1:6379> lpush country china
(integer) 1
127.0.0.1:6379> lpush country USA
(integer) 2
127.0.0.1:6379> lpush country UK
(integer) 3
127.0.0.1:6379> lrange country 0 10
1) "UK"
2) "USA"
3) "china"
```

以上示例中使用 lpush 往 country 中添加了 china、USA、UK 等值，使用 lrange 从指定起始位置取出 country 中的值。

4. set 类型

set 是 string 类型的无序集合，最大可以包含 $2^{32}-1$ 个元素，约 40 多亿。对集合可以添加删除元素，也可以对多个集合求交并差，操作中 key 可以理解为集合的名字。set 通过 hash table 实现，添加、删除和查找的复杂度都是 O（1）。hash table 会随着添加或者删除自动调整大小。下面使用 sadd 和 smembers 命令进行操作，示例如下：

```
127.0.0.1:6379> sadd url www.baidu.com
(integer) 1
127.0.0.1:6379> sadd url www.google.com
(integer) 1
127.0.0.1:6379> sadd url www.qq.com
(integer) 1
127.0.0.1:6379> sadd url www.qq.com
(integer) 0
127.0.0.1:6379> smembers url
1) "www.baidu.com"
2) "www.qq.com"
3) "www.google.com"
```

以上示例通过 sadd 添加了四次数据，重复的数据是会被忽略的，最后通过 smembers 获取 url 中的值，只有三条数据，这就可以使用 set 类型进行 URL 去重。

5. sorted set 类型

和 set 一样，sorted set 也是 string 类型元素的集合，不允许重复的成员。sorted set 算是 set 的升级版本，它在 set 的基础上增加了一个顺序属性，会关联一个 double 类型的 score。这一属性在添加和修改元素的时候可以指定，每次指定后，sorted set 会自动重新按新的值调整顺序。sorted set 成员是唯一的，但 score 却可以重复。下面使用 zadd 和 zrangebyscore 命令进行操作，示例如下：

```
127.0.0.1:6379> zadd web 0 flask
(integer) 1
127.0.0.1:6379> zadd web 1 web.py
(integer) 1
127.0.0.1:6379> zadd web 2 django
(integer) 1
127.0.0.1:6379> zadd web 3 flask
(integer) 0
127.0.0.1:6379> zrangebyscore web 0 5
1) "web.py"
2) "django"
3) "flask"
```

以上示例通过 zadd 添加了四次数据，重复的数据是会被忽略的，最后通过 zrangebyscore

根据 score 范围获取 web 中的值。

通过以上内容的学习,大家已经了解了 Redis 的基本用法,Redis 还有很多命令和用法,大家感兴趣的话,可以去 Redis 中文网:http://www.redis.net.cn/进行学习。

16.2　Python 和 Redis

了解完 Redis 的基础知识后,我们最关心的是如何使用 Python 对 Redis 进行操作。Redis 有很多开源的 Python 接口,但是比较成熟和稳定的,也是我比较推荐的是 redis-py,如图 16-7 所示。

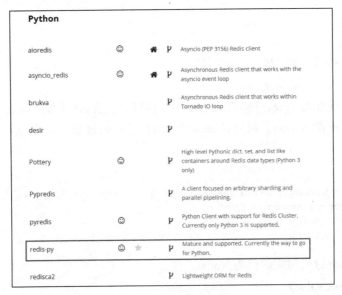

图 16-7　Python 接口

16.2.1　Python 操作 Redis

1. 安装 Redis

❑ pip install redis

❑ 从 https://github.com/andymccurdy/redis-py 下载源码,执行 python setup install。

2. 建立连接

首先导入 redis 模块,通过指定主机和端口和 redis 建立连接,进行操作,示例如下:

```
import redis
r = redis.Redis(host='127.0.0.1', port=6379)
r.set('name', 'qiye')
print r.get('name')
```

或者使用连接池管理 redis 的连接,避免每次建立、释放连接的开销,示例如下:

```
pool = redis.ConnectionPool(host='127.0.0.1', port=6379)
r = redis.Redis(connection_pool=pool)
r.set('name', 'qiye')
print r.get('name')
```

3. 操作 string 类型

下面讲解一下常用的操作 string 类型的方法。

1）set(name, value, ex=None, px=None, nx=False, xx=False)

说明：用于设置键值对。

参数：

- name：键。
- value：值。
- ex：过期时间，单位秒。
- px：过期时间，单位毫秒。
- nx：如果设置为 True，则只有 name 不存在时，当前 set 操作才执行。
- xx：如果设置为 True，则只有 name 存在时，当前 set 操作才执行。

示例如下：

```
import redis
pool = redis.ConnectionPool(host='127.0.0.1', port=6379)
r = redis.Redis(connection_pool=pool)
r.set('name', 'qiye',ex=3)
print r.get('name')
```

3 秒之后 name 键所对应的值为 None。

2）setnx(name, value)

说明：只有当 name 不存在时，才能进行设置操作。

参数：

- name：键。
- value：值。

示例如下：

```
r.setnx('name','hah')
```

3）setex (name, value,time)

说明：用于设置键值对。

参数：

- name：键。
- value：值。
- time：过期时间，可以是 timedelta 对象或者是数字秒。

示例如下：

```
r.setex("name","qiye",5)
print r.get('name')
```

5秒后，name的值变为None。

4）psetex(name, time_ms, value)

说明：用于设置键值对。

参数：

❑ name：键。

❑ time_ms：过期时间，可以是timedelta对象或者是数字毫秒。

❑ value：值。

示例如下：

```
r. psetex ("name",5000, "qiye")
print r.get('name')
```

5秒后，name的值变为None。

5）mset (*args, **kwargs)

说明：用于批量设置键值对。

示例如下：

```
r.mset(age=20,country='china')
```

6）mget (keys, *args)

说明：用于批量获取键值。

参数：

❑ keys：多个键。

示例如下：

```
print r.mget('age','country')
print r.mget(['age','country'])
```

7）getset(name, value)

说明：用于设置新值并获取原来的值。

参数：

❑ name：键。

❑ value：值。

示例如下：

```
print r.getset('name','hello')
```

打印出来的值为 qiye，也就是之前设置的值。

8) getrange(key, start, end)

说明：根据字节获取子字符串。

参数：

- key：键。
- start：起始位置，单位字节。
- end：结束位置，单位字节。

示例如下：

```
r.set('name','qiye 安全博客')
print r.getrange('name',4,9)
```

输出结果为：安全，因为汉字是 3 个字节，字母是 1 个字节。

9) setrange(name, offset, value)

说明：从指定字符串索引开始向后修改字符串内容。

参数：

- name：键。
- offset：索引，单位字节。
- value：值。

示例如下：

```
r.set('name','qiye 安全博客')
r.setrange("name",1,"python")
print r.get('name')
```

输出结果为：qpython 全博客。

10) setbit(name, offset, value)

说明：对 name 对应值的二进制形式进行位操作。

参数：

- name：键。
- offset：索引，单位为位。
- value：0 或 1。

示例如下：

```
from binascii import hexlify
r.set('name','qiye')
print bin(int(hexlify('qiye'),16))
r.setbit('name',2,0)
print r.get('name')
print bin(int(hexlify(r.get('name')),16))
```

输出结果为：

```
0111000101101001011110010110010
Qiye
0101000101101001011110010110010
```

11）getbit(name, offset)

说明：获取 name 对应值的二进制形式中某位的值。

参数：

❑ name：键。

❑ offset：索引，单位为位。

示例如下：

```
print r.getbit('name',2)
```

12）bitcount(key, start=None, end=None)

说明：获取 name 对应值的二进制形式中 1 的个数。

参数：

❑ key：Redis 的 name。

❑ start：字节起始位置。

❑ end：字节结束位置。

示例如下：

```
print r.bitcount('name',0,1)
```

13）strlen(name)

说明：返回 name 对应值的长度。

参数：

❑ name：键。

示例如下：

```
print r.strlen('name')
```

14）append(key, value)

说明：在 name 对应值之后追加内容。

参数：

❑ key：键。

❑ value：要追加的字符串。

示例如下：

```
r.append('name','python')
```

4. 操作 hash 类型

下面讲解一下常用的操作 hash 类型的方法。

1）hset(name, key, value)

说明：设置 name 对应 hash 中的一个键值对，如果不存在，则创建；否则，进行修改。

参数：

- name：hash 的 name。
- key：hash 中的 key。
- value：hash 中的 value。

示例如下：

```
r.hset('student','name','qiye')
```

2）hmset(name, mapping)

说明：在 name 对应的 hash 中批量设置键值对。

参数：

- name：hash 的 name。
- mapping：字典。

示例如下：

```
r.hmset('student', {'name':'qiye', 'age': 20})
```

3）hget(name,key)

说明：获取 name 对应的 hash 中 key 的值。

参数：

- name：hash 的 name。
- key：

示例如下：

```
r.hget('student','name')
```

4）hmget(name, keys, *args)

说明：批量获取 name 对应的 hash 中多个 key 的值。

参数：

- name：hash 对应的 name。
- keys：要获取的 key 集合，如：['k1', 'k2', 'k3']。
- *args：要获取的 key，如：k1,k2,k3。

示例如下：

```
print r.hmget('student',['name','age'])
print r.hmget('student','name','age')
```

5. 操作 list 类型

下面讲解一下常用的操作 list 类型的方法。

1）lpush(name,values)

说明：在 name 对应的 list 中添加元素，每个新的元素都添加到列表的最左边。

参数：

❑ name：list 对应的 name。

❑ values：要添加的元素。

示例如下：

```
r.lpush('digit', 11,22,33)
```

存储顺序为：33,22,11。添加到 list 右边使用 rpush(name,values)方法。

2）linsert(name, where, refvalue, value)

说明：name 对应的列表的某一个值前或后插入一个新值。

参数：

❑ name：list 的 name。

❑ where：before 或 after。

❑ refvalue：在它前后插入数据。

❑ value：插入的数据。

示例如下：

```
r.linsert("digit","before","22","aa")
```

这个例子的意思是往列表中左边第一个出现的元素 22 前插入元素 aa。

3）r.lset(name, index, value)

说明：对 name 对应 list 中的某一个索引位置赋值。

参数：

❑ name：list 的 name。

❑ index：list 的索引位置。

❑ value：要设置的值。

示例如下：

```
r.lset("digit",4,44)
```

4）lrem(name, value, num)

说明：在 name 对应的 list 中删除指定的值。

参数：

❑ name：list 的 name。

- value：要删除的值。
- num：第 num 次出现。当 num=0，删除列表中所有的指定值。

示例如下：

```
r.lrem("digit","22",1)
```

5）lpop(name)

说明：在 name 对应列表的左侧获取第一个元素并在列表中移除和返回。

参数：

- name：list 的 name。

示例如下：

```
r.lpop("digit")
```

6. 操作 set 类型

下面讲解一下常用的操作 set 类型的方法。

1）sadd(name,values)

说明：为 name 集合添加元素。

参数：

- name：set 的 name。
- values：要添加的元素。

示例如下：

```
r.sadd("num",33,44,55,66)
```

2）scard(name)

说明：获取 name 对应的集合中元素的个数。

参数：

- name：set 的 name。

示例如下：

```
r.scard(name)
```

3）smembers(name)

说明：获取 name 对应的集合的所有成员。

参数：

- name：set 的 name。

示例如下：

```
r.smembers(name)
```

4）sdiff(keys, *args)

说明：获取多个 name 对应集合的差集。

示例如下：

```
print(r.sdiff("num1 ","num2"))
```

含义是求 num1 和 num2 的差集。

5）sinter(keys, *args)

说明：获取多个 name 对应集合的交集。

示例如下：

```
print(r. sinter ("num1 ","num2"))
```

含义是求 num1 和 num2 的交集。

6）sunion(keys, *args)

说明：获取多个 name 对应集合的并集。

示例如下：

```
print(r. sunion ("num1 ","num2"))
```

含义是求 num1 和 num2 的并集。

7. 操作 sorted set 类型

下面讲解一下常用的操作 sorted set 类型的方法。

1）zadd(name, *args, **kwargs)

说明：在 name 对应的有序集合中添加元素和元素对应的分数。

示例如下：

```
r.zadd("z_num",num1=11,num2=22)
```

2）zcard(name)

说明：获取 name 对应的有序集合中元素个数。

示例如下：

```
print r. zcard ("z_num")
```

3）zrange(name, start, end, desc=False, withscores=False, score_cast_func=float)

说明：按照索引范围获取 name 对应的有序集合的元素。

参数：

- name：sorted set 的 name。
- start：有序集合索引起始位置（非分数）。
- end：有序集合索引结束位置（非分数）。

- desc：排序规则，默认按照分数从小到大排序。
- withscores：是否获取元素的分数，默认只获取元素的值。
- score_cast_func：对分数进行数据转换的函数。

示例如下：

```
print r.zrange("z_num",0,10)
```

4）zrem(name, values)

说明：删除 name 对应有序集合中值是 values 的成员。

示例如下：

```
zrem(' z_num ', ['num1', 'num2'])
```

5）zscore(name, value)

说明：获取 name 对应有序集合中 value 对应的分数。

示例如下：

```
print(r.zscore("z_num","num1"))
```

16.2.2 Scrapy 集成 Redis

在 Scrapy 中，如果想实现分布式，需要使用 Redis 作为消息队列，通过安装 scrapy-redis 组件就可以实现。scrapy-redis 在 Scrapy 框架的哪一部分起作用呢？可以在使用前和使用后进行一下对比。原框架工作流程如图 16-8 所示。

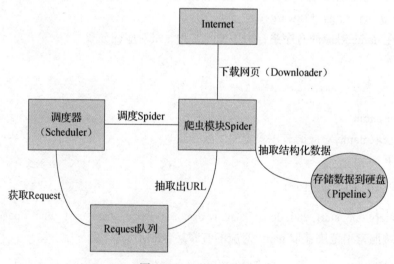

图 16-8　Request 队列

使用 scrapy-redis 后的架构，如图 16-9 所示。

前后发生的主要变化是 Request 队列放到了 Redis 中，这样多个单机就可以通过 Redis 获取 Request，实现分布式，同时将要存储的结构化数据存到 Redis 队列中。

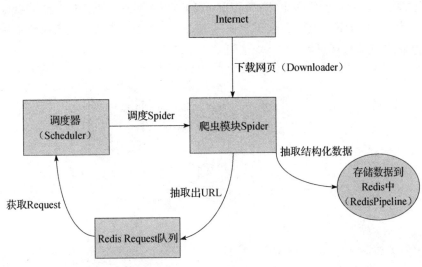

图 16-9　Redis Request 队列

下面安装 scrapy-redis，官方文档：https://scrapy-redis.readthedocs.org，主要有两种安装方式：

- pip install scrapy_redis
- 从 https://github.com/rolando/scrapy-redis 下载源码，解压后，使用 Python setup.py install 命令。

安装完成后，需要在 settings 中进行配置才能使用，配置字段如下：

```
# 使用 scrapy_redis 的调度器：
SCHEDULER = "scrapy_redis.scheduler.Scheduler"
# 在 Redis 中保持 scrapy-redis 用到的各个队列，从而允许暂停和暂停后恢复：
SCHEDULER_PERSIST = True
# 使用 scrapy_redis 的去重方式：
DUPEFILTER_CLASS = "scrapy_redis.dupefilter.RFPDupeFilter"
# 使用 scrapy_redis 的存储方式：
ITEM_PIPELINES = {
    'scrapy_redis.pipelines.RedisPipeline': 300
}
# 定义 Redis 的 IP 和端口：
REDIS_HOST = '127.0.0.1'
REDIS_PORT = 6379
```

16.3　MongoDB 集群

本节简单讲解一下 MongoDB 集群，集群的存在能很大程度上提高系统的稳定性。比如在分布式爬虫爬取过程中，MongoDB 存储服务器宕机了，那整个爬虫系统将立刻陷入瘫痪。为了避免这种情况，可以使用多个 MongoDB 存储节点，当主节点挂掉，从节点可以立刻补充进来，保持系统的稳定运行。下面讲解通过 MongoDB 副本集的形式来搭建主从集群。副本集的工作模式如图 16-10 所示。

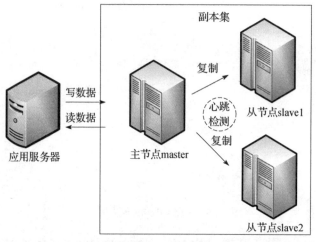

图 16-10　副本集工作模式

从图可以看到应用服务器与主节点之间进行读写操作，主节点将数据实时地同步到从节点中，主节点和从节点之间通过心跳检测的方式进行沟通，判断是否存活。

假如主节点突然出现故障，这个时候两个从节点会通过仲裁的方式，判断谁作为新的主节点，如图 16-11 所示。

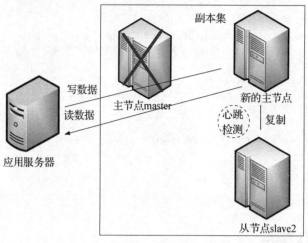

图 16-11　节点自动切换

下面我们正式采用副本集的方式搭建 MongoDB 集群。首先准备三台机器，由于暂时没有这么多可用的主机,采取在一台主机上开启不同的端口,来实现三台机器的效果,搭建的方式都是一样的。选择 127.0.0.1:27017 作为主节点,127.0.0.1:27018 和 127.0.0.1:27019 作为从节点,并且在主机上建立三个不同的文件夹,作为数据库存储。注意每个文件夹里面都要创建一个空的 data 文件夹。下面开启三个命令行窗口,来启动三个不同的 mongodb 服务,不同窗口的输入命令如下:

- 主节点 master:mongod --dbpath D:\mongodb\data --replSet repset
- 从节点 slave1:mongod --dbpath D:\mongodb_slave1\data --port 27018 --replSet repset
- 从节点 slave2:mongod --dbpath D:\mongodb_slave2\data --port 27019 --replSet repset

三个服务启动成功后,需要初始化副本集。随意登录其中一个服务,比如登录主节点,另启一个命令行窗口依次输入如下内容:

```
1.mongo
2.use admin
3.config = { _id:"repset", members:[
  {_id:0,host:" 127.0.0.1:27017"},
  {_id:1,host:" 127.0.0.1:27018"},
  {_id:2,host:" 127.0.0.1:27019"}]
  }
```

注意这里的_id:"repset"和上面的命令参数--replSet repset 要保持一样。最后输入:

rs.initiate(config);

用来初始化配置,效果如图 16-12 所示。

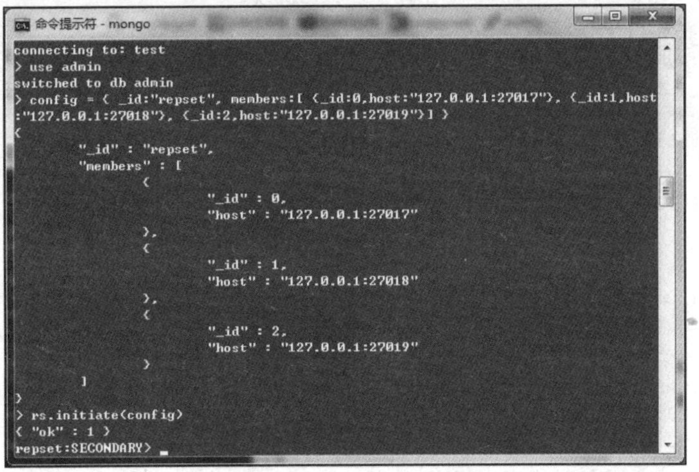

图 16-12 初始化配置

这个时候接着输入:rs.status(),用来查看节点信息。图 16-13 表示已经成功搭建起主从节点。

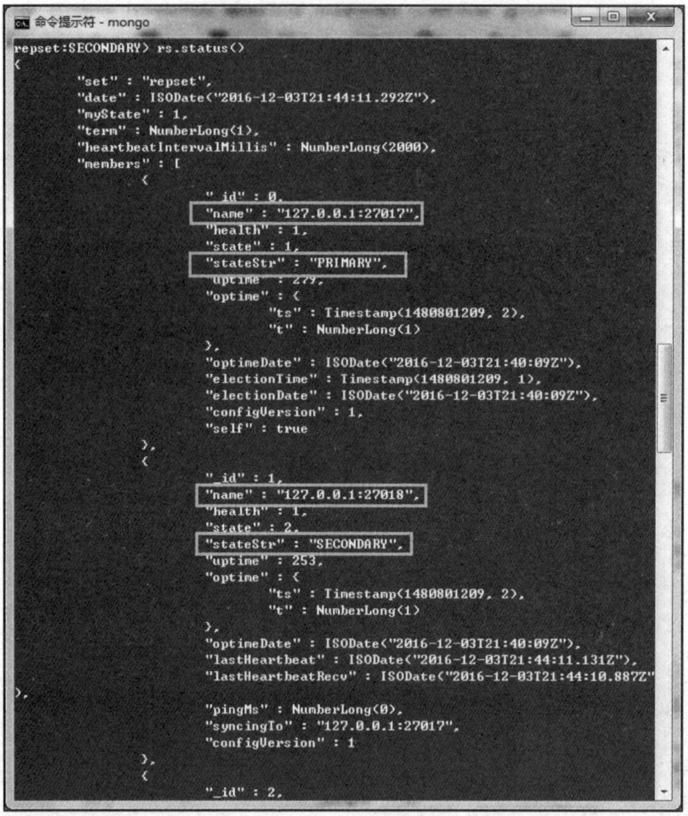

图 16-13 主从状态

搭建完成后，我们需要测试一下是否主从节点会自动同步。继续在命令行中输入如下命令：

```
use test;
> db.testdb.insert({"test":"testslave"})
```

这个时候终止对主节点的连接，使用 mongo 127.0.0.1:27018 登录从节点，查看数据是否同步。依次输入：

```
connecting to: 127.0.0.1:27018/test
repset:SECONDARY> use test
switched to db test
repset:SECONDARY> show tables
2016-12-04T05:49:46.273+0800 E QUERY    [thread1] Error: listCollections failed:
 { "ok" : 0, "errmsg" : "not master and slaveOk=false", "code" : 13435 } :
_getErrorWithCode@src/mongo/shell/utils.js:25:13
DB.prototype._getCollectionInfosCommand@src/mongo/shell/db.js:773:1
DB.prototype.getCollectionInfos@src/mongo/shell/db.js:785:19
DB.prototype.getCollectionNames@src/mongo/shell/db.js:796:16
shellHelper.show@src/mongo/shell/utils.js:754:9
```

```
shellHelper@src/mongo/shell/utils.js:651:15
@(shellhelp2):1:1
```

发生了错误,这是因为 mongodb 默认是从主节点读写数据的,副本节点上不允许读,需要设置副本节点可以读。继续输入:

```
repset:SECONDARY> db.getMongo().setSlaveOk();
repset:SECONDARY> db.testdb.find();
{ "_id" : ObjectId("58433d64c360caed9f4a2b26"), "test" : "testslave" }
```

可以看到数据已经同步到从节点了,整体流程如图 16-14 所示。

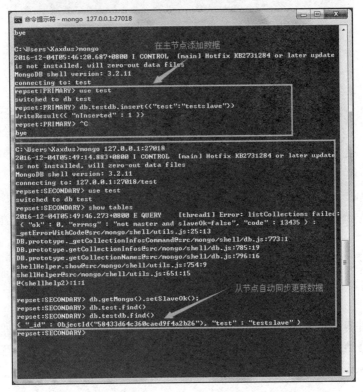

图 16-14 主从同步

最后一步测试故障发生时,主从节点是否能完成角色切换,现在强制关闭主节点 master。经过一系列的投票选择操作,slave1 当选主节点,如图 16-15 所示。

以上就是搭建 MongoDB 集群的过程,大家可能会问如何使用程序来访问副本集呢?方法很简单,使用 Pymongo,代码如下:

```
from pymongo import MongoClient
client = MongoClient("mongodb://127.0.0.1:27017,127.0.0.1:27018,127.0.0.1:27019",
replicaset='repset')
```

```
print client.test.testdb.find_one()
```

图 16-15　主动切换

16.4　小结

本章主要讲解了通过 scrapy-redis 将 Scrapy 打造为分布式爬虫结构，还讲解了 MongoDB 集群的搭建，帮助大家对分布式爬虫和分布式存储有一个清晰的概念，下一章我们将开启实战项目，使用 Scrapy 打造一个分布式爬虫。

第 17 章

实战项目：Scrapy 分布式爬虫

上一章已经讲解了分布式爬虫和如何使用 Scrapy 搭建分布式爬虫，本章将开始进行实战项目，本次项目的主题是爬取云起书院网站上的小说数据，下面会对整个分析过程和关键代码进行讲解，完整的项目代码在 GitHub(https://github.com/qiyeboy/)上。

17.1　创建云起书院爬虫

在开始编程之前，我们首先需要根据项目需求对云起书院网站进行分析。目标是提取小说的名称、作者、分类、状态、更新时间、字数、点击量、人气和推荐等数据。首先来到云起书院的书库(http://yunqi.qq.com/bk)，如图 17-1 所示。

可以在图书列表中找到每一本书的名称、作者、分类、状态、更新时间、字数等信息。同时将页面滑到底部，可以看到翻页的按钮，如图 17-2 所示。

接着选其中一部小说点击进去，可以进到小说的详情页，在作品信息里，我们可以找到点击量、人气和推荐等数据，如图 17-3 所示。

以上将整个云起书院爬虫项目的流程分析完成，编程可以正式开始了。首先在命令行中切换到用于存储项目的路径，然后输入以下命令创建云起书院爬虫项目和爬虫模块：

```
scrapy startproject yunqiCrawl
cd yunqiCrawl
scrapy genspider -t crawl yunqi.qq.com yunqi.qq.com
```

392 ❖ 深入篇

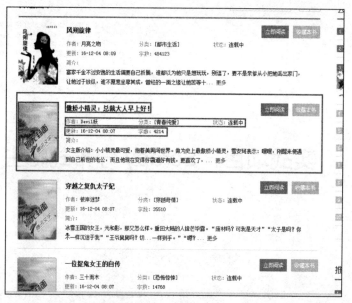

图 17-1　图书列表

图 17-2　翻页按钮

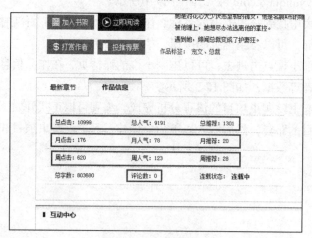

图 17-3　小说详情页

17.2 定义 Item

创建完工程后，首先要做的是定义 Item，确定我们需要提取的结构化数据。主要定义两个 Item，一个负责装载小说的基本信息，一个负责装载小说热度（点击量和人气等）的信息。代码如下：

```python
import scrapy


class YunqiBookListItem(scrapy.Item):
    # 小说id
    novelId = scrapy.Field()
    # 小说名称
    novelName = scrapy.Field()
    # 小说链接
    novelLink = scrapy.Field()
    # 小说作者
    novelAuthor = scrapy.Field()
    # 小说类型
    novelType = scrapy.Field()
    # 小说状态
    novelStatus = scrapy.Field()
    # 小说更新时间
    novelUpdateTime = scrapy.Field()
    # 小说字数
    novelWords = scrapy.Field()
    # 小说封面
    novelImageUrl = scrapy.Field()

class YunqiBookDetailItem(scrapy.Item):
    # 小说id
    novelId = scrapy.Field()
    # 小说标签
    novelLabel =scrapy.Field()
    # 小说总点击量
    novelAllClick = scrapy.Field()
    # 月点击量
    novelMonthClick = scrapy.Field()
    # 周点击量
    novelWeekClick = scrapy.Field()
    # 总人气
    novelAllPopular = scrapy.Field()
    # 月人气
    novelMonthPopular = scrapy.Field()
    # 周人气
    novelWeekPopular = scrapy.Field()
    # 评论数
    novelCommentNum = scrapy.Field()
    # 小说总推荐
    novelAllComm = scrapy.Field()
```

```
# 小说月推荐
novelMonthComm = scrapy.Field()
# 小说周推荐
novelWeekComm = scrapy.Field()
```

17.3 编写爬虫模块

17.1 节通过 genspider 命令已经创建了一个基于 CrawlSpider 类的爬虫模板，类名称为 YunqiQqComSpider。下面开始进行页面的解析，主要有两个方法。parse_book_list 方法用于解析图 17-1 所示的图书列表，抽取其中的小说基本信息。parse_book_detail 方法用于解析图 17-3 所示页面中的小说点击量和人气等数据。对于翻页链接抽取，则是在 rules 中定义抽取规则，翻页链接基本上符合 "/bk/so2/n30p\d+" 这种形式，YunqiQqComSpider 完整代码如下：

```
class YunqiQqComSpider(CrawlSpider):
    name = 'yunqi.qq.com'
    allowed_domains = ['yunqi.qq.com']
    start_urls = ['http://yunqi.qq.com/bk/so2/n30p1']

    rules = (
        Rule(LinkExtractor(allow=r'/bk/so2/n30p\d+'), callback='parse_book_list',
            follow=True),
    )

    def parse_book_list(self,response):
        books = response.xpath(".//div[@class='book']")
        for book in books:
            novelImageUrl = book.xpath("./a/img/@src").extract_first()
            novelId = book.xpath("./div[@class='book_info']/h3/a/@id").extract_first()
            novelName =book.xpath("./div[@class='book_info']/h3/a/text()").
                extract_first()
            novelLink = book.xpath("./div[@class='book_info']/h3/a/@href").
                extract_first()
            novelInfos = book.xpath("./div[@class='book_info']/dl/dd[@class='w_auth']")
            if len(novelInfos)>4:
                novelAuthor = novelInfos[0].xpath('./a/text()').extract_first()
                novelType = novelInfos[1].xpath('./a/text()').extract_first()
                novelStatus = novelInfos[2].xpath('./text()').extract_first()
                novelUpdateTime = novelInfos[3].xpath('./text()').extract_first()
                novelWords   = novelInfos[4].xpath('./text()').extract_first()
            else:
                novelAuthor=''
                novelType =''
                novelStatus=''
                novelUpdateTime=''
                novelWords=0
            bookListItem = YunqiBookListItem(novelId=novelId,novelName=novelName,
                            novelLink=novelLink,novelAuthor=novelAuthor,
                            novelType=novelType,novelStatus=novelStatus,
                            novelUpdateTime=novelUpdateTime,novelWords=novelWords,
```

```
                    novelImageUrl=novelImageUrl)
        yield bookListItem

        request = scrapy.Request(url=novelLink,callback=self.parse_book_
            detail)
        request.meta['novelId'] = novelId
        yield request


    def parse_book_detail(self,response):
        # from scrapy.shell import inspect_response
        # inspect_response(response, self)
        novelId = response.meta['novelId']
        novelLabel = response.xpath("//div[@class='tags']/text()").extract_first()

        novelAllClick = response.xpath(".//*[@id='novelInfo']/table/tr[2]/td[1]/
            text()").extract_first()
        novelAllPopular = response.xpath(".//*[@id='novelInfo']/table/tr[2]/td[2]/
            text()").extract_first()
        novelAllComm = response.xpath(".//*[@id='novelInfo']/table/tr[2]/td[3]/
            text()").extract_first()

        novelMonthClick = response.xpath(".//*[@id='novelInfo']/table/tr[3]/td[1]/
            text()").extract_first()
        novelMonthPopular =
response.xpath(".//*[@id='novelInfo']/table/tr[3]/td[2]/text()").extract_first()
        novelMonthComm =
response.xpath(".//*[@id='novelInfo']/table/tr[3]/td[3]/text()").extract_first()
        novelWeekClick = response.xpath(".//*[@id='novelInfo']/table/tr[4]/td[1]/
            text()").extract_first()
        novelWeekPopular =
response.xpath(".//*[@id='novelInfo']/table/tr[4]/td[2]/text()").extract_first()
        novelWeekComm = response.xpath(".//*[@id='novelInfo']/table/tr[4]/td[3]/
            text()").extract_first()
        novelCommentNum =
response.xpath(".//*[@id='novelInfo_commentCount']/text()").extract_first()
        bookDetailItem = YunqiBookDetailItem(novelId=novelId,novelLabel=novelLabel,
novelAllClick=novelAllClick,novelAllPopular=novelAllPopular,
novelAllComm=novelAllComm,novelMonthClick=novelMonthClick,
novelMonthPopular=novelMonthPopular,
novelMonthComm=novelMonthComm,novelWeekClick=novelWeekClick,
novelWeekPopular=novelWeekPopular,
novelWeekComm=novelWeekComm,novelCommentNum=novelCommentNum)
        yield bookDetailItem
```

大家对页面的抽取应该很熟悉了,以上代码很简单,这里不再赘述。

17.4 Pipeline

上一节完成了爬虫模块的编写,下面开始编写 Pipeline,主要是完成 Item 到 MongoDB

的存储，分成两个集合进行存储，并采用上一章搭建的 MongoDB 集群的方式。和之前编写的 Pipeline 大同小异，在其中加入了一部分数据清洗操作。代码如下：

```python
class YunqicrawlPipeline(object):

    def __init__(self, mongo_uri, mongo_db,replicaset):
        self.mongo_uri = mongo_uri
        self.mongo_db = mongo_db
        self.replicaset = replicaset

    @classmethod
    def from_crawler(cls, crawler):
        return cls(
            mongo_uri=crawler.settings.get('MONGO_URI'),
            mongo_db=crawler.settings.get('MONGO_DATABASE', 'yunqi'),
            replicaset = crawler.settings.get('REPLICASET')
        )

    def open_spider(self, spider):
        self.client = pymongo.MongoClient(self.mongo_uri,replicaset=self.replicaset)
        self.db = self.client[self.mongo_db]

    def close_spider(self, spider):
        self.client.close()

    def process_item(self, item, spider):
        if isinstance(item,YunqiBookListItem):
            self._process_booklist_item(item)
        else:
            self._process_bookeDetail_item(item)
        return item



    def _process_booklist_item(self,item):
        '''
        处理小说信息
        :param item:
        :return:
        '''
        self.db.bookInfo.insert(dict(item))




    def _process_bookeDetail_item(self,item):
        '''
```

```
处理小说热度
:param item:
:return:
'''
# 需要对数据进行清洗，类似：总字数：10120，提取其中的数字
pattern = re.compile('\d+')
# 去掉空格和换行
item['novelLabel'] = item['novelLabel'].strip().replace('\n','')

match = pattern.search(item['novelAllClick'])
item['novelAllClick'] = match.group() if match else item['novelAllClick']

match = pattern.search(item['novelMonthClick'])
item['novelMonthClick'] = match.group() if match else item['novelMonthClick']

match = pattern.search(item['novelWeekClick'])
item['novelWeekClick'] = match.group() if match else item['novelWeekClick']

match = pattern.search(item['novelAllPopular'])
item['novelAllPopular'] = match.group() if match else item['novelAllPopular']

match = pattern.search(item['novelMonthPopular'])
item['novelMonthPopular'] = match.group() if match else item['novelMonthPopular']

match = pattern.search(item['novelWeekPopular'])
item['novelWeekPopular'] = match.group() if match else item['novelWeekPopular']

match = pattern.search(item['novelAllComm'])
item['novelAllComm'] = match.group() if match else item['novelAllComm']

match = pattern.search(item['novelMonthComm'])
item['novelMonthComm'] = match.group() if match else item['novelMonthComm']

match = pattern.search(item['novelWeekComm'])
item['novelWeekComm'] = match.group() if match else item['novelWeekComm']

self.db.bookhot.insert(dict(item))
```

最后在 settings 中添加如下代码，激活 Pipeline。

```
ITEM_PIPELINES = {
    'zhihuCrawl.pipelines.ZhihucrawlPipeline': 300,
}
```

17.5 应对反爬虫机制

为了不被反爬虫机制检测到，主要采用了伪造随机 User-Agent、自动限速、禁用 Cookie 等措施。

1. 伪造随机 User-Agent

还是使用之前编写的中间件，代码如下：

```python
class RandomUserAgent(object):

    def __init__(self, agents):
        self.agents = agents

    @classmethod
    def from_crawler(cls, crawler):
        return cls(crawler.settings.getlist('USER_AGENTS'))

    def process_request(self, request, spider):
        request.headers.setdefault('User-Agent', random.choice(self.agents))
```

在 settings 中设置 USER_AGENTS 的值：

```
USER_AGENTS = [
    "Mozilla/4.0 (compatible; MSIE 6.0; Windows NT 5.1; SV1; AcooBrowser; .NET CLR
        1.1.4322; .NET CLR 2.0.50727)",
    "Mozilla/4.0 (compatible; MSIE 7.0; Windows NT 6.0; Acoo Browser; SLCC1; .NET
        CLR 2.0.50727; Media Center PC 5.0; .NET CLR 3.0.04506)",
    "Mozilla/4.0 (compatible; MSIE 7.0; AOL 9.5; AOLBuild 4337.35; Windows NT
        5.1; .NET CLR 1.1.4322; .NET CLR 2.0.50727)",
    "Mozilla/5.0 (Windows; U; MSIE 9.0; Windows NT 9.0; en-US)",
    "Mozilla/5.0 (compatible; MSIE 9.0; Windows NT 6.1; Win64; x64; Trident/5.0; .NET
        CLR 3.5.30729; .NET CLR 3.0.30729; .NET CLR 2.0.50727; Media Center PC 6.0)",
    "Mozilla/5.0 (compatible; MSIE 8.0; Windows NT 6.0; Trident/4.0; WOW64;
        Trident/4.0; SLCC2; .NET CLR 2.0.50727; .NET CLR 3.5.30729; .NET CLR
        3.0.30729; .NET CLR 1.0.3705; .NET CLR 1.1.4322)",
    "Mozilla/4.0 (compatible; MSIE 7.0b; Windows NT 5.2; .NET CLR 1.1.4322; .NET
        CLR 2.0.50727; InfoPath.2; .NET CLR 3.0.04506.30)",
    "Mozilla/5.0 (Windows; U; Windows NT 5.1; zh-CN) AppleWebKit/523.15 (KHTML,
        like Gecko, Safari/419.3) Arora/0.3 (Change: 287 c9dfb30)",
    "Mozilla/5.0 (X11; U; Linux; en-US) AppleWebKit/527+ (KHTML, like Gecko,
        Safari/419.3) Arora/0.6",
    "Mozilla/5.0 (Windows; U; Windows NT 5.1; en-US; rv:1.8.1.2pre) Gecko/20070215
        K-Ninja/2.1.1",
    "Mozilla/5.0 (Windows; U; Windows NT 5.1; zh-CN; rv:1.9) Gecko/20080705
        Firefox/3.0 Kapiko/3.0",
    "Mozilla/5.0 (X11; Linux i686; U;) Gecko/20070322 Kazehakase/0.4.5",
    "Mozilla/5.0 (X11; U; Linux i686; en-US; rv:1.9.0.8) Gecko Fedora/1.9.0.8-1.fc10
        Kazehakase/0.5.6",
    "Mozilla/5.0 (Windows NT 6.1; WOW64) AppleWebKit/535.11 (KHTML, like Gecko)
        Chrome/17.0.963.56 Safari/535.11",
    "Mozilla/5.0 (Macintosh; Intel Mac OS X 10_7_3) AppleWebKit/535.20 (KHTML, like
        Gecko) Chrome/19.0.1036.7 Safari/535.20",
    "Opera/9.80 (Macintosh; Intel Mac OS X 10.6.8; U; fr) Presto/2.9.168 Version/
```

```
        11.52",
    "Mozilla/5.0 (Windows NT 6.1; WOW64) AppleWebKit/536.11 (KHTML, like Gecko)
        Chrome/20.0.1132.11 TaoBrowser/2.0 Safari/536.11",
    "Mozilla/5.0 (Windows NT 6.1; WOW64) AppleWebKit/537.1 (KHTML, like Gecko)
        Chrome/21.0.1180.71 Safari/537.1 LBBROWSER",
    "Mozilla/5.0 (compatible; MSIE 9.0; Windows NT 6.1; WOW64; Trident/5.0;
        SLCC2; .NET CLR 2.0.50727; .NET CLR 3.5.30729; .NET CLR 3.0.30729; Media
        Center PC 6.0; .NET4.0C; .NET4.0E; LBBROWSER)",
    "Mozilla/4.0 (compatible; MSIE 6.0; Windows NT 5.1; SV1; QQDownload
        732; .NET4.0C; .NET4.0E; LBBROWSER)",
    "Mozilla/5.0 (Windows NT 6.1; WOW64) AppleWebKit/535.11 (KHTML, like Gecko)
        Chrome/17.0.963.84 Safari/535.11 LBBROWSER",
    "Mozilla/4.0 (compatible; MSIE 7.0; Windows NT 6.1; WOW64; Trident/5.0;
        SLCC2; .NET CLR 2.0.50727; .NET CLR 3.5.30729; .NET CLR 3.0.30729; Media
        Center PC 6.0; .NET4.0C; .NET4.0E)",
    "Mozilla/5.0 (compatible; MSIE 9.0; Windows NT 6.1; WOW64; Trident/5.0;
        SLCC2; .NET CLR 2.0.50727; .NET CLR 3.5.30729; .NET CLR 3.0.30729; Media
        Center PC 6.0; .NET4.0C; .NET4.0E; QQBrowser/7.0.3698.400)",
    "Mozilla/4.0 (compatible; MSIE 6.0; Windows NT 5.1; SV1; QQDownload
        732; .NET4.0C; .NET4.0E)",
    "Mozilla/4.0 (compatible; MSIE 7.0; Windows NT 5.1; Trident/4.0; SV1; QQDownload
        732; .NET4.0C; .NET4.0E; 360SE)",
    "Mozilla/4.0 (compatible; MSIE 6.0; Windows NT 5.1; SV1; QQDownload
        732; .NET4.0C; .NET4.0E)",
    "Mozilla/4.0 (compatible; MSIE 7.0; Windows NT 6.1; WOW64; Trident/5.0;
        SLCC2; .NET CLR 2.0.50727; .NET CLR 3.5.30729; .NET CLR 3.0.30729; Media
        Center PC 6.0; .NET4.0C; .NET4.0E)",
    "Mozilla/5.0 (Windows NT 5.1) AppleWebKit/537.1 (KHTML, like Gecko) Chrome/
        21.0.1180.89 Safari/537.1",
    "Mozilla/5.0 (Windows NT 6.1; WOW64) AppleWebKit/537.1 (KHTML, like Gecko)
        Chrome/21.0.1180.89 Safari/537.1",
    "Mozilla/5.0 (iPad; U; CPU OS 4_2_1 like Mac OS X; zh-cn) AppleWebKit/533.17.9
        (KHTML, like Gecko) Version/5.0.2 Mobile/8C148 Safari/6533.18.5",
    "Mozilla/5.0 (Windows NT 6.1; Win64; x64; rv:2.0b13pre) Gecko/20110307 Firefox/
        4.0b13pre",
    "Mozilla/5.0 (X11; Ubuntu; Linux x86_64; rv:16.0) Gecko/20100101 Firefox/16.0",
    "Mozilla/5.0 (Windows NT 6.1; WOW64) AppleWebKit/537.11 (KHTML, like Gecko)
        Chrome/23.0.1271.64 Safari/537.11",
    "Mozilla/5.0 (X11; U; Linux x86_64; zh-CN; rv:1.9.2.10) Gecko/20100922 Ub
        untu/10.10 (maverick) Firefox/3.6.10"
]
```

并启用该中间件：

```
DOWNLOADER_MIDDLEWARES = {
    'scrapy.downloadermiddlewares.useragent.UserAgentMiddleware': None,
    'yunqiCrawl.middlewares.RandomUserAgent.RandomUserAgent': 410,
}
```

2. 自动限速的配置

```
DOWNLOAD_DELAY=2
AUTOTHROTTLE_ENABLED=True
AUTOTHROTTLE_START_DELAY=5
AUTOTHROTTLE_MAX_DELAY=60
```

3. 禁用 Cookie

```
COOKIES_ENABLED=False
```

采取以上措施之后如果还是会被发现的话，可以写一个 HTTP 代理中间件来更换 IP。

17.6 去重优化

最后在 settings 中配置 scrapy_redis，代码如下：

```
# 使用 scrapy_redis 的调度器
SCHEDULER = "scrapy_redis.scheduler.Scheduler"
# 在 redis 中保持 scrapy-redis 用到的各个队列，从而允许暂停和暂停后恢复
SCHEDULER_PERSIST = True
# 使用 scrapy_redis 的去重方式
DUPEFILTER_CLASS = "scrapy_redis.dupefilter.RFPDupeFilter"
REDIS_HOST = '127.0.0.1'
REDIS_PORT = 6379
```

经过以上步骤，一个分布式爬虫就搭建起来了，如果你想在远程服务器上使用，直接将 IP 和端口进行修改即可。

下面需要讲解一下去重优化的问题，我们看一下 scrapy_redis 中是如何实现的 RFPDupeFilter。关键代码如下：

```
def request_seen(self, request):
    fp = request_fingerprint(request)
    added = self.server.sadd(self.key, fp)
    return not added
```

scrapy_redis 是将生成的 fingerprint 放到 Redis 的 set 数据结构中进行去重的。接着看一下 fingerprint 是如何产生的，进入 request_fingerprint 方法中。

```
def request_fingerprint(request, include_headers=None):

    if include_headers:
        include_headers = tuple([h.lower() for h in sorted(include_headers)])
    cache = _fingerprint_cache.setdefault(request, {})
    if include_headers not in cache:
        fp = hashlib.sha1()
        fp.update(request.method)
```

```
            fp.update(canonicalize_url(request.url))
            fp.update(request.body or '')
            if include_headers:
                for hdr in include_headers:
                    if hdr in request.headers:
                        fp.update(hdr)
                        for v in request.headers.getlist(hdr):
                            fp.update(v)
            cache[include_headers] = fp.hexdigest()
        return cache[include_headers]
```

从代码中看到依然调用的是 scrapy 自带的去重方式,只不过将 fingerprint 的存储换了个位置。之前我们提到过这是一种比较低效的去重方式,更好的方式是将 Redis 和 BloomFilter 结合起来。

推荐一个开源项目:https://github.com/qiyeboy/Scrapy_Redis_Bloomfilter,它是在 scrapy-redis 的基础上加入了 BloomFilter 的功能。使用方法如下:

```
git clone https://github.com/qiyeboy/Scrapy_Redis_Bloomfilter
```

将源码包 clone 到本地,并将 BloomfilterOnRedis_Demo 目录下的 scrapy_redis 文件夹拷贝到 Scrapy 项目中 settings.py 的同级文件夹,以 yunqiCrawl 项目为例,在 settings.py 中增加如下几个字段:

- FILTER_URL = None
- FILTER_HOST = 'localhost'
- FILTER_PORT = 6379
- FILTER_DB = 0
- SCHEDULER_QUEUE_CLASS = 'yunqiCrawl.scrapy_redis.queue.SpiderPriorityQueue'

将之前使用的官方 SCHEDULER 替换为本地目录的 SCHEDULER:

```
SCHEDULER = "yunqiCrawl.scrapy_redis.scheduler.Scheduler"
```

最后将 DUPEFILTER_CLASS = "scrapy_redis.dupefilter.RFPDupeFilter"删除即可。
到此为止实战项目全部完成,最终的抓取效果如图 17-4 所示。

17.7 小结

本章的实战项目将分布式爬虫和 MongoDB 集群结合起来,同时对去重进行了优化,整体上来说这个实战项目有实际的工程意义。本项目的源码在 GitHub 上 https://github.com/qiyeboy/spiderbook,上面会及时更新本项目和整本书的源代码。到本章结束,关于 Scrapy 的框架的内容也基本上告一段落,希望大家有精力可以阅读 Scrapy 源码,学习其中的框架思想。

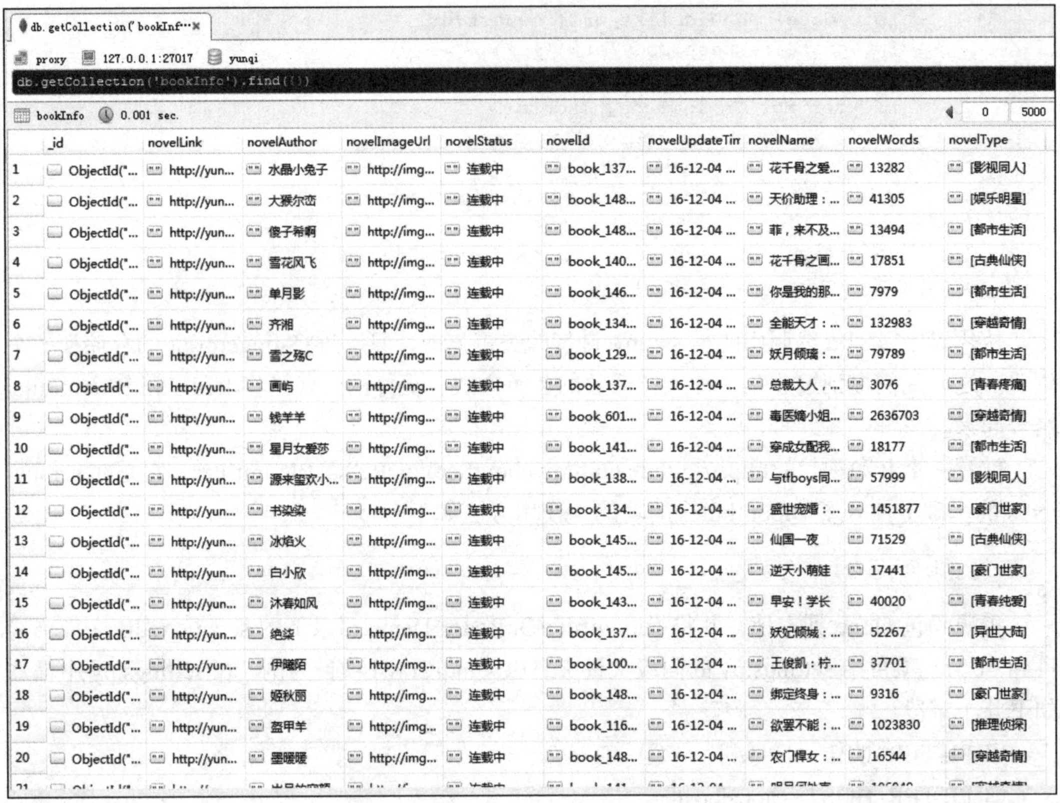
db.getCollection('bookInf…

proxy 127.0.0.1:27017 yunqi

db.getCollection('bookInfo').find({})

bookInfo 0.001 sec. 0 5000

	_id	novelLink	novelAuthor	novelImageUrl	novelStatus	novelId	novelUpdateTim	novelName	novelWords	novelType
1	ObjectId("...	http://yun...	水晶小兔子	http://img...	连载中	book_137...	16-12-04 ...	花千骨之爱...	13282	[影视同人]
2	ObjectId("...	http://yun...	大猴尔峦	http://img...	连载中	book_148...	16-12-04 ...	天价助理：...	41305	[娱乐明星]
3	ObjectId("...	http://yun...	傻子蒋啊	http://img...	连载中	book_148...	16-12-04 ...	菲，来不及...	13494	[都市生活]
4	ObjectId("...	http://yun...	雪花风飞	http://img...	连载中	book_140...	16-12-04 ...	花千骨之画...	17851	[古典仙侠]
5	ObjectId("...	http://yun...	单月影	http://img...	连载中	book_146...	16-12-04 ...	你是我的那...	7979	[都市生活]
6	ObjectId("...	http://yun...	齐湘	http://img...	连载中	book_134...	16-12-04 ...	全能天才：...	132983	[穿越奇情]
7	ObjectId("...	http://yun...	雪之殇C	http://img...	连载中	book_129...	16-12-04 ...	妖月倾璃：...	79789	[都市生活]
8	ObjectId("...	http://yun...	画屿	http://img...	连载中	book_137...	16-12-04 ...	总裁大人，...	3076	[青春疼痛]
9	ObjectId("...	http://yun...	钱羊羊	http://img...	连载中	book_601...	16-12-04 ...	毒医嫡小姐...	2636703	[穿越奇情]
10	ObjectId("...	http://yun...	星月女爱莎	http://img...	连载中	book_141...	16-12-04 ...	穿成女配我...	18177	[都市生活]
11	ObjectId("...	http://yun...	源来蛮欢小...	http://img...	连载中	book_138...	16-12-04 ...	与tfboys同...	57999	[影视同人]
12	ObjectId("...	http://yun...	书染染	http://img...	连载中	book_134...	16-12-04 ...	盛世宠婚：...	1451877	[豪门世家]
13	ObjectId("...	http://yun...	冰焰火	http://img...	连载中	book_145...	16-12-04 ...	仙国一夜	71529	[古典仙侠]
14	ObjectId("...	http://yun...	白小欣	http://img...	连载中	book_145...	16-12-04 ...	逆天小萌娃	17441	[豪门世家]
15	ObjectId("...	http://yun...	沐春如风	http://img...	连载中	book_143...	16-12-04 ...	早安！学长	40020	[青春纯爱]
16	ObjectId("...	http://yun...	绝粲	http://img...	连载中	book_137...	16-12-04 ...	妖妃倾城：...	52267	[异世大陆]
17	ObjectId("...	http://yun...	伊曦陌	http://img...	连载中	book_100...	16-12-04 ...	王俊凯：柠...	37701	[都市生活]
18	ObjectId("...	http://yun...	姬秋丽	http://img...	连载中	book_148...	16-12-04 ...	绑定终身：...	9316	[豪门世家]
19	ObjectId("...	http://yun...	盔甲羊	http://img...	连载中	book_116...	16-12-04 ...	欲罢不能：...	1023830	[推理侦探]
20	ObjectId("...	http://yun...	墨暖暖	http://img...	连载中	book_148...	16-12-04 ...	农门悍女：...	16544	[穿越奇情]

图 17-4 存储效果

第 18 章 Chapter 18

人性化 PySpider 爬虫框架

PySpider 是国人 binux 编写的强大的网络爬虫系统,并带有强大的 WebUI。PySpider 采用 Python 语言编写,分布式架构,支持多种数据库后端,包括强大的 WebUI 支持脚本编辑器、任务监视器、项目管理器以及结果查看器。PySpider 源码见 https://github.com/binux/pyspider,已经有 7000 多 star,是一个优秀的开源项目。在线示例位于 http://demo.pyspider.org/。

18.1 PySpider 与 Scrapy

说到 Python 中的开源爬虫框架,Scrapy 是最先被大家提及的,这是一个相对成熟的框架,有着丰富的文档和开放的社区交流空间。相对于 Scrapy 来说,PySpider 算是一个新秀,但是不容小觑。下面说一下 PySpider 的具体特性:

1)Python 脚本控制,可以用任何你喜欢的 html 解析包(内置 pyquery)。
2)Web 界面编写调试脚本、起停脚本、监控执行状态、查看活动历史、获取结果产出。
3)支持 MySQL、MongoDB、Redis、SQLite 等数据库。
4)支持抓取 JavaScript 的页面。
5)组件可替换,支持单机/分布式部署,支持 Docker 部署。
6)强大的调度控制。
7)支持 RabbitMQ、Beanstalk、Redis 和 Kombu 作为消息队列。

从内容上来说,两者具有的功能差不多,但还是有一些不同:

❑ 原生的 Scrapy 并不支持 js 渲染,需要单独下载 scrapy-splash 进行配置,而 PySpider 则支持 phantomjs 第三方渲染。
❑ PySpider 内置 pyquery 选择器,Scrapy 有 XPath 和 CSS 选择器。

❑ Scrapy 全部采用命令行操作，PySpider 有较好的 WebUI，更加直观。
❑ PySpider 易于调试，Scrapy 调试方式稍显复杂，并不直观。
❑ Scrapy 扩展性更强，可以自定义功能，PySpider 这方面稍显不足。

以上两种框架各有各的风格，总体来说 PySpider 使用更加简单，可以快速上手，适合工程化生产爬虫，而 Scrapy 适合用来进行二次开发，根据项目需求进行自定义拓展。

18.2 安装 PySpider

安装 PySpider 非常简单，在命令行中输入 pip install pyspider 即可完成安装。对于 Ubuntu 用户，请提前安装好以下支持类库：

```
sudo apt-get install python python-dev python-distribute python-pip lib-curl4-openssl-dev libxml2-dev libxslt1-dev python-lxml
```

如果安装过程中没有出现问题，基本上是成功的。

在命令行中输入 pyspider all，效果如图 18-1 所示。

图 18-1 PySpider all

此时在浏览器中输入 http://127.0.0.1:5000，如果出现类似如图 18-2 所示的界面，则证明安装基本上没有问题。

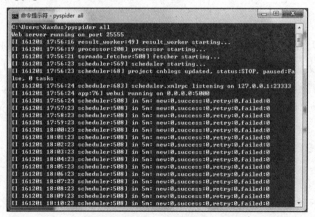

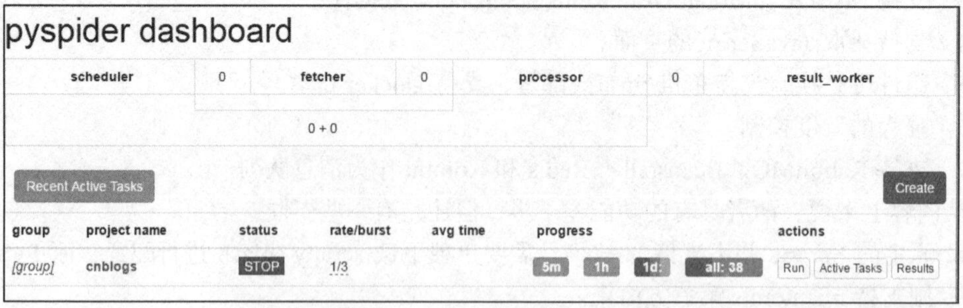

图 18-2 PySpider WebUI

18.3 创建豆瓣爬虫

从本节开始以豆瓣爬虫为例讲解 PySpider 的用法。豆瓣爬虫的目标是爬取豆瓣电影的详细信息。接下来我们在 PySpider 的 WebUI 界面中创建 doubanMovie 项目,点击 Create 按钮,在弹出的对话框中输入 doubanMovie,如图 18-3 所示。

图 18-3 创建 doubanMovie

直接点击 Create,即可实现项目创建,直接跳转到项目调试界面,如图 18-4 所示。

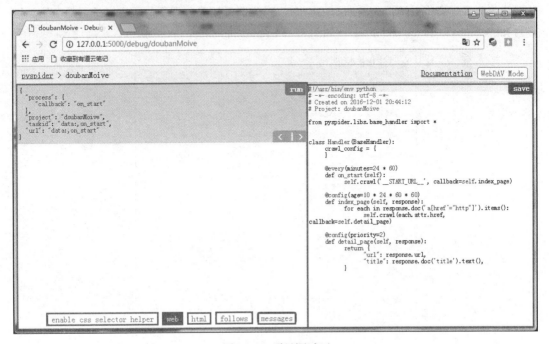

图 18-4 项目调试区

从图 18-4 中，我们可以看到整个页面分为两栏，左侧是爬取页面预览区域，右侧是代码调试区域。下面对这两个区域进行说明。

左侧区域：

- 代码区域：请求所对应的 JSON 变量。在 PySpider 中，每个请求都有与之对应的 JSON 变量，变量中包括回调函数、方法名、请求链接、请求数据等。
- 代码区域右上角的 Run：点击 Run 按钮，就会执行这个请求，可以在代码区域显示请求的结果，有可能是异常信息。
- 底部 enable css selector helper 选项：抓取页面之后，点击此按钮，可以方便地获取页面中某个元素的 CSS 选择表达式。
- 底部 web 选项：抓取页面的实时预览图。
- 底部 html 选项：抓取页面的 HTML 代码。
- 底部 follows 选项：如果当前抓取方法中又产生了新的爬取请求，那么新产生的请求就会出现在 follows 里。
- 底部 messages 选项：爬取过程中输出的一些信息。

右侧区域：

- 整个区域属于编码区域，代码编写完成后点击右上角的 Save 按钮进行保存。
- 上端 WebDAV Mod 选项用于打开调试模式，使左侧最大化，便于观察调试过程。

接下来根据爬取目标"豆瓣电影"来分析抽取数据的方式。首先来到豆瓣电影的首页，发现从首页开始爬，并不能包含所有的电影，因此选择抓取分类下的所有标签页的电影，链接为 https://movie.douban.com/tag/，如图 18-5 所示。

图 18-5　豆瓣电影

这时候将 https://movie.douban.com/tag/填到右侧代码区 onstart 方法中，点击 Save 保存。代码如下：

```
@every(minutes=24 * 60)
def on_start(self):
    self.crawl('http://movie.douban.com/tag/', callback=self.index_page)
```

on_start 方法说明：
❑ self.crawl 告诉 PySpider 抓取指定页面，然后使用 callback 函数对结果进行解析。
❑ @every 修饰器的括号中是时间，表示 on_start 每天会执行一次，来抓取最新的电影。

这个时候点击 Run 按钮生成第一个请求，新的请求可以在 follows 中查看，并点击请求右侧的箭头，开始执行，如图 18-6 所示。

图 18-6　发送请求

请求发送成功后，切换到 web 选项可以预览实时的页面，同时 follows 又根据 callback 中指定的 index_page 方法产生了新的请求，如图 18-7 所示。

我们需要从响应页面中提取各种分类的链接，然后进入电影列表页，比如 https://movie.douban.com/tag/爱情，如图 18-8 所示。

最后再从电影列表页提取每一部影片的链接，然后通过链接进入电影详情页，比如点击《七月与安生》这部电影，如图 18-9 所示。提取其中的标题、导演、主演、类型和评分等信息。

图 18-7　页面预览

图 18-8　电影列表页

图 18-9　电影详情页

以上就是提取电影详情的逻辑步骤，但是这一切都源于对页面数据的提取，必然要提到选择器。

18.4　选择器

PySpider 内置了 PyQuery 来解析网页数据。PyQuery 是 Python 仿照 jQuery 的严格实现，语法与 jQuery 几乎完全相同，因此非常适合有 Web 前端基础的读者快速入手。下面讲解一下 PyQuery 的基本用法。

18.4.1　PyQuery 的用法

PySpider 已经内置了 PyQuery 库，不需要我们进行安装。下面从四个方面进行讲解。

1. PyQuery 对象初始化

❏ 使用 HTML 字符串进行初始化，示例如下：

```
from pyquery import PyQuery as pq
d = pq("<html></html>")
```

❏ 可以使用 lxml 对 HTML 代码进行规范化处理，将其转化为清晰完整的 HTML 代码，示例如下：

```
from pyquery import PyQuery as pq
from lxml import etree
d = pq(etree.fromstring("<html></html>"))
```

❏ 通过传入 URL 的方式进行初始化，相当于直接访问网页。示例如下：

```
from pyquery import PyQuery as pq
```

```
d = pq('http://www.google.com')
```

❑ 通过指定 HTML 文件的路径完成初始化。示例如下：

```
from pyquery import PyQuery as pq
d = pq(filename='index.html')
```

2. 属性操作

在 PyQuery 中，可以完全按照 jQuery 的语法来进行 PyQuery 的操作。示例如下：

```
from pyquery import PyQuery as pq
p = pq('<p id="hello" class="hello"></p>')('p')
print p.attr("id")
print p.attr["id"]
print p.attr("id", "plop")
print p.attr("id", "hello")
print p.attr(id='hello', class_='hello2')
p.attr.class_ = 'world'
p.addClass("!!!")
print p
print p.css("font-size", "15px")
print p.attr.style
```

输出结果为：

```
hello
hello
<p id="plop" class="hello"/>
<p id="hello" class="hello"/>
<p id="hello" class="hello2"/>
<p id="hello" class="world !!!"/>
<p id="hello" class="world !!!" style="font-size: 15px"/>
font-size: 15px
```

PyQuery 不仅可以读取属性和样式的值，还可以任意修改属性和样式的值。

3. DOM 操作

DOM 操作和 jQuery 一样，示例如下：

```
from pyquery import PyQuery as pq
d = pq('<p class="hello" id="hello">you know Python rocks</p>')
d('p').append(' check out <a href="http://reddit.com/r/python"><span>reddit</span></a>')
print d
p = d('p')
p.prepend('check out <a href="http://reddit.com/r/python">reddit</a>')
print p
```

输出结果为：

```
<p class="hello" id="hello">you know Python rocks check out <a
```

```
href="http://reddit.com/r/python"><span>reddit</span></a></p>
<p class="hello" id="hello">check out <a href="http://reddit.com/r/python">reddit
    </a>you know Python rocks check out <a href="http://reddit.com/r/python"><span>reddit
    </span></a></p>
```

4. 元素遍历

对于网页数据抽取来说，更多的时候是抽取出同一类型的数据，这就需要用到元素的遍历。示例代码如下：

```
from pyquery import PyQuery as pq
html_cont = '''
<div>
    <ul>
        <li class="one">first item</li>
        <li class="two"><a href="link2.html">second</a></li>
        <li class="four"><a href="link3.html">third</a></li>
        <li class="three"><a href="link4.html"><span class="bold">fourth</span>
            </a></li>
    </ul>
 </div>

'''
doc = pq(html_cont)
lis = doc('li')
for li in lis.items():
    print li.html()
```

输出结果为：

```
first item
<a href="link2.html">second</a>
<a href="link3.html">third</a>
<a href="link4.html"><span class="bold">fourth</span></a>
```

以上讲解了一些 PyQuery 的基础知识，如果你对 jQuery 语法不熟，建议先学习 jQuery，再回来使用 PyQuery 或者使用第三方的包（比如 lxml 和 bs4）对 response 进行解析。

18.4.2 解析数据

讲解完 PyQuery，下面继续进行 doubanMovie 项目。我们需要从如图 18-7 的页面中提取出电影列表页的 url，可以使用 Firebug 获取电影列表页的 url 的 CSS 表达式，也可以使用 enable css selector helper 工具获取（有时候不好用）。index_page 代码如下：

```
@config(age=10 * 24 * 60 * 60)
def index_page(self, response):
    for each in response.doc('.tagCol>tbody>tr>td>a').items():
        self.crawl(each.attr.href, callback=self.list_page)
```

经过 index_page 方法之后生成新的请求，如图 18-10 所示。

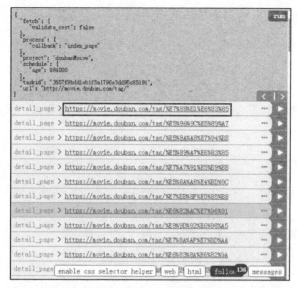

图 18-10 抽取效果

下面继续点击每个请求后面的箭头进行发送，获取响应后切换到 web 选项，对图 18-8 所示页面进行电影 url 的抽取和翻页操作。

❑ 电影 url 的 CSS 表达式为.pl2>a。
❑ 翻页链接的 CSS 表达式为.next>a。

list_page 代码如下：

```
def list_page(self,response):
    # 获取电影url，然后调用detail_page方法解析电影详情
    for each in response.doc('.pl2>a').items():
        self.crawl(each.attr.href, callback=self.detail_page)
    # 进行翻页操作
    for each in response.doc('.next>a').items():
        self.crawl(each.attr.href, callback=self.list_page)
```

保存代码，点击 Run 就会看到抽取到的电影 url，如图 18-11 所示。

继续重复上述步骤，点击每一行后面的箭头，发送请求。获取响应后切换到 web 选项，对图 18-9 所示页面进行电影详情的分析和抽取。下面直接给出详情页的 CSS 表达式：

❑ 电影名称：#content>h1>span[property="v:itemreviewed"]
❑ 电影年份：#content>h1>span[class="year"]
❑ 电影导演：.attrs>a[rel="v:directedBy"]
❑ 电影主演：.attrs>span>a[rel="v:starring"]
❑ 电影类型：#info>span[property="v:genre"]
❑ 电影评分：.ll.rating_num

图 18-11 电影 URL

detail_page 方法代码如下：

```
def detail_page(self, response):
    title = response.doc('# content>h1>span[property="v:itemreviewed"]').text()
    time  = response.doc('# content>h1>span[class="year"]').text()
    director = response.doc('.attrs>a[rel="v:directedBy"]').text()
    actor=[]
    genre=[]
    for each in response.doc('a[rel="v:starring"]').items():
        actor.append(each.text())
    for each in response.doc('# info>span[property="v:genre"]').items():
        genre.append(each.text())

    rating = response.doc('.ll.rating_num').text()

    return {
        "url": response.url,
        "title": title,
        "time":time,
        "director":director,
        "actor":actor,
        "genre":genre,
        "rating":rating
    }
```

将代码进行保存,点击 Run 就会看到抽取到的电影详情,如图 18-12 所示。

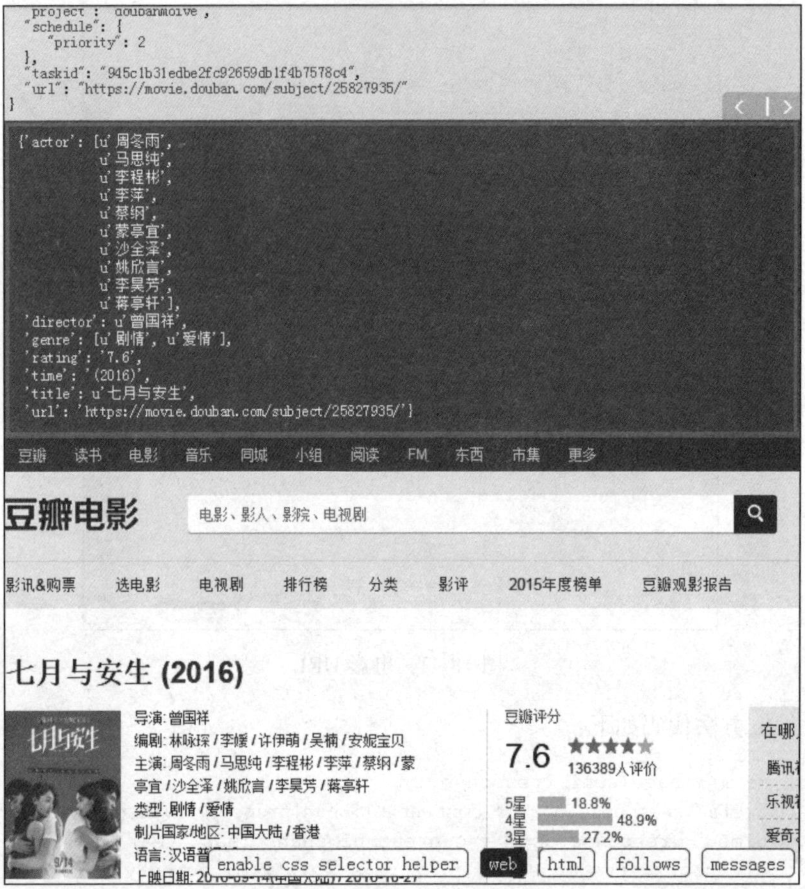

图 18-12 电影详情

经过以上步骤,代码编写和调试基本完成,代码调试直观是 PySpider 非常明显的优点。

最后从代码编辑界面回到 Dashboard 项目主界面,找到你的项目,将项目中的 status 状态修改为 RUNNING 或者 DEBUG,点击 Run 按钮,爬虫就可以工作了,如图 18-13 所示。

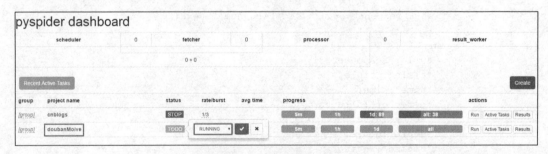

图 18-13 启动爬虫项目

如果想查看抓取结果，点击项目那一栏中的 Results 按钮，就可以看到如图 18-14 所示的效果。

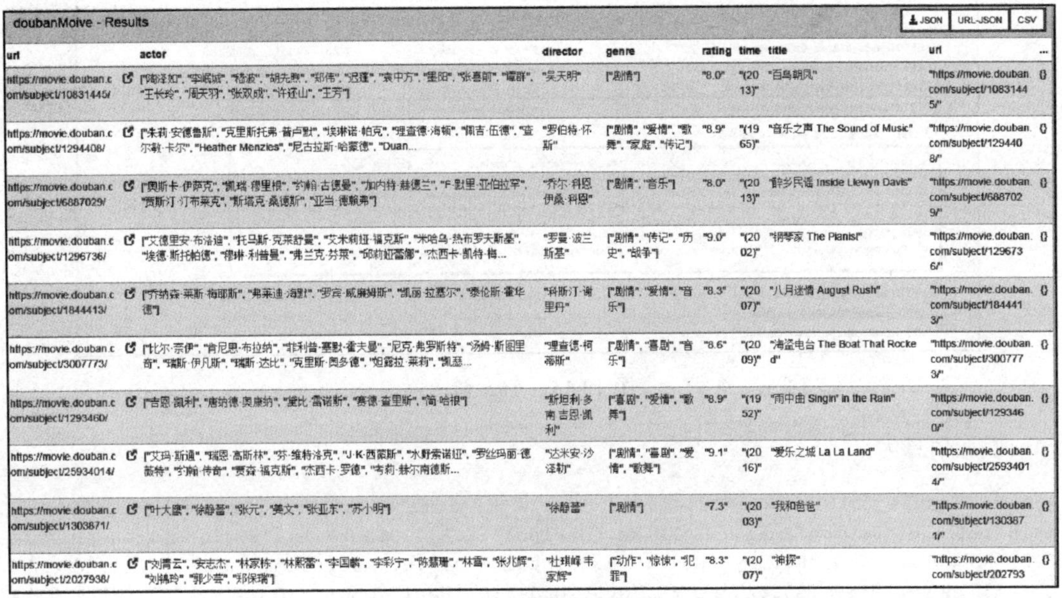

doubanMoive - Results　　JSON　URL-JSON　CSV

url	actor	director	genre	rating	time	title	url	...
https://movie.douban.com/subject/10831445/	["陶泽如", "李岷城", "楂波", "胡先煦", "郑伟", "迟蓬", "袁中方", "墨阳", "张喜前", "谭群", "王长玲", "周天羽", "张双成", "许还山", "王芳"]	"吴天明"	["剧情"]	"8.0"	"(2013)"	"百鸟朝凤"	"https://movie.douban.com/subject/10831445/"	{}
https://movie.douban.com/subject/1294408/	["朱莉·安德鲁斯", "克里斯托弗·普卢默", "埃琳诺·帕克", "理查德·海顿", "佩吉·伍德", "查尔敏·卡尔", "Heather Menzies", "尼古拉斯·哈蒙德", "Duan...	"罗伯特·怀斯"	["剧情", "爱情", "歌舞", "家庭", "传记"]	"8.9"	"(1965)"	"音乐之声 The Sound of Music"	"https://movie.douban.com/subject/1294408/"	{}
https://movie.douban.com/subject/6887029/	["奥斯卡·伊萨克", "凯瑞·穆里根", "约翰·古德曼", "加内特·赫德兰", "F·默里·亚伯拉罕", "贾斯汀·汀布莱克", "斯塔克·桑德斯", "亚当·德赖弗"]	"乔尔·科恩 伊桑·科恩"	["剧情", "音乐"]	"8.0"	"(2013)"	"醉乡民谣 Inside Llewyn Davis"	"https://movie.douban.com/subject/6887029/"	{}
https://movie.douban.com/subject/1296736/	["艾德里安·布洛迪", "托马斯·克莱舒曼", "艾米莉娅·福克斯", "米哈乌·热布罗夫斯基", "埃德·斯托帕德", "穆琳·利普曼", "弗兰克·芬莱", "邱莉娅蕾娜", "杰西卡·凯特·梅...	"罗曼·波兰斯基"	["剧情", "传记", "历史", "战争"]	"9.0"	"(2002)"	"钢琴家 The Pianist"	"https://movie.douban.com/subject/1296736/"	{}
https://movie.douban.com/subject/1844413/	["乔纳森·莱斯·梅耶斯", "弗莱迪·海默", "罗宾·威廉姆斯", "凯丽·拉塞尔", "泰伦斯·霍华德"]	"科斯汀·谢里丹"	["剧情", "爱情", "音乐"]	"8.3"	"(2007)"	"八月迷情 August Rush"	"https://movie.douban.com/subject/1844413/"	{}
https://movie.douban.com/subject/3007773/	["比尔·奈伊", "肯尼思·布拉纳", "菲利普·塞默·霍夫曼", "尼克·弗罗斯特", "汤姆·斯图里奇", "瑞斯·伊凡斯", "瑞斯·达比", "克里斯·奥多德", "妲露拉·莱莉", "凯瑟...	"理查德·柯蒂斯"	["剧情", "喜剧", "音乐"]	"8.6"	"(2009)"	"海盗电台 The Boat That Rocked"	"https://movie.douban.com/subject/3007773/"	{}
https://movie.douban.com/subject/1293460/	["吉恩·凯利", "唐纳德·奥康纳", "黛比·雷诺斯", "赛德·查里斯", "简·哈根"]	"斯坦利·多南 吉恩·凯利"	["喜剧", "爱情", "歌舞"]	"8.9"	"(1952)"	"雨中曲 Singin' in the Rain"	"https://movie.douban.com/subject/1293460/"	{}
https://movie.douban.com/subject/25934014/	["艾玛·斯通", "瑞恩·高斯林", "芬·维特洛克", "J·K·西蒙斯", "水野索诺娅", "罗丝玛丽·德薇特", "约翰·传奇", "贾森·福克斯", "杰西卡·罗德", "考莉·赫尔南德斯...	"达米安·沙泽勒"	["剧情", "喜剧", "爱情", "歌舞"]	"9.1"	"(2016)"	"爱乐之城 La La Land"	"https://movie.douban.com/subject/25934014/"	{}
https://movie.douban.com/subject/1303871/	["叶大鹰", "徐静蕾", "张元", "姜文", "张亚东", "苏小明"]	"徐静蕾"	["剧情"]	"7.3"	"(2003)"	"我和爸爸"	"https://movie.douban.com/subject/1303871/"	{}
https://movie.douban.com/subject/2027938/	["刘青云", "安志杰", "林家栋", "林熙蕾", "李国麟", "李彩宁", "陈慧珊", "林雪", "张兆辉", "刘锦玲", "郭少芸", "郑保瑞"]	"杜琪峰 韦家辉"	["动作", "惊悚", "犯罪"]	"8.3"	"(2007)"	"神探"	"https://movie.douban.com/subject/202793	{}

图 18-14　抓取结果

可以通过右上角的按钮，将结果保存为 JSON 或 CSV 等格式。

18.5　Ajax 和 HTTP 请求

现在越来越多的网站都采用了 Ajax 异步加载技术，爬取难度加大，同时反爬手段对 HTTP 请求的检测也越来越成熟，那么如何使用 PySpider 爬取 Ajax 请求和修改 HTTP 请求呢？这就是本节要讲的内容。

18.5.1　Ajax 爬取

一般对于 Ajax 请求的爬取主要有两种方法，已经在第 9 章进行了详细的讲解，同样 PySpider 也支持这两种方法。其中一种方式是直接模拟 Ajax 请求。还是以 MTime 电影网为例，如果大家不熟悉，可以回顾一下第 9 章。如图 18-15 所示，票房链接为：http://service.library.mtime.com/Movie.api?Ajax_CallBack=true&Ajax_CallBackType=Mtime.Library.Services&Ajax_CallBackMethod=GetMovieOverviewRating&Ajax_CrossDomain=1&Ajax_RequestUrl=http%3A%2F%2Fmovie.mtime.com%2F217130%2F&t=2016111321341844484&Ajax_CallBackArgument0=217130

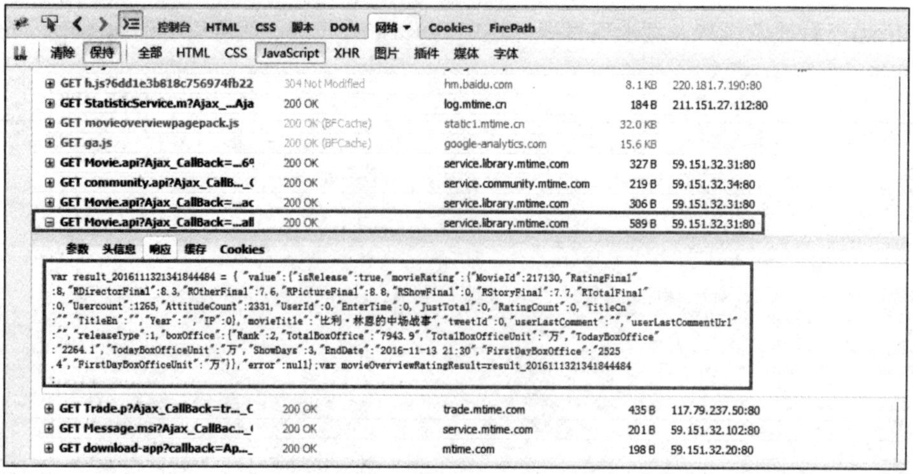

图 18-15　Ajax 请求

响应信息为：

var result_2016111321341844484 = { "val:ue":{"isRelease":true,"movieRating":{"MovieId":217130,"RatingFinal":8,"RDirectorFinal":8.3,"ROtherFinal":7.5,"RPictureFinal":8.8,"RShowFinal":0,"RStoryFinal":7.7,"RTotalFinal":0,"Usercount":3106,"AttitudeCount":2736,"UserId":0,"EnterTime":0,"JustTotal":0,"RatingCount":0,"TitleCn":"","TitleEn":"","Year":"","IP":0},"movieTitle":"比利·林恩的中场战事","tweetId":0,"userLastComment":"","userLastCommentUrl":"","releaseType":1,"boxOffice":{"Rank":14,"TotalBoxOffice":"1.59","TotalBoxOfficeUnit":"亿","TodayBoxOffice":"9.5","TodayBoxOfficeUnit":"万","ShowDays":22,"EndDate":"2016-12-02 11:30","FirstDayBoxOffice":"2542.51","FirstDayBoxOfficeUnit":"万"}},"error":null};var movieOverviewRatingResult=result_201611132 1341844484;

我们可以通过如下代码对请求进行模拟。

```
from pyspider.libs.base_handler import *
class Handler(BaseHandler):
    @every(minutes=10)
    def on_start(self):
        self.crawl('http://service.library.mtime.com/Movie.api?'
            'Ajax_CallBack=true&Ajax_CallBackType=Mtime.Library.Services'
            '&Ajax_CallBackMethod=GetMovieOverviewRating'
            '&Ajax_CrossDomain=1'
            '&Ajax_RequestUrl=http%3A%2F%2Fmovie.mtime.com%2F217130%2F'
            '&t=2016111321341844484'
            '&Ajax_CallBackArgument0=217130',
            callback=self.index_page)

    @config(age=10*60)
    def index_page(self, response):
        return response.json
```

如果想解析响应的内容，直接可以使用第 9 章的代码，这里不再赘述。

18.5.2　HTTP 请求实现

1．设置请求头

```
headers ={'User-Agent':random.choice(USER_AGENTS),
    'Accept': 'text/html,application/xhtml+xml,application/xml;q=0.9,*/*;q=0.8',
    'Accept-Language': 'zh-CN,zh;q=0.8,en-US;q=0.5,en;q=0.3',
    'Accept-Encoding': 'gzip, deflate, br'}
@every(minutes=24 * 60)
def on_start(self):
    self.crawl('http://movie.douban.com/tag/', headers = self.headers,callback=
        self.index_page)
```

2．设置 cookie

```
def on_start(self):
    self.crawl('http://movie.douban.com/tag/',    cookies={"key":    value},callback=self.index_page)
```

3．GET 请求（带参数）

```
self.crawl('http://httpbin.org/get', callback=self.callback,params={'a': 123, 'b':
    'c'})
self.crawl('http://httpbin.org/get?a=123&b=c', callback=self.callback)
```

这两个请求效果是一样的。

4．POST 请求

```
def on_start(self):
    self.crawl('http://httpbin.org/post', callback=self.callback,
        method='POST', data={'a': 123, 'b': 'c'})
```

5．代理设置

PySpider 仅支持 HTTP 代理，代理格式：username:password@hostname:port。可以使用如下代码对项目进行代理设置：

```
class Handler(BaseHandler):
    crawl_config = {
        'proxy': 'localhost:8080'
    }
```

18.6　PySpider 和 PhantomJS

除了模拟 Ajax 请求来突破动态网站之外，PhantomJS 也是一个不错的选择，PySpider 对

PhantomJS 提供了很好的支持，而且使用简单。

18.6.1 使用 PhantomJS

在使用 PhantomJS 之前，首先确保已经正确安装了 PhantomJS，而且安装路径配置到 Path 环境变量中，这些内容已经在第 9 章讲过。

当你在运行 PySpider 命令时，启动的是 all 模式，也就是在命令行中输入：pyspider all。这时候 PhantomJS 已经启动，这一点通过查看当前进程可以发现。使用 PhantomJS 时，我们只需要在 crawl 方法中添加 fetch_type='js'参数即可。我们可以对比一下使用前与使用后的不同，以 MTime 电影网为例，还是观察电影评分的位置。提前创建一个 MTime 项目，在默认代码基础上将起始 URL 换成 http://movie.mtime.com/217130/：

```
from pyspider.libs.base_handler import *
class Handler(BaseHandler):
    crawl_config = {
    }
    @every(minutes=24 * 60)
    def on_start(self):
        self.crawl('http://movie.mtime.com/217130/', callback=self.index_page)

    @config(age=10 * 24 * 60 * 60)
    def index_page(self, response):
        for each in response.doc('a[href^="http"]').items():
            self.crawl(each.attr.href, callback=self.detail_page)

    @config(priority=2)
    def detail_page(self, response):
        return {
            "url": response.url,
            "title": response.doc('title').text(),
        }
```

保存代码并运行，如图 18-16 所示，在 Web 预览界面，我们看到是没有票房和评分信息的页面。

这个时候，我们在 crawl 方法中添加 fetch_type='js'，修改如下：

```
self.crawl('http://movie.mtime.com/217130/', fetch_type='js', callback=self.index_
    page)
```

保存代码并运行，如图 18-17 所示，在 web 预览界面，我们已经看到完整的票房和评分信息的页面。

在渲染之后的页面上，使用 enable css selector helper 功能就可以直接获取选定元素的 CSS 表达式。

图 18-16　无 PhantomJS 渲染

图 18-17　PhantomJS 渲染

18.6.2 运行 JavaScript

不知道大家是否还记得，在第 9 章爬取去哪网时，两次加载才能获取当前页面完整的数据，采取的措施是执行 js 代码：window.scrollTo(0, document.body.scrollHeight);，将页面滑到底部实现第二次加载，PySpider 也提供了接口来实现 js 脚本的执行，通过在 crawl 基础上额外添加 js_script 的方式。示例代码如下：

```
class Handler(BaseHandler):
    def on_start(self):
        self.crawl('http://www.pinterest.com/categories/popular/',
            fetch_type='js', js_script="""
            function() {
                window.scrollTo(0,document.body.scrollHeight);
            }
            """, callback=self.index_page)
    def index_page(self, response):
        return {
            "url": response.url,
            "images": [{
                "title": x('.richPinGridTitle').text(),
                "img": x('.pinImg').attr('src'),
                "author": x('.creditName').text(),
            } for x in response.doc('.item').items() if x('.pinImg')]
        }
```

18.7 数据存储

对于数据存储，PySpider 采用自带的 ResultDB 方式，这种设计是为了方便在 WebUI 预览，之后可以将数据下载成 JSON 等格式的文件，但是这种做法对于稍微大量的数据会很不实用，不适合工程化。要实现自定义存储，我们需要重写 on_result 方法，doubanMovie 项目修改如下：

```
# coding:utf-8
from pymongo import MongoClient
from pyspider.libs.base_handler import *
class MongoStore(object):

    def __init__(self):
        client = MongoClient()
        db = client.douban
        self.movies = db.movies

    def insert(self,result):
        if result:
            self.movies.insert(result)
```

```python
class Handler(BaseHandler):
    crawl_config = {
    }
    mongo = MongoStore()
    headers ={'User-Agent':    'Mozilla/5.0 (Windows NT 6.1; WOW64; rv:50.0) Gecko/
        20100101 Firefox/50.0',
               'Accept': 'text/html,application/xhtml+xml,application/xml;q=0.9,
                  */*;q=0.8',
               'Accept-Language': 'zh-CN,zh;q=0.8,en-US;q=0.5,en;q=0.3',
               'Accept-Encoding': 'gzip, deflate, br',
               'Referer':'http://www.douban.com/'}
    @every(minutes=24 * 60)
    def on_start(self):
        self.crawl('http://movie.douban.com/tag/', headers =
self.headers,callback=self.index_page,validate_cert=False)

    @config(age=10 * 24 * 60 * 60)
    def index_page(self, response):
        for each in response.doc('.tagCol>tbody>tr>td>a').items():
            self.crawl(each.attr.href, headers = self.headers,callback=self.
                list_page,validate_cert=False)

    def list_page(self,response):
        for each in response.doc('.pl2>a').items():
            self.crawl(each.attr.href, headers = self.headers,callback=self.
                detail_page,validate_cert=False)
        for each in response.doc('.next>a').items():
            self.crawl(each.attr.href, headers = self.headers,callback=self.
                list_page,validate_cert=False)

    def detail_page(self, response):
        title = response.doc('# content>h1>span[property="v:itemreviewed"]').text()
        time  = response.doc('# content>h1>span[class="year"]').text()
        director = response.doc('.attrs>a[rel="v:directedBy"]').text()
        actor=[]
        genre=[]
        for each in response.doc('a[rel="v:starring"]').items():
            actor.append(each.text())
        for each in response.doc('# info>span[property="v:genre"]').items():
            genre.append(each.text())

        rating = response.doc('.ll.rating_num').text()

        return {
            "url": response.url,
            "title": title,
            "time":time,
            "director":director,
            "actor":actor,
            "genre":genre,
```

```
            "rating":rating
        }
    def on_result(self, result):
        self.mongo.insert(result)
        super(Handler, self).on_result(result)
```

代码中添加了 MongoStore 用于初始化数据库连接和实现插入操作，在 handler 类中重写基类 BaseHandler 的 on_result 方法，实现对数据的存储和插入，同时调用 BaseHandler 中的 on_result 方法添加到默认的 ResultDB 中。最终存储的效果如图 18-18 所示。

	rating	title	url	actor	director	time	genre
1	8.5	灌篮高手 TV版特典 スラ...	https://m...	[2 eleme...	坂本信人	(1994)	[1 eleme...
2	7.7	战士奇兵 Once Were Wa...	https://m...	[3 eleme...	李·塔玛霍瑞	(1994)	[1 eleme...
3	6.3	醉拳3 醉拳Ⅲ	https://m...	[7 eleme...	刘家良	(1994)	[1 eleme...
4	7.8	我的女孩 마이걸	https://m...	[11 elem...	全基尚	(2005)	[2 eleme...
5	7.9	毕业生 The Graduate	https://m...	[13 elem...	迈克·尼科...	(1967)	[3 eleme...
6	6.5	醉生梦死之湾仔之虎 醉生...	https://m...	[8 eleme...	罗杰承	(1994)	[1 eleme...
7		浪漫追击 Raw Justice	https://m...	[5 eleme...	David A. P...	(1994)	[4 eleme...
8	6.9	桃色机密 Disclosure	https://m...	[4 eleme...	巴瑞·莱文森	(1994)	[2 eleme...
9	6.8	天台爱情	https://m...	[17 elem...	周杰伦	(2013)	[4 eleme...
10	8.3	爱情公寓2	https://m...	[8 eleme...	韦正	(2010)	[2 eleme...
11	8.0	窈窕淑女 My Fair Lady	https://m...	[5 eleme...	乔治·库克	(1964)	[3 eleme...
12	8.3	秘密花园 시크릿 가든	https://m...	[14 elem...	申宇哲	(2010)	[3 eleme...
13	7.1	预产期 Due Date	https://m...	[6 eleme...	托德·菲利...	(2010)	[2 eleme...
14	5.7	命中注定	https://m...	[6 eleme...	张皓	(2015)	[2 eleme...
15	7.7	歌舞青春 High School M...	https://m...	[4 eleme...	肯尼·奥特加	(2006)	[3 eleme...
16	7.3	落叶归根	https://m...	[11 elem...	张扬	(2007)	[2 eleme...
17	7.5	爱在罗马 To Rome with ...	https://m...	[12 elem...	伍迪·艾伦	(2012)	[2 eleme...
18	8.8	安全至下 Safety Last!	https://m...	[1 eleme...	弗雷德·C. ...	(1923)	[3 eleme...

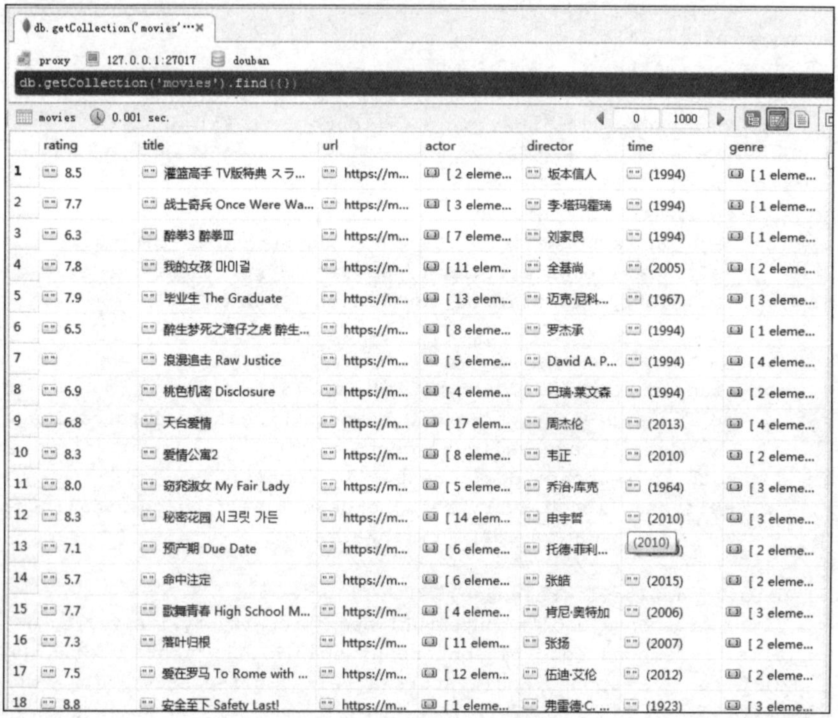

图 18-18　MongoDB 存储

18.8　PySpider 爬虫架构

前几节已经讲解了 PySpider 的基础用法，下面说明一下 PySpider 爬虫架构的各个部分。PySpider 的架构主要分为 scheduler（调度器）、fetcher（抓取器）、processor（脚本执行），如图 18-19 所示。

图 18-19　PySpider 架构

各个组件间使用消息队列连接，scheduler 负责整体的调度控制，除了 scheduler 是单点的，fetcher 和 processor 都可以实

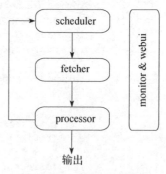

现多实例分布式部署。

任务由 scheduler 发起调度，fetcher 抓取网页内容，processor 执行预先编写的 Python 脚本，输出结果或产生新的提链任务（发往 scheduler），形成闭环。

每个脚本可以灵活使用各种 Python 库对页面进行解析，使用框架 API 控制下一步抓取动作，通过设置回调控制解析动作。

具体功能如下。

webui 的功能：
- web 的可视化任务监控。
- web 脚本编写，单步调试。
- 异常捕获、log 捕获、print 捕获等。

scheduler 的功能：
- 任务优先级。
- 周期定时任务。
- 流量控制。
- 基于时间周期或前链标签（例如更新时间）的重抓取调度。

fetcher 的功能：
- dataurl 支持，用于假抓取模拟传递。
- method、header、cookie、proxy、etag、last_modified、timeout 等等抓取调度控制。
- 可以通过适配类似 phantomjs 的 webkit 引擎支持渲染

processor 的功能：
- 内置的 pyquery，以 jQuery 解析页面。
- 在脚本中完全控制调度抓取的各项参数。
- 可以向后链传递信息。
- 异常捕获。

18.9 小结

本章主要介绍了 PySpider 框架的各项特性和基本用法，大家如果想深入学习，请到 http://docs.pyspider.org/en/latest/ 仔细阅读官方文档。PySpider 是一种工程化批量生产爬虫的思路，虽然功能已经很强大了，但是还是存在扩展性不足、在线脚本编辑略显不方便的问题，不过仍然是一个非常值得期待的爬虫框架。

推荐阅读